职业教育机械类专业“互联网+”新形态教材
机械工业出版社精品教材

机械制图

第5版

王其昌　翁民玲　常小芳　编

机械工业出版社
CHINA MACHINE PRESS

本书是为适应职业教育“机械制图”课程改革需要，参照最新的机械制图教学大纲，在《机械制图》第4版基础上修订而成的。

为适应学生的心理特点和素质，本书引入创新的“视图归位拉伸”“特征面加厚度”等形象有趣的速成读图法，培养学习兴趣；书中还介绍了“形体凸凹构形法”“表面组装法”等把抽象思维转换为形象思维的读图方法，力求通过学习，使学生有较扎实的读图投影分析基础和拓展性读图空间形体想象思维能力。

本书内容包括制图的基本知识和技能，投影、基本立体，常见立体表面交线、组合体、图样画法、标准件和常用件、零件图、装配图。选学的内容有读第三角画法视图、展开图、焊接图。本书贯彻最新国家标准，包括表面结构表示法、几何公差、极限与配合等，并落实到如何识读这些标准。本书配有电子课件，使用本书作为教材的教师可登录机工教育服务网（www.cmpedu.com）注册并免费下载或来电（010-88379197）索取。

本书可作为职业院校机械类、近机类各专业教材，技师学院以及相关专业培训教材，也可供工程技术人员参考。

图书在版编目（CIP）数据

机械制图/王其昌，翁民玲，常小芳编. —5版. —北京：机械工业出版社，2015.9（2025.6重印）

职业教育机械类专业“互联网+”新形态教材

ISBN 978-7-111-51255-4

Ⅰ.①机… Ⅱ.①王… ②翁… ③常… Ⅲ.①机械制图-高等职业教育-教材 Ⅳ.①TH126

中国版本图书馆CIP数据核字（2015）第189349号

机械工业出版社（北京市百万庄大街22号 邮政编码100037）
策划编辑：王佳玮 责任编辑：黎 艳 版式设计：霍永明
责任校对：张 薇 封面设计：张 静 责任印制：刘 媛
北京富资园科技发展有限公司印刷
2025年6月第5版第13次印刷
184mm×260mm · 18.5印张 · 459千字
标准书号：ISBN 978-7-111-51255-4
定价：49.80元

电话服务	网络服务
客服电话：010-88361066	机 工 官 网：www.cmpbook.com
010-88379833	机 工 官 博：weibo.com/cmp1952
010-68326294	金 书 网：www.golden-book.com
封底无防伪标均为盗版	机工教育服务网：www.cmpedu.com

第5版前言

本书是为适应职业教育“机械制图”课程改革需要，参照最新的机械制图教学大纲，在《机械制图》第4版基础上修订而成的。

本书的修订目标是力求通过学习，使学生具有较扎实的读图投影分析基础和拓宽性读图空间形体想象思维能力及徒手画图技能，以适应从事技术工作所必备的读、画能力。

为实现上述目标，本书采取如下措施，即本书特色如下：

1. 全面贯彻以读图为主干线，辅以画图，用画促读，读画结合，较为系统地论述读图思维基础和思维方法，把读图训练充实到各个章节，使读图循序渐进和不断线，使读图能力呈螺旋式上升。

2. 删除投影基础，侧重于图解内容，把点、线、面投影规律落实到体上读图的投影分析。

3. 扩大基本立体含义，提出柱形体。柱形体是构成机件的基本元素，弄清其形体特征、视图特点，熟练掌握读、画柱形体视图，为读、画机件视图奠定基础。

4. 常用立体表面交线，以常见为原则，精减题例，介绍读图思维基础。

5. 为适应学生心理特点和素质，引入创新的“视图归位拉伸”“特征面加厚度”等形象、有趣的读图法，达到速成读图和培养学习兴趣的目的。书中介绍“形体切割法”“凸凹构形法”“表面组装”等读图方法，判断第三角画法视图表示前后方位的“视图归位”“手掌翻转法”，把抽象思维转换为形象思维、读剖视图、断面图判断空与实、远与近的思维方法都是一些符合学生认识规律的有效读图法。精选有趣的读图题，从多角度启迪、扩展想象思路，把创新想象寓于读图中。

6. 轴测投影要点落在画轴测草图，作为检验读图正确性的判定手段之一，帮助学生建立空间立体概念。

7. 零件图部分把零件测绘合并到装配图的零、部件测绘，配合附录，有利于零、部件测绘环节的实施。加强读典型零件图，纠正重“影”不重“数”，把读尺寸、技术要求置于重要位置。

8. 为适应不同地区、不同专业、不同要求，本书把读第三角画法视图、展开图、焊接图及其他章节内有些内容和例题中打“*”号作为选学。

9. 为加强学生的想象能力，读图时，应采用形象和抽象手段检测想象结果。诸如各种造型、画轴测草图、选择题、补视图、补漏线、多解题、思考与演示等，达到丰富想象力的目的。

10. 处理常规画图和徒手画图关系，突出画草图为主、常规图为辅，把徒手画草图技能作为训练重点，降低常规图的难度和质量要求。

本书由王其昌、翁民玲、常小芳编写。由于编者水平有限，书中难免存在缺点和不足，恳请广大读者批评指正。

编　者

目　录

绪论

一、图样及其在生产中的作用

工程技术中，根据投影原理、国家标准及其规定表示的工程对象（如机器、建筑物等），并有必要的技术说明的图，称为工程图样。

近代生产活动中，如机器、仪器等的设计、制造和维修或船舶、房屋、桥梁等的设计和建造都必须有图样。设计部门用工程图样表达设计意图，而制造或施工部门依照工程图样了解设计要求并完成制造或建造，因此图样是生产活动中的基本技术文件。工程图样是传递和交流技术信息和技术思想的一种媒介和工具，是人类借以表达和交流技术思想的工具之一，俗称为“工程界的技术语言”。因此，从事生产技术工作的工程技术人员必须掌握这种“语言”，即必须具备制图技能和读图的本领。

不同性质的生产部门，对工程图样有不同的要求和名称，如机械图样、建筑图样、水利工程图样。用于表示机器、仪器等的图样，称为机械图样。

二、课程性质

机械制图是研究绘制（画图）和识读（看图）机械图样的投影原理和图示方法的一门学科。它具有很强的实践性，即一方面反映投影基本理论应用图示实际，更反映要获得绘制和阅读机械图样的能力，必须通过一定量的作业和练习的训练才能获得。

三、课程任务和要求

为了适应当前经济建设的需要，中等专业学校应培养从事现场技术工作高素质的劳动者。读图和绘图是从事现场技术劳动必备的基本功之一，制图课程就是为实现这一目标而设置的。通过本课的学习应达到以下目标：

1. 掌握用正投影法图示空间物体的基本理论和方法。

2. 掌握正确地使用绘图仪器和徒手画图的方法，掌握计算机绘图的基本方法，并具有能绘制简单图形的能力。

3. 能应用国家标准有关规定及所学投影基本理论和基本知识识读和绘制中等复杂程度的零件图和装配图。

4. 培养和发展空间想象能力。

5. 培养认真负责的工作态度和一丝不苟的工作作风。

四、学习方法和注意点

1. 本课程的特点是实践性强，在学习过程中注重于实际训练，在“图”与“物”、平面图形与立体形状相互转换过程中，贯彻多画、多读、多动手、多动脑、反复实践，不断地提高读图和画图技能。

2. 投影基本理论必须强调于应用，在“用”字上下功夫。牢固地掌握点、线、面的投影规律及应用，为读图和画图奠定较扎实的投影分析基础。

3. 注意观察、分析空间形体（模型、轴测图、零件、部件）的结构、形状特征及其与视图之间的投影对应关系，累积空间形体和视图的表达，不断地丰富空间想象力，从多方面扩大想象思路，增强空间想象力。

4. 注意培养读、画图的形体分析和线、面分析的能力，在各阶段的绘图和读图过程中反复地应用，逐步提高空间形体分析和投影分析的能力。

第一章 制图的基本知识和技能

第一节 常用绘图工具

“工欲善其事，必先利其器”，为了提高绘图质量和效率，必须掌握常用绘图工具的使用，这是工程技术人员必备的基本技能。

一、图板、丁字尺和三角板

1. 图板

图板是用来固定图纸进行绘图的。板面要求平整、光滑，左侧面为工作导边，必须平直，如图 1-1 所示。

2. 丁字尺

丁字尺由尺头和尺身构成（图 1-1），尺寸上边是工作边，主要用来画水平线。丁字尺的使用方法如图 1-2 所示。

用左手把尺头内侧紧靠在图板左侧的导边，并上下滑移到所需位置，然后把左手移到尺身并压紧；铅笔沿着尺身工作边从左往右向前倾斜运笔画线。

3. 三角板

三角板与丁字尺配合使用可画水平线的垂直线及 15°和 15°的倍数角（如 45°、30°、60°和 75°）的斜线，如图 1-3、图 1-4 所示。

两块三角板配合使用，可以画任意方向已知线的平行线和垂直线，如图 1-5 所示。

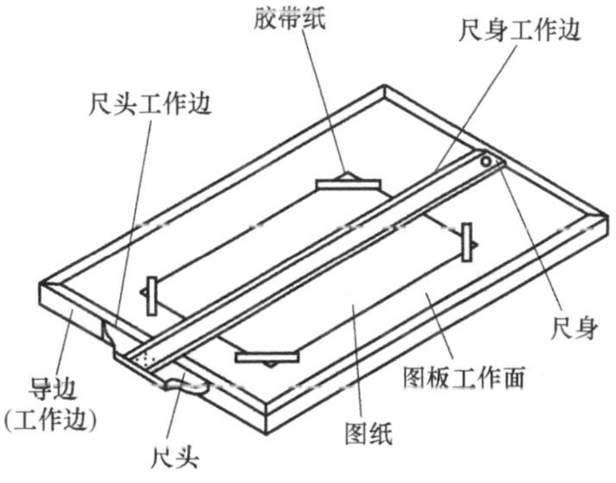

图 1-1 图板与丁字尺

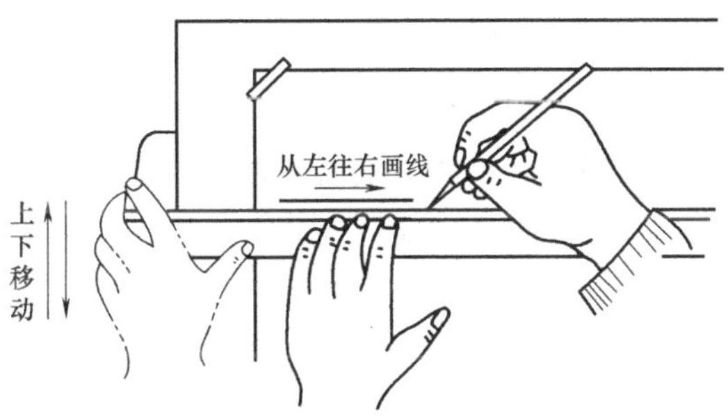

图 1-2 用丁字尺画水平线

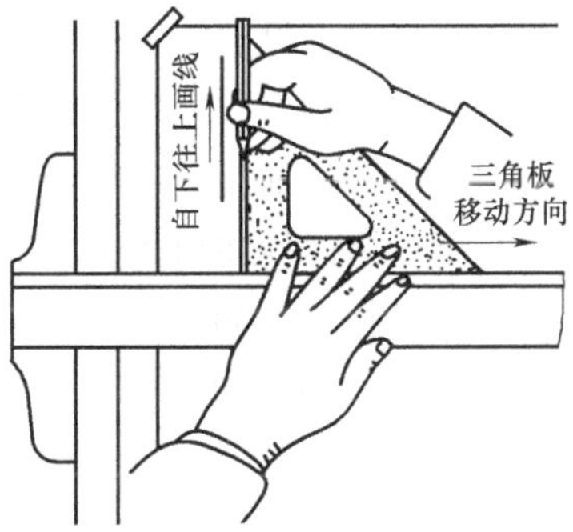

图 1-3 用丁字尺与三角板画铅垂线

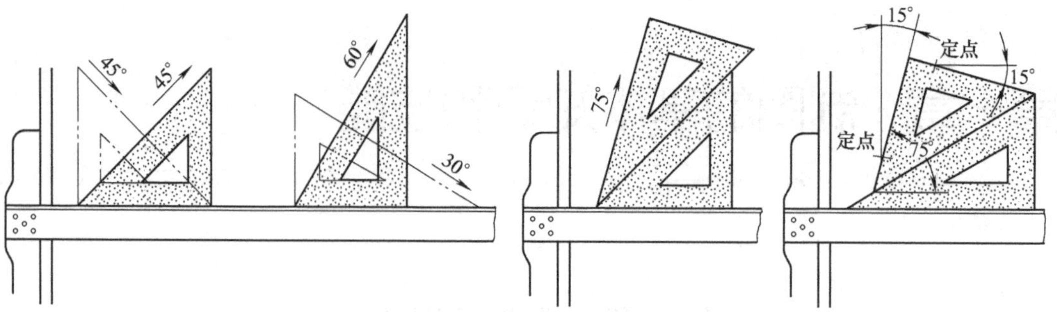

图 1-4 用三角板画 15°倍数角的斜线

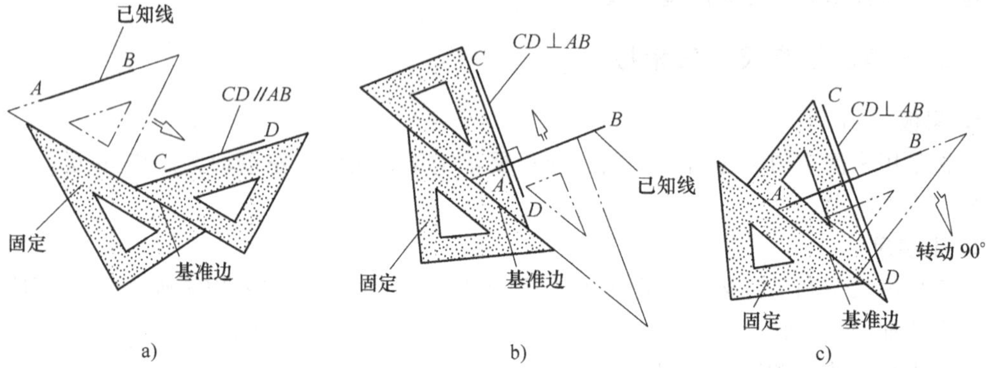

图 1-5 画任意方向已知线的平行线和垂直线

二、分规和圆规

1. 分规

分规用于量移尺寸和截取等分线段及圆周。当两腿合拢时，两针尖应对齐，如图 1-6a；调整开度如图 1-6b 所示；量移尺寸如图 1-6c 所示。

2. 圆规

圆规用来画圆和圆弧，其主要组成如图 1-7a 所示。圆规的铅芯要比画同类直线的铅芯软一号，画细线的铅芯形状如图 1-7b 所示，描粗线的铅芯形状如图 1-7c 所示。

画圆时，用有台肩钢针一端定圆心，台肩面与铅芯平齐，如图 1-7a 所示。

图 1-8 所示为圆规使用方法，不论画圆的大小，两腿应尽可能与纸面垂直，然后按顺时针方向画线，并向前方倾斜 15°～20°，如图 1-8a、b 所示。画小圆时，肘关节向内弯，如图 1-8c 所示；画大圆时，可接上延伸杆，如图 1-8d 所示。

三、铅笔

铅笔分为硬、中、软三种，由标号“H”、“B”来识别。H 前数字越大，表示铅芯越

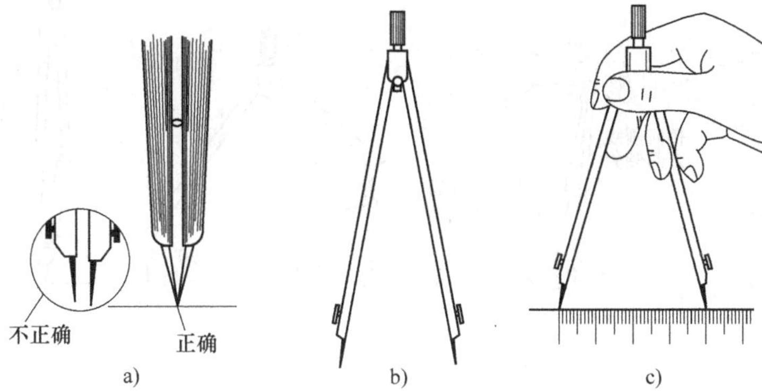

图 1-6　分规用法

a）两针尖对齐　b）调整开度　c）量移尺寸

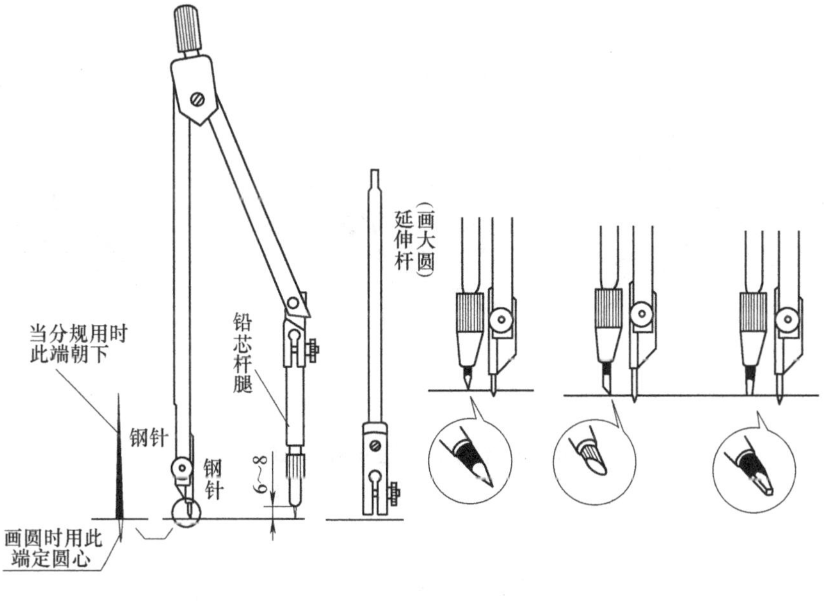

图 1-7　圆规和圆规铅芯形状

硬，6H 为最硬，B 前数字越大，表示铅芯越软，6B 为最软，HB 表示软硬适中。铅笔削法和铅芯形式如图 1-9 所示。

画粗实线时，一般选用 2B、B、HB 铅笔，铅芯磨成扁铲形（扁平四棱柱）；画细实线、细虚线细点画线、写字和画箭头用 H、HB，铅芯磨成锥形。

绘图时，除了使用上述工具外，还常用到小刀、橡皮擦、胶带纸、有时还用曲线板、比例尺。

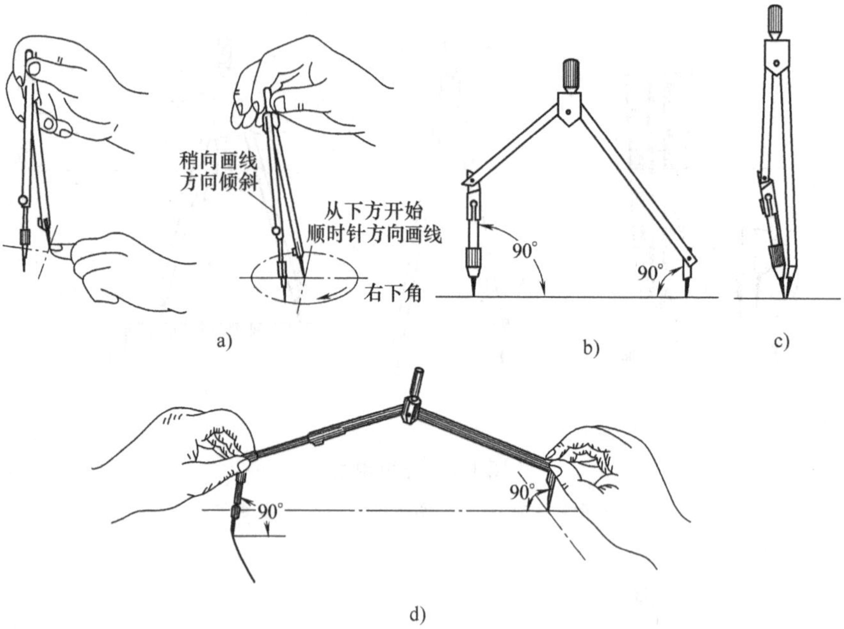

图 1-8 圆规的使用

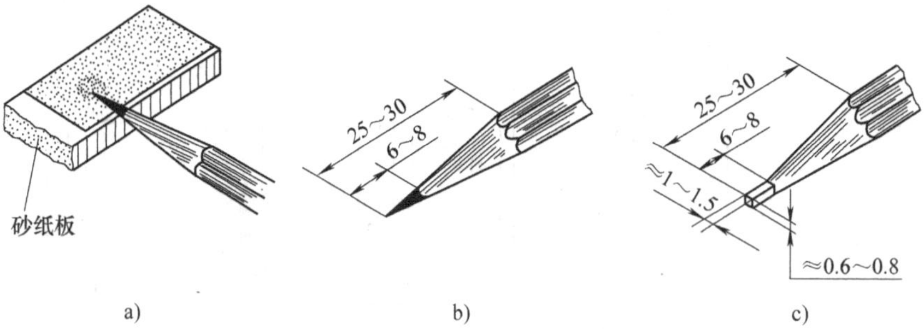

图 1-9 铅笔的削法和铅芯形状

a）铅芯的修磨 b）削磨成圆锥形 c）削磨成四棱柱形

第二节 制图国家标准的基本规定

工程图样是现代工业生产中的重要技术文件，为了生产和技术交流的需要，对图样的格式、内容和表示方法等必须有统一规定，由此，国家质量技术监督局发布实施了一系列国家标准《技术制图》、《机械制图》等。本节摘要介绍其中的基本内容。

一、图纸幅面及格式（GB/T 14689—2008）㊀

为了统一图纸幅面便于装订和管理，并符合微缩复制原件的要求，绘制技术图样，应按

㊀ GB/T 14689—2008 是图纸幅面和图框格式的国家标准代号。“GB/T” 是国家标准推荐性的汉语拼音字母的缩写；GB 的 “G” “B” 分别表示国标两个字汉语拼音的第一个字母，“T” 表示推荐标准；“14689” 为国家标准号；“—” 为分隔符号；“2008” 表示该项目标准发布年份。后续的标准号的含义与此类同，不再逐一解释。

以下规定选用图纸幅面和格式。

1. 图纸幅面尺寸

绘制技术图样时，应优先采用表 1-1 中规定的 5 种基本幅面，幅面代号由 A0 至 A4，尺寸关系如图 1-9a 所示。

表 1-1　图纸基本幅面代号和尺寸　　（单位：mm）

幅面代号	$B \times L$	a	c	e
A0	841 × 1189			20
A1	594 × 841		10	
A2	420 × 594	25		
A3	297 × 420		5	10
A4	210 × 297			

注：A0 面积 = 1189mm × 841mm = 1m^2，宽（B）与长（L）之比为 $1:\sqrt{2}$；A1 面积为 A0 一半（以图纸长边对折截开）；A2 面积为 A1 一半，以此类推，后一号图幅为前一号图幅一半。

当有必要时，允许加大基本幅面，其尺寸必须由基本幅面短边按整数倍增加后得出，如图 1-10 所示。例如 A3 幅面加长 3 倍，长边 420mm 不变，短边 297mm × 3 = 891mm，这时图幅为 420mm × 891mm。

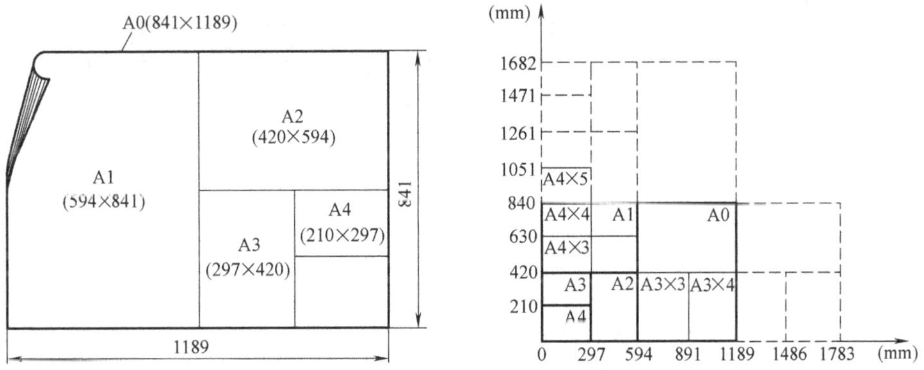

a)　　b)

图 1-10　图纸幅面

a）基本幅面尺寸关系　b）图纸的基本幅面及加长幅尺寸

2. 图框格式

在图纸上，必须用粗实线画出图框和标题栏，其格式分为不留装订边（图 1-11）和留有装订边（图 1-12）两种，各参数尺寸见表 1-1。但同一产品的图样只能采用一种格式。

3. 标题栏（GB/T 10609.1—2008）**及方位**

每张图样必须画出标题栏。标题栏的格式举例和尺寸如图 1-13 所示。

学生作业用标题栏可自行制定，建议采用图 1-14 简化的标题栏。

4. 附加符号

（1）对中符号　为了图样复制或缩微摄影时定位，应在图纸各边的中点处分别画出对

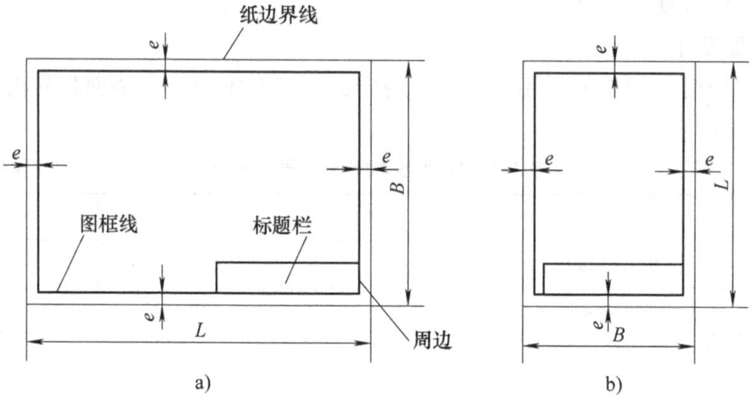

图 1-11 不留装订边图框格式

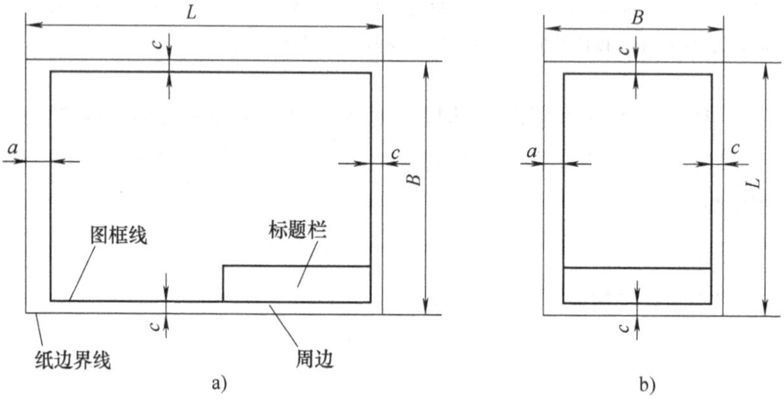

图 1-12 留装订边图框格式

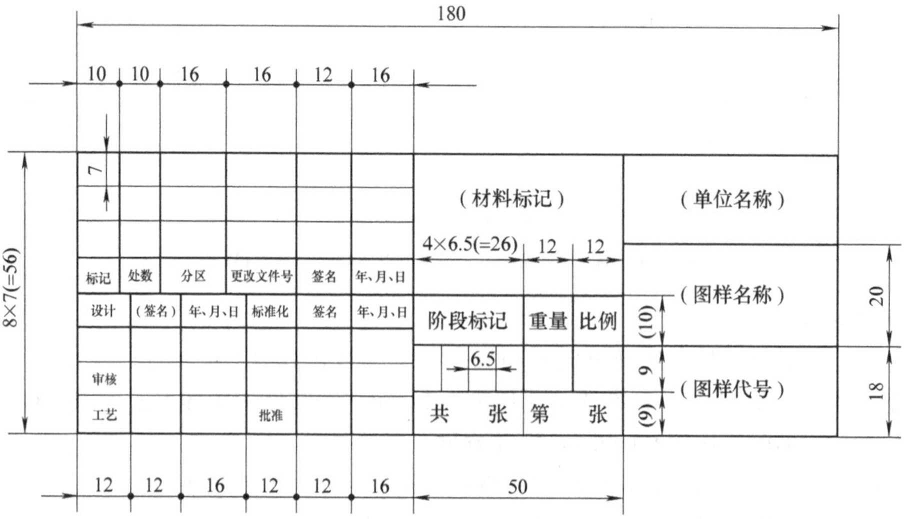

图 1-13 标题栏格式举例

中符号。对中符号用粗实线绘制，线宽不小于 0.5mm，长度从图纸边界开始伸入图框约 5mm，如图 1-15a 所示。当对中符号在标题栏范围内时，则伸入标题栏部分省略不画，如图 1-15b 所示。

（2）方向符号　为了利用预先印制的图纸，允许将图纸逆向旋转 90°放置，如图 1-15a 的 X 型图纸的短边、图 1-15b 的 Y 型图纸的长边置于水平位置，这时，标题栏的方向不再是读图方向。为了明确绘图和读图的方向，在图纸下边对中符号处画一个方向符号。方向符号为细实线的等边三角形，如图 1-15c 所示。

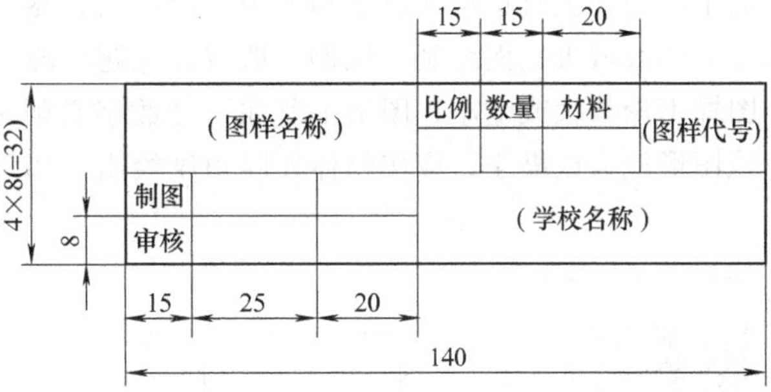

图 1-14　学生制图作业用标题栏格式

二、比例（GB/T 14690—1993）

图样的比例是指图样中图形与其实物相应要素的线性尺寸之比。绘图时，应从表 1-2 规定的系列选取比例。

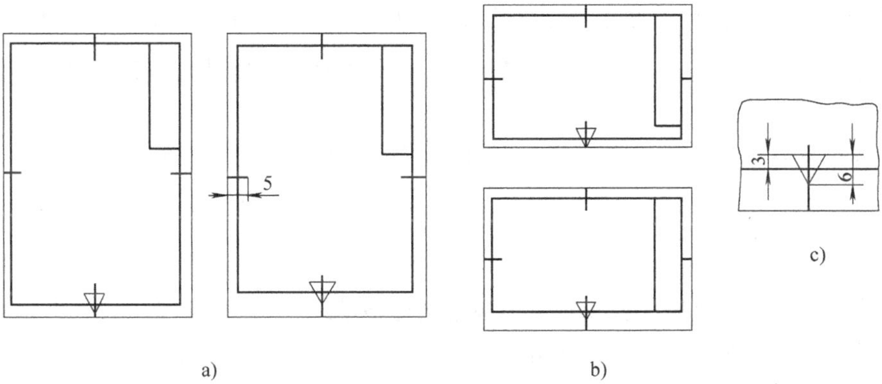

图 1-15　对中符号和方向符号

a）X 型图纸的短边置于水平　b）Y 型图纸的长边置于水平　c）方向符号

表 1-2　比例

种类	优先选用比例系列			允许选择比例系列
原值比例	1:1			
放大比例	5:1 5×10^n:1	2:1 2×10^n:1	1×10^n:1	4:1　2.5:1 4×10^n:1　2.5×10^n:1
缩小比例	1:2 1:2×10^n	1:5 1:5×10^n	1:10 1:1×10^n	1:1.5　1:2.5　1:3　1:4　1:6 1:1.5×10^n　1:2.5×10^n 1:3×10^n　1:4×10^n 1:6×10^n

注：n 为正整数。

为了从图样上直接反映出实物大小，绘图时，尽量采用原值比例。当机件太大或太小，可选用缩小或放大比例绘制。比例一般应在标题中的“比例”一栏内填写。

图样不论放大或缩小，图形上所注尺寸数字必须是实物的实际大小。绘制图形角度时，不论该图形放大或缩小，应按物体实际角度绘出，如图1-16所示。

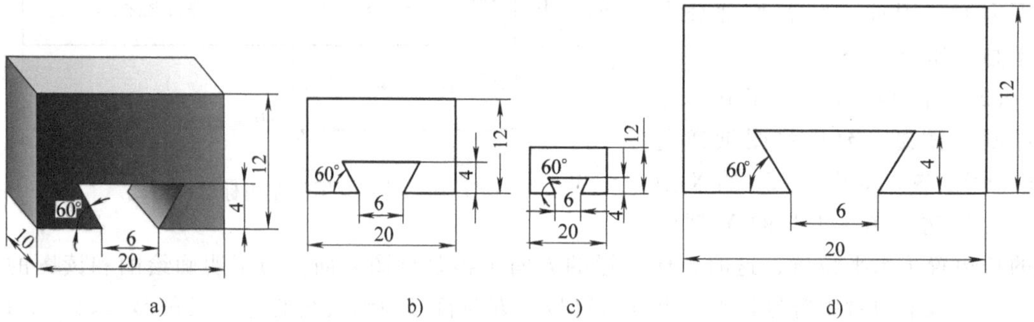

图1-16 不同比例的尺寸注法

a）形体 b）1:1 c）1:2 d）2:1

三、字体（GB/T 14691—1993）

在图样上和技术文件中书写字体必须做到：字体工整、笔画清楚、间隔均匀、排列整齐。字体高度（用 h 表示）的公称尺寸系列为：1.8、2.5、3.5、5、7、10、14、20（单位mm），如需要书写更大的字，其字体高度应按 $\sqrt{2}$ 的比率递增。字体高度代表字体号数。

1. 汉字

汉字应写成长仿宋体字（图1-17），并应采用国家正式公布推行的简化字。汉字的字宽约等于字高的 $\frac{2}{3}h$，字高不应小于3.5mm。表1-3为长仿宋字基本笔画及写法，掌握其写法技巧是写好整体字的基础。

初练书写长仿宋体字时，应先按字体规格画好格子线。

书写要领为：横平竖直、注意起落、结构匀称、写满方格，如图1-17字例写法。

10号字：技术制图字体

7号字：字体端正 笔画清楚 排列整齐 间隔均匀

5号字：写仿宋体要领：横平竖直 注意起落 结构匀称 填满方格

图1-17 长仿宋体字示例

2. 字母和数字

字母和数字分A型和B型。A型字体的笔画宽度 d，$d=h/14$（h 为字高），B型字体的笔画宽度 $d=h/10$（字高）。图1-18为B型字体。

表 1-3　长仿宋字的基本笔画和写法

图 1-18　字母和数字示例（B 型字体）

a）阿拉伯数字示例　b）罗马数字示例　c）拉丁字母示例

字母和数字可写成斜体和直体。斜体字头向右倾斜，与水平基准线成75°。

四、图线（GB/T 4457.4—2002）

1. 图线的形式及应用

国家标准 GB/T 4457.4—2002《图样画法、机械制图　图线》规定了机械图样上使用的9种图线的名称、线型、线宽及应用示例，见表1-4和图1-19所示。

表1-4　图线的形式及应用

图线名称	图线形式及代号	图线宽度	一般应用
粗实线		d （0.4～2mm）	可见棱边线、可见轮廓线、相贯线、螺纹牙顶线及螺纹终止线、齿顶线及齿顶圆
细实线		约 d/2	尺寸线及尺寸界线、剖面线、重合断面的轮廓线、过渡线、螺纹的牙底及齿轮的齿根线、引出线和基准线、分界线及范围线、弯折线、辅助线、不连续的同一表面的连线、成规律分布的相同要素的连线
细虚线	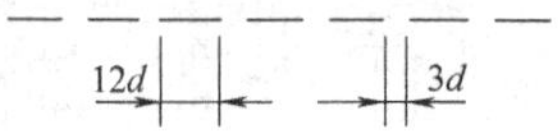	d/2	不可见棱边线、不可见轮廓线
细点画线	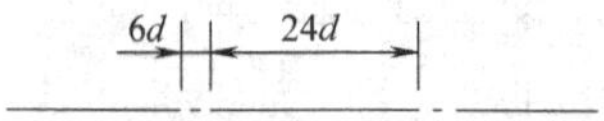	d/2	轴线、对称中心线、分度圆（线）、孔系分布的中心线、部切线
波浪线		d/2	断裂处边界线、视图与剖视图分界线
双折线	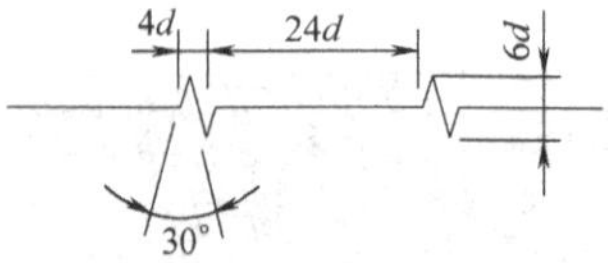	d/2	断裂处边界线
粗虚线		d	允许表面处理的表示线
粗点画线		d	限定范围表示线
细双点画线	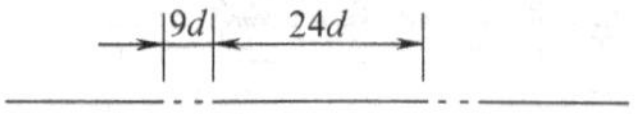	d/2	相邻辅助零件的轮廓线、极限位置的轮廓线、坯料的轮廓线或毛坯图中制成品的轮廓线、假想投影轮廓线、工艺用结构的轮廓线、中断线、轨迹线

2. 图线的宽度

机械图样中采用粗、细两种图线宽度，它们的比例为2:1，粗线宽度为 d，细线宽度为 $d/2$。图线宽度（d）应根据图样大小在下列数列中选取：0.25、0.35、0.5、0.7、1、1.4、2（单位mm）。

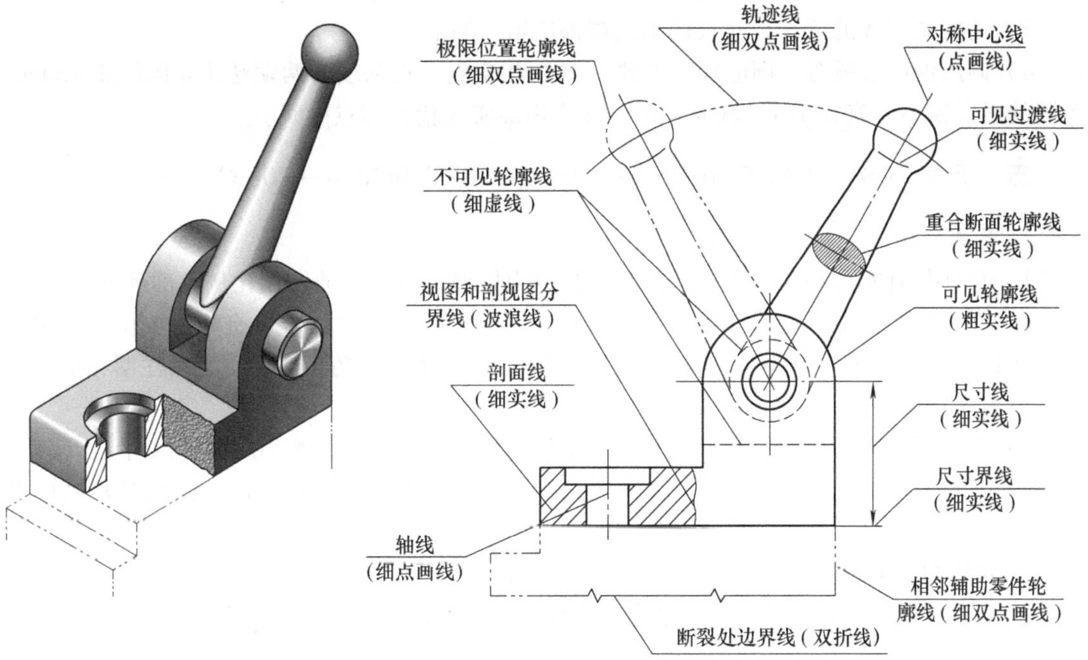

图 1-19　各种图线应用举例

虚线、点画线、双点画线的线段长度、间隔建议参考表 1-4 灵活应用。通常选用 d 为 0.5mm 或 0.7mm，为了保证图样清晰性，避免线宽小于 0.18mm 的图线。

3. 各种图线应用举例

4. 图线画法注意事项（图 1-20）

1）同一张图样中，同类型的图线宽度应基本保持一致，虚线、点画线、双点画线的线段（画）长度和间隔应大致相等。

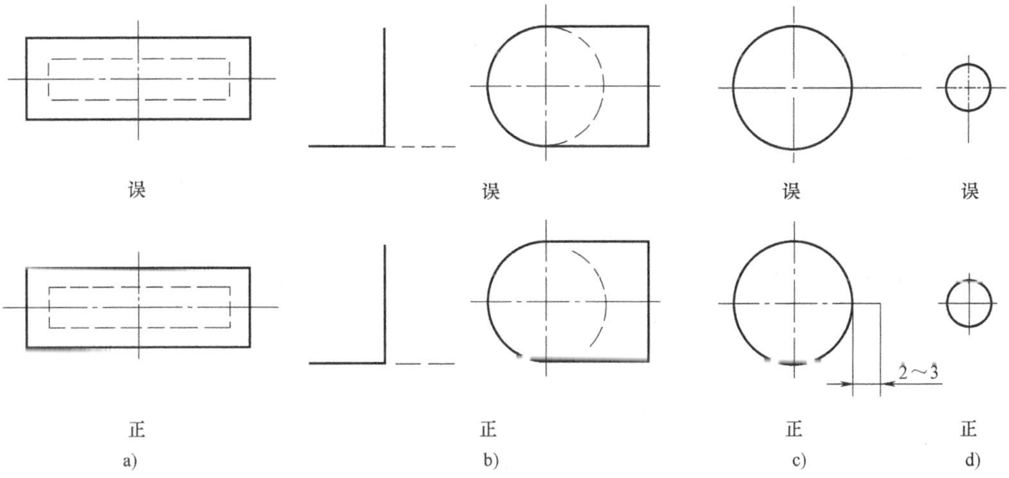

图 1-20　图线画法注意事项

2）各种图线相交时，应以线段（画）相交，而不应该是点或间隔相交。

3）虚线是实线的延长，对接的虚线端部应留出间隔。

4）画图的中心线时，圆心应是线段（画）相交点。点画线的两端超出轮廓线2～3mm，当圆的图形较小（直径小于12mm）时，允许用细实线代替细点画线。

五、尺寸注法（GB/T 16675.2—1996、GB/T 4458.4—2003）

1. 基本规则

1）机件的真实大小应以图样所注尺寸数值为依据，与图形的绘制比例及准确度无关。

2）在机械图样中（包括技术要求和其他说明）的线性尺寸，若以毫米为单位，规定不需标注计量单位的代号或名称；如果采用其他单位，如英寸、角度等，则必须注明相应的计量单位的代号或名称。

3）图样所标注的尺寸，为该图样所示机件的最后完工尺寸，否则应另加说明。

4）机件上每一个尺寸，在图样上一般只标注一次，并应标注在反映该结构最清晰的图形上。

2. 尺寸的符号及缩写词

标注尺寸时，应尽可能采用尺寸符号或缩写词，见表1-5。

表1-5 常用符号或缩写词（GB/T 4458.4—2003）

名称	符号	名称	符号或缩写词	名称	符号或缩写词	名称	符号或缩写词
直径	*Φ*	球半径	*SR*	深度	↓	沉孔或锪孔	⌴
半径	*R*	厚度	*t*	45°倒角	*C*	埋头角	⌵
球直径	*SΦ*	弧长	⌒	正方形	□	均布	EQS

3. 尺寸组成

图样上标注每一个尺寸，一般由尺寸界线、尺寸线（包括终端形式上）和尺寸数字所组成，如图1-21所示。

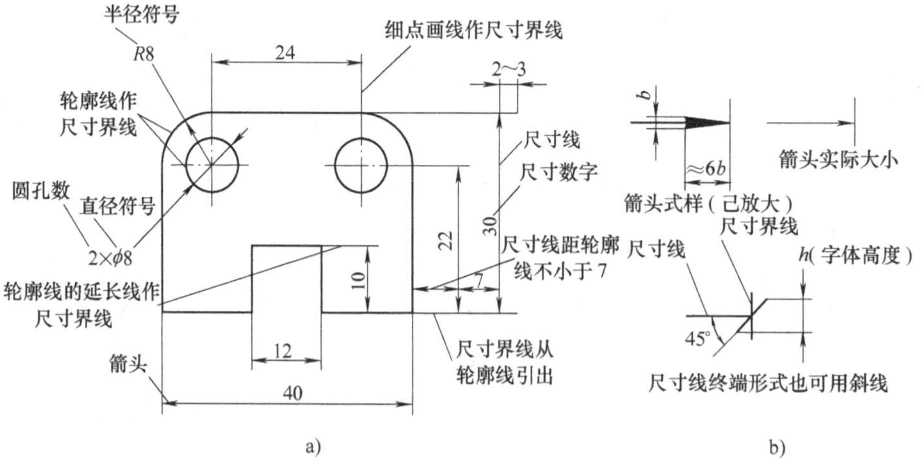

图1-21 尺寸的组成与标注

a）尺寸的组成 b）尺寸线的终端形式

(1) 尺寸界线　表示尺寸量度范围。用细实线绘制，从图形中的轮廓线、轴线或中心线引出，并超出尺寸线末端 2 ~ 3mm。也可用轮廓线、轴线或对称中心线作为尺寸界线。

尺寸界线一般应与尺寸线垂直，必要时允许倾斜，如图 1-22 所示，该图表示圆角处用细实线将轮廓线延伸，从它们交点引出平行的尺寸界线。

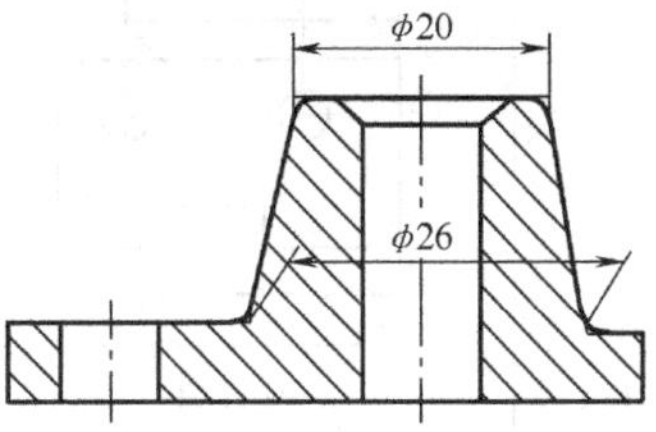

图 1-22　倾斜引出的尺寸界线

(2) 尺寸线　表示尺寸度量方向。用细实线单独画出，不得用其他图线代替，也不得与其他图线重合或在其延长线上。

尺寸线终端有箭头和斜线两种形式，如图 1-23b 所示。箭头适用各种类型的图样，当尺寸线终端采用斜线（细线）形式时，尺寸线和尺寸界线必须垂直。

同一张图样只能采用一种尺寸线的终端形式。一般机械图样的尺寸终端画箭头，土建图的尺寸线的终端画斜线。

(3) 尺寸数字　表示尺寸度量大小。线性尺寸数字一般应注写在尺寸线的上方，也允许注写在尺寸线中断处，见图 1-23c 中的 27，同一张图样上注写形式应一致。

线性尺寸数字的方向，一般应按图 1-23a 所示方向注写，即水平尺寸字头朝上，垂直尺寸字头朝左，倾斜尺寸字头保持朝上趋势。应尽可能避免在图示 30°范围内标注倾斜尺寸，当无法避免时，可按图 1-23b 所示引出标注。

在不致引起误解时，非水平方向的尺寸数字可水平地注写在尺寸线中断处，如图 1-23c 所示。

尺寸数字不允许被任何图线通过，当不可避免时，必须将图线断开，如图 1-24 所示。

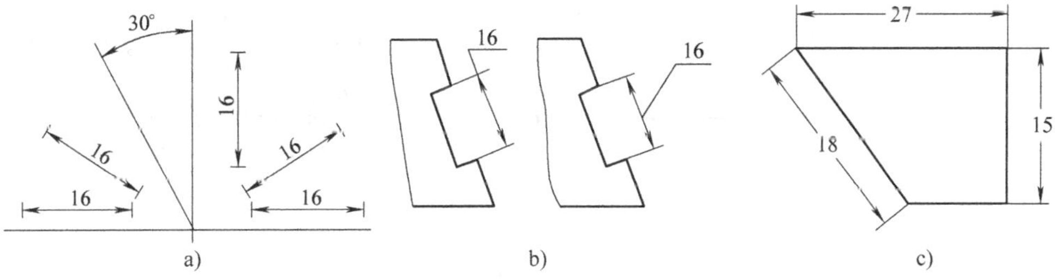

图 1-23　线性尺寸数字的注写方向

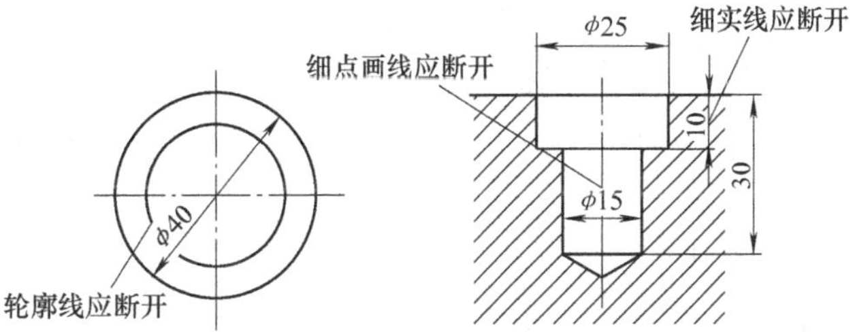

图 1-24　尺寸数字不允许任何图线通过

4. 常用尺寸的标注举例（表 1-6）

表 1-6　常用尺寸标注举例

项目	图例	说明
直线尺寸的标注	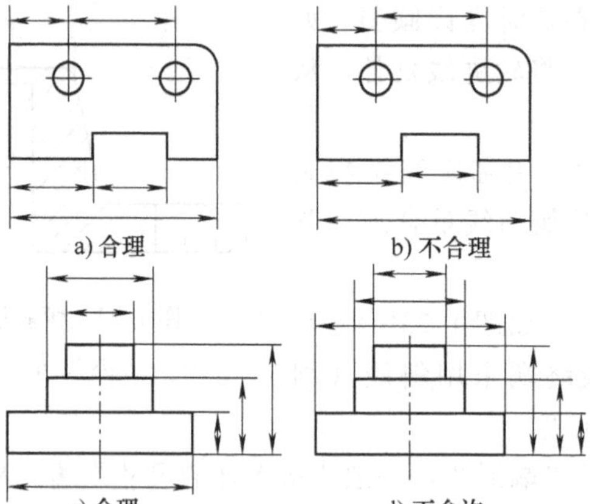 a) 合理　b) 不合理　c) 合理　d) 不允许	串联尺寸，应把相邻尺寸箭头对齐，即应注在一条直线上（图 a） 并列尺寸，应把小的尺寸布置在内，大的尺寸布置在外（图 c）。尺寸线与轮廓线、尺寸线与尺寸线的间隔不小于 7mm，并保持间隔基本一致（图 c）
圆的尺寸标注	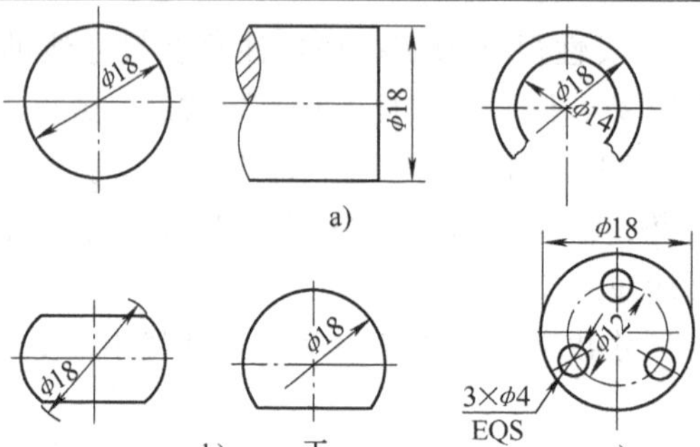 a)　b)　c)	圆或大于半圆的圆弧和跨于两边的同心圆弧的尺寸应标注直径 标注直径尺寸时，尺寸线应通过圆心，尺寸线的终端应画成箭头，并在尺寸数字前加注符号“ϕ”（图 a、b） 对相同规格的圆孔，用孔数 × 直径，如 3 × ϕ4；对均布同规格的圆孔，用均布符号 EQS 表示（图 c）
圆弧的尺寸标注	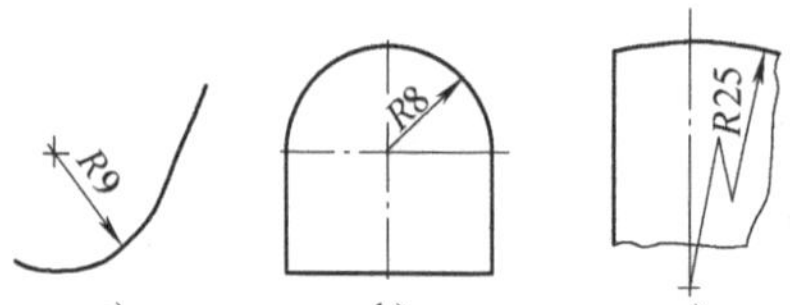 a)　b)　c)	小于或等于半圆的圆弧尺寸一般标注半径 标注半径尺寸时，尺寸线从圆心引出指向圆弧，终端是箭头，并在尺寸数字前加注符号“*R*”（图 a、b） 相同结构的圆弧，不再注数量 当圆弧圆心距圆弧较远时，可按图 c 所示，把圆心上移，用折线引出尺寸线
狭小尺寸标注	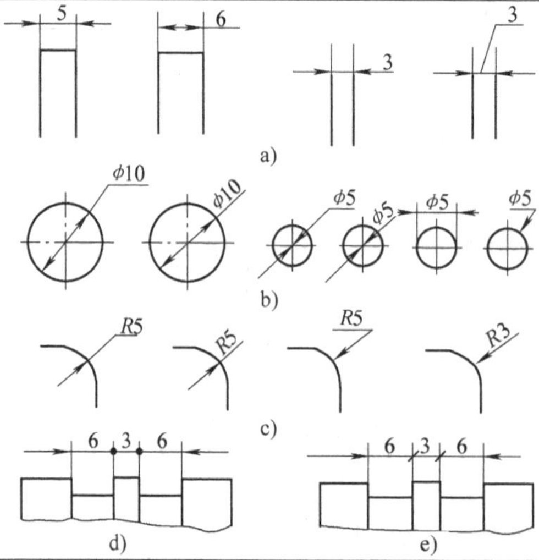 a)　b)　c)　d)　e)	当没有足够位置注写数字或画箭头时，可把箭头或数字之一布置在图形外，也可把箭头与数字均布置在图形外（图 a、b、c） 标注串联线性小尺寸时，可用小圆点或斜线代替箭头，但尺寸两端的箭头仍应画出（图 d、e）

（续）

项 目	图 例	说 明
角度的标注	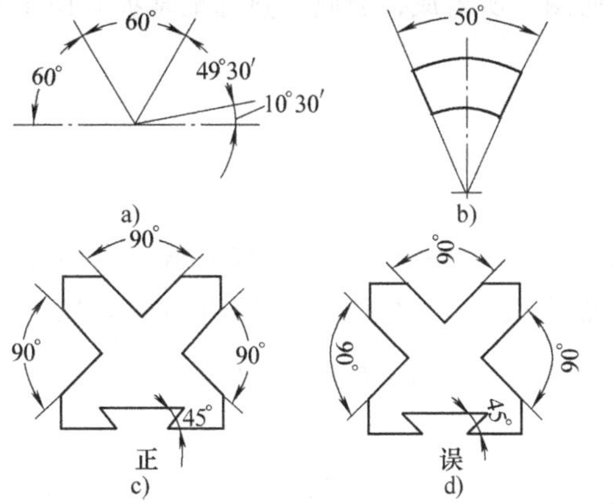	角度的尺寸界线应沿径向引出，尺寸线应以角的顶点为圆心画圆弧，尺寸线终端画箭头 角度的数字一律按水平方向注写，即数字的字头朝上，一般填写在尺寸线中断处。必要时，也可注写在尺寸线上方、外侧或引出标注（图 a、b、c） 图 d 角度为错误注法
弦长和弧长尺寸标注	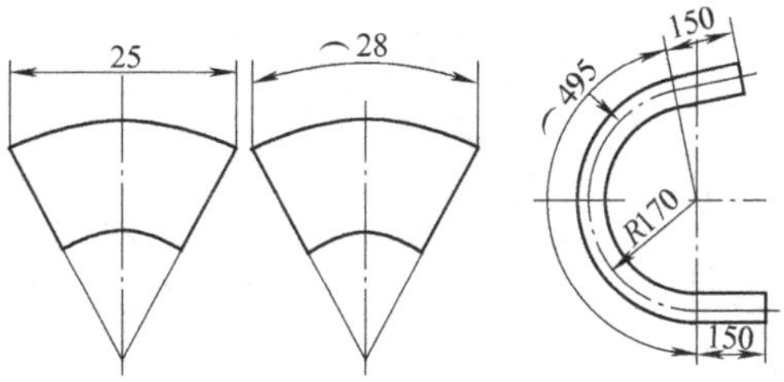	弦长及弧长的尺寸界线应平行于该弦的垂直平分线，当弧度较大时，可沿径向引出。弦长的尺寸应与弦平行。弧长的尺寸线画圆弧，在尺寸数字的前方加注符号“⌒”
球体尺寸的标注	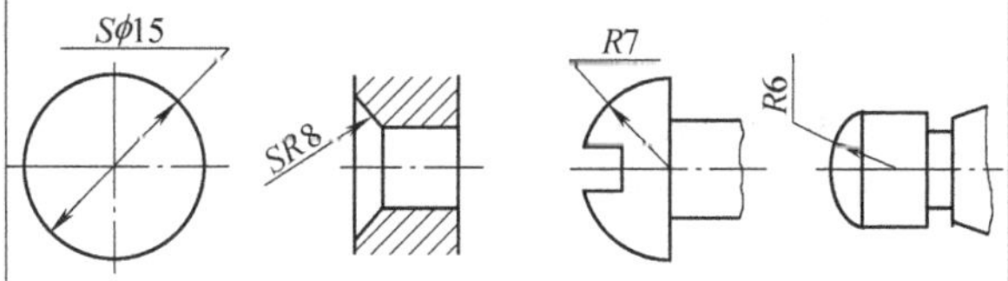	标注球面的直径或半径时，应在符号“ϕ”或“R”前加注符号“S” 对于螺钉、铆钉头部、手柄端部等的球体，在不致引起误解时，可省略符号“S”
对称图形尺寸的标注	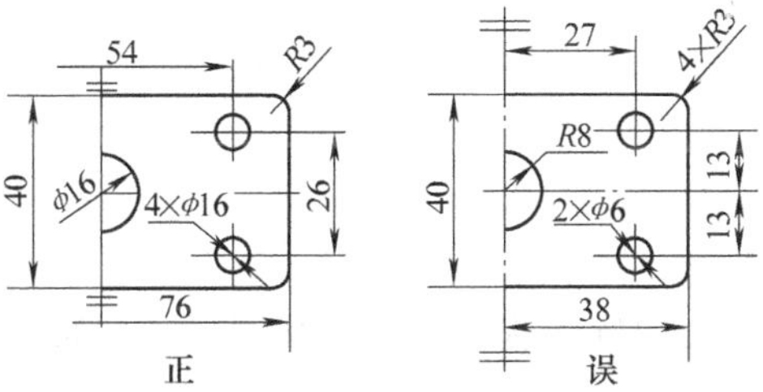	对称图形，应把尺寸标注成对称分布：当对称图形只画出一半或略大于一半时，尺寸线应略超过对称中心线或断裂处的边界线，尺寸线另一端画出箭头

第三节 常用几何图形画法

机件的轮廓平面形都可看成由几何图形所组成，因此，熟练地掌握几何图形画法是绘制图样必备的基本技能之一。

一、等分线段

1. 分规试分法

如图 1-25a 所示。要将直线 AB 分 4 等分，先用目测将分规调整到 AB 长度的 1/4，然后在 AB 上试分，如得点Ⅳ（点Ⅳ也可能在端点 B 之外），然后再调整分规，使其长度增加（或缩小）$\frac{1}{4}e$，然后重新试分，通过逐步逼近，即可将线段 AB 分 4 等分。

2. 辅助平行线法

如图 1-25b 所示，将线段 AB 分 5 等分。先过端点 A 任作一射线 AC，的 AC 上以适当长度截取 1、2、3、4、5 各等分点，连接 $5B$，再过各点作 $5B$ 的平行线，即得线段 AB 的 5 个等分点。

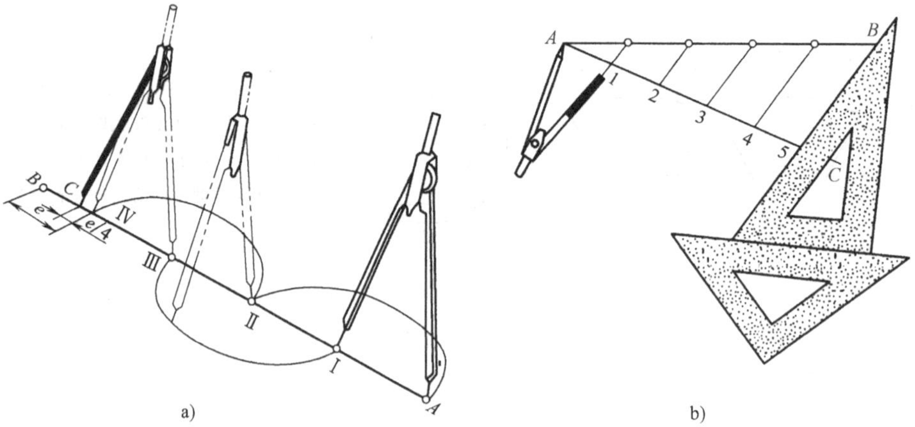

图 1-25 等分线段

a）分规试分法 b）辅助平行线法

二、等分圆周及作正多边形

1. 用圆规作圆的 3、6、12 等分及作正多边形（图 1-26）

2. 用丁字尺和三角板配合作正六边形（图 1-27）

3. 圆的 5 等分及作正五边形（图 1-28）

三、斜度与锥度

1. 斜度

斜度指一直线或平面对另一直线或平面的倾斜程度。斜度代号为 S，如图 1-29a 所示，计算关系式为

$$S = \tan\beta = (H - h)/L$$

工程图样中，通常把比例前项简化为1，写成1∶*n*的形式。斜度符号“∠”的画法，

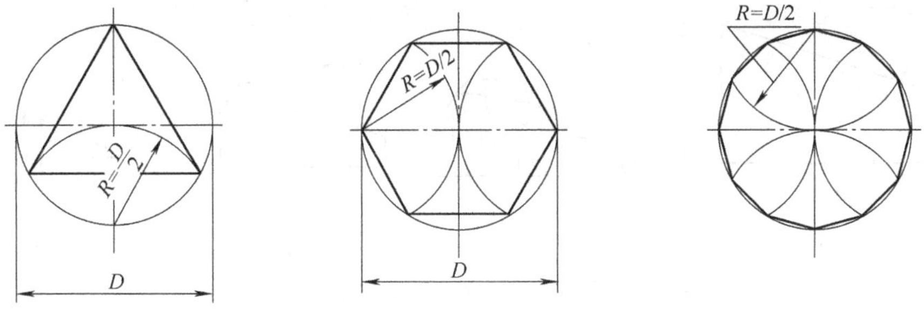

a)　　　　b)　　　　c)

图1-26　用圆规作等分圆周及作正多边形

a）3等分及作正三边形　b）6等分及作正六边形　c）12等分及作正十二边形

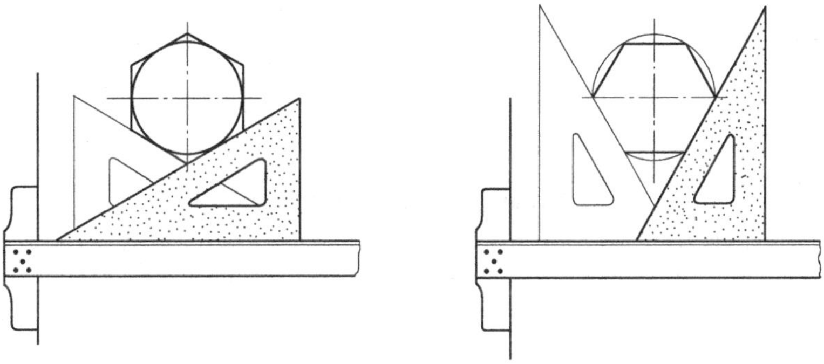

a)　　　　b)

图1-27　丁字尺和三角板配合作正六边形

a）外切正六边形　b）内接正六边形

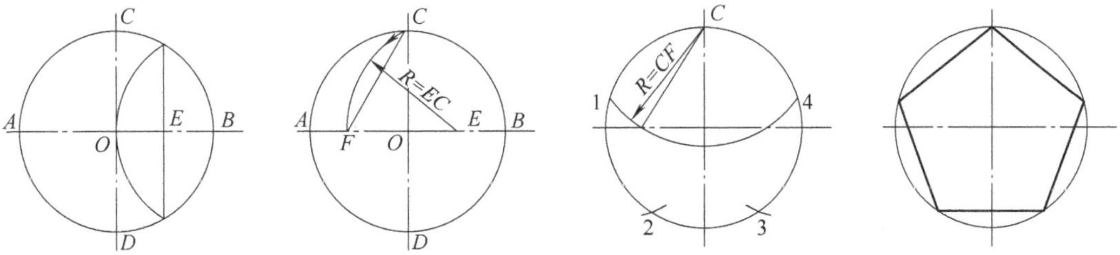

a)　　　　b)　　　　c)　　　　d)

图1-28　5等分圆周及作正五边形

a）作*OB*的中点*E*　b）以*E*为圆心，*EC*为半径作圆弧与*OA*交于点*F*，线段*CF*即为圆周5等分的弦长

c）以*CF*长依次截取圆周得5个等分点　d）连接相邻各点，即得圆内接正五边形

如图 1-29b 所示。

标注斜度：从斜度轮廓线引出水平线，斜度符号倾斜方向应与轮廓线倾斜方向一致，如图 1-29b 所示∠1:4。

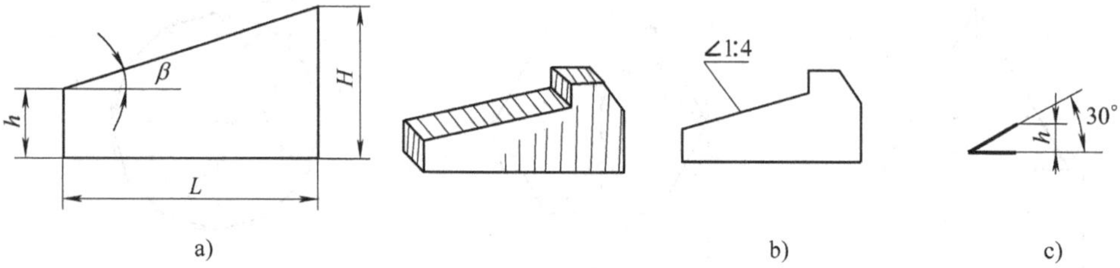

图 1-29　斜度及斜度的标注

a）斜度　b）斜度标注　c）斜度符号

图 1-30 为斜键斜度 1:10 的作图步骤。

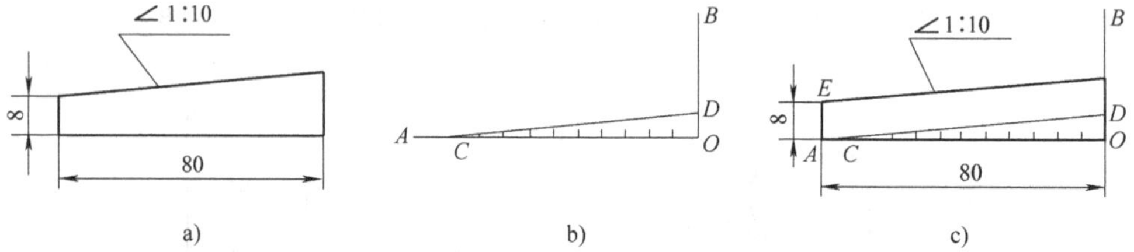

图 1-30　斜键斜度的作图步骤

a）已知斜键的斜度 1:10　b）作 $OB \perp OA$，在 OA 上取 10 单位长度得 C，在 OB 取 1 单位长度得 D 连接 C 和 D，得 1:10 参考的斜度线 c）按尺寸定出 E 点，过 E 点作 CD 平行参考斜度线，即得所求

2. 锥度

锥度大小由圆锥角所决定，它指圆锥的底圆直径与高之比。如果是圆锥台，则为底圆直径和顶圆直径之差与高之比。锥度代号为 C，如图 1-31a 所示，计算关系式为

$$锥度\ C = 2\tan(\alpha/2) = (D - d)/L$$

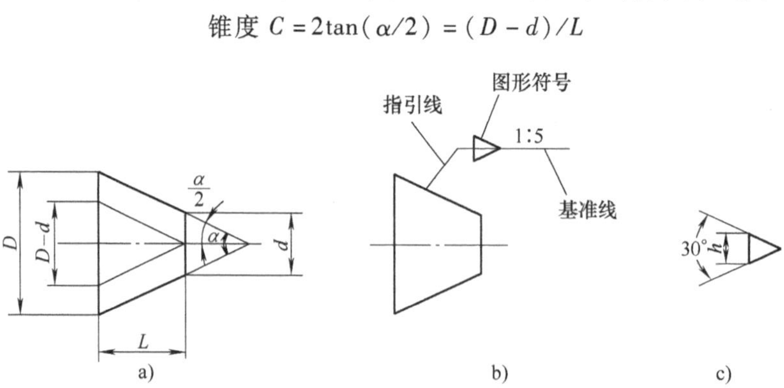

图 1-31　锥度及其标注

a）锥度　b）锥度标注　c）锥度符号

锥度与斜度一样，把比例前项简化为 1，写成 1:n 形式。锥度符号“▷”的画法，如

图 1-31c所示。锥度标注在锥度轮廓线上与引出线相连的基准线上，符号所示方向应与锥度方向一致，如图 1-31b 所示▷ 1:5。

图 1-32 为塞规锥度 1:5 的作图步骤。

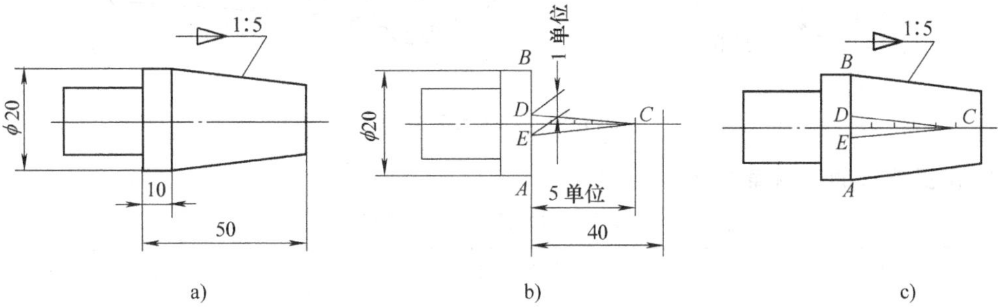

图 1-32　塞规锥度作图步骤

a）塞规锥度 1:5　b）按尺寸先画出已知线段，在轴线上量取 5 单位长，在 *AB* 中点量取 1 单位长，得锥度 1:5 两边斜度 *CD*、*CE*　c）过 *A*、*B* 分别作 *CD*、*CE* 平行线，即得所求

四、作圆弧切线

零件的平面轮廓常见到直线光滑地切于圆弧。作直线切圆弧时，通常借助三角板作图，作图的要点是求切点，如图 1-33 所示。

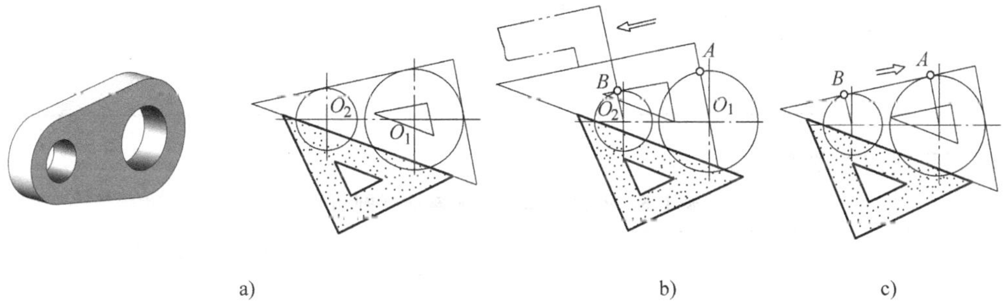

图 1-33　用三角板作两圆外公切线

a）作已知两圆，并将一块三角板的直角边调整与两圆公切，另一块三角板紧靠在第一块三角板的斜边

b）推移第一块三角板使另一直角边过圆心 O_1、O_2，作直线 O_1A、O_2B，得切点 *A*、*B*

c）连接 *A*、*B* 两点即得所求

五、圆弧连接

零件的轮廓常见到圆弧光滑地切于直线和圆弧，称为圆弧连接。作圆弧连接时，必须准确找出其圆心和切点，才能光滑过渡。图 1-34 所示为扳手轮廓形状的连接及要点。

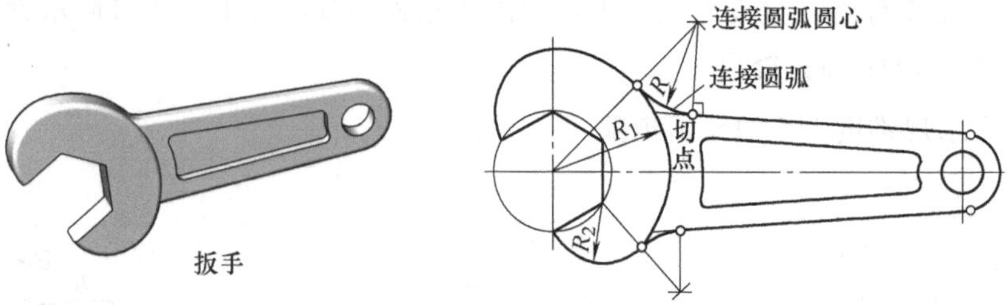

图 1-34　圆弧连接要点

1. 圆弧连接的作图原理（表 1-7）

表 1-7　圆弧连接的作图原理

类别	圆弧与直线连接（相切）	圆弧与圆弧外连接（外切）	圆弧与圆弧内连接（内切）
图例	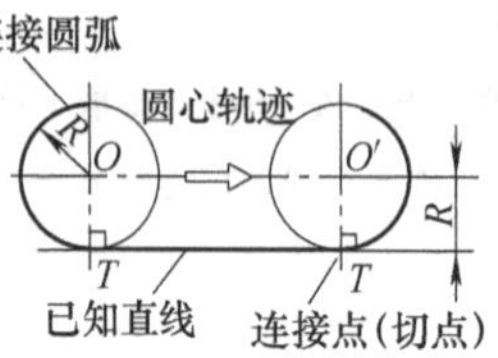	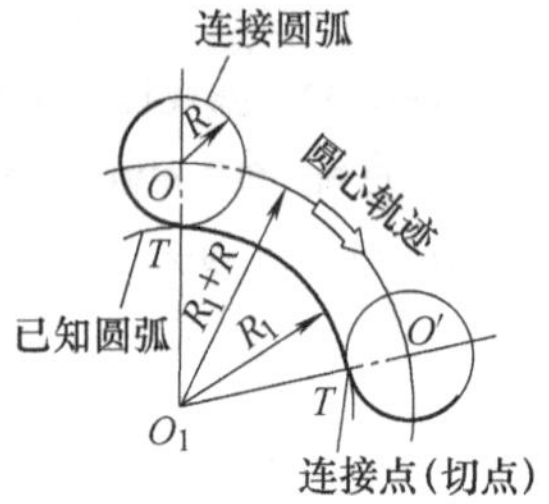	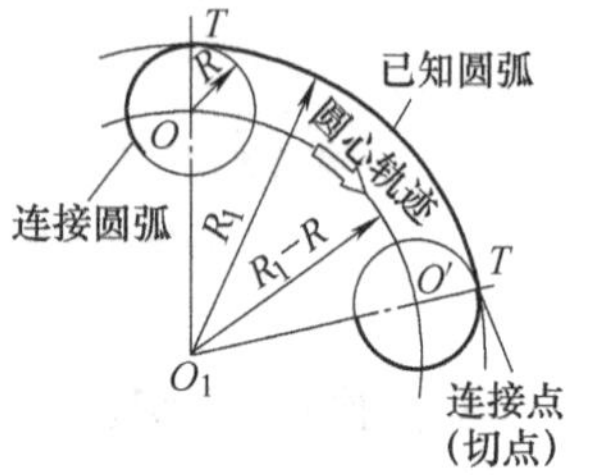
连接弧圆心轨迹及切点位置	连接弧的圆心 O 的轨迹是在平行于已知直线且相距为 R 的直线上 切点为连接弧圆心 O 向已知直线作垂线的垂足 T	连接弧的圆心 O 的轨迹是在已知圆弧的同心圆弧上，其半径为 R_1+R 切点为两圆心连线与已知圆弧的交点 T	连接弧的圆心 O 的轨迹是在已知圆弧的同心圆弧上，其半径为 R_1-R 切点为两圆心连线的延长线与已知圆弧的交点 T

2. 两直线间的圆弧连接（表 1-8）

表 1-8　两直线间的圆弧连接（圆角）

类别	用圆弧连接锐角或钝角（圆角）	用圆弧连接直角（圆角）
图例	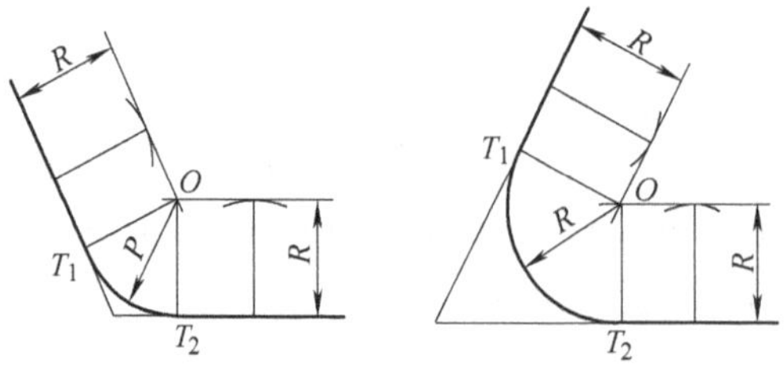	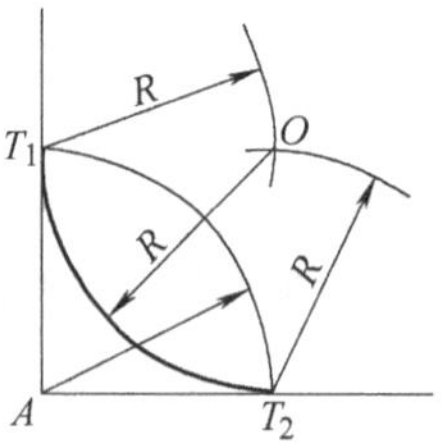
作图步骤	a）分别作与已知角两边相距为 R 的平行线，交点 O 即为连接弧圆心 b）过 O 点分别向已知角两边作垂线，垂足 T_1、T_2 即为切点 c）以 O 为圆心，R 为半径，在两切点 T_1、T_2 之间画连接圆弧，即为所求	a）以直角顶点 A 为圆心，R 为半径作圆弧交直角两边于 T_1 和 T_2，得切点 b）分别以 T_1 和 T_2 为圆心，R 为半径作圆弧相交点，得连接弧圆心 O c）以 O 为圆心，R 为半径在两切点 T_1 和 T_2 之间作连接弧，即得所求

（续）

类别	用圆弧连接锐角或钝角(圆角)	用圆弧连接直角(圆角)
实例	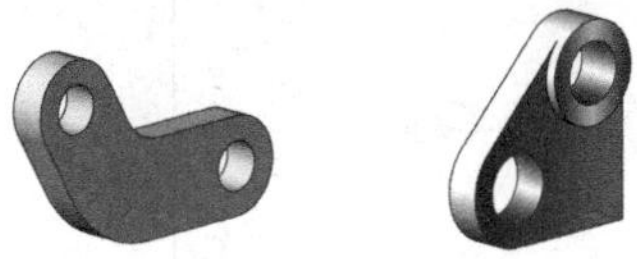	

3. 两圆弧以及直线和圆弧之间的圆弧连接（表 1-9）

表 1-9　两圆弧以及直线与圆弧之间的圆弧连接

名称	外连接	内连接	混合连接	圆弧连接直线与圆弧
	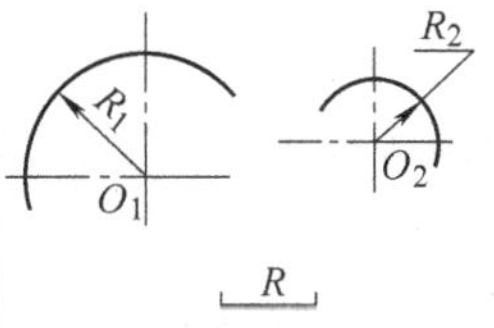	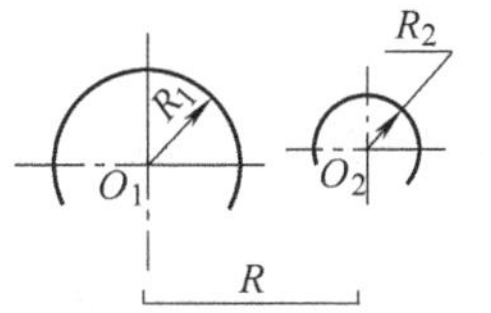	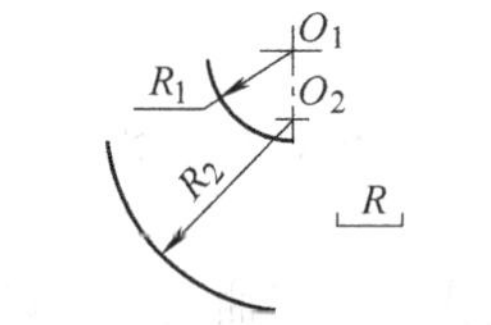	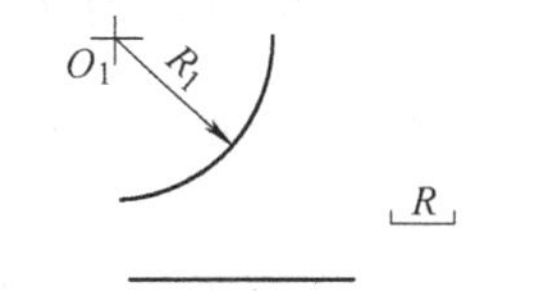
	已知连接圆弧半径 R,外连接两已知圆弧(R_1,R_2)	已知连接圆弧半径 R,内连接两已知圆弧(R_1,R_2)	已知连接圆弧半径 R,外连接已知圆弧 R_1 与内连接已知圆弧 R_2	已知连接圆弧半径 R,外接已知圆弧 R_1 和已知直线
作图步骤	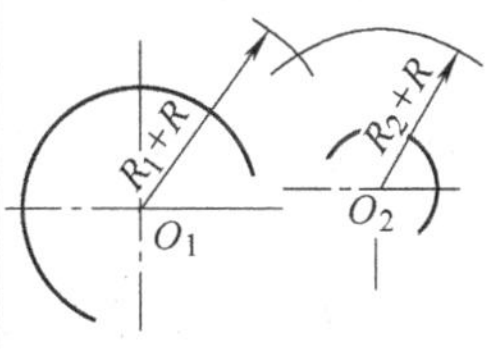	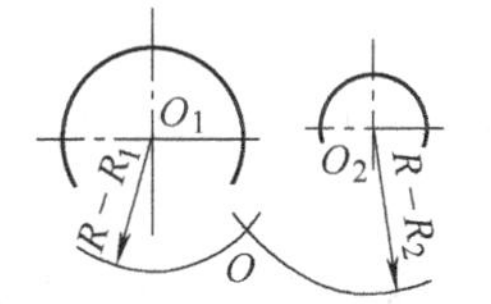	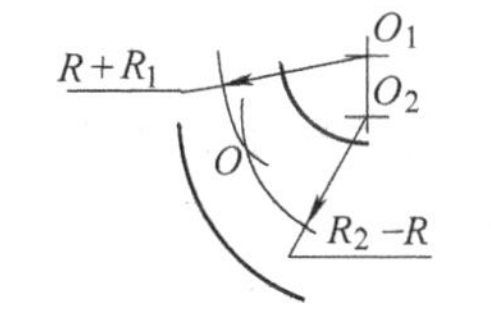	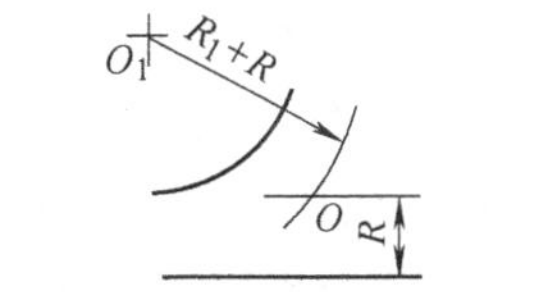
	1. 分别以 O_1、O_2 为圆心,R_1+R、R_2+R 为半径画弧相交于 O,得连接圆弧的圆心	1. 分别以 O_1、O_2 为圆心,$R-R_1$、$R-R_2$ 为半径画弧相交于 O,得连接圆弧的圆心	1. 分别以 O_1、O_2 为圆心,R_1+R、R_2-R 为半径画弧相交于 O,得连接圆弧的圆心	1. O_1 为圆心,$R+R_1$ 为半径画弧,作距离已知直线为 R 的平行线交于 O,得连接圆弧的圆心
	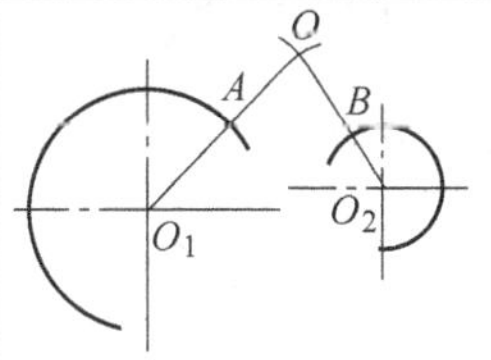	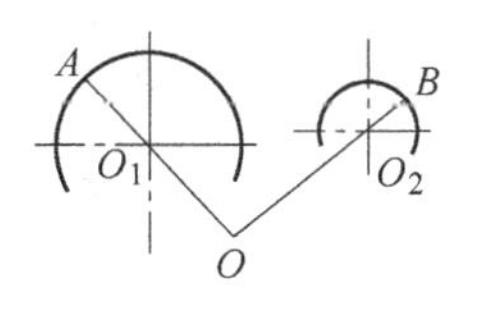	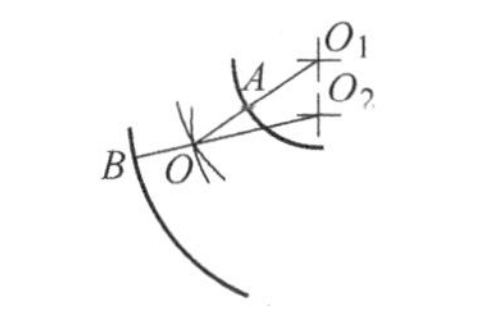	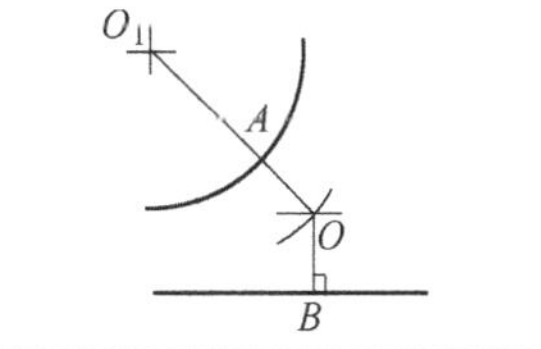
	2. 作连心线 OO_1、OO_2 与已知弧相交于 A、B,得切点	2. 作连心线 OO_1 与 OO_2 并延长与两圆弧相交于 A、B,得切点	2. 作连心线 OO_1 与 OO_2 并延长,分别与两圆弧相交于 A、B,得切点	2. 作连心线 OO_1 和过 O 点作已知线垂直线,得切点 A、B
	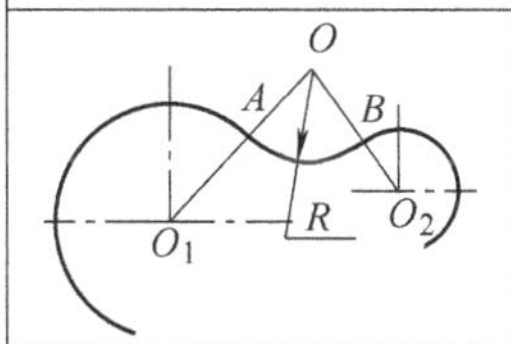	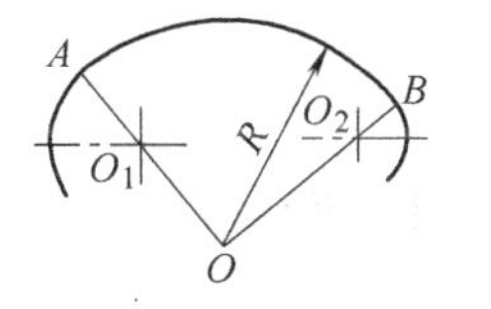	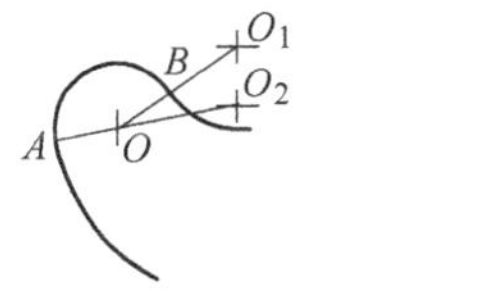	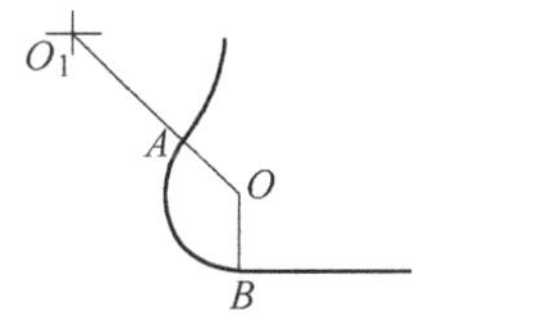
	3. 以 O 为圆心,R 为半径在两切点 A、B 间作连接圆弧,即得所求	3. 以 O 为圆心,R 为半径在两切点 A、B 间作连接圆弧,即得所求	3. 以 O 为圆心,R 为半径在两切点 A、B 间作连接圆弧,即得所求	3. 以 O 为圆心,R 为半径在两切点 A、B 间作连接圆弧,即得所求

（续）

名称	外连接	内连接	混合连接	圆弧连接直线与圆弧
实例				

六、椭圆的画法

椭圆是非圆曲线常用的一种，也是机件中常见的轮廓形状。椭圆画法较多，下面介绍四心近似画法。

用四段圆弧依次连接代替椭圆曲线，四段圆弧有4个圆心而得名。用四心近似画椭圆的方法和步骤，如图1-35所示。

1）作长短轴 AB 及 CD，连接其端点，如 AC。

2）以 O 为圆心，OA 为半径作弧与 OC 的延长线交于 E 点；再以 C 为圆心，CE 为半径作圆弧与 AC 交于 F 点。

3）作 AF 的垂直平分线交长轴、短轴于 O_1、O_2 点，再定出其对称点 O_3、O_4，连接 O_1O_2、O_1O_4、O_2O_3、O_3O_4 并延长。

4）分别以 O_2、O_4 为圆心，$R=O_2C=O_4D$ 为半径画圆弧及以 O_1、O_3 为圆心，$R=O_1A=O_3B$ 为半径画四段圆弧相切于1、2、3、4各点，即近似地作出椭圆。

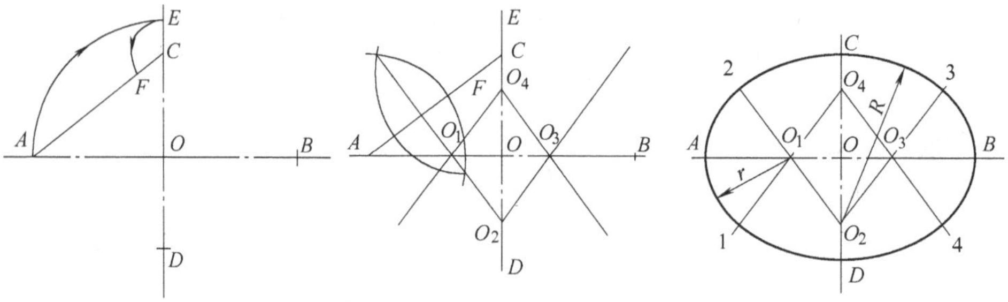

a)　　b)　　c)

图1-35　四心近似法画椭圆

第四节　平面图形画法

画平面图形前，必须先对平面图形的尺寸进行分析，确定线段性质，明确作图顺序，才能正确画出图形。

一、尺寸分析（图 1-36）

1. 尺寸基准

标注尺寸的起始点称为基准，平面图形有水平方向（横向）和垂直方向（竖向）的尺寸基准，通常用图形中的长边、对称中心线、图形中心线等作为尺寸基准。图中以同心圆的横、竖中心线为尺寸基准。

2. 定形尺寸

确定平面图形的线段长度、圆的直径、圆弧半径及角度等尺寸，称为定形尺寸。图1-36中除了 8、15、42 以外的全部尺寸都是定形尺寸。

3. 定位尺寸

用于确定线段、圆心等在平面图形中所处位置的尺寸，称为定位尺寸，如图中的尺寸 8、15、42。

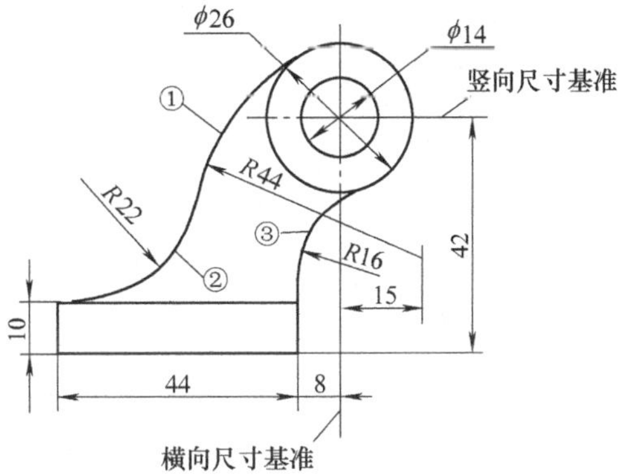

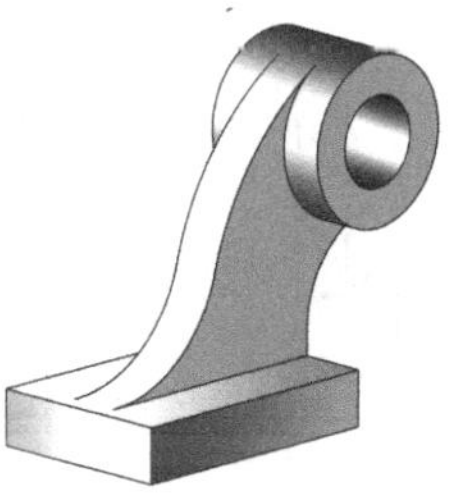

图 1-36　平面图形的线段

二、平面图形的线段分析

画平面图形的线段（直线、圆弧），通常按两类尺寸是否齐全分为三类。

1. 已知线段

具有定形尺寸和两个方向的定位尺寸的线段，称为已知线段。已知线段根据给定的尺寸就能直接作出，如图 1-36 中矩形边长 44、10 和两个同心圆 $\phi 14$、$\phi 26$。

2. 中间线段

具有定形尺寸和一个方向的定位尺寸的线段，称为中间线段，如圆弧①。中间线段不能直接作出，必须借助于相邻线段一端的相切关系才能作出，因此作圆弧①$R44$，除了有定位尺寸 15 外，还应有圆弧②一端与圆 $\phi 26$ 的内切关系。

每个图形可以有一个或多个中间线段，也可以没有，由图形连接关系而定。

3. 连接线段

具有定形尺寸，没有定位尺寸的线段，称为连接线段，如圆弧②、③。连接线段不能直接作出，必须借助于与相邻两个线段相切关系才能作出，如作图中的圆弧②、③时，必须通过圆弧②$R22$ 与圆弧 $R44$ 外切、圆弧③$R16$ 与圆 $\phi 26$ 外切及它们与直线相切关系。

第五节　平面图形的绘图方法和步骤

一、准备工作

1）识读图形，分析图形的尺寸，确定线段类型，拟定作图步骤。

2）确定绘图比例，选取图幅，固定图纸，画出图框和标题栏。

二、绘制底稿图

1）匀称布图，画作图基准线，确定图形位置，见表 1-10a。

2）依次画出已知线段、中间线段和连接线段，完成作图图形，见表 1-10b、c、d。

表 1-10　平面图形的作图步骤

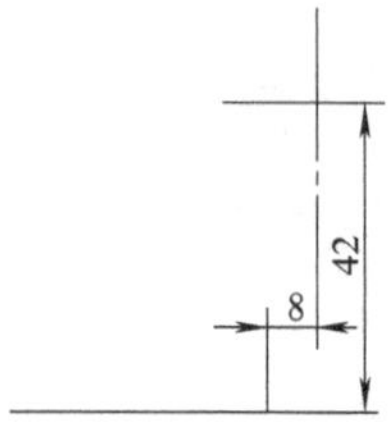 a）画出横、竖的作图基准线	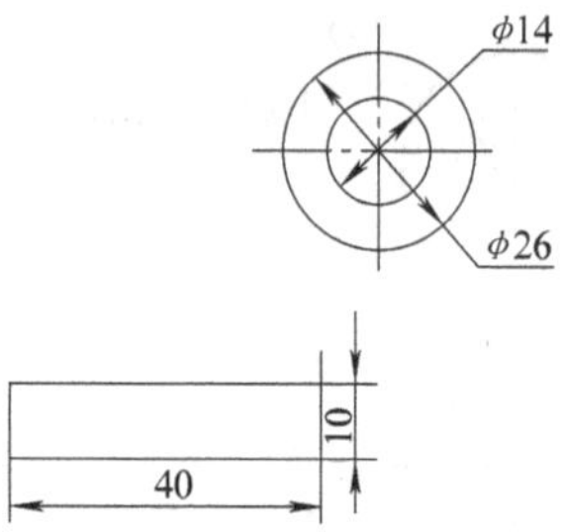 b）画出已知线段	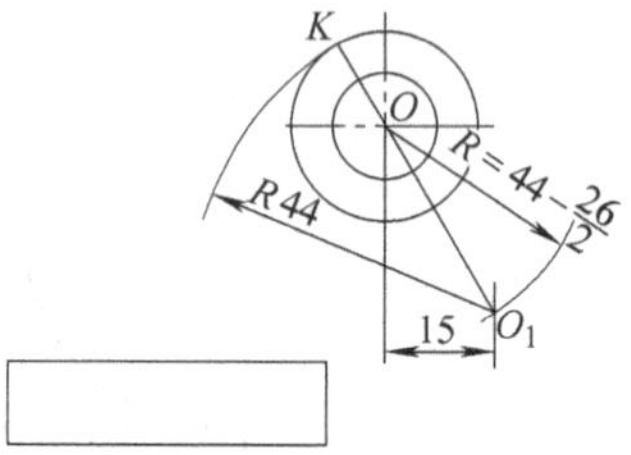 c）画出中间线段（*R*44）
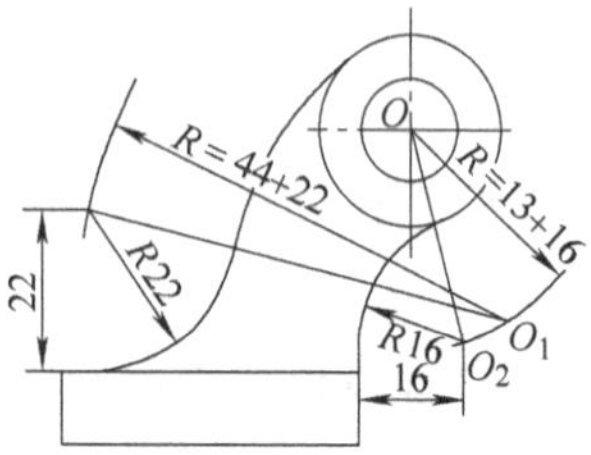 d）画出连接线段（*R*22 和 *R*16）	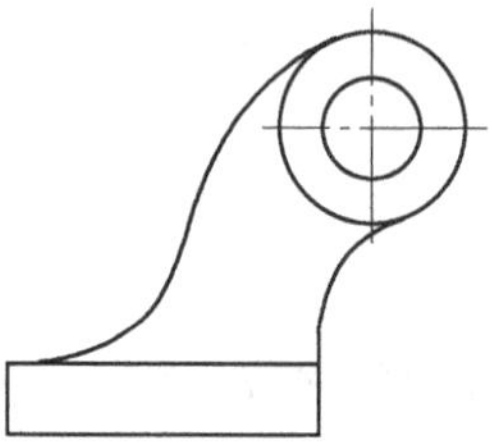 e）描深加粗图线	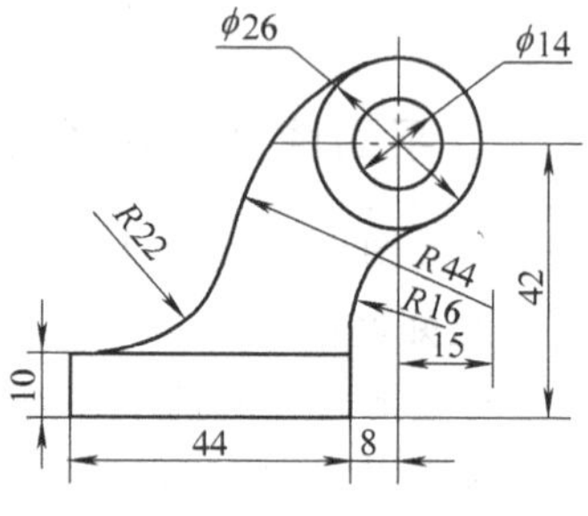 f）标注尺寸时，应先选尺寸基准，即圆 φ14 的横、竖中心线，然后标注定形和定位尺寸

注：为节省幅面，图框、标题栏未画出。

用 2H 或 H 铅笔画底稿图，铅芯应经常修磨，图线细淡，以便修改。底稿图画完后应仔细校对，改正错误或擦去多余图线。

三、描深加粗各种线型（表 1-10e）

1）先粗后细。一般先描粗全部粗实线，再加深全部细虚线、细点画线、细实线等。

2）先曲后直。画同一种线型时，应遵守先曲线后直线的画图顺序。

3）先画水平线后画垂直线、斜线。先用丁字尺从上而下画水平线，再用三角板从左到右画垂直线，最后从左到右画斜线。

4）画尺寸界线、尺寸线及箭头，填写尺寸数字和标题栏，见表1-10f。

用H、HB、B铅笔描粗加深，应尽量使同类图线粗细浓淡基本一致，连接光滑、字体工整，图面整洁。

第六节　徒手画图的基本方法

草图是指用徒手方法（或部分使用仪器）绘制的图形。它是设计、仿造、修理机器经常使用的一种图样。要画好草图，必须掌握徒手绘制各种线条的基本方法，现介绍如下。

一、直线的画法（图1-37）

徒手画图时，手腕和手指微触纸面。画短线以手腕运笔；画长线移动手臂画出，先定出直线端点如A、B，笔尖着在A点上，眼睛转向终点B轻轻平移画线；画垂直线时，用手指与手腕配合自上而下画线；画倾斜直线时，通常旋转图纸或侧转身体成顺手方向画线。

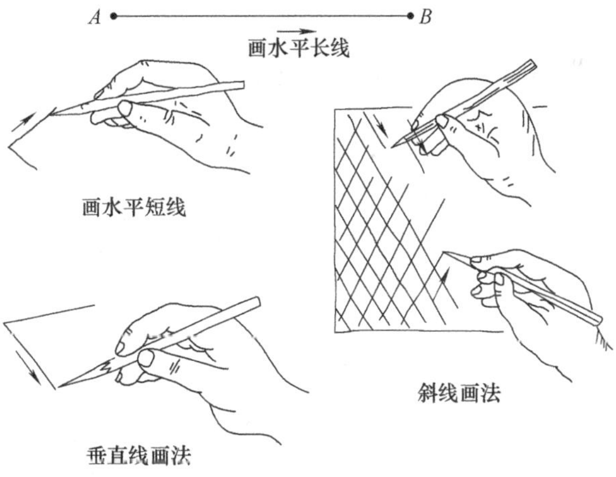

图1-37　徒手画直线的技巧

二、常用角度的画法

画30°、45°、60°、90°、120°的特殊角时，用直角三角形两直角边的比例关系，在直角边定点，并连线，即得特殊角，如图1-38a、b、c所示；或用等边直角三角形斜边的比例关系，在斜边上定点，然后连线，如图1-38d、e、f、g所示。

三、圆和圆弧的画法

画较小圆时，先在中心线上按目测定出四点，然后徒手将各点连成圆，或先画辅助正方形，再画4段圆弧与其相切成圆，如图1-39a所示。画较大的圆时，通过圆心加画4条辅助线，按圆的半径大小目测出8个点，分段画圆弧，最后连接成整圆，如图1-39b所示。

画圆角时，应先画角的两边及等分线，在等分线上目测圆心位置，然后向角两边引垂线，确定圆弧两个连接点，徒手画圆弧，如图1-40a所示。对于半圆和1/4圆弧，先辅助正方形再画圆弧与其相切，如图1-40b、c所示。

四、椭圆的画法

如图1-41a所示，先画出椭圆的长、短轴，用目测定出长、短轴的4个端点，过这四点

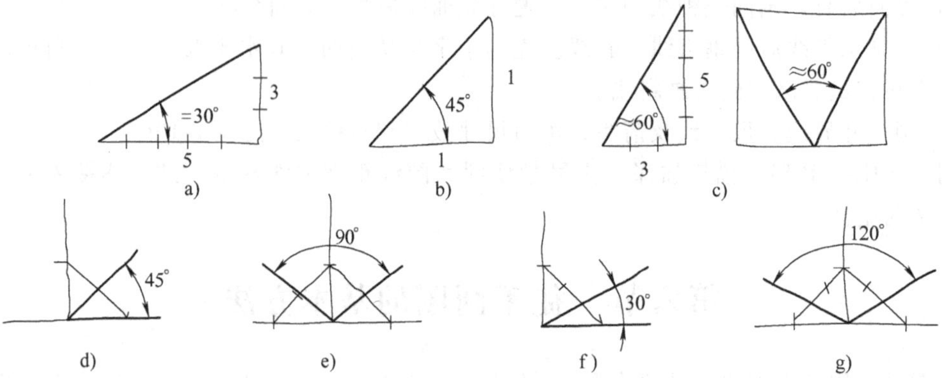

图 1-38 徒手画特殊角度的画法

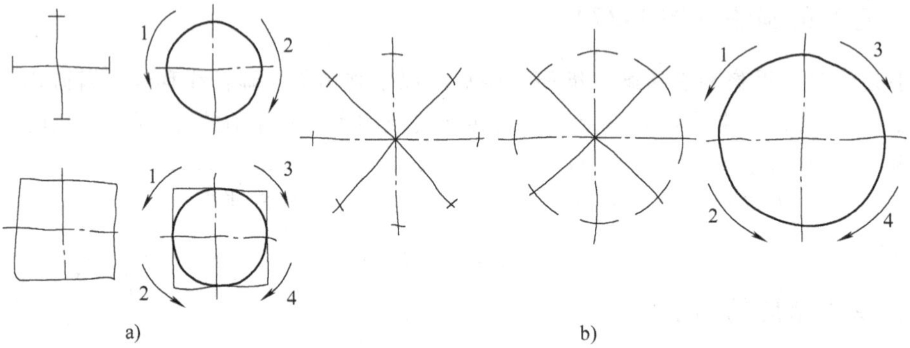

图 1-39 徒手画圆的画法

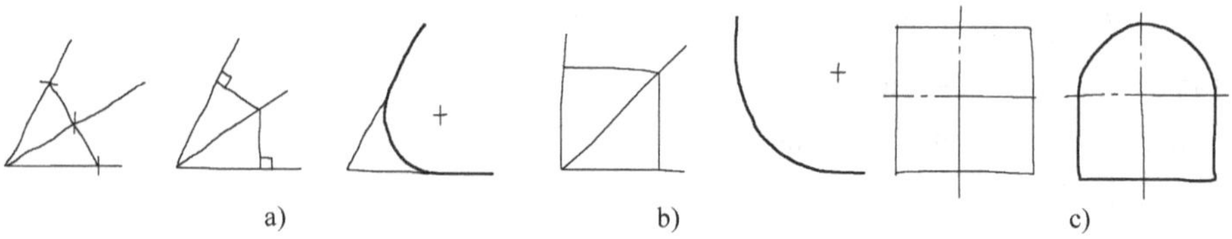

图 1-40 徒手画圆角、1/4 圆弧和半圆的画法

画一矩形，引矩形对角线，用 7:3 定出该线上椭圆曲线上的点，然后分段画出 4 段圆弧所组成的椭圆。如图 1-41b 所示，先画椭圆的外切菱形，然后作钝角、锐角的内切圆弧，即得椭圆。

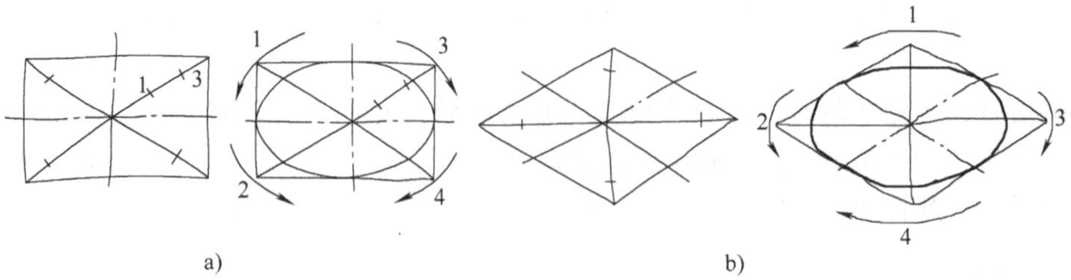

图 1-41 椭圆的画法

五、平面图形的草图画法

作图步骤如图 1-42 所示。

草图图形的大小是根据目测估计画出的，目测尺寸尽可能准。画草图铅笔一般用 HB 或 B。为了便于转动图纸顺手画成，提高徒手画图速度，草图的图纸一般不固定。初学者可在方格纸上进行练习，如图 1-43 所示。

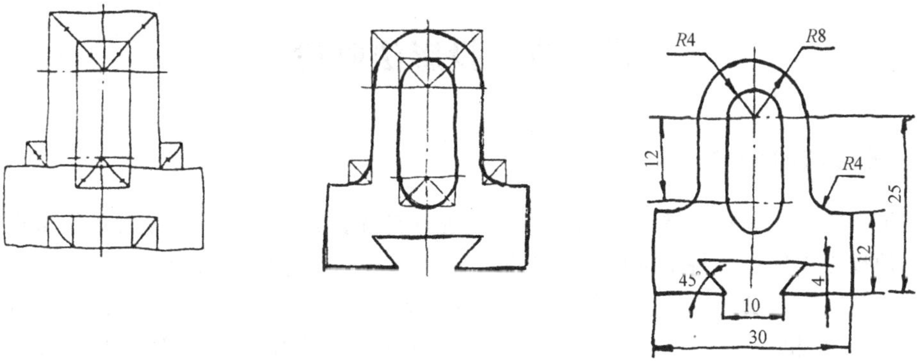

a) b) c)

图 1-42 平面图形草图的绘图步骤

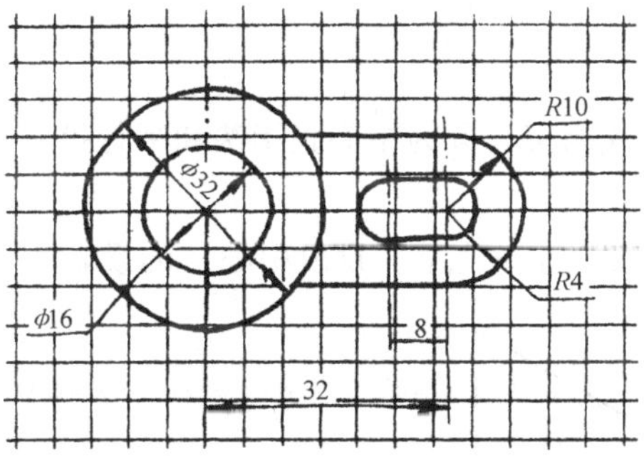

图 1-43 在方格纸上练习画平面图形草图

第二章　投影基础

第一节　投影法概述

一、投影法的概念

日常生活中，常见物体被光线照射后，在地面或墙壁出现影子，这是常见投影现象。人们将这一种投影现象进行科学抽象，建立用平面图形表达物体形状的投影法。

如图 2-1 所示，设光源 S 为投射中心，P 为投影面，三角板为空间物体，将 S 与三角板各顶点 A、B、C 相连（SA、SB、SC）并延长，这些线称为投射线，它与投影面的交点为 a'、b'、c'，连接三角形 $a'b'c'$，即为三角板在投影面 P 上的投影。这种投射线通过物体，并向选定的平面投射，在该平面上得到图形的方法，称为投影法。

根据投影法所得到的图形，称为投影（投影图）。投影图用于表示物体形状。

二、投影法的种类

投影法根据投射线平行或相交，分为中心投影法和平行投影法两类。

1. 中心投影法

如图 2-1 所示，投射线汇交于一点 S（投射中心）的投影法，称为中心投影法。

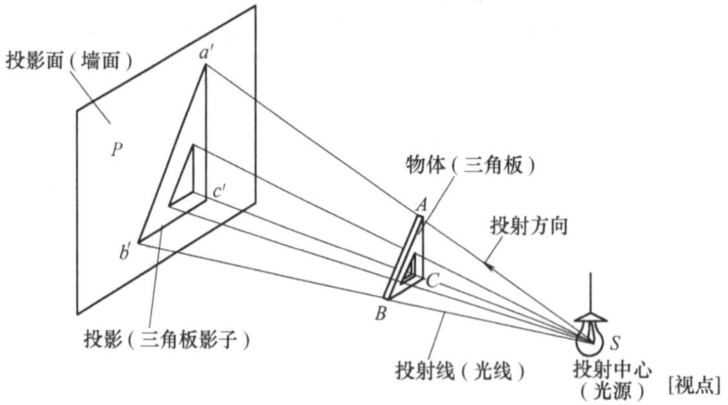

图 2-1　中心投影法

中心投影法所得图形大小随着投影面、物体和投射中心三者之间距离变化而变化。工程上常用这种方法绘制建筑物的透视图（图 2-2），它具有较强立体感，但不能反映物体真实形状和大小，度量性较差，作图复杂，因此机械图样较少采用。

2. 平行投影法

设想投射中心（即视点）移到无穷远处，这时投射线可视为互相平行，这种投射线互相平行的投影法，称为平行投影法。平行投影法根据投射线与投影面相对位置（倾斜或垂直）分为：

（1）斜投影法　投射线与投影面倾斜的平行投影法，如图 2-3a 所示。由斜投影法所得图形称为斜投影（斜投影图）。

图 2-2　建筑物的透视图

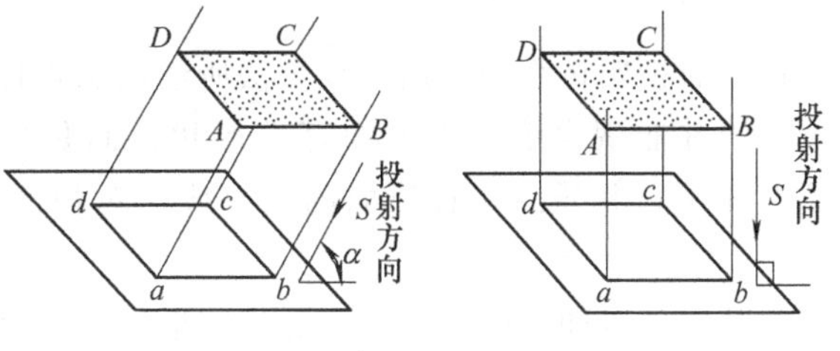

a)　　b)

图 2-3　平行投影法

a）斜投影　b）正投影

（2）正投影法　投射线与投影面相垂直的平行投影法。由正投影法所得图形，称为正投影（正投影图），如图 2-3b 所示。

由于正投影法能反映物体的真实形状和大小，度量性好，便于作图，所以，机械图样都按正投影法绘制的。

三、直线段和平面形的正投影特性

1. 真实性

直线段或平面形，平行于投影面时，其正投影反映实长或实形，这种投影特性称为全等性或真实性，如图 2-4a 所示。

2. 积聚性

直线段或平面形，垂直于投影面时，其正投影积聚为一点或直线段，这种投影特性称为积聚性，如图 2-4b 所示。

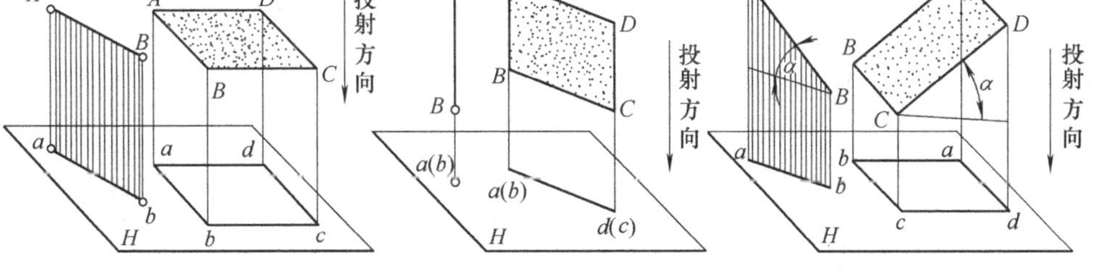

a)　　b)　　c)

图 2-4　直线段、平面形的正投影特性

a）线、面平行投影面投影具有真实性　b）线、面垂直投影面投影具有积聚性

c）线、面倾斜投影面投影具有类似性

3. 类似性

直线段或平面形，倾斜于投影面时，直线段的正投影变短，而平面形的正投影比原平面形小，但形状与原形相似，这种投影特性称为类似性，如图 2-4c 所示。

第二节 三视图的形成及投影规律

在多面投影体系中，用正投影法所绘制出物体的图形，称为视图。

视图并非观察者对物体的直觉形状，而是把物体置于观察者和投影面之间，将视线模拟互相平行且垂直于投影面的投射线，对物体正投影所获得的图形（视图），如图 2-5a 所示。

通常一个视图不能完整地表达物体形状，图 2-5b 所示的一面视图可以表示不同物体的形状，因此，常采用从几个不同方向进行正投射，即用多面正投影来表示物体各个方向的形状，综合起来表示物体整体形状。

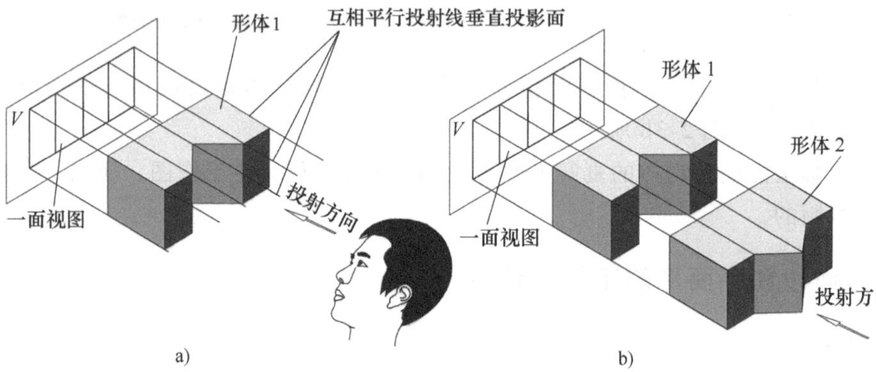

图 2-5 物体视图的形成
a）物体的视图形成 b）一个视图不能确定物体形状

一、三投影面体系的建立（图 2-6）

在多面正投影中，相互垂直的三个投影面分别为：正立投影面，简称正面，用 *V* 表示；水平投影面，简称水平面，用 *H* 表示；侧立投影面，简称侧面，用 *W* 表示。

两个相邻投影面之间的交线，称为投影轴。分别用 *OX*、*OY*、*OZ* 表示，简称 *X* 轴、*Y* 轴、*Z* 轴。

X、*Y*、*Z* 轴共点，称为原点，用 *O* 表示。

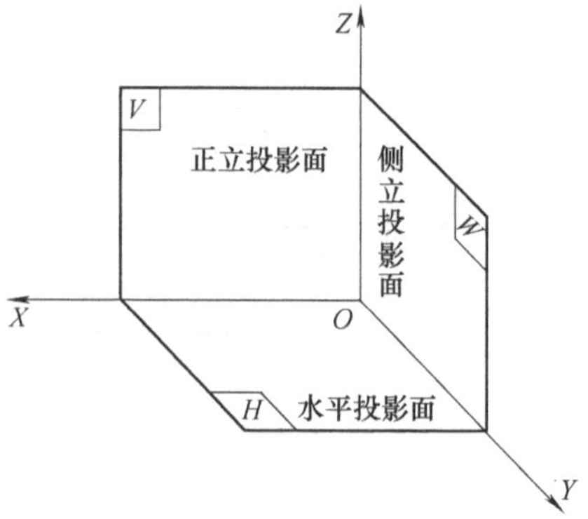

图 2-6 投影面与投影轴

二、三视图的形成

将物体置于三投影面体系中，并使其处于观察者与投影面之间，分别向 *V*、*H*、*W* 面正投影，即得图 2-7a 所示的三个视图，分别称为：

主视图——由前向后投射，在 *V* 面所得的视图。

主视图应尽量反映物体形状的主要特征。

俯视图——由上向下投射，在 *H* 面所得的视图。

左视图——由左向右投射，在 *W* 面所得的视图。

为了把三视图画在同一张图纸，需将三个投影面展开在同一平面上，如图 2-7b 所示，规定 *V* 面（主视图）不动，*H* 面（俯视图）绕 *OX* 向下旋转 90°，*W* 面（左视图）绕 *OZ* 轴向右后旋转 90°，使其与 *V* 面（主视图）处在同一平面上，即得三面视图展开位置，如图 2-7c所示。

展开时，*H* 面和 *W* 面旋转时，把 *OY* 轴分为两处，在 *H* 面为 OY_H，在 *W* 面为 OY_W。

由于视图所表示的物体形状与物体和投影面之间距离无关，绘图时省略投影面边框及投影轴，如图 2-7d 所示。

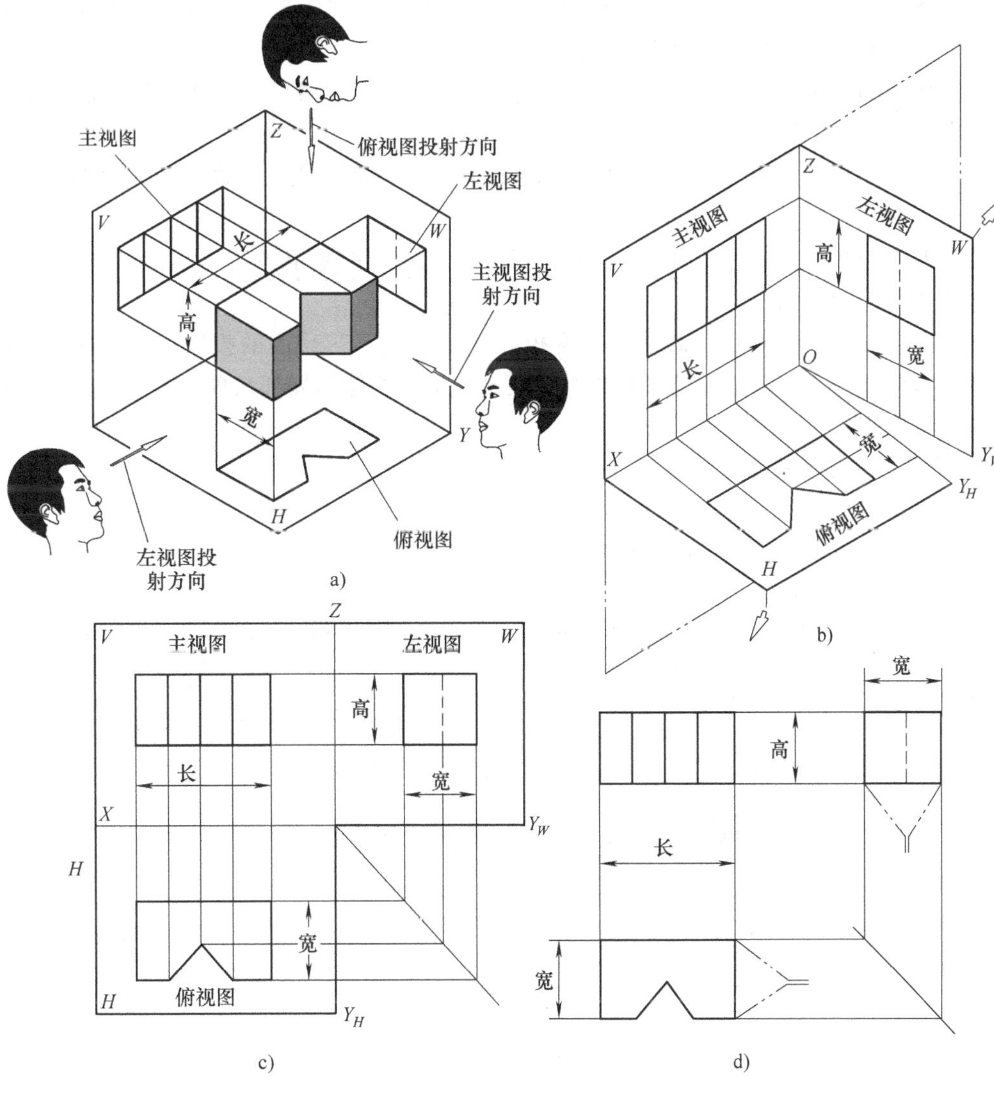

图 2-7　物体三视图

三、三视图之间的对应关系及投影规律

从三视图的形成过程，可以总结出三视图之间的位置关系、投影关系和方位关系。

1. 三视图间的位置关系

以主视图为准，俯视图在它的正下方，左视图在它的正右方。画三视图时，按上述规定配置；不需标注名称，如图 2-7d 所示。

2. 三视图间的投影关系

从图 2-7a 三视图的形成，可以看出物体有长、宽、高三个方向的尺度，但每一个视图只能反映物体两个方向的尺度。

主视图反映长向（X）和高向（Z）的尺度；俯视图反映长向（X）和宽向（Y）的尺度；左视图反映高向（Z）和宽向（Y）的尺度。这样，从图 2-7b 可看出，在相邻两个视图之间有一个方向的尺度相等，如图 2-7 所示即：

主、俯视图相应长向尺度（X）投影相等，且对正，即“主、俯长对正”。常规画图时，常用三角板配合丁字尺对正画线。

主、左视图相应高向尺度（Z）投影相等，且平齐，即“主、左高平齐”。常规画图时，常用丁字尺对齐画线。

俯、左视图相应宽向尺度（Y）投影相等，即“俯、左宽相等”。常规画图时，常借助等分规或 45°辅助线作图。

三视图之间的“长对正、高平齐、宽相等”的“三等”尺度的投影关系，称为物体三视图的投影规律，它不仅适用整个物体总尺度，也适用物体的局部尺度。画图、读图时都应严格遵循和应用它。

3. 视图间的方位关系

当物体的投射位置确定后，以正面（主视图投射方向）为准来观察物体。如图 2-8a 所示，物体的左、右、上、下、前、后的六个方位与图 2-8b 所示三视图对应关系如下。

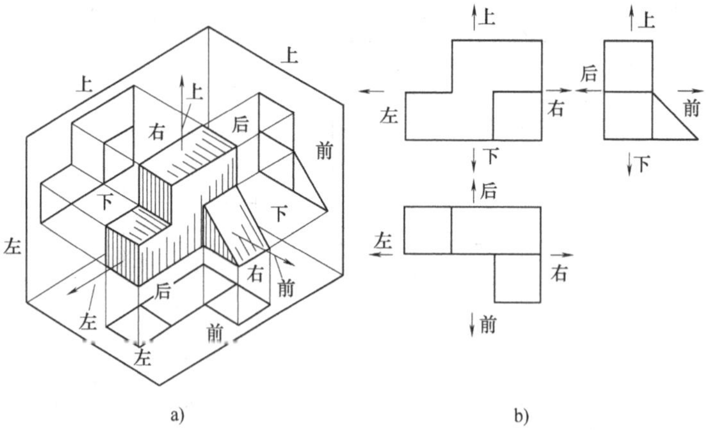

图 2-8 物体与三视图的方位对应关系

主视图反映物体左右、上下关系，前后重叠；俯视图反映物体左右、前后关系，上下重叠；左视图反映物体上下、前后关系，左右重叠。

以主视图为准来看，俯、左视图中靠近主视图的一边（里边），均表示物体后面，远离主视图的一边（外边）均表示物体的前面。判断俯、左视图前后关系最容易搞错，这是因为 H 面向下，W 面向右后各转 90°的缘故。

搞清楚三视图六个方位关系，对绘图、看图、判断物体之间的相对位置是十分重要的。

四、画物体三视图的方法和步骤

初学者根据物体或轴测图画三视图时，首先应分析该物体的形状，然后设想将物体摆正（主要表面与投影面平行）在三个投影面体系中，按图 2-9 所示的人→物→视图（投影面）的关系，用视线模拟正投射线，把观察到的物体轮廓，从前方、上方、左方分别向三个投影面投射，想象主、俯、左视图的形状。

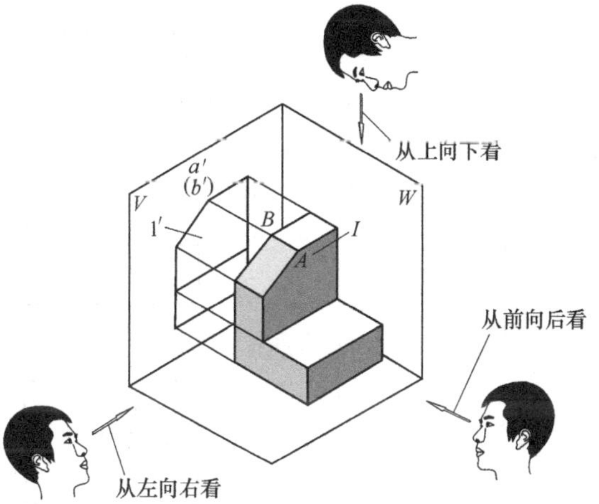

图 2-9　物体视图形成的分析

画物体三视图，应选择主视图的投射方向，当主视图投射方向确定后，左、右视图投射方向也随之确定。

作图时一般先画主视图，然后根据“长对正，高平齐，宽相等”的投影规律，画出俯、左视图，其作图步骤见表 2-1。

表 2-1　画物体三视图的步骤

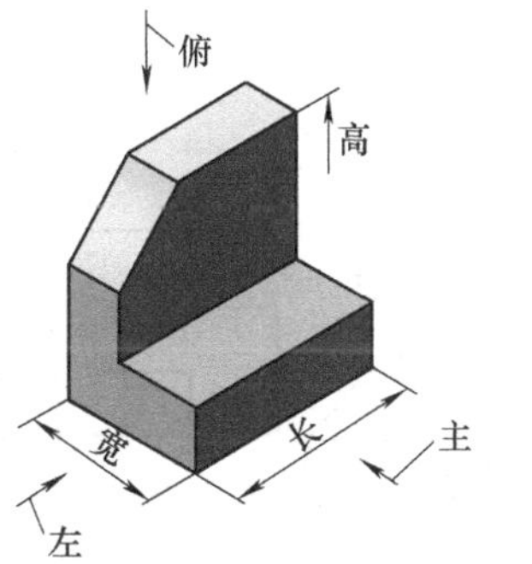 a) 确定物体的投射方向，想象三个视图的形状	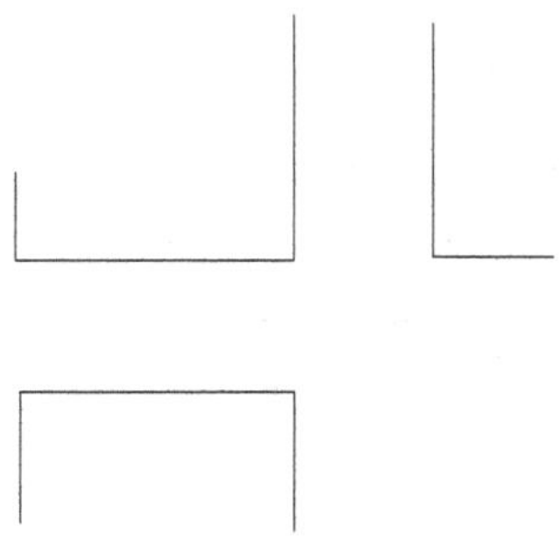 b) 画三个视图的作图基准线

（续）

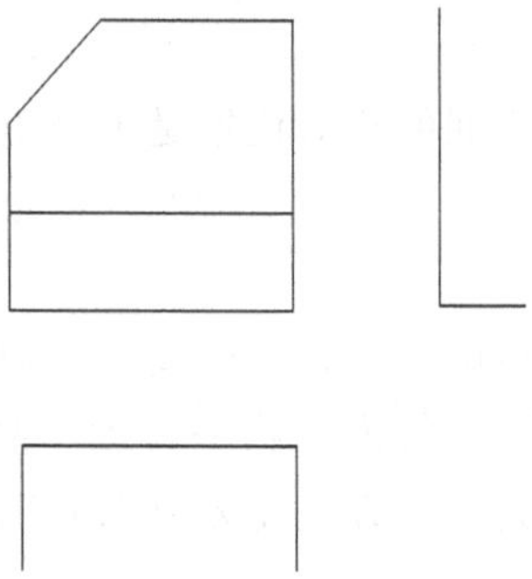

c) 一般先画主视图。根据长、高尺寸确定图形大小

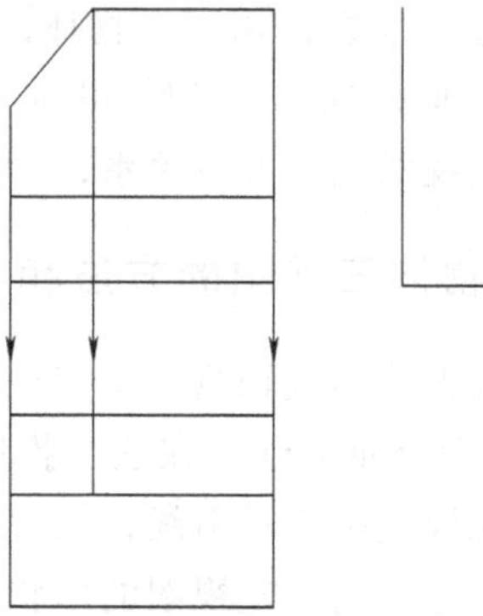

d) 作俯视图。过主视图引垂直线，确保“主、俯长对正”以及宽度尺寸作图

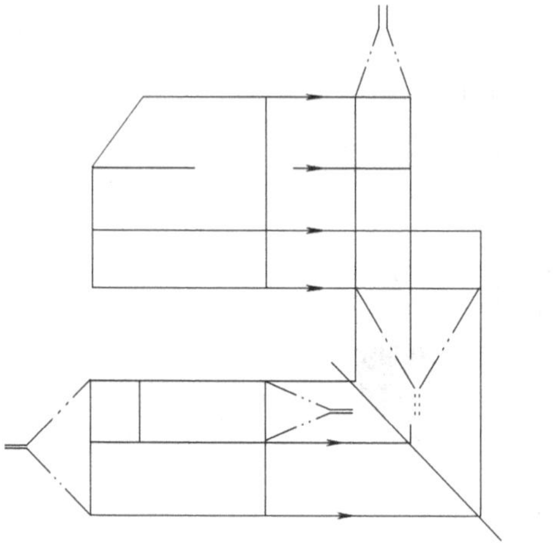

e) 作左视图。过主视图引水平线，确保“主、左高平齐”；借助等分规或45°辅助线实现“俯、左宽相等”

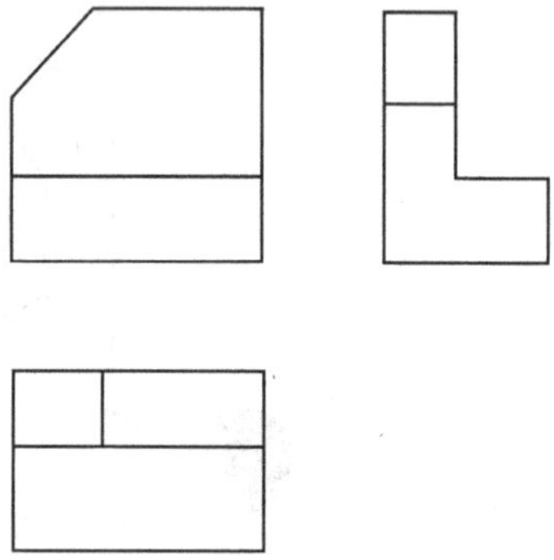

f) 核对三视图底稿图，确定无误后，擦掉作图线，描粗加深视图的图线，完成三视图

五、思考与演练（图 2-10）

1）物体有左右、前后、上下六个方位，请读者讨论立体图上凹入的方块Ⅰ和凸出方块Ⅱ、Ⅲ、Ⅳ所处方位。

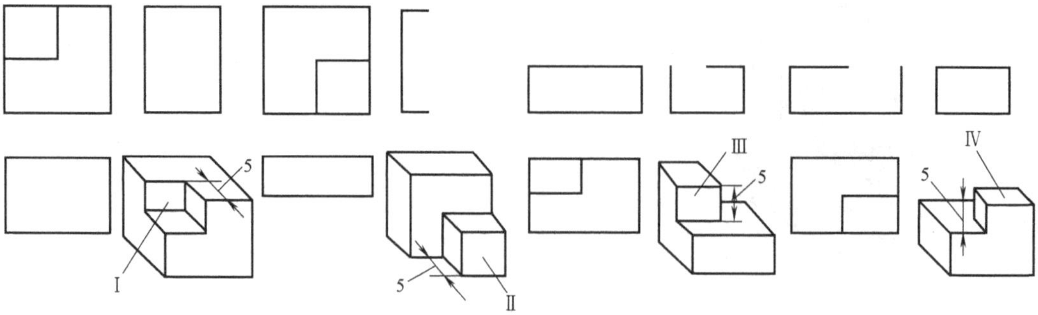

a) b) c) d)

图 2-10

2）根据已知视图及立体图上的尺寸5，画出三视图。

第三节　点的投影

物体的表面都含有点、线、面等几何元素，如图2-11b所示三棱锥由4个三角形棱面，6条棱线和4个棱点构成。画图2-11a所示三棱锥三视图，其实质是画这些点、线、面的三面投影，所以掌握点、线、画的投影规律，是画物体三视图的投影基础。

一、点的三面投影[1]

点的投影仍然是点。如图2-12a所示，过空间点A分别向三个投影面引投射线与投影面相交，得垂足a、a'、a''，即为点A在三个投影面上的投影。

若将投影面按图2-12b箭头所示方向展开，去掉边框，得图2-12c所示点的投影图。图中点的两面投影连线分别与投影轴OX、OY、OZ相交于点a_X、a_{Y_H}、a_{Y_W}、a_Z。

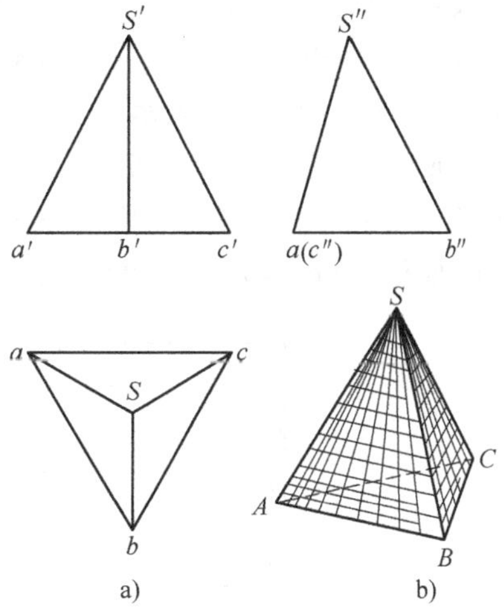

图2-11　三棱锥上点的投影分析

二、点的投影规律

从图2-12中点的三面投影的形成过程，可总结出点的投影规律如下。

1）点的正面投影与水平投影的连线一定垂直于OX轴。即

$$aa' \perp OX$$

2）点的正面投影与侧面投影的连线一定垂直于OZ轴。即

$$a'a'' \perp OZ$$

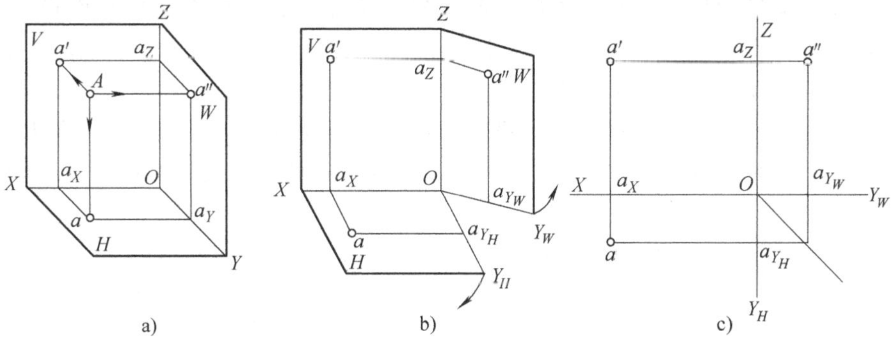

图2-12　点的三面投影

[1] 本书空间点及其投影的标记为：空间点用大写拉丁字母表示，如A、B、C…；水平投影用相应小写拉丁字母表示，如a、b、c…；正面投影用相应小写拉丁字母右角加一撇，如a'、b'、c'…；侧面投影用相应小写拉丁字母右上角加两撇，如a''、b''、c''…。

3）点的水平投影到 OX 轴距离等于点的侧面投影到 OZ 轴的距离。即

$$aa_X = a''a_Z$$

$$aa_{Y_H} \perp OY_H,\ a''a_{Y_W} \perp O_{Y_W}$$（a_{Y_H}与 a_{Y_W}是属于同一个点）

点在三投影面体系中的投影规律，其实质是论证了上节所述物体三视图的“三等”投影关系。

三、点的空间位置

点是抽象的，没有大小，只有位置，点的空间位置由点到三个投影面距离确定，并用坐标值来表示，如图 2-13a 所示：

点 A 到 W 面距离 Aa''为 X_A；点 A 到 V 面距离 Aa'为 Y_A；点 A 到 H 面距离 Aa 为 Z_A，所以点的位置用 $A(X、Y、Z)$ 表示。

读图时，从点投影想象空间位置时，由正面和水平投影 $a'a_Z = aa_{Y_H}$，想象点 A 到 W 面距离 Aa''，用 X_A 表示；由水平投影和侧面投影 $aa_X = a''a_Z$，想象点 A 到正面距离 Aa'，用 Y_A 表示；由正面和侧面投影 $a'a_X = a''a_{Y_W}$想象点 A 到水平面距离 Aa，用 Z_A 表示，如图 2-13b 所示。

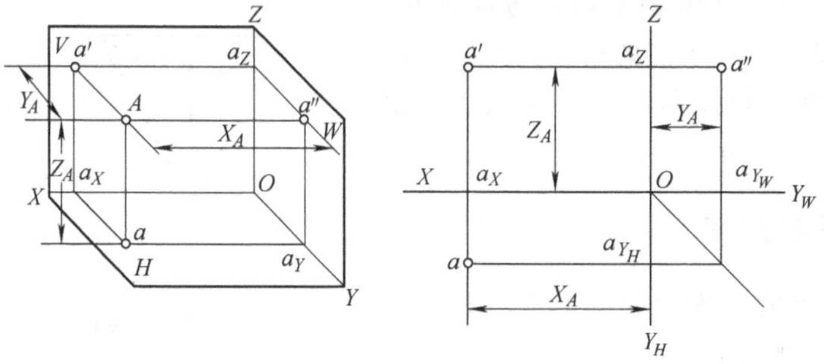

a)　　　　b)

图 2-13　点的空间位置

［例 2-1］　已知图 2-14a 所示点 A 的正面和侧面投影 a'和 a''，想象其空间位置，求作水平投影 a。

（1）投影面旋转归位，想象点 A 的空间位置　想象时，假想点 a'的正面投影（V）不动，把点 a''侧面投影面（W）绕着 OZ 轴往前旋转到展开前位置（即旋转归位），然后想象过点 a'和 a''分别引 V 面和 W 面的垂线，得交点 A 的空间位置，如图 2-14b。

（2）应用点投影规律，求作点 a 的投影　如图 2-14b 所示，过空间点 A 向 H 面引垂线得垂足 a，为点 A 在 H 面的投影。求点 a 时，由点 a'、a''按点的投影规律求得，如图 2-14c 箭头所示。

这种由两个已知点，求作第三点的投影，俗称“二求三”，它是后续绘图和读图的基本作图方法。

四、两点相对位置

（1）判断两点相对位置　常选一个点为基准点，来判断另一个点的相对位置。判断方法：X 坐标值大在左，Y 坐标值大在前，Z 坐标值大在上。如判断图 2-15a 所示长方体上对角顶点 A、B 两点的相对位置，选 A 为基准点，如图 2-15b 所示，说明如下。

由于 X 方向的 $b_X > a_X$，所以点 B 在点 A 的左方；

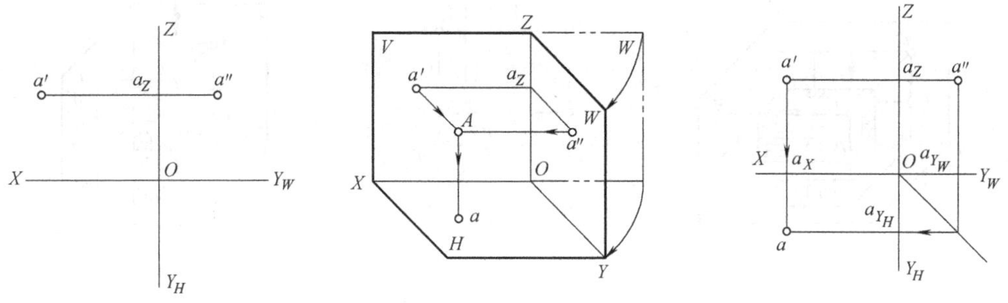

a)　　　b)　　　c)

图 2-14　已知点两面投影，求作第三面投影

由于 Y 方向的 $b_{Y_H}(b_{Y_W}) > a_{Y_H}(a_{Y_W})$，所以点 B 在点 A 的前方；

由于 Z 方向的 $a_Z > b_Z$，所以点 B 在点 A 的下方。

综合起来，想象点 B 处在点 A 的左、前、下方，如图 2-15c 所示。

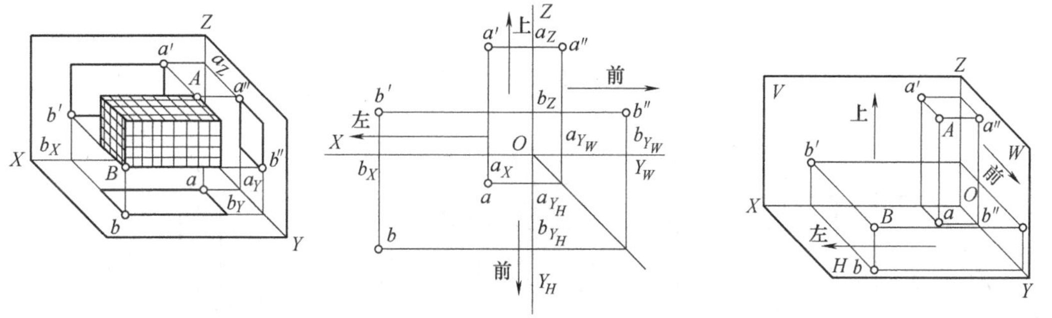

a)　　　b)　　　c)

图 2-15　空间两点相对位置

（2）重影点及判断其可见性　当空间两点处于某投影面的同一投射线上，两点在该投影面的投影重叠成一个点，称为重影点。如果沿着其投射方向观察这两个点，则一个点可见，另一个点不可见。不可见点的投影用括号表示。

如图 2-16a、c 所示，长方体棱线两端点 A、B 处在水平面的同一垂线上，水平投影重合为一个点 $a(b)$，因为点 A 在上，所以点 a 可见，点（b）不可见，如图 2-16b 所示。

又如图 2-16d、f 所示，A、C 两点处在正面的同一垂线上，正面投影重合为一个点 $a'(c')$，因为点 A 在前，所以点 a'可见，点（c'）不可见，如图 2-16e 所示。

［例 2-2］　已知图 2-17a、b 所示直角四棱台的三视图及其体上点 A、B、C、D 的正面投影和侧面投影，求这四个点的水平投影，并判断点 A 与点 B、点 B 与点 C、点 A 与点 D 的相对位置。

（1）求点的水平投影　应用“二求三”的方法，如图 2-17c 所示的箭头。

（2）判断两点相对位置

1）判断点 A 与 B 的相对位置：$a''(b'')$ 的重影点对应点 a'、b'，点 A、B 没有上下和前后之分，若以点 A 为基准点，则点 B 在点 A 的正右方。

2）判断点 B 与 C 的相对位置：从 b'、c'对应（b''）、（c''），点 B、C 没有左右之分，但

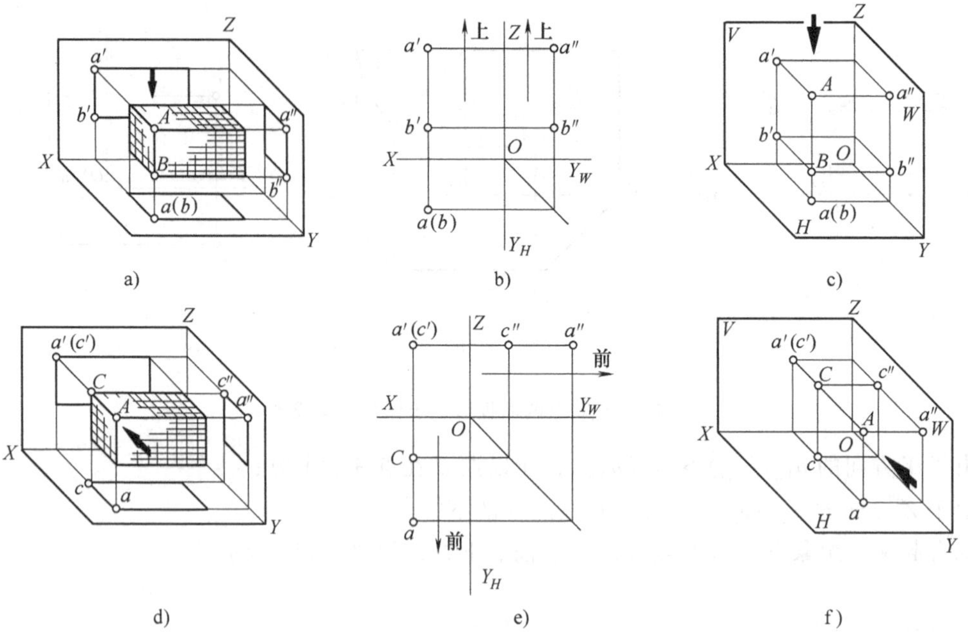

图 2-16 重影点可见性判断

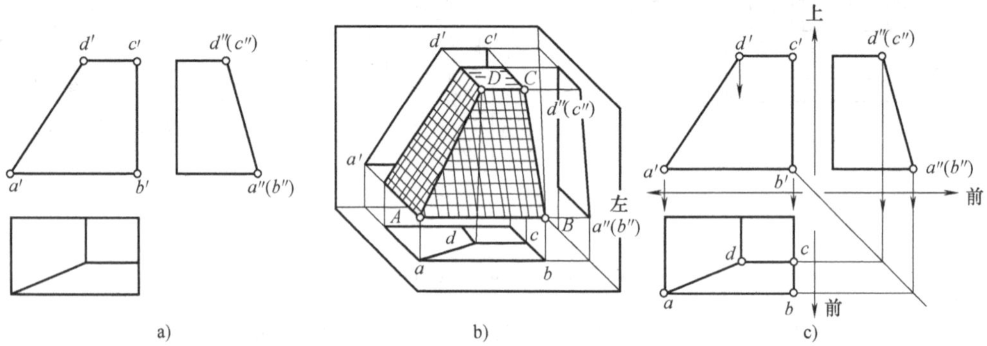

图 2-17 读体上两点相对位置

点 C 在点 B 的上、后方。

3）判断点 A 与 D 的相对位置：从点 a'、d'对应点 a''、d''，点 D 在点 A 的右、上、后方。

第四节 直线的投影

一、直线的三面投影

1. 直线的各面投影由直线上两个点的同面投影㊀的连线组成

如图 2-18a 所示四棱锥的侧棱 SA，分别求作点 S、A 三面投影 s、s'、s''和 a、a'、a''，作

㊀ 同面投影是指各几何元素在同一投影面的投影。

同面两点的连线 sa、$s'a'$、$s''a''$，如图 2-18b 所示。

2. 直线上点的投影必在该直线的同面投影上（从属性）

如图 2-18a 所示侧棱 SA 上的点 K，其投影 k、k'、k''，分别 $k \in$⊖ sa、$k' \in s'a'$、$k'' \in s''a''$，且符合点的投影规律，这种点在直线上的投影特性称从属性，如图 2-18c 所示。

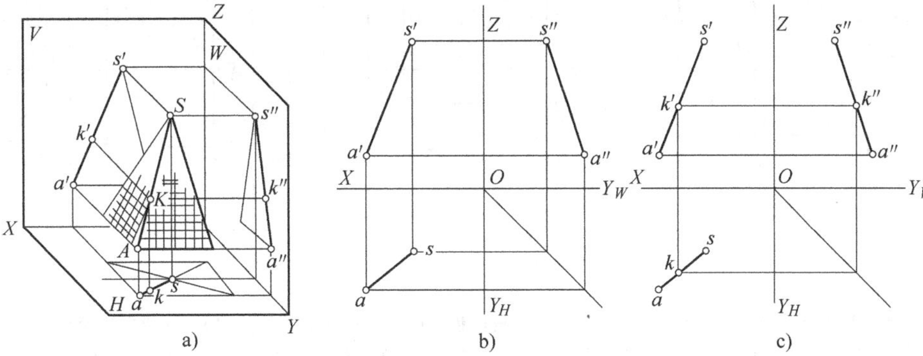

图 2-18　直线及直线上点的投影

二、直线的投影

直线在三面投影体系中有三种位置：投影面垂直线、投影面平行线、一般位置直线。

1. 投影面垂直线

投影面垂直线垂直于一个投影面与其他两个投影面平行的直线。投影面平行线有三种位置：

铅垂线——垂直于水平面的直线；正垂线——垂直于正面的直线；侧垂线——垂直于侧面的直线。

以长方体三条侧棱为例，说明三种投影面垂直线的投影特性，见表 2-2。

表 2-2　三种投影面垂直线名称、空间位置及投影特性

名称	铅垂线（⊥H，//V 和 W）	正垂线（⊥V，//H 和 W）	侧垂线（⊥W，//H 和 V）
直线的空间位置及投影的直观图	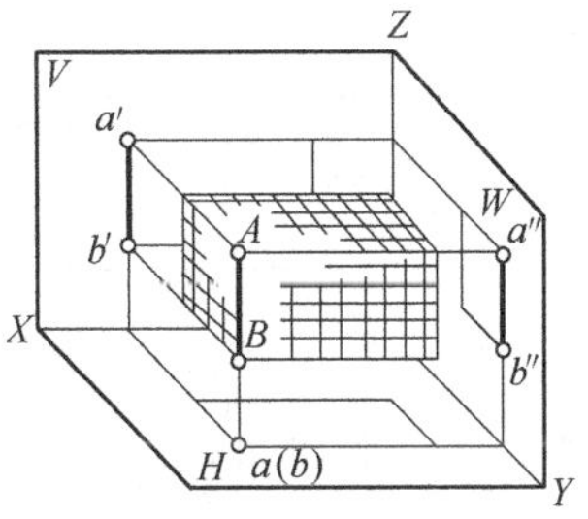	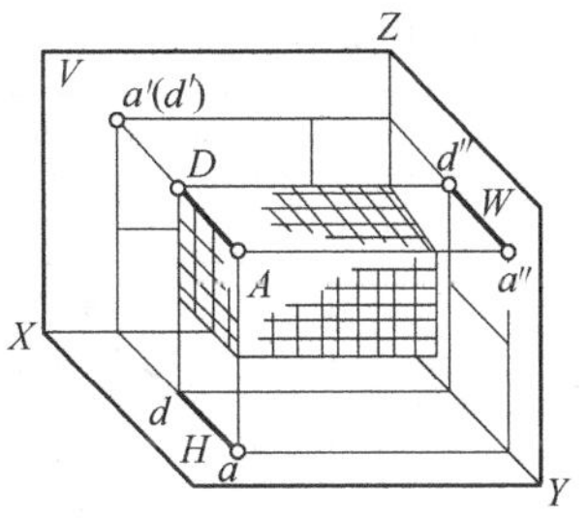	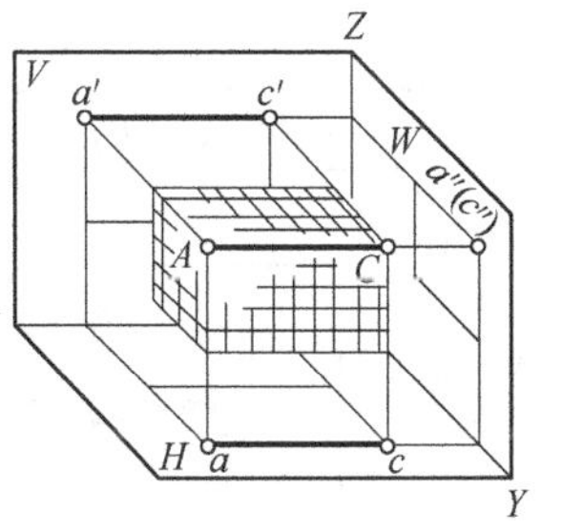

⊖ “∈”为属于的符号。

第二章　投影基础

（续）

名称	铅垂线（⊥H，//V和W）	正垂线（⊥V，//H和W）	侧垂线（⊥W，//H和V）
投影图	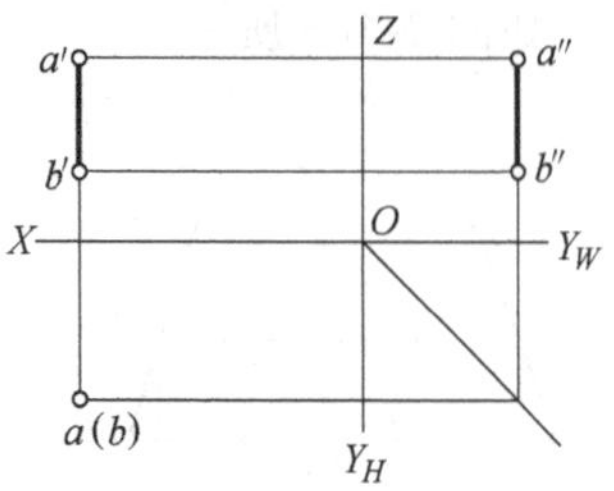	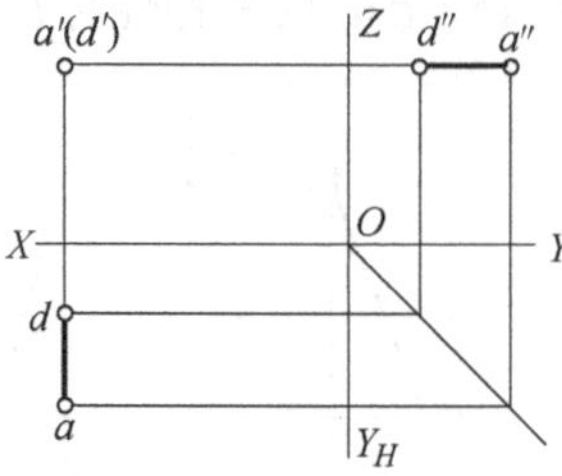	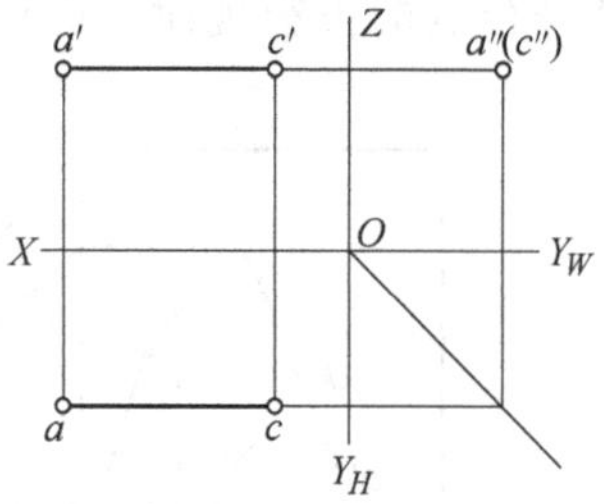
投影特性	1）水平投影积聚成一点$a(b)$ 2）正面投影$a'b'\perp OX$、侧面投影$a''b''\perp OY_W$，都反映AB的实长	1）正面投影积聚成一点$a''(d'')$； 2）水平投影$ad\perp OX$、侧面投影$a''d''\perp OZ$，都反映AD的实长	1）侧面投影积聚成一点$a''(c'')$ 2）水平投影$ac\perp OY_H$、正面投影$a'c'\perp OZ$，都反映AC的实长
小结	1）直线所垂直的投影面上投影积聚为一个点 2）其他两面投影反映空间线段实长，且分别垂直于空间直线所垂直的投影面上的两根投影轴		

读图时，一个投影为点，对应另一个或两个投影为垂直于相应投影轴的直线（一点对横向线或竖向线），即为投影面垂直线，垂直于投影积聚为点所在投影面。

2. 投影面平行线

投影面平行线平行一个投影面与其他两个投影面倾斜的直线。投影面平行线有三种位置：

水平线——平行于水平面的直线；正平线——平行于正面的直线；侧平线——平行于侧面的直线。

以直角三棱柱的斜棱为例，说明三种投影面平行线的投影特性，见表2-3。

表2-3　三种投影面平行线的名称、空间位置及投影特性

名称	水平线（//H，∠V和W）	正平线（//V，∠H和W）	侧平线（//W，∠H和V）
直线的空间位置及投影的直观图	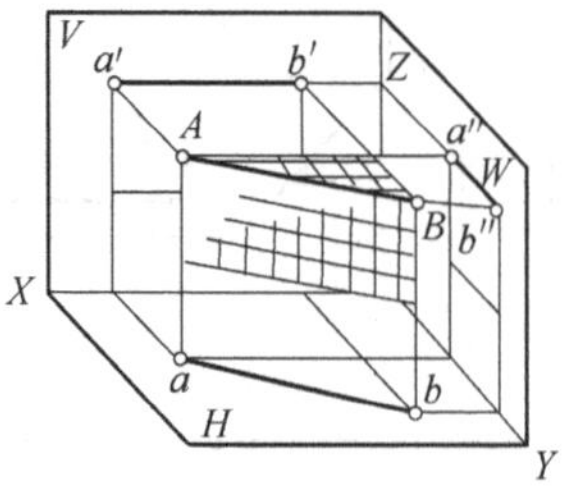	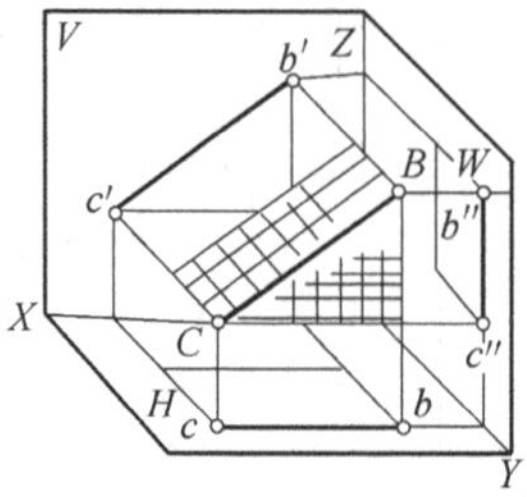	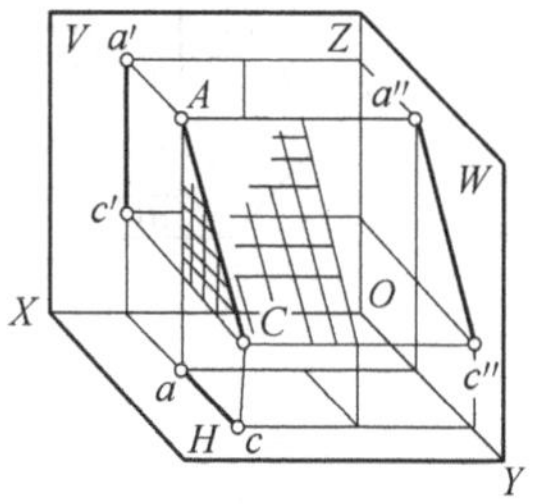

(续)

名称	水平线(//H,∠V和W)	正平线(//V,∠H和W)	侧平线(//W,∠H和V)
投影图	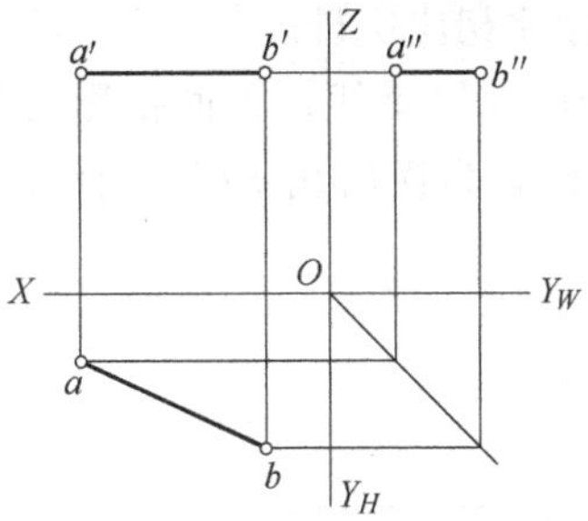	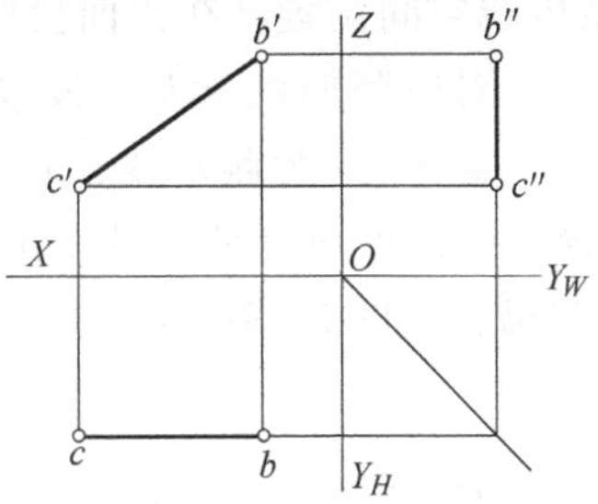	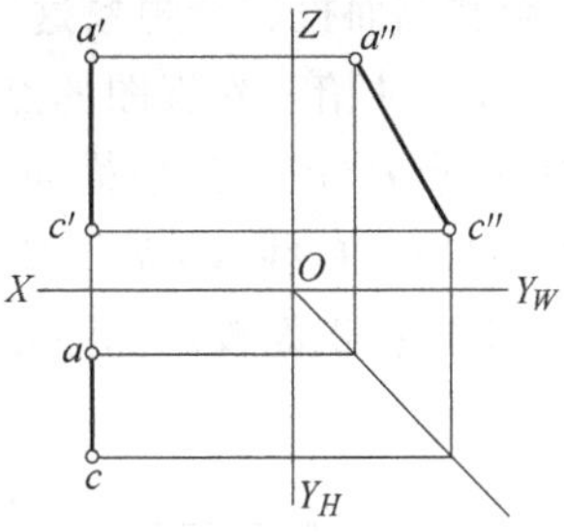
投影特性	1)水平投影 ab 反映空间直线 AB 实长 2)正面投影 a′b′//OX,侧面投影 a″b″//OY_W,均比空间直线 AB 缩短	1)正面投影 b′c′反映空间直线 BC 实长 2)水平投影 bc//OX,侧面投影 b″c″//OZ,均比空间直线缩短	1)侧面投影 a″c″反映空间直线 AC 实长 2)水平投影 ac//OY_H,正面投影 a′c′//OZ,均比空间直线 AC 缩短
小结	1)直线所平行的投影面上的投影为斜线,反映线段实长 2)其他两面投影比空间直线缩短,且分别平行于所平行的投影面上两根投影轴		

读图时，一个投影为斜线，对应另一个或两个投影为平行于相应投影轴的直线（斜线对应横向线或竖向线），即为投影面平行线，平行于投影为斜线（实长）那个投影面。

3. 一般位置直线

对三个投影面都倾斜的直线，称为一般位置直线。以三棱锥的侧棱 SA 为例，说明一般位置直线的投影特性，见表 2-4。

表 2-4 一般位置直线的空间位置及投影特性

名　称	一般位置直线(∠于H、V、W面)		
直线空间位置及投影的直观图	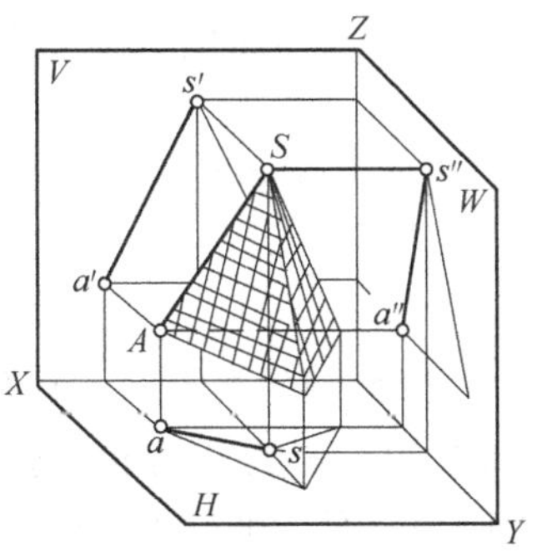	投影图	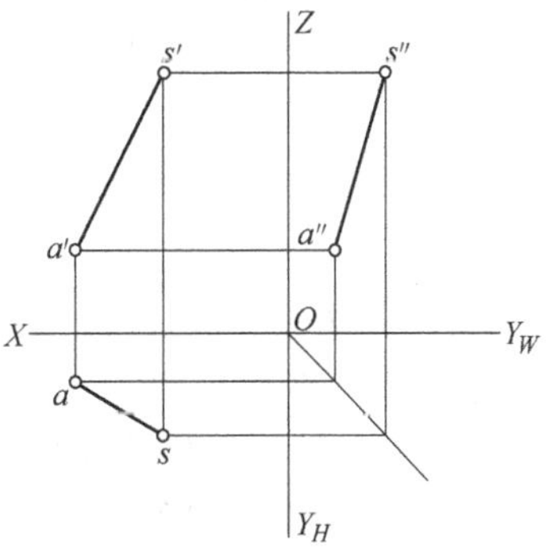
投影特性	三面投影 s′a′、sa、s″a″均比空间直线 SAB 缩短,且与投影轴倾斜		
小　结	一般位置直线的三个投影都是斜线,都不反应实长		

读图时，两个或三个投影图中为斜线对应斜线，即为一般位置直线。

三、读直线的投影

［例 2-3］ 如图 2-19a、b 所示，已知缺角三棱柱的三视图及棱线 AB、CD 及 AC 的水平投影和侧面投影。想象这三条棱线空间位置，在正面投影标注相应字母。

1）从俯、左视图的点 $a(b)$ 对应竖向线 $a''b''$，棱线 AB 为铅垂线，正面投影为竖向线 $a'b'$；点 $c''(d'')$ 对应横向线 cd，棱线 CD 为侧垂线，正面投影为横向线 $c'd'$；斜线的 ad 与 $a''d''$对应，棱线 AD 为一般位置直线，正面投影为斜线 $a'd'$。

2）在正面投影标注相应字母，如图 2-19c 所示。

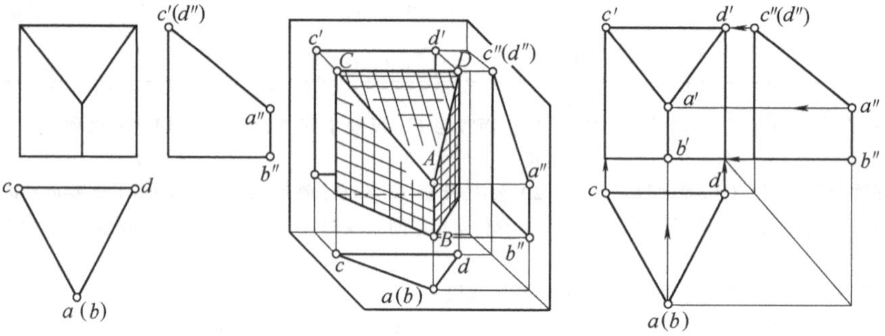

a) b) c)

图 2-19 读体上的直线

第五节 平面的投影

平面在三面投影体系有三种位置：投影面平行面，投影面垂直面，一般位置平面。前两种平面又称为特殊位置平面。

1. 投影面平行面

投影面平行面平行于一个投影面的平面。它有三种位置：

水平面——平行水平面的平面；正平面——平行于正面的平面；侧平面——平行于侧面的平面。

以直角五边柱的特征面所处不同位置为例，说明三种投影面平行面的投影特征，见表 2-5。

2. 投影面垂直面

投影面的垂直面垂直一个投影面与其他两个投影面倾斜的平面。它有三种位置：

读图时，一个投影为线框，对应另一个或两个的投影为平行相应投影轴的直线（封闭形线框对应横向线或竖向线），即可判断为投影面平行面，平行于线框所在投影面。

铅垂面——垂直于水平面的平面；正垂面——垂直于正面的平面；侧垂面——垂直于侧面的平面。

以直角三棱柱的斜面所处不同位置为例，说明三种投影面垂直面的投影特性，见表 2-6。

表 2-5　投影面平行面的名称、空间位置及投影特性

名称	水平面（∥H，⊥V 和 W）	正平面（∥V，⊥H 和 W）	侧平面（∥W，⊥H 和 V）
平面的空间位置及投影的直观图	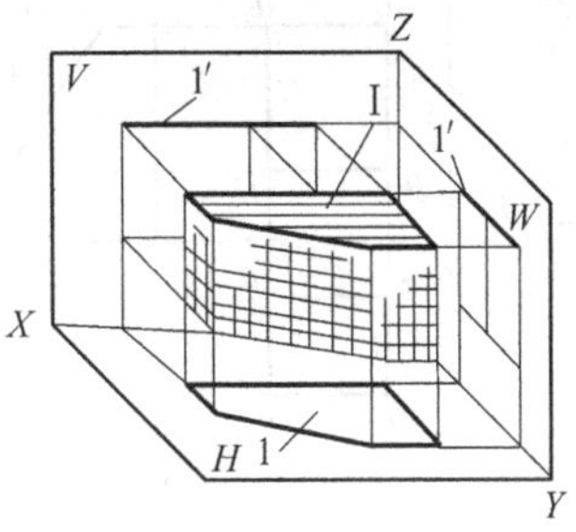	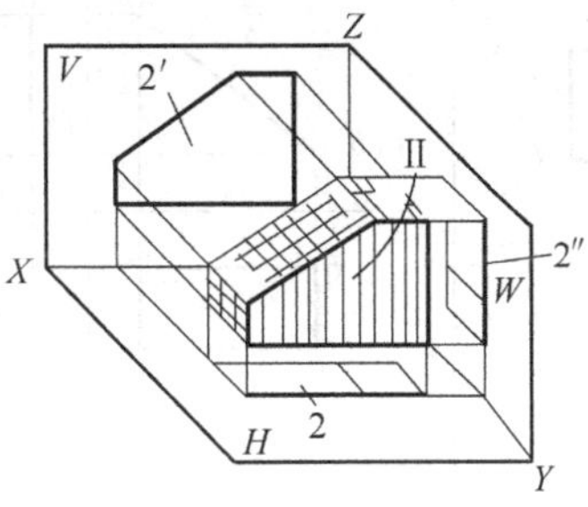	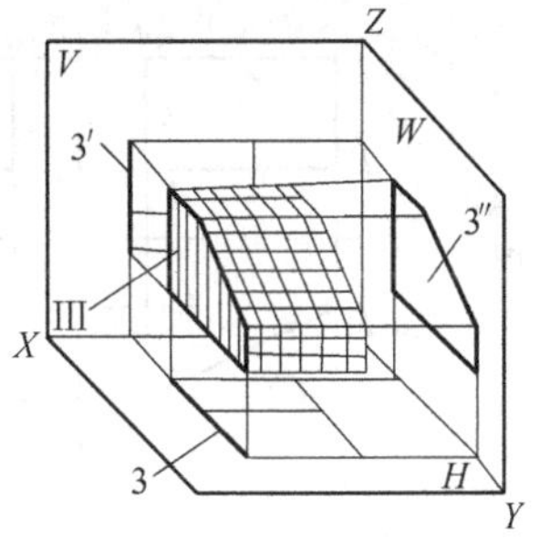
投影图	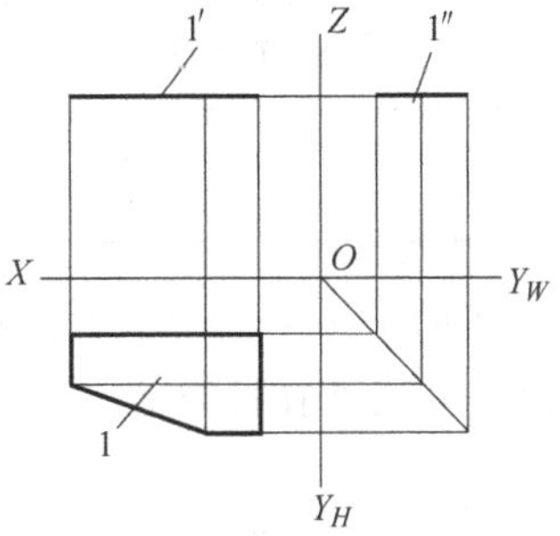	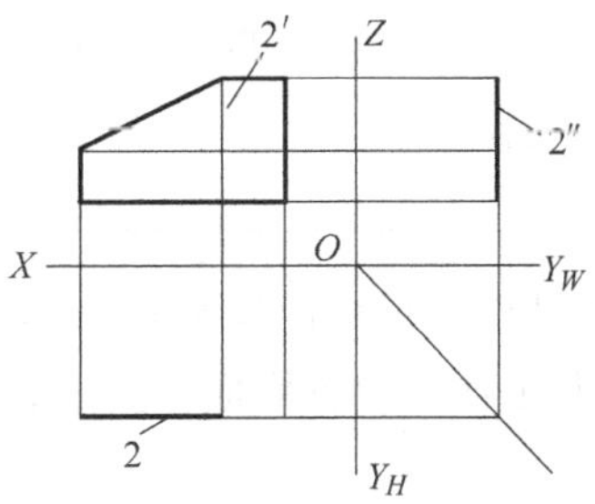	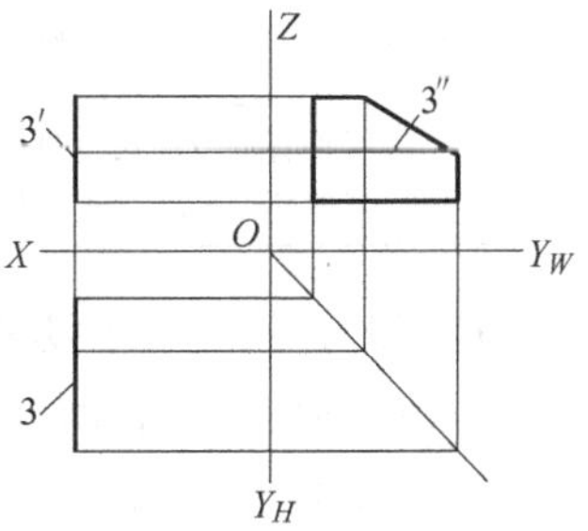
投影特性	1）水平投影的直角五边形 1 为实形 2）正面和侧面投影积聚为直线，且分别平行 OX 轴和 OY_W 轴	1）正面投影的直角五边形 2′为实形 2）水平和侧面投影积聚为直线，分别平行 OX 轴和 OZ 轴	1）侧面投影的直角五边形 3″为实形 2）正面和水平面投影积聚为直线，分别平行 OZ 轴和 OY_H 轴
小结	1）在所平行的投影面上的投影反映平面实形 2）其他两面投影积聚为直线，且分别平行于所平行的投影面上两根投影轴		

表 2-6　投影面垂直面的名称、空间位置及投影特性

名称	铅垂面（⊥H，∠V、W）	正垂面（⊥V，∠H、W）	侧垂面（⊥W，∠H 和 V）
平面的空间位置及投影的直观图	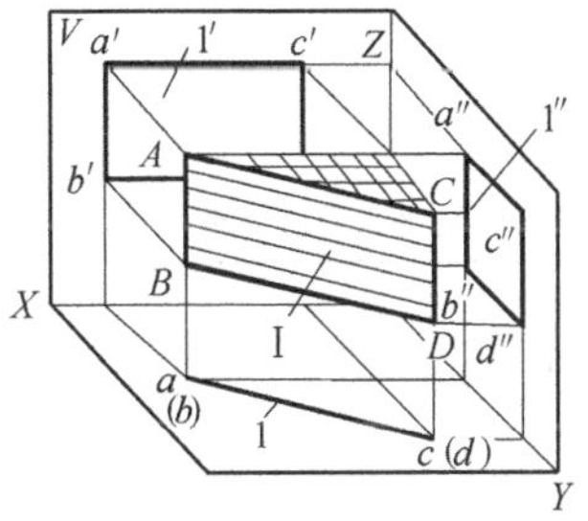	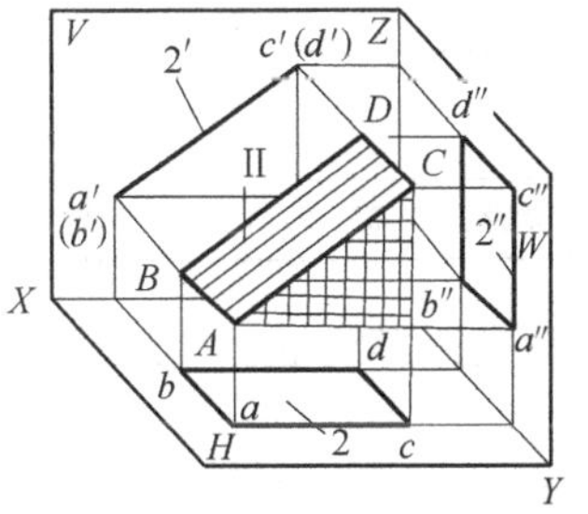	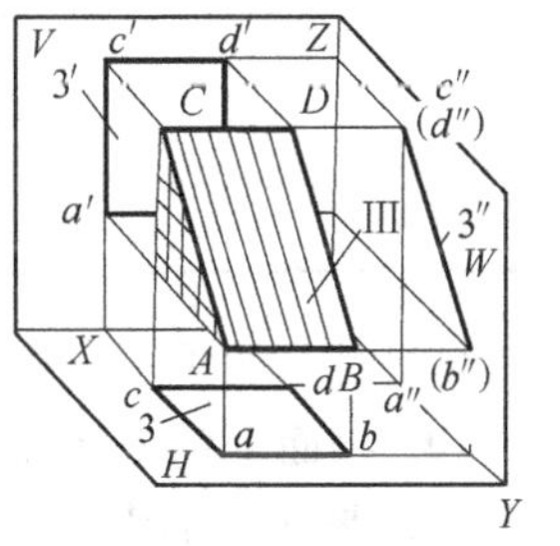

（续）

名称	铅垂面（⊥H，∠V、W）	正垂面（⊥V，∠H、W）	侧垂面（⊥W，∠H 和 V）
投影图	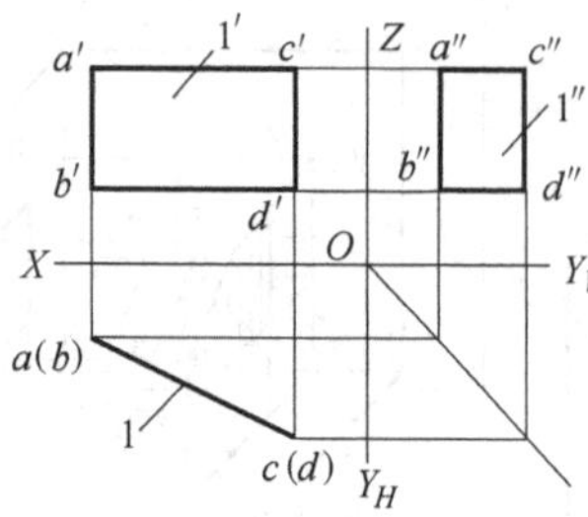	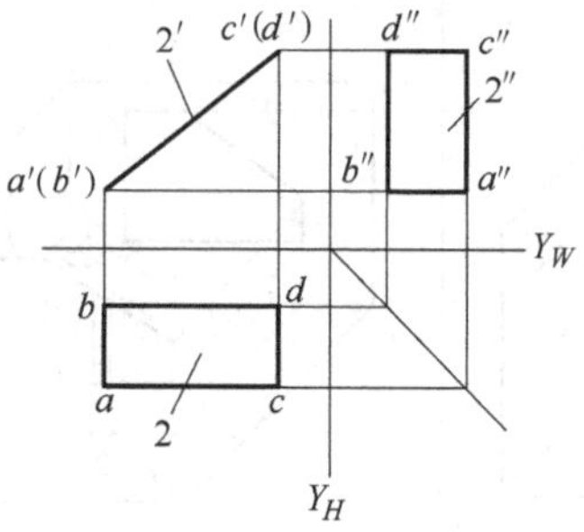	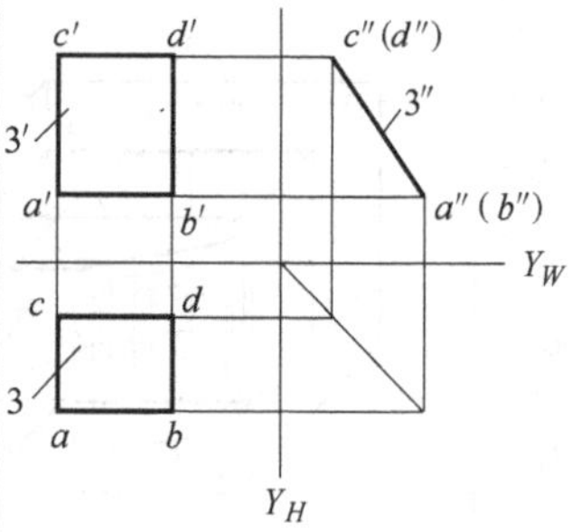
投影特性	1）水平投影积聚为斜线 2）V 面和 W 面的投影的线框 1′、1″均为比原形小的矩形类似形	1）正面投影积聚为斜线 2）H 面和 W 面投影的线框 2、2″均为比原形小的矩形类似形	1）侧面投影积聚为斜线 2）V 面和 H 面投影的线框 3′、3 均为比原形小的矩形类似形
小结	1）所垂直的投影面上投影积聚为斜线 2）其他两面投影为平面形的类似形		

读图时，只要一个投影为斜线（积聚性投影），对应一个或两个为平面形的类似形（斜线对应封闭形线框），即可判断平面形为投影面垂直面，垂直于斜线所在投影面。

3. 一般位置平面

对三个投影面都处于倾斜位置的平面，称为一般位置平面。以三棱锥的侧面 *SAB* 为例，说明其投影特性，见表 2-7。

表 2-7　一般位置平面的空间位置及投影特性

名称	一般位置直线（∠于 H、V、W 面）		
平面的空间位置及投影的直观图	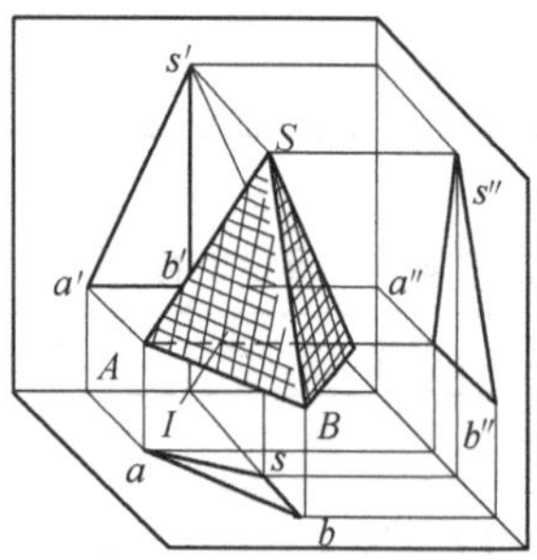	投影图	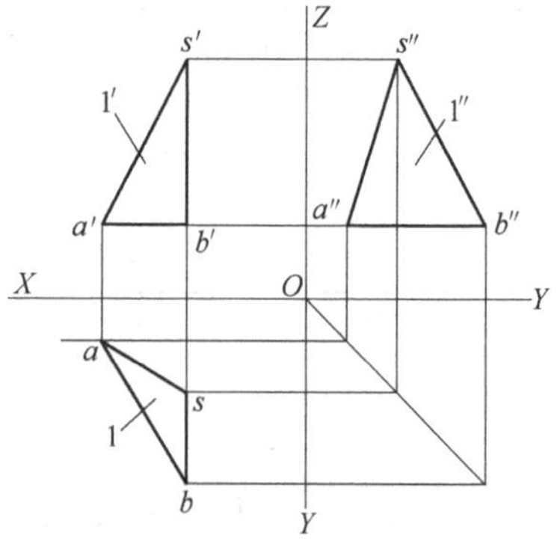
投影特性	在三面投影面上投影△s′a′b′、△sab、△s″a″b″均不反应实形，而是比原平面形小的类似形		

读图时，如果三个投影都是类似形线框，则线框所示的平面为一般位置平面。

*4. 平面上的直线和点

（1）平面上的直线

1）直线通过属于平面上的两点。如图 2-20a、b 所示直线 *MN* 的投影 *mn*、*mn*。

2）直线通过属于平面上的一点，且平行从属平面上任一直线。如图 2-20a、c 所示直线 MP 的投影 $m'p'$、mp。

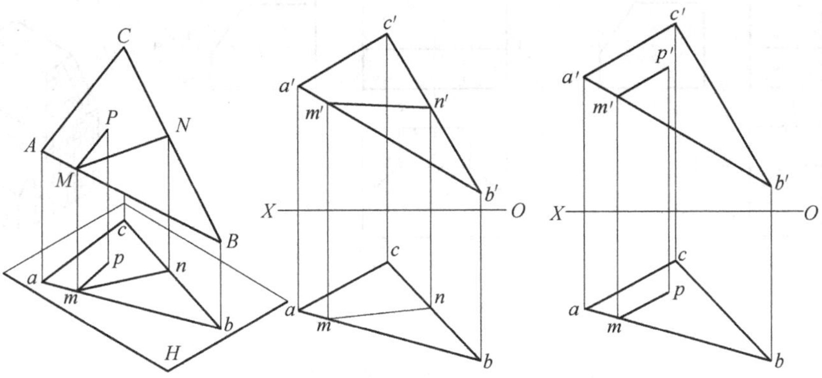

a) b) c)

图 2-20 平面上的直线

（2）平面上的点 点在平面上，则该点必在平面任一直线上。因此，在平面求点的投影，首先要在平面过已知点引辅助直线求得。

【例 2-4】 已知图 2-21a 所示△ABC 平面上点 E 的水平投影 e，求作正面投影 e'。

（1）作图方法一 如图 2-21b 所示，过 e 作辅助线 cd，由 d 求 d'，连接 $c'd'$，并由点 e 在 $c'd'$上求 e'，如图中箭头所示。

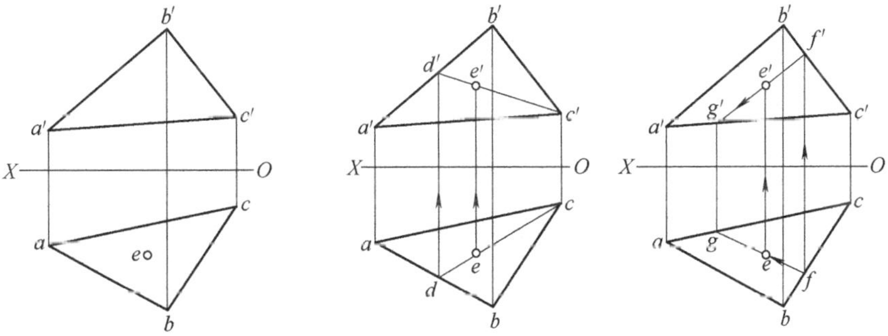

a) b) c)

图 2-21 在平面上作辅助线取点

（2）作图方法二 如图 2-21c 所示，过 e 作辅助线 fg // ab，由 f（或 g）求得 f'（或 g'），过 f'（或 g'）作 $f'g'$ // $a'b'$，由点 e 在 $f'g'$上求 e'，得所求，如图中箭头所示。

（3）读平面的投影

［例 2-5］ 已知图 2-22a 所示平面体三视图和主、俯视图指定的线框和线段，想象各面空间位置，说明名称，在左视图找出对应的投影，并在立体图上标出对应面的字母。

按“主、俯长对正”规律，找出线框、线段对应关系，由平面投影特性，想象平面形和空间位置。

1）线框 a'对应横向线 a，矩形面 A 为正平面，侧面投影为竖向线 a''。

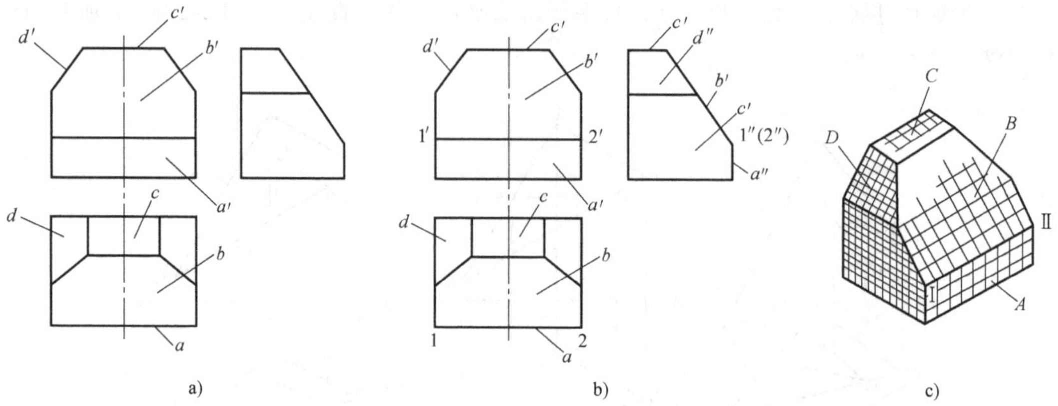

图 2-22 读平面体上指定面的投影

2）线框 b'与 b 对应，边线 $1'2'$与 12 都为横向线，Ⅰ—Ⅱ线为侧垂线，六边形面 B 为侧垂面，侧面投影为斜线 b''。

3）横向线 c'与线框 c 对应，矩形面 c 为水平面，侧面投影为横向线 c''。

4）斜线 d'对应线框 d，直角梯形面 D 为正垂面，侧面投影为直角梯形 d''。

综合想象这四个面组的相对位置，在立体图上标出位置，如图 2-22c 所示。

第三章　基本立体

通常把组成机件的棱柱、棱锥、圆柱、圆锥、球、环等几何体及其变形体称为基本立体。常见基本立体分为平面立体和回转体两类。图 3-1 所示是由基本立体组成的机件实例。

本章介绍基本立体的形体特征、三视图特点及其表面上点的投影及读、画基本立体视图。

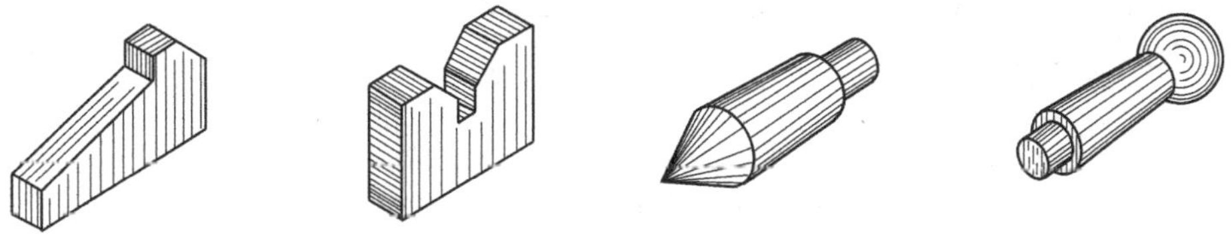

a)　　b)　　c)　　d)

图 3-1　机件实例

a）钩头键　b）V 形铁　c）顶尖　d）手把

第一节　平面立体的投影

所有表面都是平面的几何体，称为平面立体，常见的是棱柱和棱锥。

一、棱柱

棱柱有三棱柱、四棱柱、五棱柱、六棱柱等。下面以六棱柱为例，分析其形体特征及投影。

1. 棱柱的形体特征

图 3-2a 所示正六棱柱两底面为正六边形，是特征面，6 个矩形侧棱面和 6 个侧棱垂直于底面。

2. 棱柱投影分析

按图 3-2a 所示位置投影，两底面是水平面，水平投影的正六边形为实形，正面和侧面投影积聚为横向线 1′、1″；前、后侧棱面是正平面，其余 4 个侧棱面是铅垂面。水平投影都积聚为直线与正六边形边重合，正面和侧面投影为矩形，（如线 2 对应线框 2′和线 2″，线 3 对应线框 3′、3″）；六条侧棱铅垂线，水平投影积聚为点，与六边形顶点重合，如点 a（d）对应线 $a'd'$和 $a''d''$，如图 3-2b 所示。

正六棱柱的左右、前后对称，在三个视图中用点画线表示这两个对称面的投影，如图 3-2b、c 所示。

3. 棱柱三视图的特点和作图步骤

1）棱柱三视图特点。从图 3-2a、b 得知，棱柱特征面（底图）所平行投影面投影为多边形（如正六边形）为特征形视图（俯视图），其他两个视图为矩形，为一般视图。

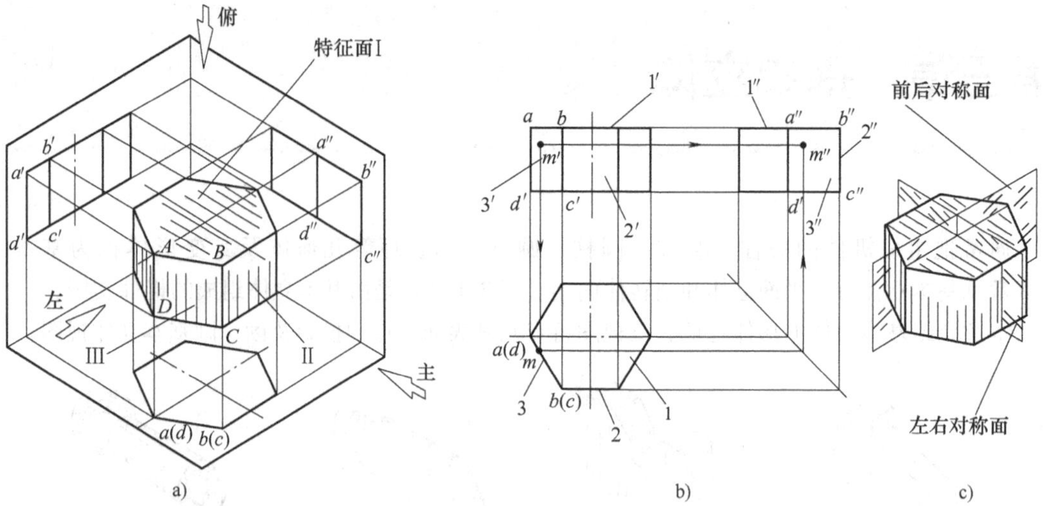

图 3-2　正六棱柱三视图及投影分析

a）轴测图　b）三视图及求表面点的投影　c）对称面

2）棱柱三视图的作图步骤，如图 3-3 所示。

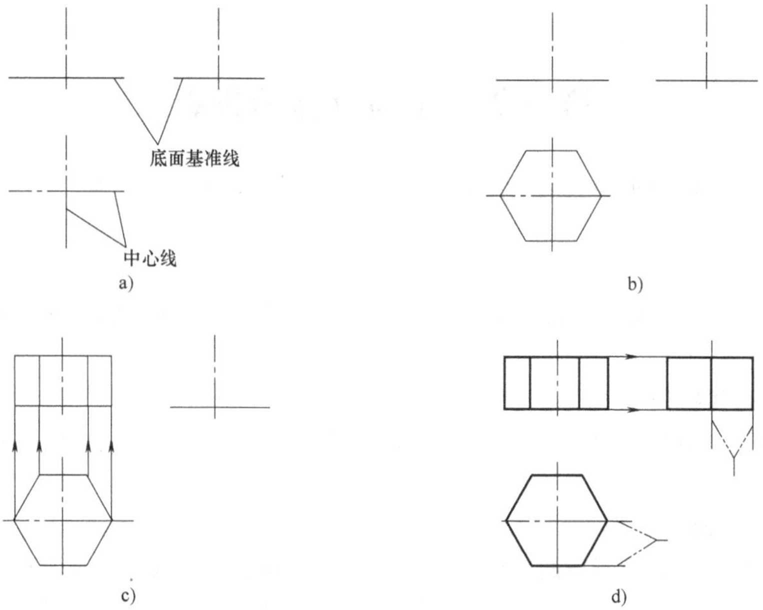

图 3-3　正六棱柱三视图的作图步骤

a）画作图基准线（中心线、底面基准线）　b）画特征形俯视图　c）由主、俯“长对正”及高度画主视图　d）由俯、左“宽相度”和主、左“高平齐”画左视图并检查加深图线，完成作图

4. 棱柱表面点的投影

如图 3-2b 所示，已知六棱柱表面上点 M 的正面投影点 m'，求作另两个面的投影。

按点 m'的位置及可见性，可判断点 M 属于六棱柱侧面 $ABCD$ 上，$ABCD$ 是铅垂面。因此，点 M 的水平投影 m 必在该面水平积聚性投影 $abcd$ 线上。由点 m'求得点 m，再根据点

m、m'求得点 m''（如箭头所指）。

由于点 M 从属六棱柱的左边侧面，该面的侧面投影矩形 $a''b''c''d''$是可见的，所以点 m''为可见。

二、棱锥

棱锥有三棱锥、四棱锥、五棱锥、六棱锥等，下面以四棱锥为例分析其形体特征及投影。

1. 棱锥的形体特征

如图 3-4a 所示四棱锥，底面四边形为特征面，左右、前后侧面是具有公共顶点的等边三角形，四条侧棱相交点为锥顶。

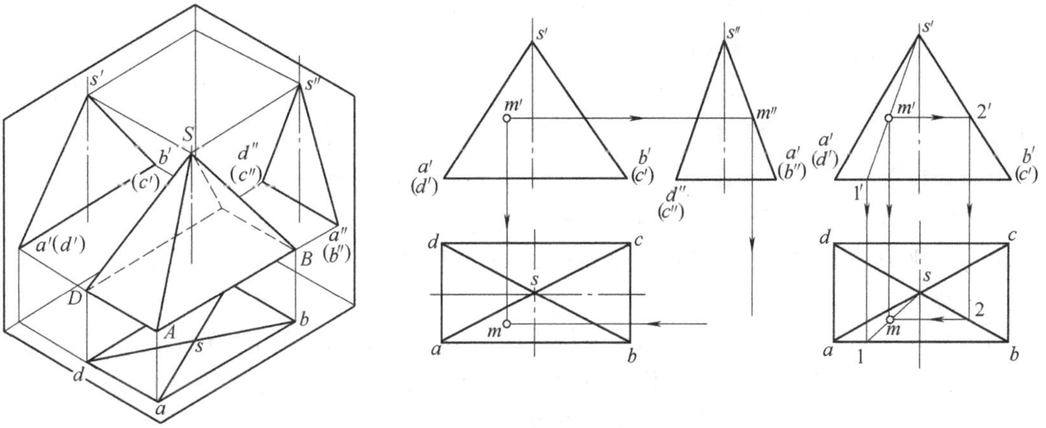

a) b) c)

图 3-4　四棱锥三视图及投影分析

a）轴测图　b）三视图及求作表面点的投影　c）求表面点的投影

2. 棱锥的投影分析

如图 3-4a 所示的位置投影，四棱锥的矩形底面是水平面，水平投影矩形 $abcd$ 反映特征面实形，正面和侧面为横向实线。

左右侧面的等腰三角形是正垂面，正面投影为斜线 $s'a'$（d'）、$s'b'$（c'），水平和侧面投影为等腰三角形 sad、sbc 和 $s''a''$（b''）d''（c''）。

前后侧面的等腰三角形，读者自己分析。

四条侧棱为一般位置，三面投影都是斜线，如 $s'a'$、$s\ a$、$s''a''$。

3. 棱锥三视图的特点和作图步骤

1）棱锥三视图的特点　从图 3-4a、b 得知，棱锥特征面（底面）所平行投影面投影外框为多边形（四边形），内线框由数个具有公共顶点三角形组成，为特征形视图（俯视图）；其他两个视图为三角形，为一般视图。

2）棱锥三视图的作图步骤，如图 3-5 所示。

4. 棱锥表面上点的投影

如图 3-4b 所示，已知点 M 的正面投影 m'，求作其他两面投影。

从点 m'的位置和可见性，判断点 M 属于三棱锥前侧棱面△SAB 上，它是侧垂面，点的侧面投影积聚在斜线 $s''a''$（b''），由点 m'求得点 m''，再由点 m'、m''求得点 m，这种作图方法

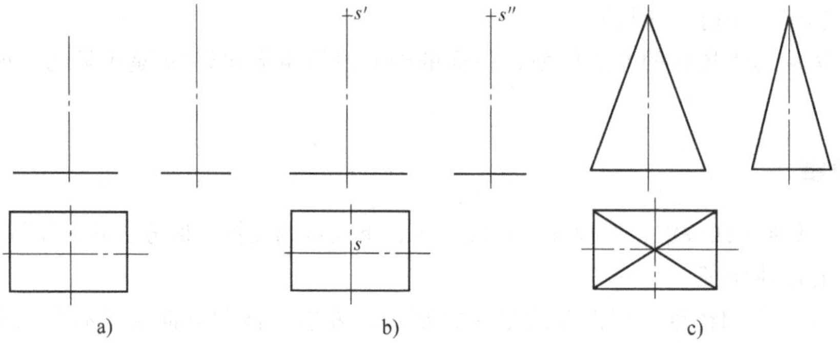

图 3-5 四棱锥三视图的作图步骤

a）画中心线及底面 b）定出锥顶 S c）把锥顶与底面各顶点同面投影连线

称为积聚性取点法，作图步骤如图 3-4b 箭头所示。

如果没有左视图，则不能利用积聚性取点法求作。此时，应采用引辅助线方法求得，过点 m' 引 $s'1'$，求得水平投影 $s1$，由点 m' 引投影连线交 $s1$ 线于点 m。

另一种作图法，过点 m' 作 $m'2'$ 线平行 $a'b'$，也可求得点 m。

以上两种引辅助线作图方法，如图 3-4c 箭头所示。

由于点 M 所在前侧面△SAB 的水平投影△sab 是可见的，所以点 m 也是可见的。

***5. 棱台**

四棱台可看成平行于底面的平面截去棱锥的顶部而形成的，如图 3-6 所示。四棱台的形体特征、投影分析、三视图特点、作图步骤和求表面点投影的方法可仿照四棱锥。

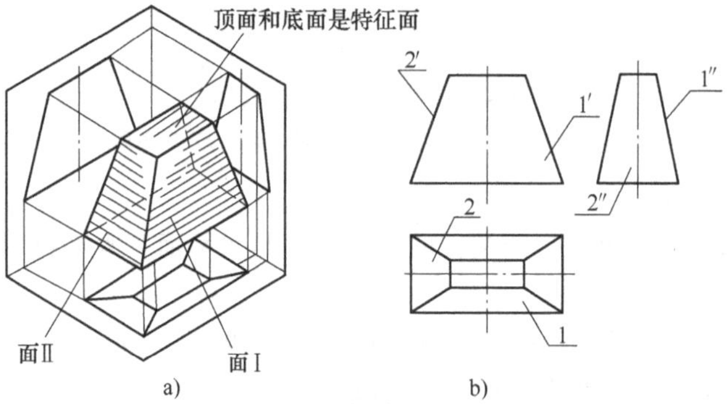

图 3-6 四棱台三视图

第二节 回转体的投影

由一母线（直线或曲线）绕定轴回转而成的曲面，称为**回转面**。

常见回转体有圆柱、圆锥、圆球和圆环等。由于回转面是光滑曲面，所以其投影图（视图）仅画出曲面对应于投影面可见和不可见的分界线，这种分界线称为回转体**轮廓线**。

一、圆柱

1. 圆柱面的形成

如图3-7所示，圆柱面可看成是由一条直线 AA_1（母线）绕与其平行的轴 OO_1 回转而成的。圆柱面上任意一条平行轴线 OO_1 的直线称为圆柱面素线。

圆柱的表面是圆柱面和上、下底面（圆平面）所围成的。

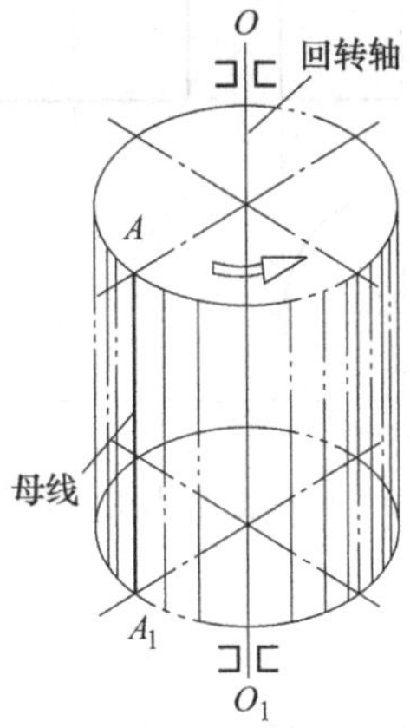

图 3-7　圆柱面的形成图

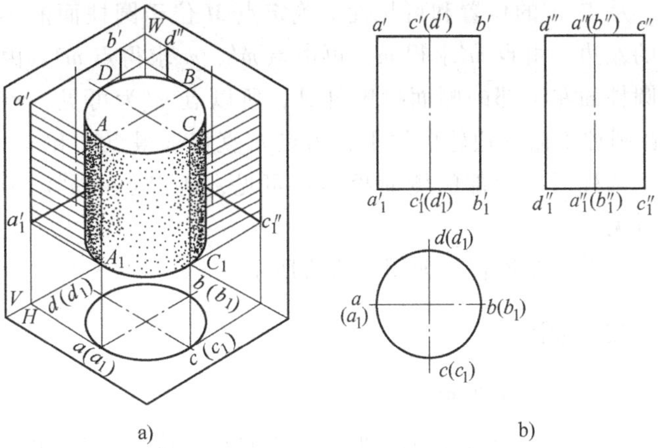

图 3-8　圆柱三视图及投影分析

a）轴测图　b）三视图

2. 圆柱的投影

如图 3-8a 所示，圆柱轴线垂直 H 面，水平投影的圆形是底面实形。圆周是圆柱面积聚投影，正面投影的矩形是圆柱面前半可见后半不可见的重合投影，上下边是底面的积聚投影，左右两边线 $a'a_1'$和 $b'b_1'$是圆柱最左、最右轮廓线 AA_1 和 BB_1 的正面投影。

侧面投影的矩形表示左右圆柱面可见与不可见的重合投影，前后边线 $c''c_1''$、$d''d_1''$是前后轮廓线 CC_1 和 DD_1 的侧面投影，如图 3-8b 所示。

还应注意要用点画线表示圆柱对称中心线和轴线的投影。其他回转体都有类同要求。

3. 圆柱三视图特点及作图步骤

1）圆柱三视图特点：从图 3-8b 得知，圆柱轴线在垂直投影面上投影为圆，轴线所平行的投影面上为两个全等的矩形。

2）圆柱三视图的作图步骤，如图 3-9 所示。

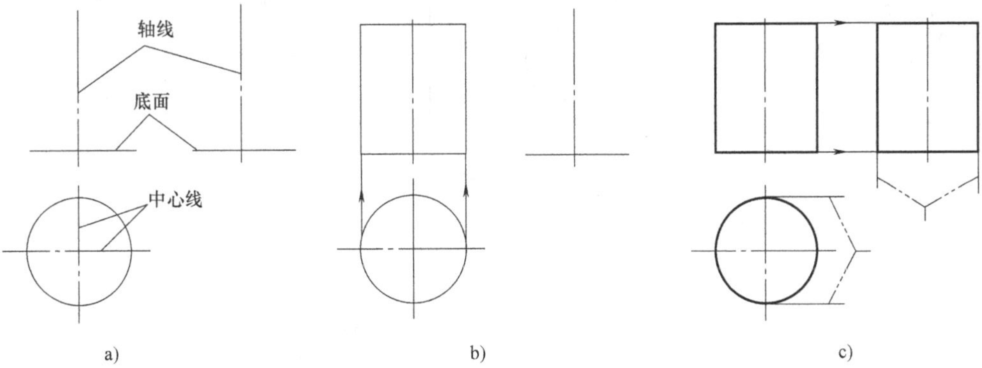

图 3-9　画圆柱三视图作图步骤

a）画圆中心、轴线及俯视图（圆）　b）由俯视图及高度画主视图　c）由主、俯视图画左视图

4. 圆柱面上点的投影

圆柱面上点的投影，均可借助于圆柱面投影的积聚性取点法求得。

【例 3-1】 如图 3-10 所示，已知圆柱面上点 M 和 N 的正面投影 m'和 n'，求作其他两面的投影。

从点 m'的位置和可见性，确定点 M 位于圆柱面前半部的左边，由点 m'求得 m，再由点 m'、m 求得点 m''。由于圆柱面左半部的侧面投影可见，所以点 m''为可见；点 n'在圆柱正面右边轮廓线上，由点 n'直接求得点 n 和 n''。由于圆柱面右半部的侧面投影不可见，所以点（n''）为不可见。

以上作图过程，如图中箭头所示。

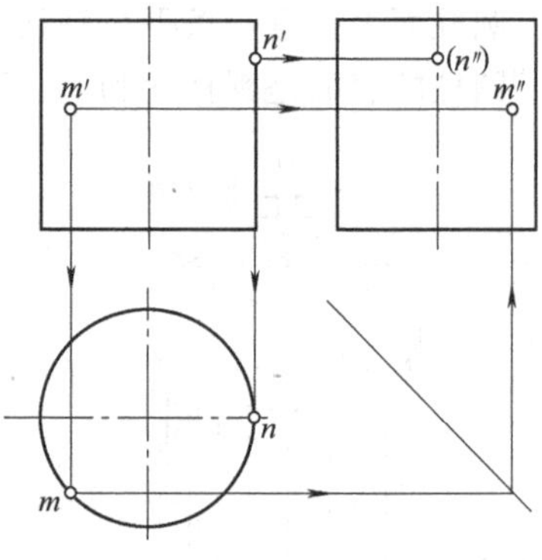

图 3-10 圆柱面上点的投影

二、圆锥

1. 圆锥面的形成

如图 3-11 所示，圆锥面是一条直母线围绕着与轴线 SO 相交回转而成的。在圆锥面通过锥顶的任一直线称为圆锥面素线。

圆锥是由圆底面和圆锥面所围成的。

2. 圆锥的投影

如图 3-12 所示，圆锥轴线垂直 H 面，水平投影的圆是圆锥面和底面的重合投影，周围是圆锥面和底面交线的投影。

正面投影等腰$\triangle s'a'b'$是圆锥面前半部分可见、后半部分不可见的重合投影，两腰 $s'a'$、$s'b'$是圆锥面最左 SA、最右 SB 素线（轮廓线）的正面投影，其对应投影 sa、sb 及 $s''a''$（b）；侧面投影的等腰$\triangle s''c''d''$和两腰 $s''c''$、$s''d''$的空间含义，请读者自己分析。

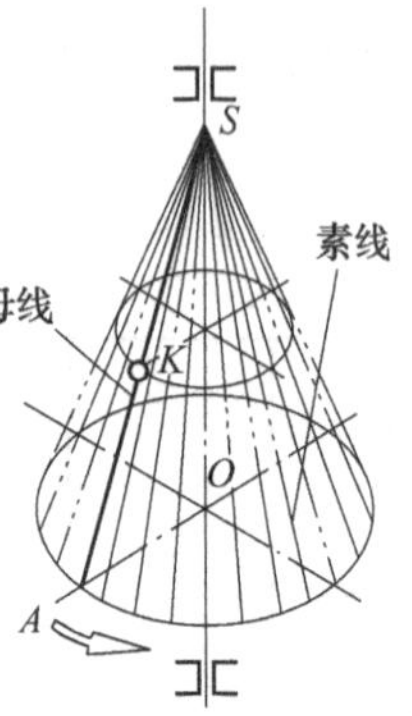

图 3-11 圆锥面的形成图

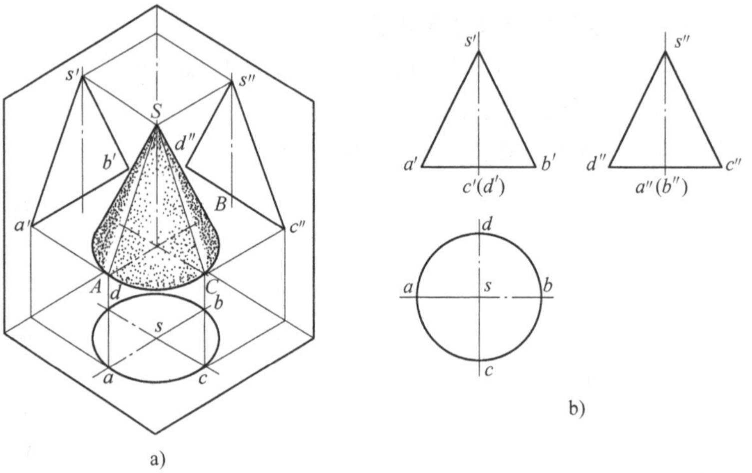

图 3-12 圆锥三视图及投影分析

a）轴侧图 b）三视图

3. 圆锥三视图特点及作图步骤

圆锥三视图特点：从图 3-12b 得知，一个视图为圆形，对应两个视图为等腰三角形。

圆锥三视图的作图步骤：应先画圆的中心线和轴线，然后画底圆的各个投影（先画底圆的实形，再画两个积聚性直线），再作出顶点各个投影，最后画圆锥轮廓线。

4. 圆锥面上点投影

1）点在圆锥面轮廓线上。

【例 3-2】 已知图 3-13b 所示圆锥面点 *M*、*N* 的正面投影 *m′*、*n′*，求作其他两面投影。

由于点 *m′*、*n′*的位置，判断 *M*、*N* 处在圆锥面的正面和侧面最左、最前的轮廓线 *SA*、*SB* 上，利用点在直线上投影从属性，由点 *m′*求得点 *m*、*m″*；由点 *n′*求得点 *n″*，再由点 *n″*求得点 *n*，其作图步骤如图 3-13a、c 箭头所示。

这两个点的三面投影均属可见。

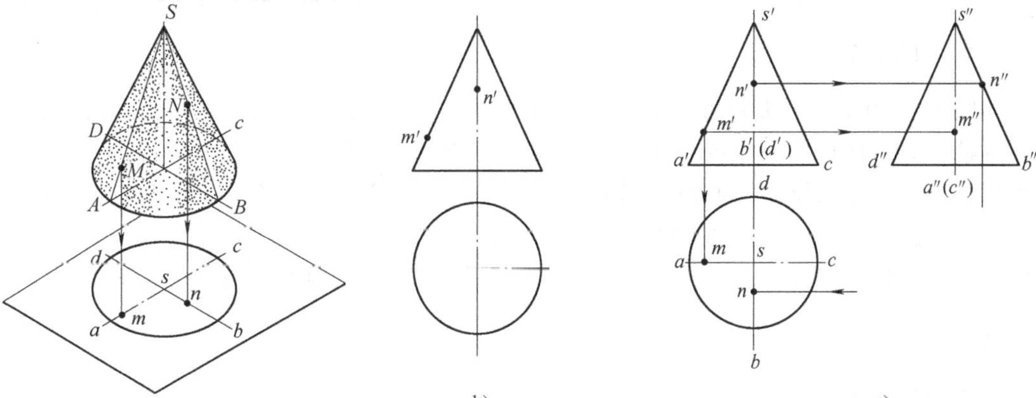

a) b) c)

图 3-13 圆锥面上轮廓线上点的投影

a）轴测图 b）已知条件 c）求作步骤

2）点处在圆锥面一般位置上。

【例 3-3】 已知图 3-14b 所示，点 *M* 的正面投影 *m′*，求作其他两面投影。

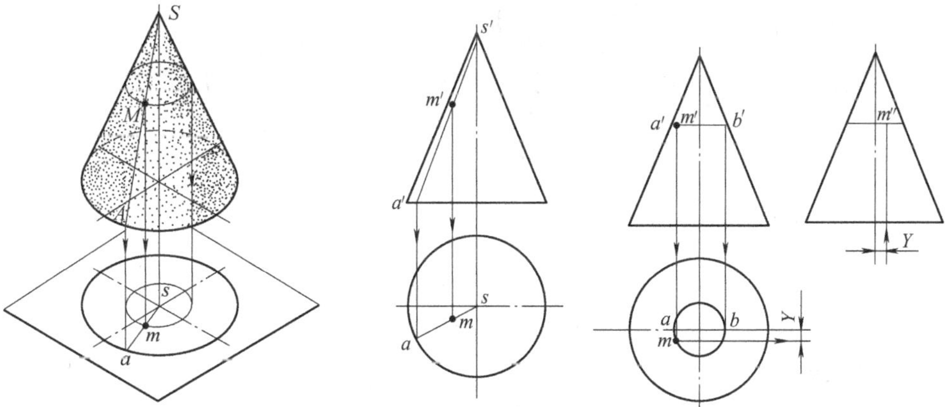

a) b) c)

图 3-14 圆锥面上点的投影

a）轴测图 b）辅助线法 c）辅助圆法

由于圆锥面投影没有积聚性，所以求点 *M* 的另两个投影，必须过圆锥面上点 *M* 引辅助线，然后在辅助线的投影上确定点 *M* 的投影，作图方法有两种。

(1) 辅助素线法 过圆锥面上点 M 与锥顶引辅助素线 SA。作图时，过点 m'引 $s'a'$，求得水平投影 sa，再由点 m'在 sa 上求得点 m，如图 3-14a、b 箭头所示。

(2) 辅助圆法 过圆锥面上点 M 作垂直于圆锥轴线的水平辅助圆，该圆的正面投影积聚一横向直线 $a'b'$（圆的直径）点 M 的水平投影从属于辅助圆的水平投影上。由点 m'求得点 m，再由点 m'、m 求点 m''，如图 3-14a、c 箭头所示。

由于点 M 所处圆锥面水平和侧面投影都是可见的，所以点 m、m''也是可见点。

*三、圆锥台

如图 3-15 所示，圆锥台可看成是圆锥面被垂直于圆锥轴线的平面切去圆锥的顶部而形成的。它的三个视图中，一个视图是同心圆，另两个视图是等腰梯形。其投影分析，三视图作图步骤和求表面上点的投影，与圆锥类同。

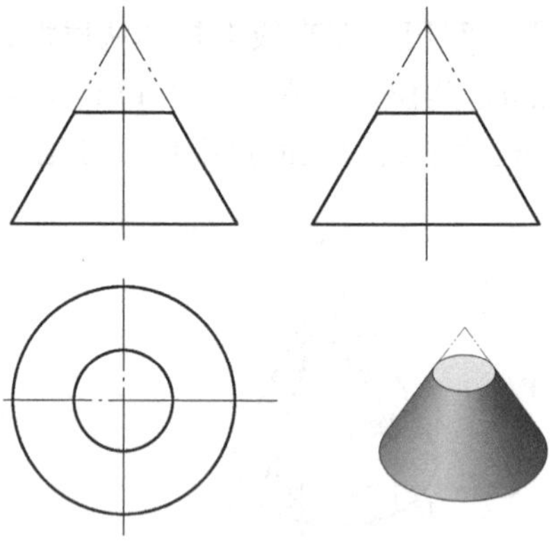

图 3-15 圆锥台三视图

四、圆球

1. 圆球面的形成

如图 3-16a 所示，圆球面可看成是一个圆作为母线（K），绕其直径 OO 旋转而成的。

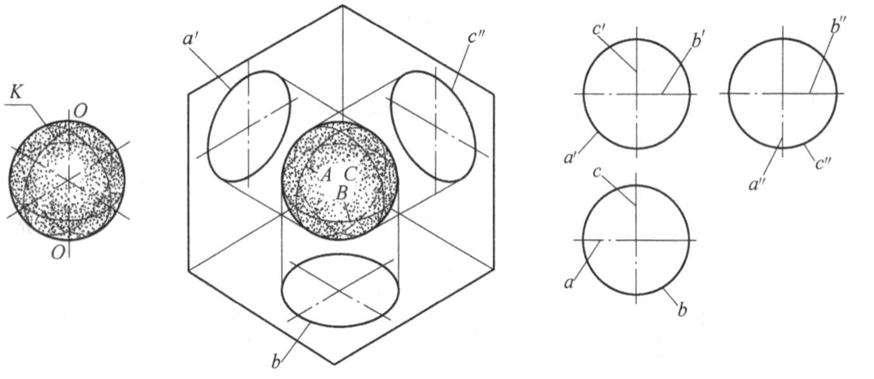

图 3-16 圆球三视图及投影分析

a）圆球面的形成 b）轴测图 c）三视图

2. 圆球的投影

圆球任何方向的投影都是等径的圆。图 3-16b、c 所示三个圆 a'、b、c''分别表示三个不同方向上圆球面轮廓线的投影。

主视图的圆 a'表示球面前半部可见和后半部不可见的分界线，也是圆球面正面轮廓线 A 的投影，与其对应投影 a、a''直线与俯、左视图上圆前后中心线重叠，但不画线。

俯视图的圆 b 则表示圆球上半部可见和下半部不可见的分界线，也是圆球面水平方向轮廓线 B 的投影，其对应投影 b'、b''直线与主、左视图上圆的上下中心线重叠，也不画线。

左视图的圆 c''读者自行分析。

3. 圆球三视图特点及作图步骤

圆球三视图都是圆。作图时，应先画三个圆的中心线，再画圆。

4. 圆球面上点的投影

1）点处在圆球面轮廓线上。

【例 3-4】 已知图 3-17a 所示点 M、N 在正面投影 m'和水平投影 n，求作其他两面投影。

点 M 处在前后半个圆球的分界线（正面轮廓线）上，由点 m'直接求得点 m、m''。

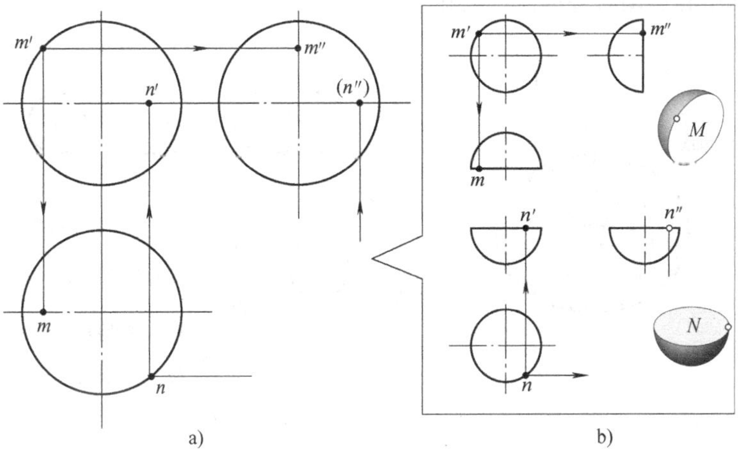

图 3-17　圆球轮廓线上点的投影

a）作图步骤　b）投影分析

点 N 处于上下半个圆球分界线（水平方向轮廓线）上，由点 n 直接求得点 n'、n''。

以上作图步骤和投影分析如图 3-17b 所示。

由于点 N 从属于右半球面上，所以点（n''）为不可见，其他点均可见。

2）点处在圆球面一般位置上。

【例 3-5】 已知图 3-18 所示圆球面上点 M 的正面投影 m'，求作其他两面投影。

在圆球面上求点，可通过过已知点在球面上作平行投影面的辅助圆取点方法求得。

从点 m'位置和可见性，判断点 M 在上右半球的前面，过球面上点 M 作平行于 H 面的辅助圆，点的投影从属辅助圆的水面投影上。

作图时，过点 m'作水平辅助圆的正面积聚性投影 $1'2'$（也是辅助圆的直径），然后作该圆的水平投影，由点 m'求得点 m（它在前半球范围内），再由点 m'、m 求得 m''，如图 3-18 箭头所示。

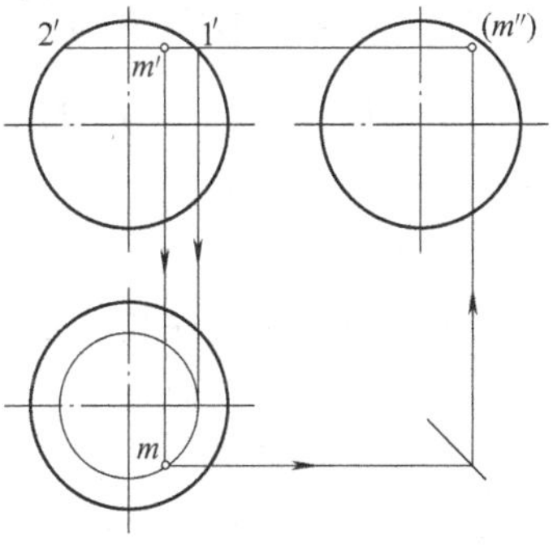

图 3-18　圆球面上点的投影

由于点 M 所在圆球面的水平投影可见和侧面投影不可见，所以点 m 可见、（m''）不可见。

*五、圆环

1. 圆环的形成

如图 3-19a 所示，圆环面看成一圆母线，绕着与圆平面共面，但不通过圆心的轴线 OO_1 回转而成的。圆环的外环面是由母线圆外侧半圆弧旋转而成；圆环的内环面是由母线圆内侧半圆弧旋转而成。

2. 圆环的投影

如图 3-19b 所示，圆环轴线垂直于俯视图（H 面），水平面投影是两个同心圆，分别表示上、下两个半环面的分界线（圆环面水平方向最大和最小的轮廓线圆）的投影；点画线的圆表示母线圆中心运动轨迹的水平投影。

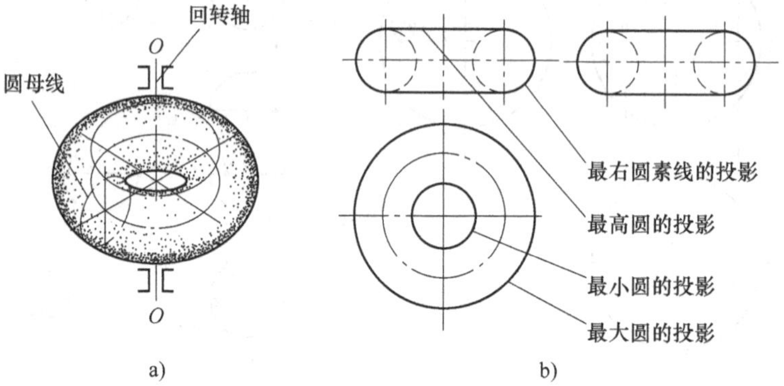

图 3-19 圆环面的形成及其三视图

主视图（V 面）的两个小圆是圆环面最左、最右素线（轮廓）圆的正面投影，靠近轴线的两个半圆虚线，表示内环面不可见。

侧面投影请读者分析。

第三节 柱形体的投影

一、柱形体的形体特征

为了简捷构形，本书把棱柱、圆柱单向平靠、切割、相切的等厚立体称为柱形体。它是组成机件的基本单元。

如图 3-20a、b、c 所示的乚形柱体是长方体平靠，燕尾槽体是长方体挖掉梯形体，带圆孔的拱形柱体是半圆柱和长方体相切挖圆孔而形成的。本书在研究这种类型的形体特征时，一般不再这样细分，而是从广义称为乚形体、燕尾槽形体和带圆孔拱形体。

柱形体也可看成一平面形沿着与其垂直方向平移（拉伸）一定距离形成的等厚立体。如图 3-20d、e、f 所示为由面Ⅰ、Ⅱ、Ⅲ分别沿着与其垂直方向平移一厚度而成的柱形体。

柱形体两端面起着确定柱形体形状的主要作用，称为特征面。其侧面由矩形平面、圆柱面及其相切组合面所组成，这些面与特征面垂直。

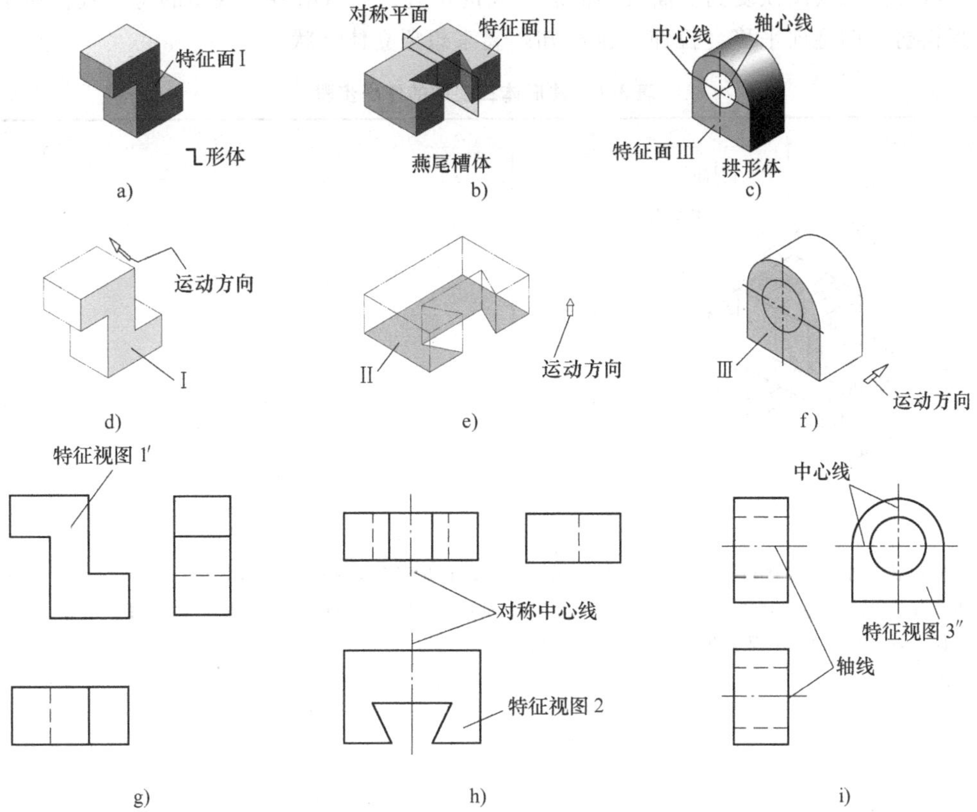

图 3-20　柱形体的形体特征和三视图特点

二、柱形体三视图特点

从图 3-20g、h、i 三视图中可看出，柱形体特征面所平行的投影面的投影，反映柱形体的特征面实形，这个视图称为特征视图，特征视图的线框称为特征形线框。其他两个视图均为单个或多个相邻的虚、实线组成的矩形线框。

例如图 g 的主视图、图 e 的俯视图和图 i 的左视图均是特征视图，线框 1′、2、3″是特征形线框。

三、柱形体三视图的画法

画图前，首先分析柱形体各表面形状和相对位置，确定柱形体的空间位置（特征面平行哪个投影面）及三个投射方向。然后对柱体进行投影分析，确定特征视图。作图步骤见表 3-1。

四、读柱形体三视图的思维方法

读图是根据若干视图想象出它表示的立体形状，是画图逆过程。

1. 特征视图平移（拉伸）法

根据柱形体的形状特征，以及视图形成过程，用逆向思维的方法来想象其立体形状。读图时，假想把三视图恢复到三面投影面展开前的位置，然后由特征视图的特征线框所示平面形按其投射方向逆向平移（拉伸）到已知距离来想象立体形状。

表 3-1 柱形体三视图的作图步骤

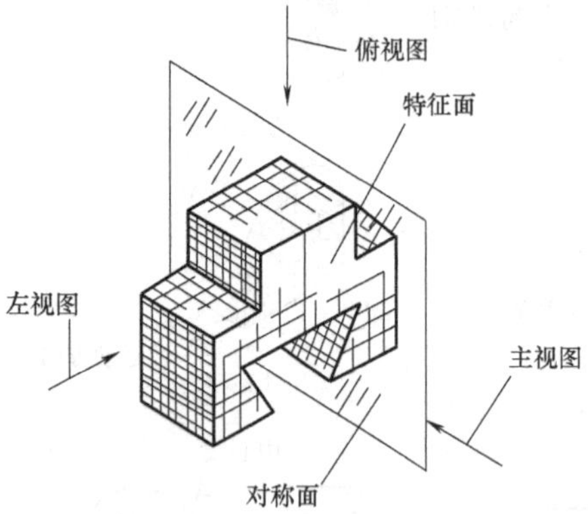 a) 1)确定柱形体的特征形状和空间位置。图中所示的柱形体左右对称，前后端面是特征面，平行于正面，主视图是特征视图。左右对称平面垂直于 V 和 H 面，主、俯视图用点画线表示	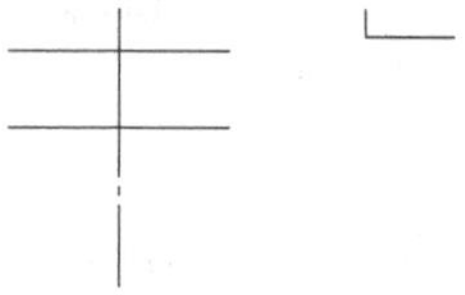 b) 2)画出每个视图的两个方向的作图基准线，作为作图时度量距离的起点。如对称平面、底面、后端面
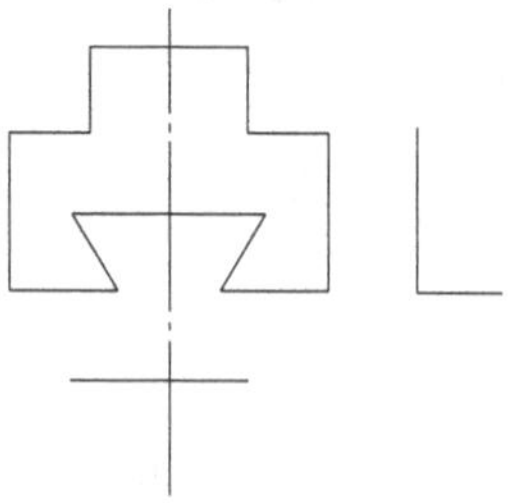 c) 3)画特征视图（主视图）。从实物或轴测图中量得长、高尺寸作图	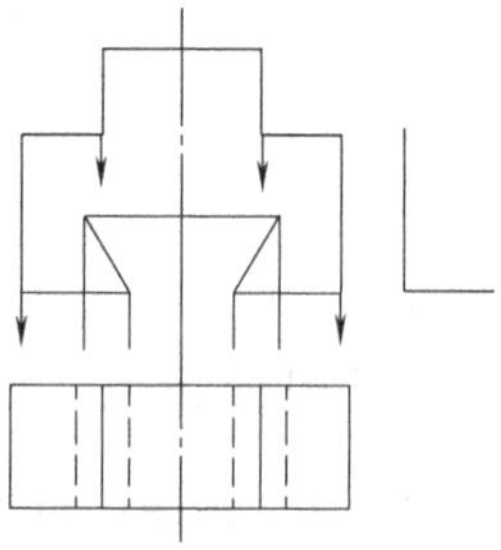 d) 4)画俯视图。通过“主、俯长对正”及从实物或轴测图量得宽尺寸作图
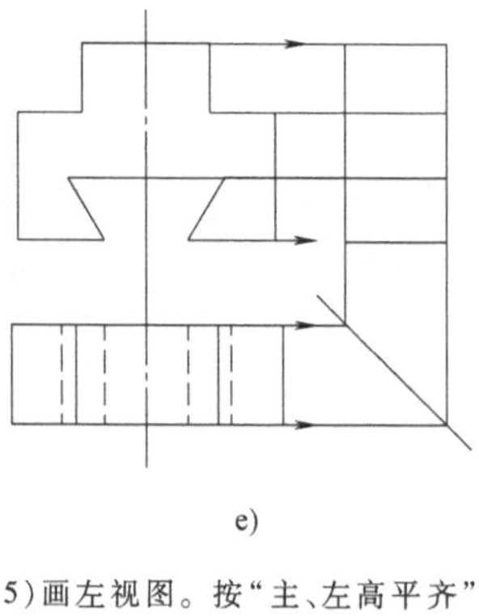 e) 5)画左视图。按“主、左高平齐”及“俯、左宽相等”作图	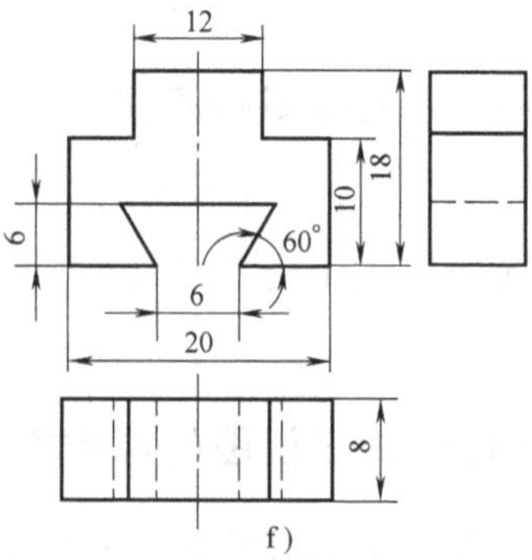 f) 6)核对三视图，判断图线的可见性，擦掉多余图线，加深描粗图线并标注尺寸

这种读图的思维方法，称为特征视图平移（拉伸）读图法。

【例 3-6】 读图 3-21a 的三视图，想象立体形状。

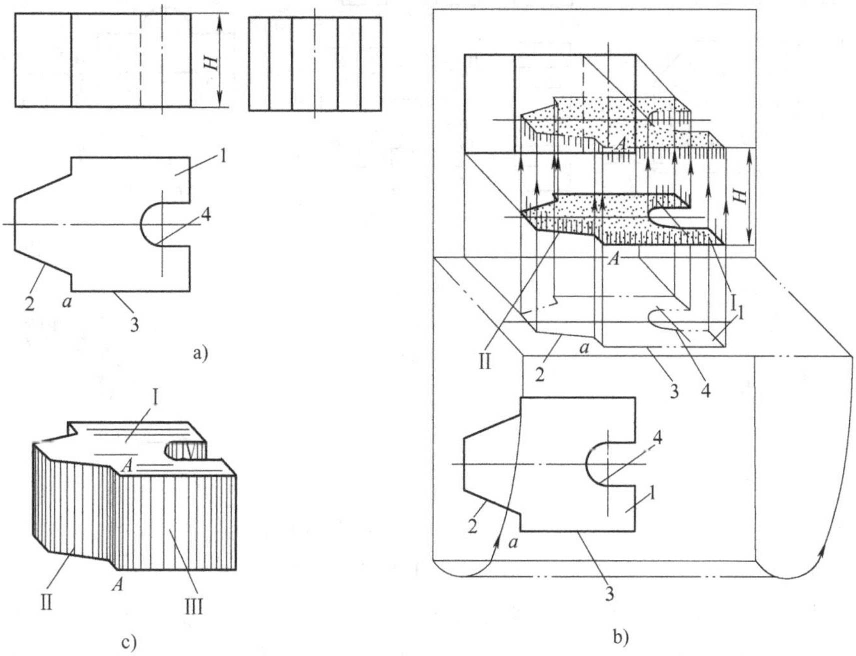

图 3-21 视图归位平移（拉伸）法

读图步骤如下。

（1）在三个视图中确定特征视图 从图 3-21a 三视图的特点，确定俯视图是特征视图。

（2）视图旋转归位 设想主视图（*V* 面）不动，把俯视图（*H* 面）往上旋转 90°，左视图（*W* 面）向左前方旋转 90°，把三个视图恢复到展开前的位置，如图 3-21b 的俯视图旋转归位。

（3）特征视图平移（拉伸）想象 按图 3-21b 所示，把俯视图的特征形线框 1 所表示水平面Ⅰ，往上平移（拉伸）到 *H* 距离。此时，线框顶点（如点 *a*）运动成直线；线 2、3 运动成矩形面；线 4 运动成平面—曲线组合面；特征形面 1 运动成体。图 3-21c 所示立体形状就想象出来了。

2. 特征面形加厚度构形法（图 3-22）

当给定的三视图中，有一个视图是特征视图（特征形线框），对应一个或两个视图是矩形线框，就能想象为柱形体。

读图时，以特征线框所示平面形状和位置为基础，加一厚度，物体形状和所处空间位置就想象出来了。这种读图的思维方法称为特征面形加厚度构形法。

如读图 3-22a、b、c 所示三组三视图，通过各组三视图的投影关系，确定图 a、b、c 的主视图、左视图、俯视图为特征视图。按图 d、e、f 的思维方法，分别以特征形线框 1′、2″、3 所表示正平面形Ⅰ、侧平面形Ⅱ、水平面形Ⅲ为基础，加一其他视图所给定的厚度，图 g、h、i 所示立体形状和所处空间位置就想象出来了。

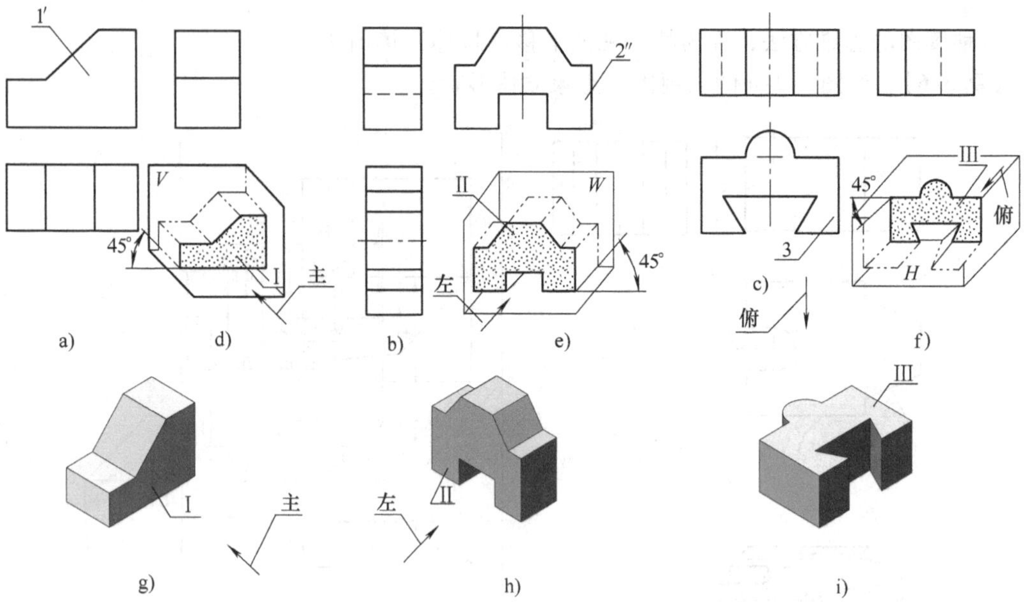

图 3-22 特征面形加厚度构形法

【例 3-7】 已知图 3-23a 的主、俯视图，求作左视图。

(1) 想象立体形状 通过主、俯视图识别，确认主视图为特征视图。想象立体形状时，以线框 1′所示特征面Ⅰ的正平面为基础，加一俯视图所示的厚度，柱形体的立体形状就想象出来了，如图 3-23b 所示。

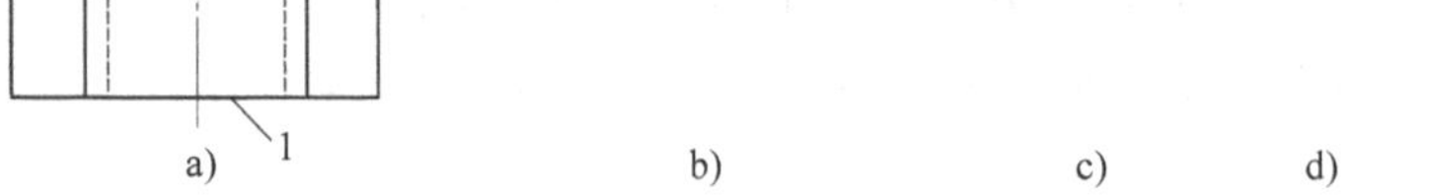

图 3-23 已知主、俯视图，求作左视图

(2) 求作左视图 根据柱形体三视图特点，左视图为矩形线框。按该柱形体所处位置，前后特征面Ⅰ（正平面）的侧面投影积聚性为两条竖向线 1″。作图时，先画两竖向线 1″，然后再画各侧面轮廓的投影，如图 3-23c、d 所示。

第四节 基本立体的尺寸标注

物体的大小是由视图上所注尺寸来确定。本节在第一章平面图形尺寸标注基础上，学习基本立体的尺寸注法，为组合体、机件尺寸标注奠定基础。

一、平面立体的尺寸标注（图 3-24）

棱柱和棱锥应标注确定底面大小的尺寸，还应标注高度的尺寸。棱台除应标注确定上下底面大小的尺寸外，也应标注高度尺寸。为了便于读图，确定底面形状的两个方向尺寸，一般应集中标注在反映底面实形的特征视图上。

底面为正多边形的棱柱、棱锥，根据需要可注外接圆直径，如图 3-24d、f 所示。也可采用其他形式标注，如正六棱柱标注对边距离，正三棱锥标注边长，如图 e、g 所示。

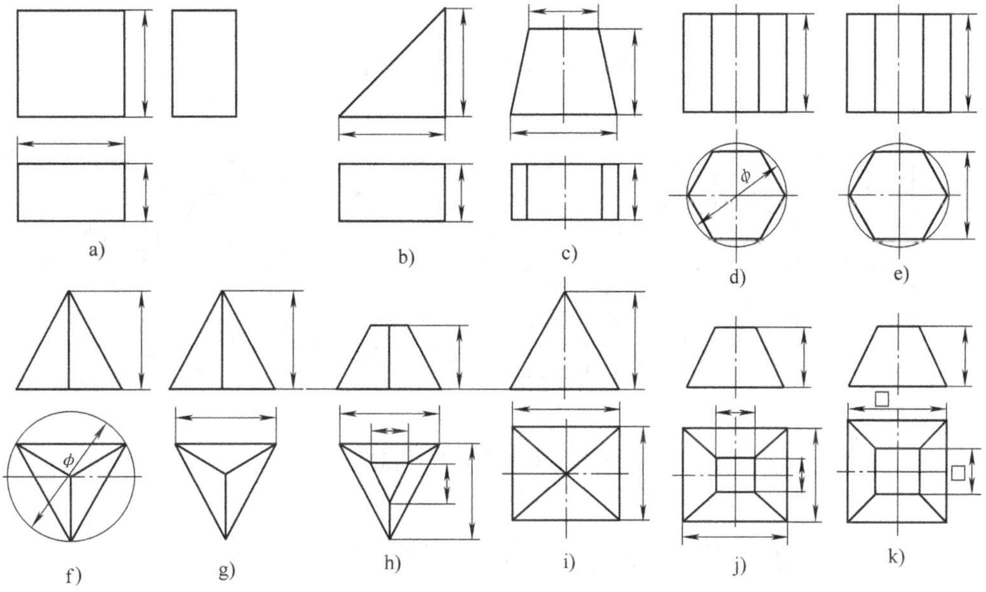

图 3-24　棱柱、棱锥、棱台的尺寸标注

二、回转体的尺寸标注（图 3-25）

圆柱、圆锥、圆台应标注底圆的直径和高度尺寸。直径尺寸一般标注在非圆视图上，并应在数字前加注符号“ϕ”，如图 3-25a、b、c 所示。标注圆球尺寸时，应在 ϕ 或 R 前加注符号“S”，如图 e 所示为“$S\phi$”或“SR”。圆环尺寸注法如图 f 所示。

三、柱形体的尺寸标注

图 3-26 为机件上常见柱形体尺寸注法举例。从图中已知柱形体的尺寸，除了标注确定特征面形状大小尺寸外，还应有厚度尺寸。而且特征视图标注两个方向尺寸，一般视图标注一个方向尺寸。

标注尺寸时，还应注意下列两个问题。

1）对称图形的尺寸，应以对称中心线为基准，把尺寸注成对称分布，如图 3-26b、c、d 所示。

2）应直接标注物体总长、总宽、总高的尺寸，如图 a、b、c、d 所示。但对一端为圆弧的视图，不注总尺寸，只注圆弧中心的位置尺寸，如图 e、f 所示。

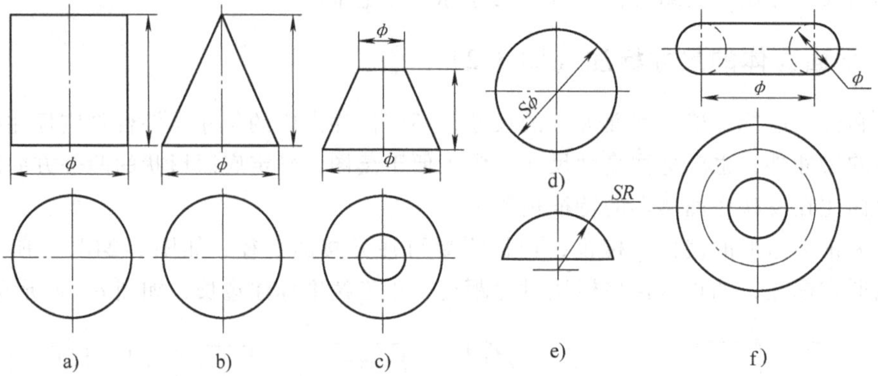

图 3-25 回转体的尺寸标注

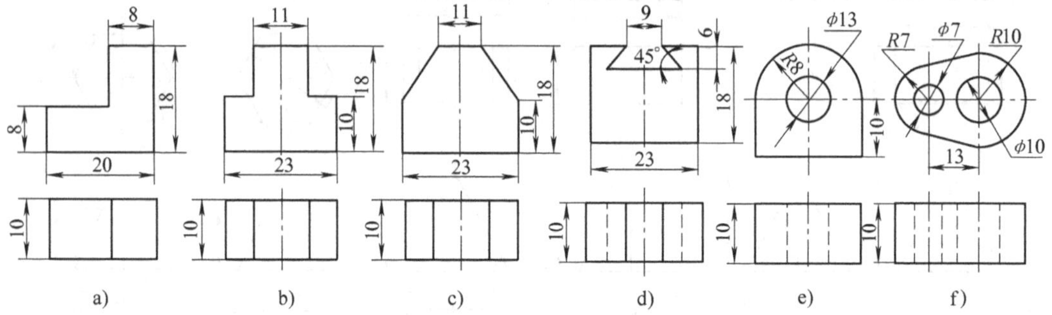

图 3-26 柱形体的尺寸标注

第五节 基本立体三视图的草图画法

基本立体三视图的草图，是指用目测基本立体的形状和大小，并徒手画出其三视图。

一、目测方法

虽然三视图的草图没有准确比例和真实大小，但草图所表示物体总体和局部以及各部分长、宽、高应大体接近于实物，因此学画视图草图必须先学会目测实物的方法。初学时，常借助于铅笔进行目测，如图 3-27 所示。

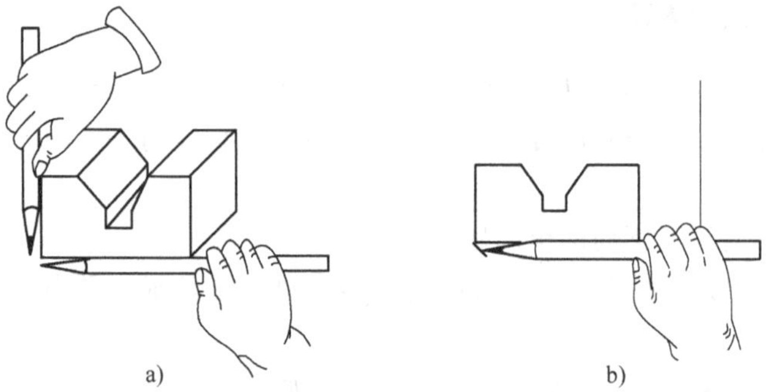

图 3-27 目测物体各部分大小的方法

二、草图画法

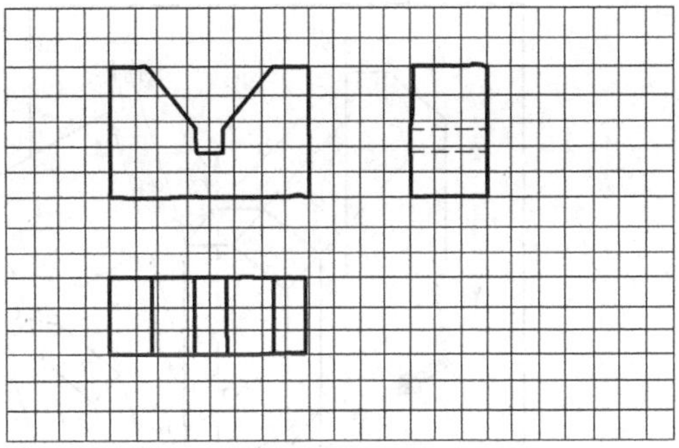

图 3-28 在方格纸上画草图

初学画草图常在方格纸上作图，如图3-28所示。

草图表示立体形状应完整、正确，符合投影关系，图线合格，所注的尺寸要符合规定。

图 3-29 所示为根据基本立体轴测图画三视草图的过程。首先进行形体分析，确定特征面方向作为主视图的投射方向（图 3-29a）；用目测，徒手画出三视图的草图底稿（图 3-29b）；标注尺寸、描深加粗图线（图 3-29c）。

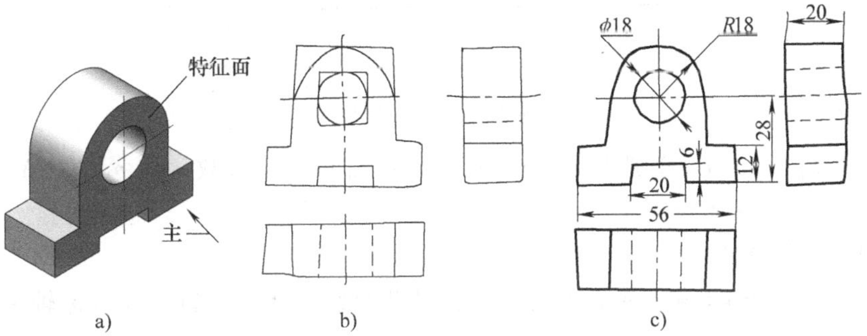

图 3-29 由基本立体画三视图草图

第六节 基本立体的轴测投影

一、轴测投影的基本知识

1. 轴测投影的形成

将物体连同其直角坐标系，沿不平行于任一坐标平面的方向，用平行投影法将其投射在单一投影面上所得到的图形，称为轴测投影（轴测图）。

图 3-30a 表示空间物体沿 S 投射方向在 P 面上的轴测投影（轴测图）。P 面称轴测投影面。

由于轴测图表示物体三维形象，富有立体感，如图 3-30b 所示，它是工程上的辅助图样。

2. 轴测投影的名词（图 3-30a）

（1）轴测轴　直角坐标轴 OX、OY、OZ 在轴测投影面上的投影 O_1X_1、O_1Y_1、O_1Z_1 称为轴测轴。

（2）轴间角　轴测轴之间的夹角，称为轴间角，如 $\angle X_1O_1Z_1$、$\angle X_1O_1Y_1$、$\angle Y_1O_1Z_1$。

（3）轴向伸缩系数　轴测轴的单位长度与相应直角坐标轴的单位长度的比值，称为轴向

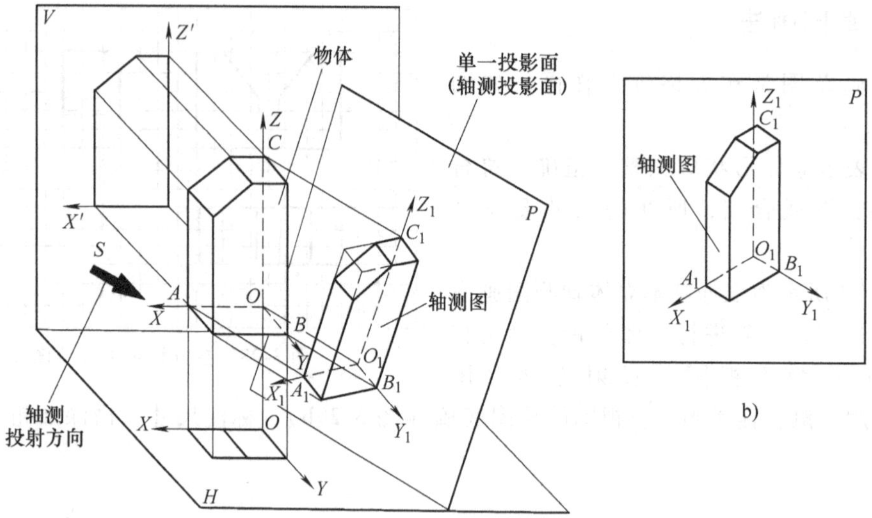

a) b)

图 3-30 轴测图的形成

伸缩系数。用 p_1、q_1、r_1 分别表示 OX、OY、OZ 轴的伸缩系数，如 $p_1=O_1X_1/OX$、$q_1=O_1Y_1/OY$、$r_1=O_1Z_1/OZ$。

3. 轴测投影的特性

(1) 平行性 物体上相互平行的线段，其轴测投影也相互平行；与坐标轴平行的线段，轴测投影平行轴测轴，称为轴向线段。

(2) 等比性 同一方向的轴向线段具有相同的轴向伸缩系数。作图时，按原尺寸乘上轴向伸缩系数后得轴向线段长。

对物体上不与坐标轴不平行的线段，不能应用等比性量取长度，应用坐标法定出直线两端点连线。

二、正等测

1. 正等测的轴间角和轴向伸缩系数

由于物体的三根坐标轴与轴测投影面具有相同的倾角，所得正等测的轴间角均为 120°，

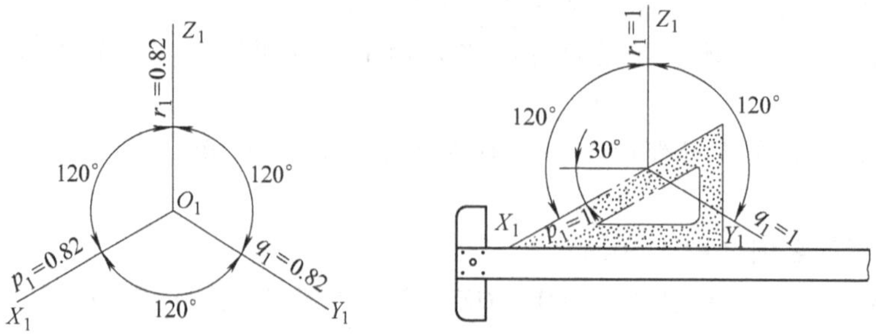

a) b)

图 3-31 正等测的轴测轴、轴间角和轴向伸缩系数

如图 3-31a 所示。作图时，一般将 O_1Z_1 轴画成垂直位置，使 O_1X_1 和 O_1Y_1 轴与水平线夹角为 30°，其作图的方法如图 3-31b 所示。

正等测的三根轴向伸缩系数相等，即 $p_1=q_1=r_1\approx0.82$。作图时，把轴向伸缩系数简化为 $p_1=q_1=r_1=1$。即凡与轴测轴平行的线段均按实长量取，这样绘图简便，但图形的轴向线段放大 1.22 倍（1∶0.82≈1.22），所绘的正等测也放大，见图 3-32b 和图 3-32c 等轴测的比较。

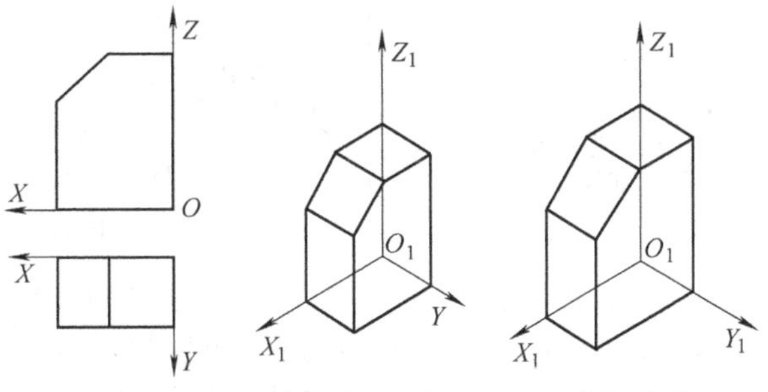

a)　　b) $p_1=q_1=r_1\approx0.82$　　c) $p_1=q_1=r_1=1$

图 3-32　不同伸缩系数的正等轴测图的比较

2. 平面立体正等测的画法

（1）方箱法　假想将平面立体装在一个长方体里画轴测图的方法，称为方箱切割法。作图时，先画出辅助方箱的轴测图，然后在其上进行切割作图，从而作出平面立体的轴测图。

【例 3-8】 根据表 3-2a 所示平面柱形体的主、俯视图，应用方箱法作正等测。其作图步骤见表 3-2。

表 3-2　方箱切割法画正等轴测图示例

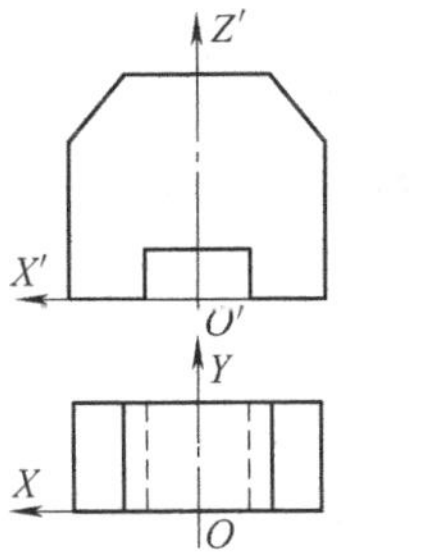 a）在主、俯视图上设置坐标轴	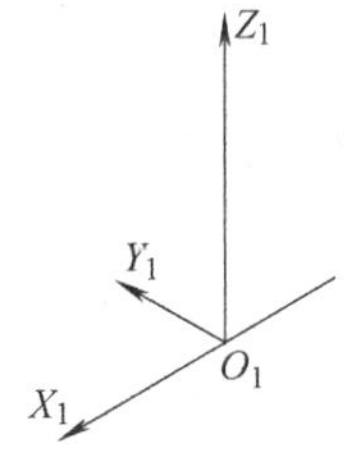 b）画轴测轴	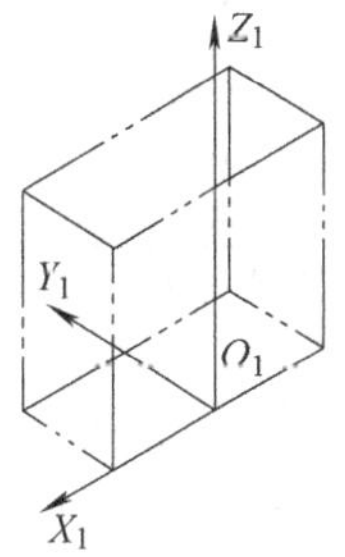 c）按物体的总长、总宽、总高画出辅助方箱正等测
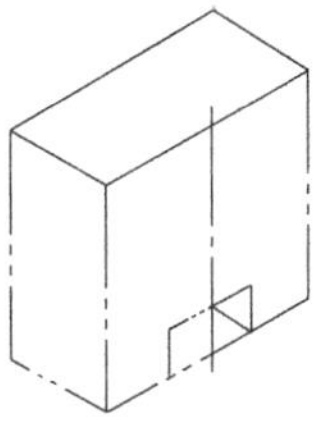 d）画底部左右对称形凹槽	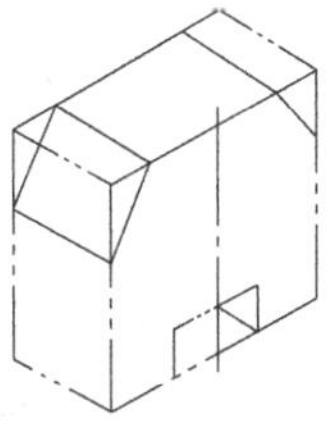 e）画顶部左右对称形缺角	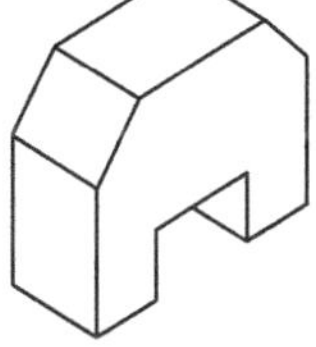 f）描深，擦多余线

（2）坐标法　根据平面立体各顶点的坐标，分别作出其轴测投影，然后顺序连线，从而完成物体轴测图，这种作图方法称为坐标法，坐标法是画轴测图的基本方法。

【例 3-9】　根据表 3-3a 所示的正六棱柱的主、俯视图，应用坐标法作正等测。其作图步骤见表 3-3。

表 3-3　正六棱柱正等测图画法

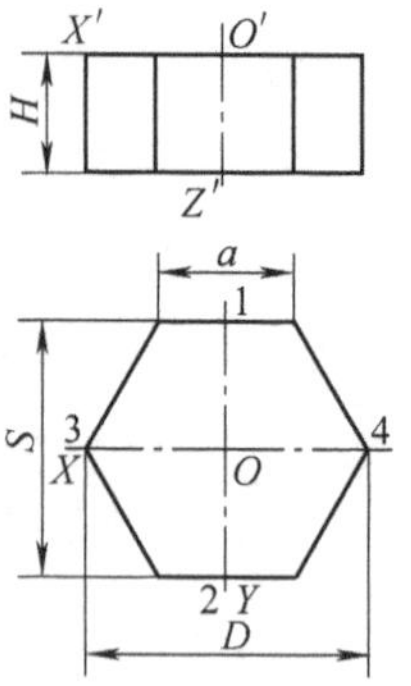 a）六棱柱的左右、前后均对称，选顶面中心为坐标原点，并定出坐标轴	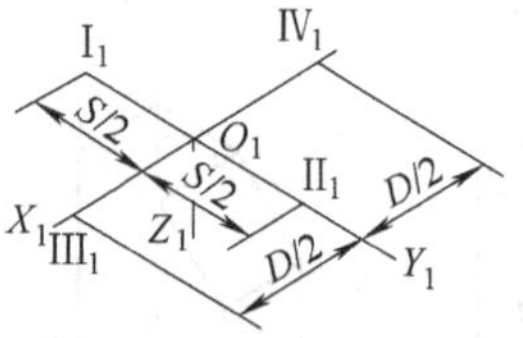 b）画轴测轴 O_1X_1、O_1Y_1，根据尺寸 S、D 沿 O_1X_1 和 O_1Y_1 定出点 I_1、II_1 和点 III_1、IV_1	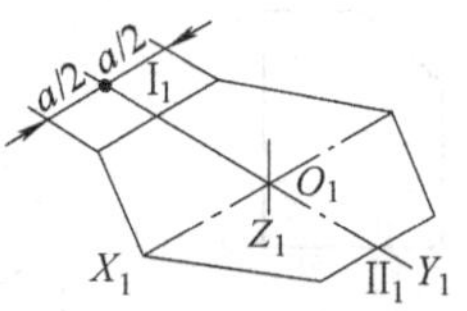 c）过点 I_1、II_1 作直线平行 O_1X_1，并在所作两直线上分别量取 $a/2$，连接各顶点	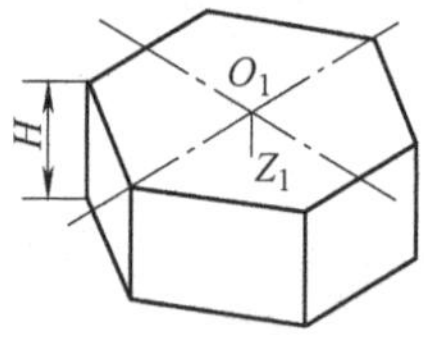 d）过各顶点向下画侧棱，取尺寸 H；画底面各边；描深、加粗全图（虚线省略不画）

【例 3-10】　根据表 3-4a 所示斜截四棱台的两视图，应用坐标法作正等测。其作图步骤见表 3-4。

表 3-4　斜截四棱台正等轴测图画法

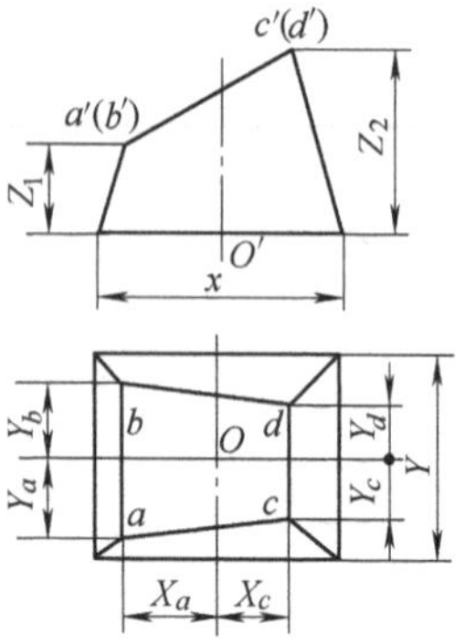 a）在主、俯视图上设置坐标轴，定各棱点的坐标值	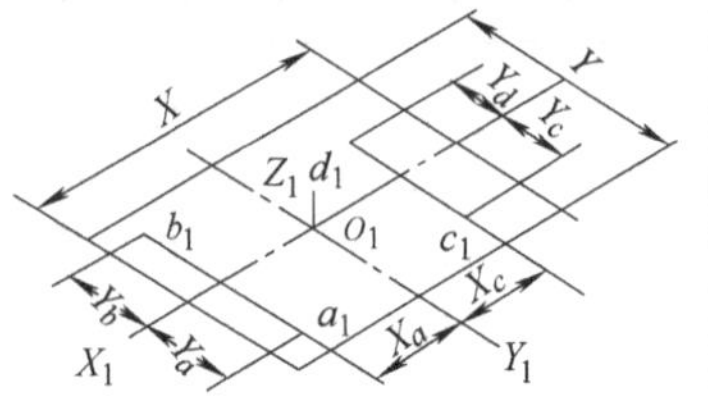 b）画底面（特征面）的轴测轴 O_1X_1、O_1Y_1，由 X_a、X_c 与 Y_a、Y_b 和 Y_c、Y_d 定点 a_1、b_1、c_1、d_1	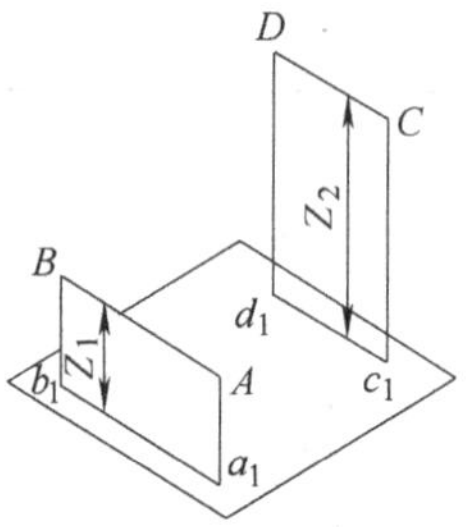 c）分别过点 a_1、b_1、c_1、d_1 作垂直线，并在其上截取各坐标值 Z_1、Z_2，得点 A、B、C、D
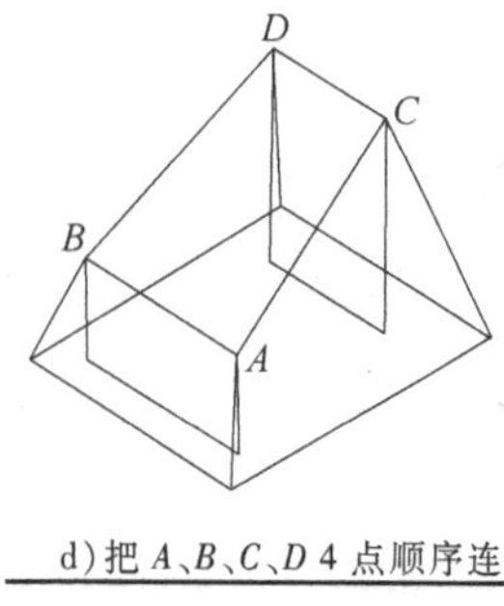 d）把 A、B、C、D 4 点顺序连线	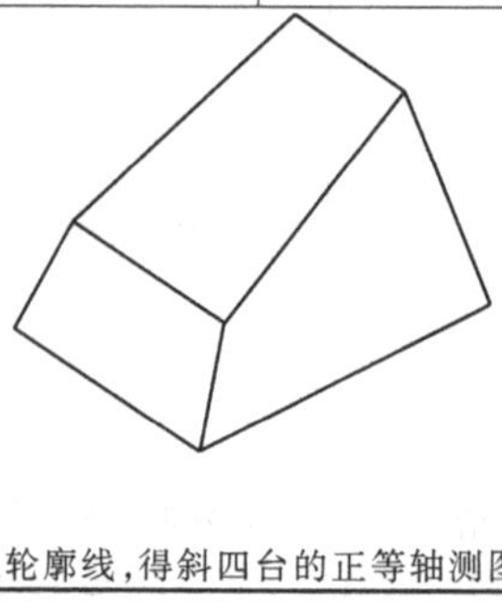 e）去掉作图线与看不见轮廓线，得斜四台的正等轴测图	

3. 回转体正等测的画法

（1）圆的正等测及画法　平行于坐标面上圆的正等测都是椭圆，如图 3-33a 所示。除了长、短轴方向不同外，画法都是一样。

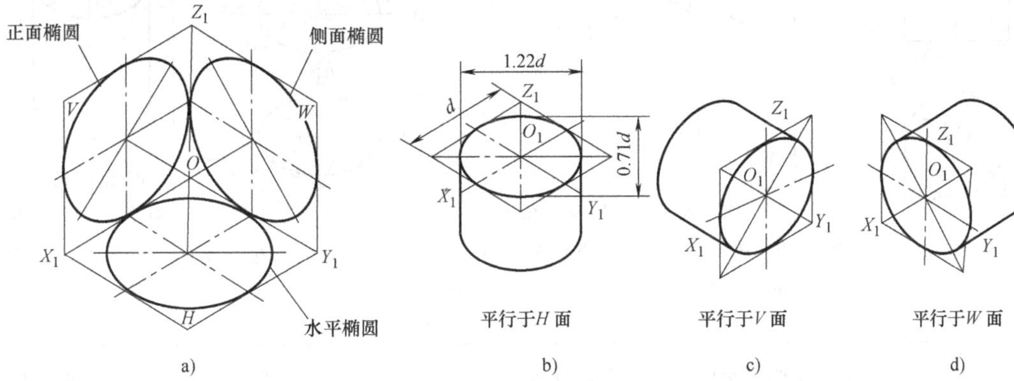

图 3-33　平行三个不同方向坐标面的圆正等测

水平面（$X_1O_1Y_1$）的椭圆长轴垂直 O_1Z_1；正面（$X_1O_1Z_1$）的椭圆长轴垂直 O_1Y_1；侧面（$Y_1O_1Z_1$）的椭圆长轴垂直 O_1X_1；画回转体的正等测时，只有明确圆所在平面与哪个坐标面平行，才能画出方位正确的椭圆，如图 3-33b、c、d 所示，该图还表示三个不同方向圆柱的厚度方向是平行于短轴。

作椭圆通常采用近似画法。现以表 3-5 所示水平面的圆为例说明其画法。

表 3-5　四心法画平行 H 面的圆正等测

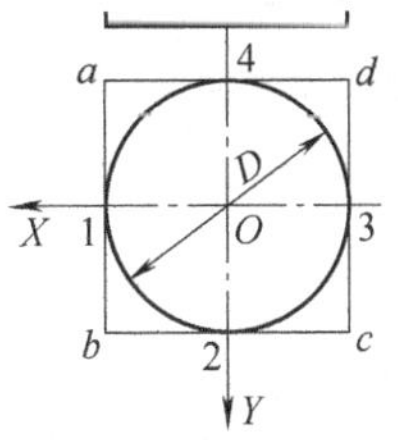 a）确定坐标轴并作圆外切正方形 $abcd$	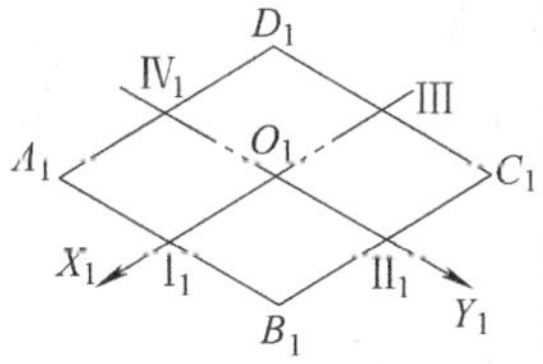 b）作轴测轴 X_1、Y_1，并在 X_1、Y_1 截取 $O_1I_1 = O_1\mathrm{III}_1 = O_1\mathrm{II}_1 = O_1\mathrm{IV}_1 = D/2$，得切点 I_1、II_1、III_1、IV_1，过这点分别作 X_1、Y_1 平行线，得辅助菱形 $A_1B_1C_1D_1$	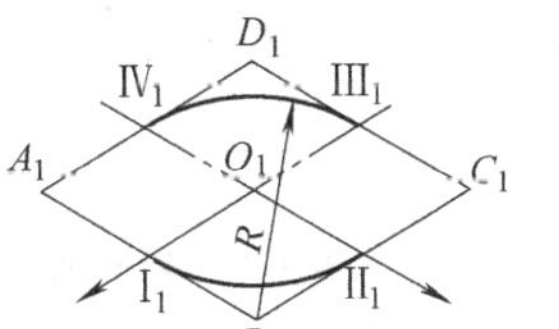 c）分别以 B_1、D_1 为圆心，$B_1\mathrm{III}$ 1 为半径作弧 $\overset{\frown}{\mathrm{III}_1\mathrm{IV}_1}$ 和 $\overset{\frown}{\mathrm{I}_1\mathrm{II}_1}$	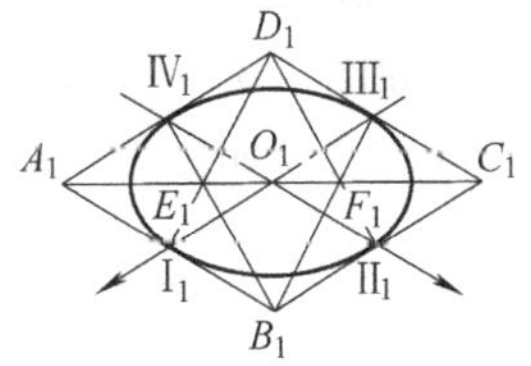 d）连接 $B_1\mathrm{III}_1$ 和 $B_1\mathrm{IV}_1$ 交 A_1C_1 于 E_1、F_1，分别以 E_1、F_1 为圆心，$E_1\mathrm{IV}_1$ 为半径作弧 $\overset{\frown}{\mathrm{I}_1\mathrm{IV}_1}$ 和 $\overset{\frown}{\mathrm{II}_1\mathrm{III}_1}$，即得由四段圆弧组成的近似椭圆

（2）圆柱正等测的画法　画圆柱正等测图，应先作上、下底面的椭圆，然后再作两椭圆的公切线。表 3-6 为圆柱轴线垂直水平面，其正等测的作图步骤。

表 3-6 作圆柱正等测图的步骤

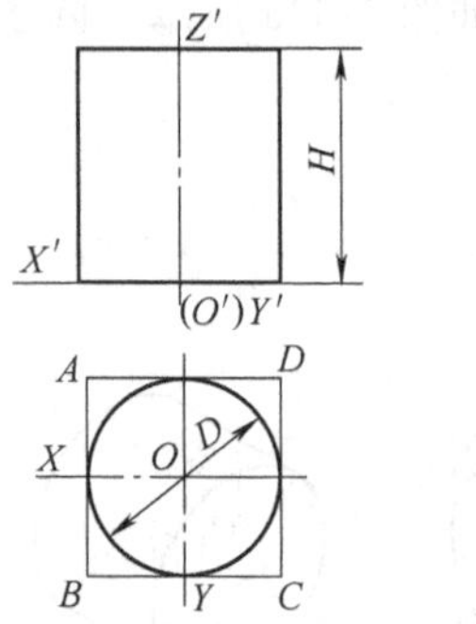

a) 确定坐标轴，在投影为圆的视图上作圆的外切正方形

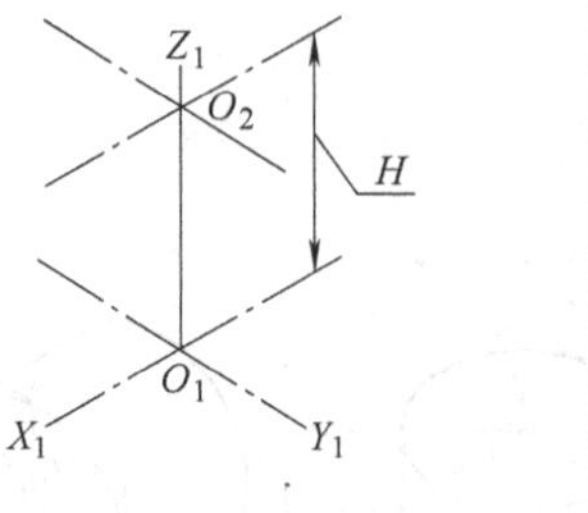

b) 作轴测轴 X_1、Y_1、Z_1，在 Z_1 轴上截取圆柱高度 H，并作 X_1、Y_1 的平行线

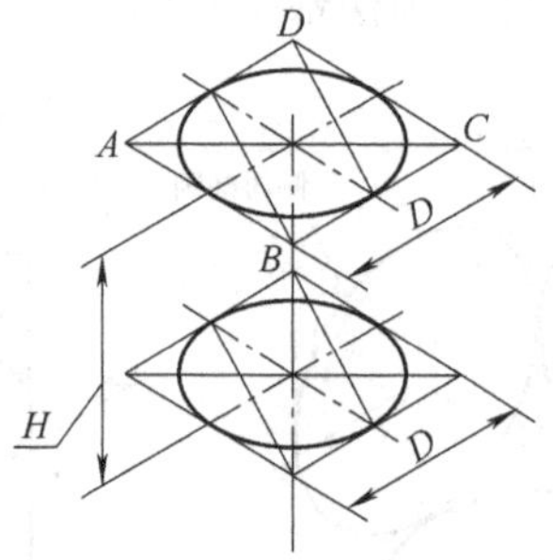

c) 作圆柱上、下底圆轴测投影的椭圆

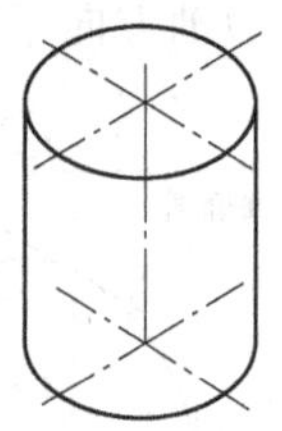
d) 作两椭圆的公切线，对可见轮廓线进行加深（虚线省略不画）

由于上、下底面的椭圆相同，为简化作图，可在画完顶面椭圆后，将该椭圆的四段圆弧平移，即把四个圆心和切点沿圆柱高度方向（向下）移动圆柱高 H，并分别作出相对应圆弧，即得底面的椭圆，这样作图方法简便，如图 3-34 所示。

(3) 圆角（1/4 圆柱面）正等测的画法 圆角的正等测画法见表 3-7。

(4) 圆锥台正等测的画法 画圆锥台的正等测时，先作出两底面的椭圆，然后作两椭圆的公切线。

如画图 3-35a 所示圆锥台正等测，由于轴线垂直于侧面，所以圆锥台的两底圆平行侧面，椭圆由 O_1Y_1、O_1Z_1 轴测轴确定。作图时，在主、左视图上定出坐标轴，如图 3-35a 所示，然后作 O_1Y_1、O_1Z_1、O_1X_1 轴测轴；由高度 H 作两底圆直径 D_1、D_2 的椭圆，如图 3-35b 所示；作两椭圆公切线（省略虚线），即得所求，如图 3-35c 所示。

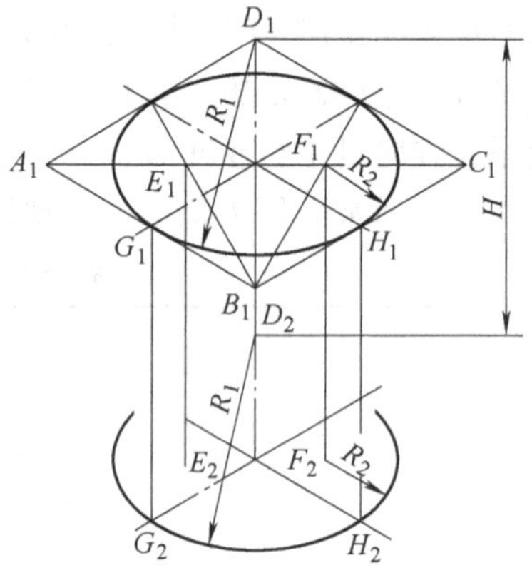

图 3-34 移心法画椭圆

表 3-7 圆角的正等测图的画法

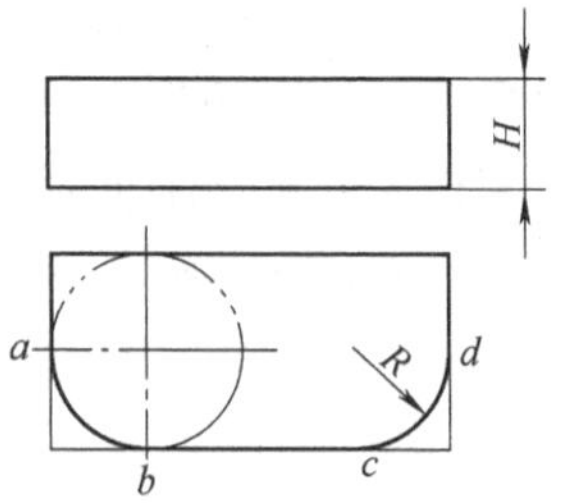

a) 在视图上定出圆弧切点 a、b、c、d 及圆弧半径 R

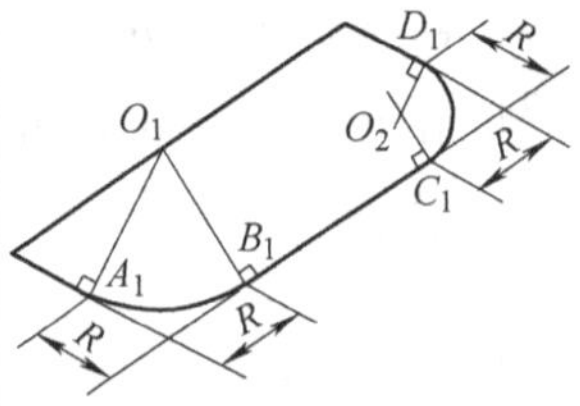

b) 先画长方形的正等测。在对应角的两边上分别截取 R 得 A_1、B_1 及 C_1、D_1，过这 4 点分别作该边垂线交于 O_1、O_2

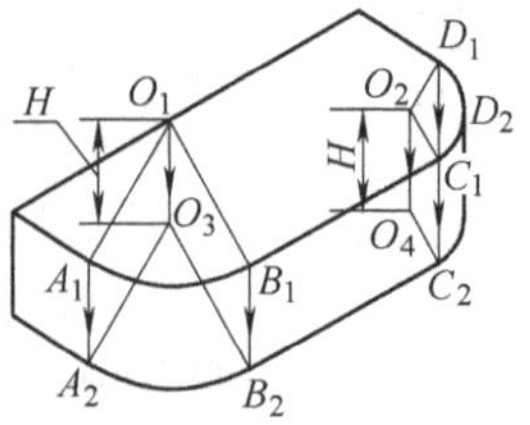

c) 分别以 O_1、O_2 为圆心，O_1A_1、O_2D_1 为半径画弧 $\overset{\frown}{A_1B_1}$、$\overset{\frown}{C_1D_1}$，按板的高度 H 移动圆心和切点，画圆弧 $\overset{\frown}{A_2B_2}$、C_2D_2，作两组两圆弧的公切线及其他轮廓线

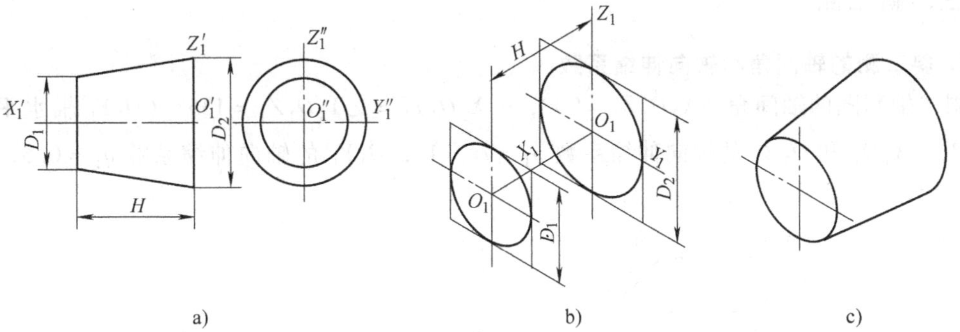

图 3-35　圆锥台正等测画法

4. 读柱形体三视图，画正等测

【例 3-11】 读图 3-36a、b、c 的三组三视图，想象立体形状，画正等测。

（1）读图想象立体形状　通过三个视图对投影，确定图 a 为主视图、图 b 为左视图、图 c 为俯视图，为特征视图，线框 1′、2″、3 为特征形线框，以正面特征面Ⅰ为前端面，侧面特征面Ⅱ为左端面，水平特征面Ⅲ为上端面，加上其他视图所示厚度，想象立体形状。

（2）画正等测

1）分别画出轴测轴：$X_1O_1Z_1$（正面）、$Y_1O_1Z_1$（侧面）、$X_1O_1Y_1$（水平面）。

2）画各端面轴测图：画前端面正平面形Ⅰ、左端面侧平面形Ⅱ、上端面水平面形Ⅲ。

3）过各端面顶点（圆弧圆心）分别作厚度方向的轴测轴 Y_1、X_1、Z_1 的平行线，由各自厚度作对应轮廓线，得图 d、e、f 等轴测。

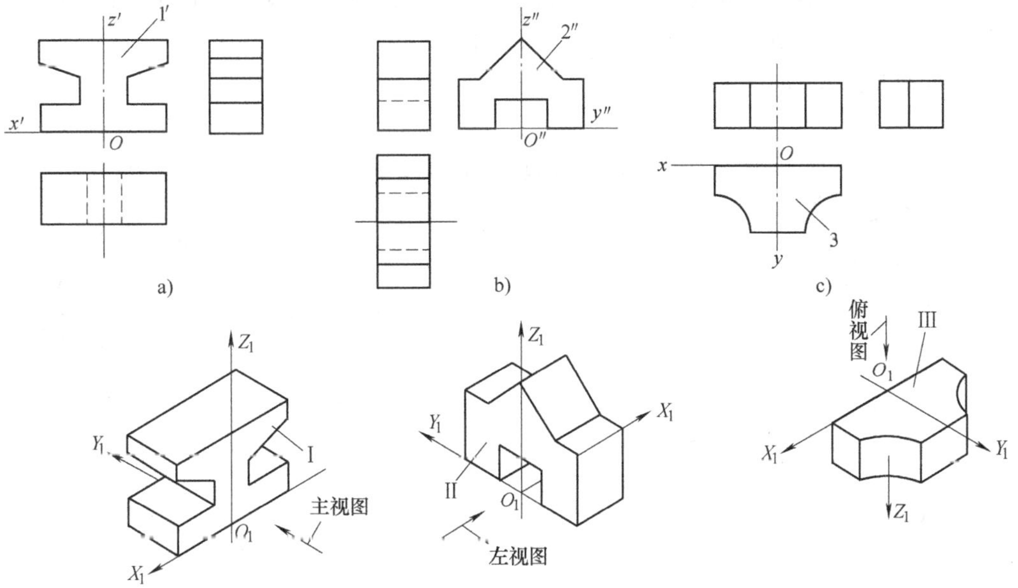

图 3-36　柱形体正等测画法

三、斜二测

1. 斜二测的轴间角和轴向伸缩系数

斜二轴测图的轴间角 $\angle X_1O_1Z_1=90°$，$\angle X_1O_1Y_1=\angle Y_1O_1Z_1=135°$（$O_1Y_1$ 轴水平线夹角 45°）。X_1O_1 和 O_1Z_1 的轴向伸缩系数 $p_1=r_1=1$，O_1Y_1 的轴向伸缩系数 $q_1=0.5$，如图 3-37所示。

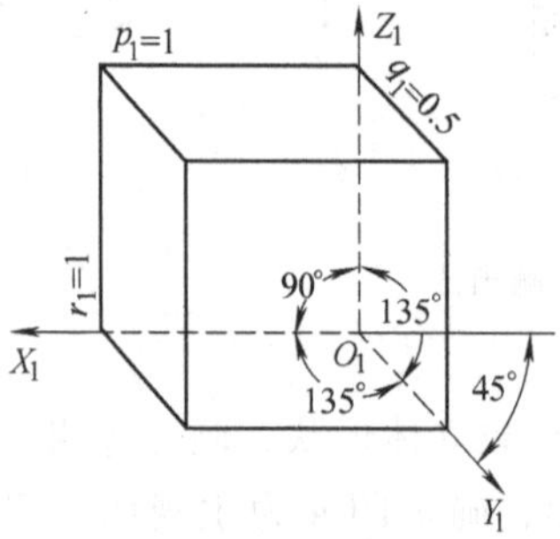

图 3-37　斜二测的轴间角和轴向伸缩系数

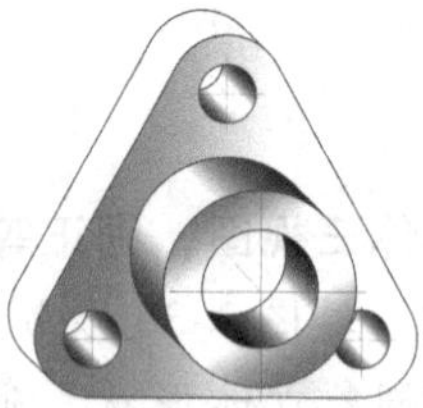

图 3-38　作端盖的斜二测图

由于平行 XOZ 坐标面上的平面图形，在斜二测均反映实形，如图 3-37 正方体前面轴测投影仍是正方形。根据这一投影特点，对单方向形状复杂的物体作斜二测，其作图简单易画，如图 3-38 所示。

2. 斜二轴测图画法

【例 3-12】 画图 3-39 穿孔圆台斜二测图。

图 3-39a 主、俯视图所示穿孔圆台、轴线垂直正面，前、后端面圆平行正面，作图时，确定前、后端圆心位置画圆，作圆公切线，得所求。

作图步骤如图 b、c、d 所示。

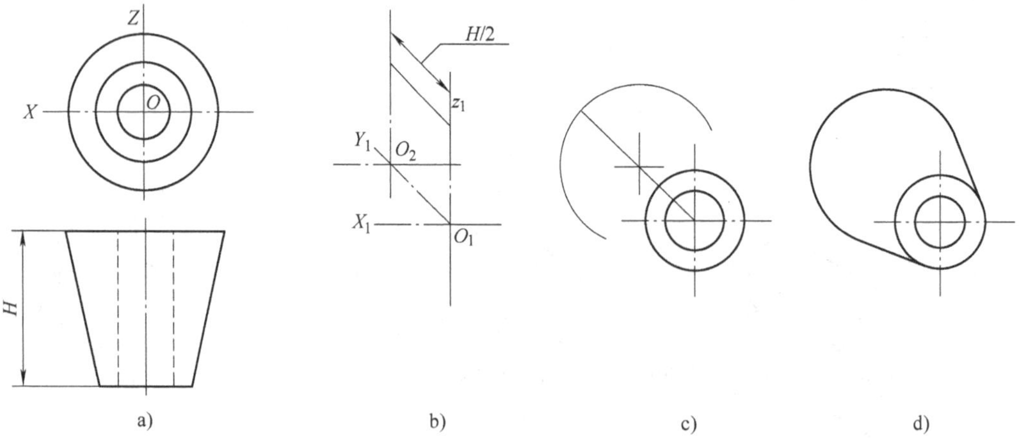

图 3-39　穿孔圆台斜二测画法

a）已知主、俯视图所示穿孔圆台　b）画轴测轴，在 O_1Y 轴由 $H/2$ 定前、后底圆的圆心

c）作前、后面底圆（圆孔的轮廓线不可见，省略）　d）作圆公切线，去掉不可见的圆弧

【例 3-13】 由图 3-40 所示主、俯视图画斜二测图。

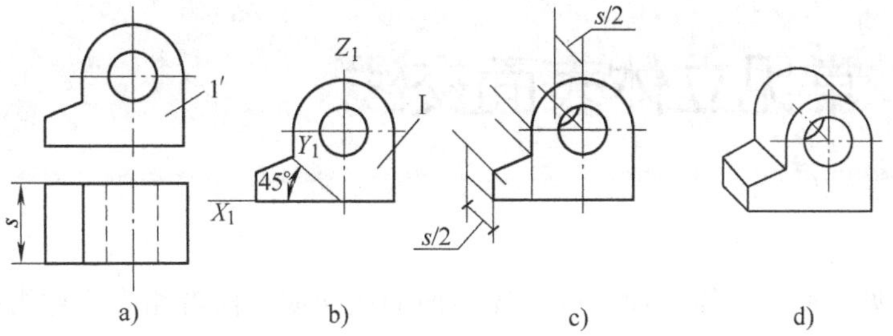

图 3-40 柱形体斜二测画法

a）已知主、俯视图，主视图是柱形体的特征视图 b）画轴测轴 X_1、Y_1、Z_1 及画特征面 I c）过各顶点、圆心和切点作水平夹角 45°Y 向（向左、向右均可）的平行线，在其上截取 $s/2$ d）作背后轮廓线的直线、圆弧及圆孔（可见部分）。描深、加粗可见轮廓线，省略不可见轮廓线

图 3-40a 主视图是特征形视图，线框 1′对应俯视图是矩形线框，想象为柱形体。作图时，把特征面 *I* 置于正面，并往 Y_1 向移动 $s/2$，即得所求。作图步骤如图 b、c、d 所示。

第七节 基本立体轴测草图的画法

工程上常用轴测草图表示或记录立体形状，读图时，常借助画轴测草图验证想象立体形状的正确性，以达到增强想象力。若由视图画轴测草图，应先读懂视图，想象出所示物体形状，然后在视图中设置坐标轴，并按所选用轴测图类型徒手画出轴测草图。

【例 3-14】 画图 3-41a 主、俯视图的轴测图。

从主视图的特征形线框 1′，对应俯视图为矩形线框，想象以特征形线框 1′为端面的等厚柱形体。根据该立体的前端面为正面，选画斜二测最为简单，但要求画正等轴测草图。

作图方法和步骤如图 3-41b、c、d 所示。

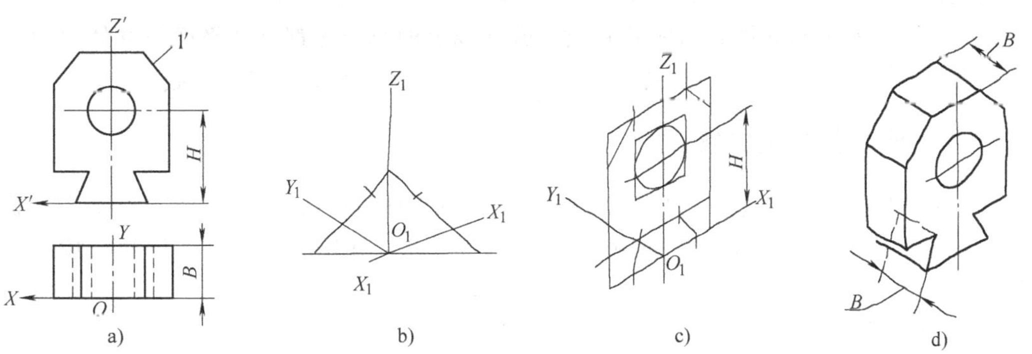

图 3-41 由三视图画正等测草图

a）由主、俯视图想象柱体形状，确定特征面形状，设置坐标轴 b）徒手画出特征面上的轴测轴 O_1X_1、O_1Z_1
c）画特征面外形轮廓轴测草图，确定圆孔中心位置按圆孔直径徒手画菱形，并在棱形上画 4 个相切圆弧，得椭圆
d）画 O_1Y_1 轴测轴，由平面的顶点及椭圆中心引 O_1Y_1 的平行线，由物体的厚度 B 画出背面可见轮廓线，描深加粗可见轮廓线、去掉多余作图线，即得所求

第四章　常见立体表面交线

在机件中常见平面与立体表面、两立体表面的相交线。前者相交线称为截交线，后者相交线称为相贯线，如图 4-1 所示。

本章将介绍立体表面常见截交线和相贯线的形成及投影。

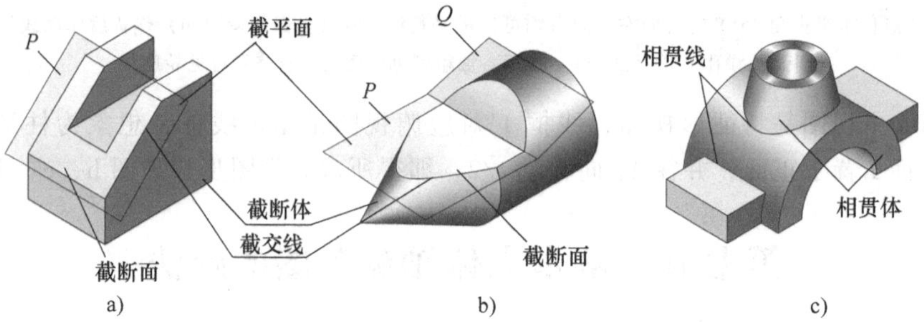

图 4-1　机件表面的截交线和相贯线的实例

a）方形斜槽　b）顶针　c）轴承盖

第一节　截　交　线

立体被平面截切后的形体称为截断体，该平面称为截平面，截平面与立体表面的交线称为截交线，由截交线所围成的平面形称为截断面，如图 4-1a、b 所示。

截交线是截平面和立体表面的共有线，截交线上的每个点都是截平面与立体表面共有点。因此，只要求作这些共有点的投影，再把这些共有点连线，即可求得截交线。

一、平面立体的截交线

平面立体截交线是平面多边形。多边形各边是截平面与棱面的交线；多边形各顶点是截平面与棱线（或底边）的交点，如图 4-2a 所示。因此，其作图方法应用棱面或棱线的取点法。

1. 棱柱的截交线

【例 4-1】 求作图 4-2a 所示斜截四棱柱的投影。

分析：四棱柱被正垂面 P 切去一角，截交线所围成五边形 $ABCDE$ 的截断面是正垂面。正面投影积聚为斜线，反映切口特征水平投影和侧面投影是五边形的类似形。图 4-2b 为截交面的投影分析。

作图步骤如下。

1）先画四棱柱的三视图及交线正面投影的斜线 P'，定出截平面与棱线交点 a'、b'

(e')、c' (d')。

2）根据直线上点投影的从属性求得水平投影 a、b…和侧面投影 a''、b''…；依次连接各点的同面投影，即得截交线（五边类似形）的投影。

3）删除被切去棱线及判断可见性。截平面 P 把点 A、B、E 以上棱线切去，投影图应删除。按图 4-2a 截切位置，截交线都是可见的，右侧棱的侧面投影不可见。图 4-2d 为斜截四棱柱三视图。

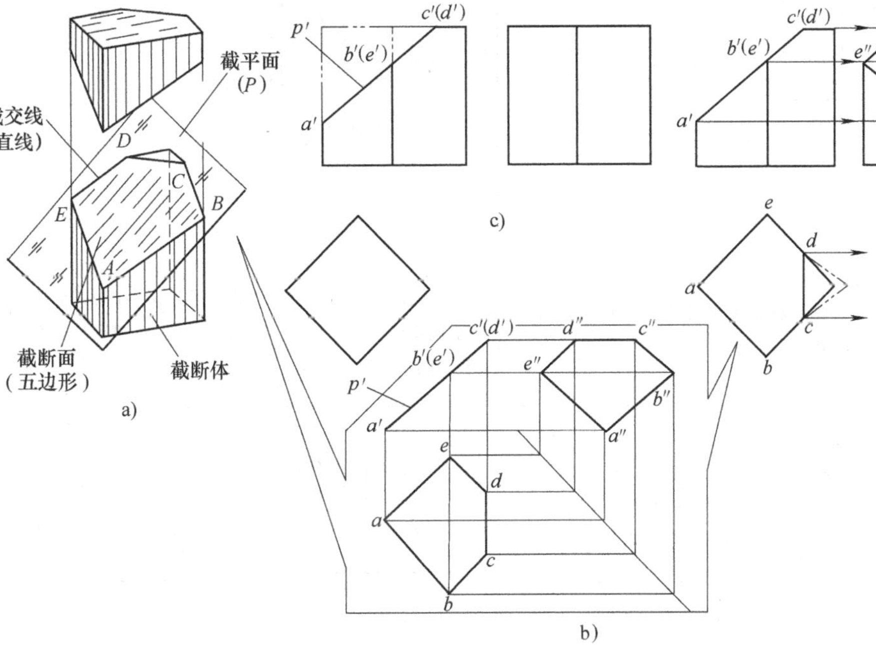

图 4-2　斜截四棱柱的投影

2. 棱锥的截交线

【例 4-2】 求作图 4-3a 所示切槽四棱台的投影。

分析：四棱台被两个侧平面和一个水平面的组合截平面切去一部分而形成的通槽。槽的两侧面交线 M 为梯形，侧面投影 m''为实形；槽底交线 N 为六边形，水平投影 n 为实形。

槽的正面投影积累为直线 m'、n'，反映通槽的特征。图 4-3b 为截交线的投影分析。

作图步骤（见表 4-1）。

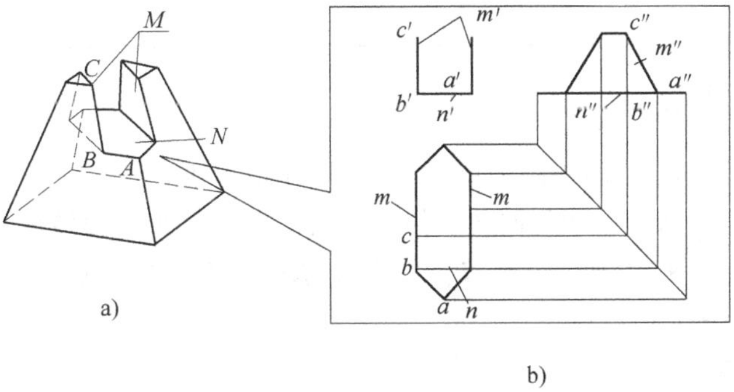

图 4-3　切槽四棱台的投影

表 4-1　四棱台切槽的作图步骤

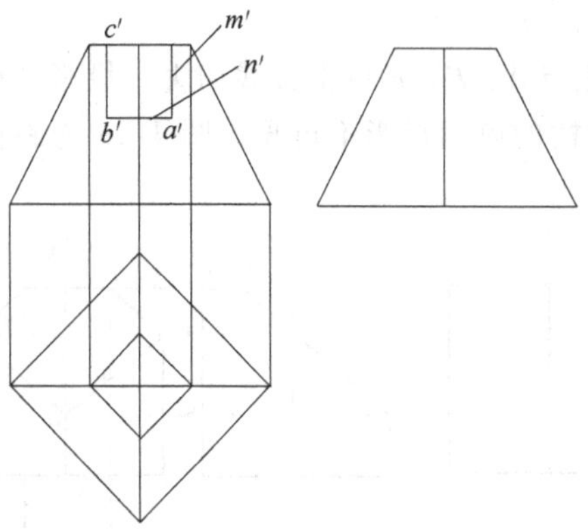

a) 先画四棱台的三视图及通槽交线正面的积聚性投影 m'、n'，定出交线端点 a'、b'、c'…

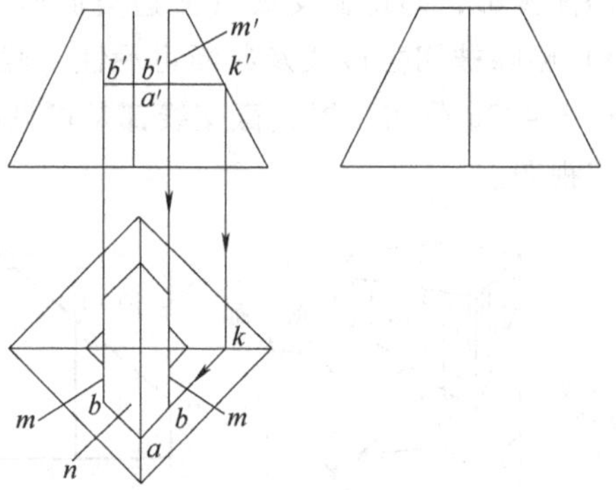

b) 画槽底交线（六边形）的水平投影。由 m' 求得 m，过点 a' 引辅助线 $a'k'$ 与锥台底边平行求得 ak，得 ab 及其对应边，得六边形线框 n

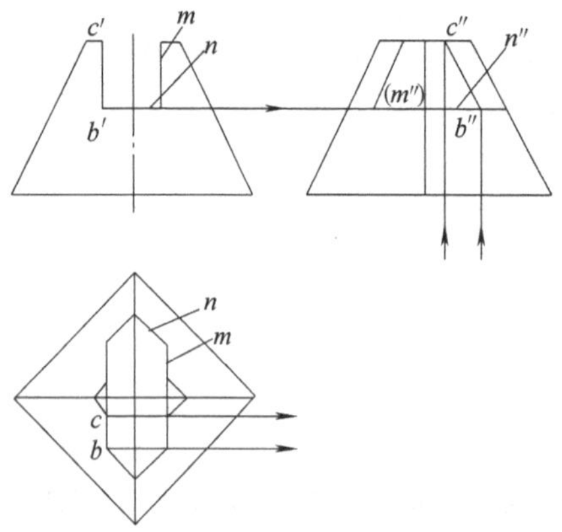

c) 画槽两侧交线（梯形）的侧面投影。先画槽底线 n''，作截交线 BC 及其对应边，由点 b、c 和 b'、c' 求得点 b''、c'' 并连线，得梯形线框（m''）

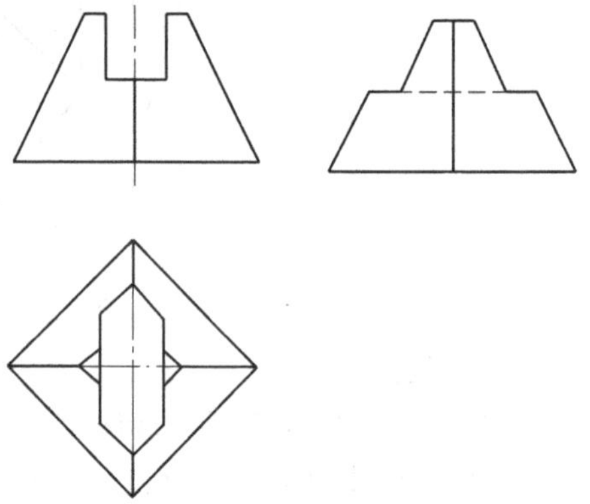

d) 删除被切的棱线及判断可见性。删除 A 点以上前、后棱线。点 b'' 是槽底 n'' 可见和不可见的分界点；描深加粗图线，即得所求

二、回转体的截交线

回转体截交线一般是封闭的平面曲线，特殊情况是直线。

截交线上任意一点都是平面与回转面的共有点，也可看作是回转面素线（直线或曲线）与截平面的交点，如图 4-2b 所示。作图时，只要求得共有点的投影，然后用曲线板依次连成光滑曲线，即得所求。

1. 圆柱的截交线

截平面与圆柱轴线不同相对位置，其截交线有三种不同的形状，见表 4-2。

表 4-2 圆柱面的截交线

截平面位置	与轴线平行	与轴线垂直	与轴线倾斜
截交线形状	直线	圆	椭圆
轴测图	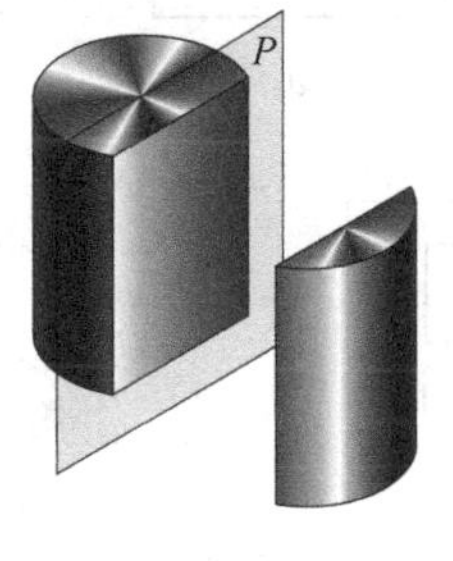	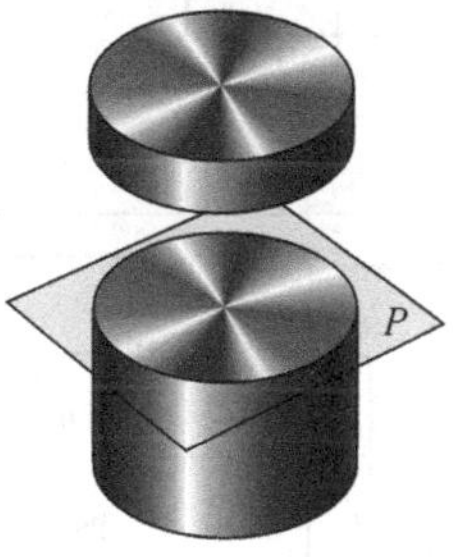	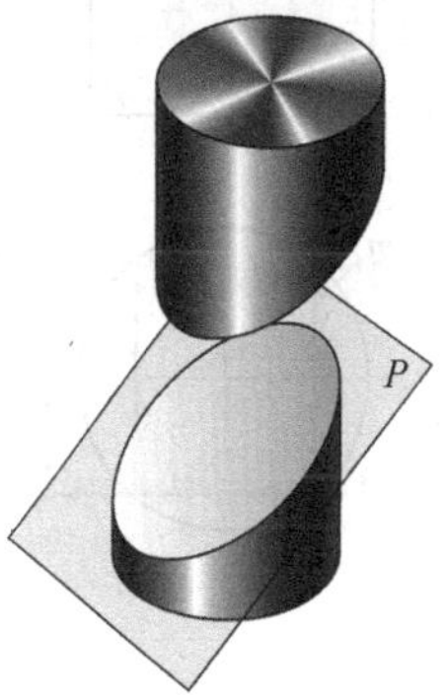
投影图	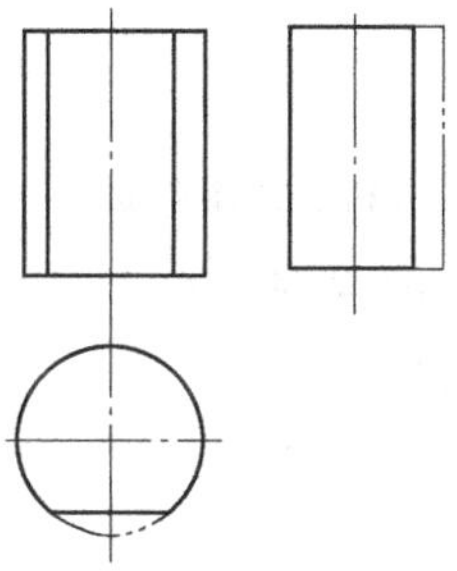	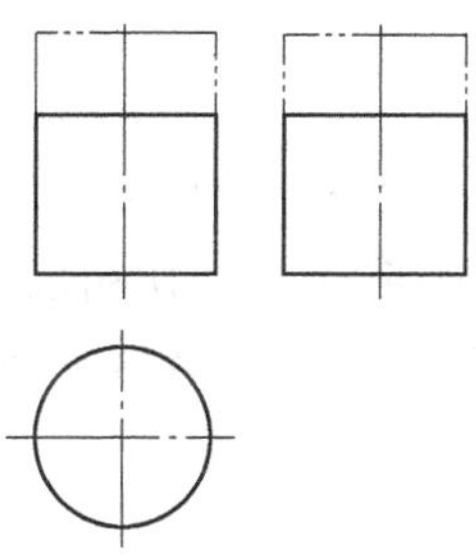	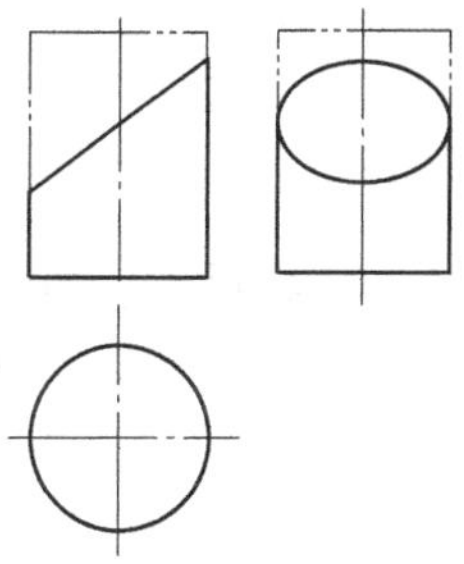

（1）圆柱切口、切槽的投影

【例 4-3】 求作图 4-4 所示圆柱切口的投影。

分析：图 4-4c 所示的圆柱切口是由与轴线平行的侧平面 M 与轴线垂直的水平面 N 的组合面在圆柱左、右对称切去两部分形成的。

两切口的侧面是矩形侧平面 M，正面和水平面投影为线 $m'm$，侧面投影矩形 m''、截交线为 AB 与 CD（铅垂线），水平投影积聚为点 a（b）、c（d），侧面投影为 $a''b''$、$c''d''$；两切口底面是弓形水平面，与圆柱面的截交线是一段圆弧 $\overset{\frown}{BD}$，其正面和侧面投影积聚为线 n'、n''，水平投影为弓形实形 n。

图 4-4b 为切口的投影分析。

作图步骤如下。

1）画圆柱三视图。

2）画切口的正面投影 m'、n'（反映切口特征形），和水平投影线 m。

3）画切口的侧面投影为矩形 m''。由线 n' 求得线 n'' 及由点 a（b）、c（d）求得 $a''b''$、$c''d''$ 所组成的。

4）在主视图上删除被去左右轮廓线，左视图的前、后轮廓线仍保留。

图 4-4d、e 所示的左视图是常见截交线的错误画法，请读者分析错误画法的原因。

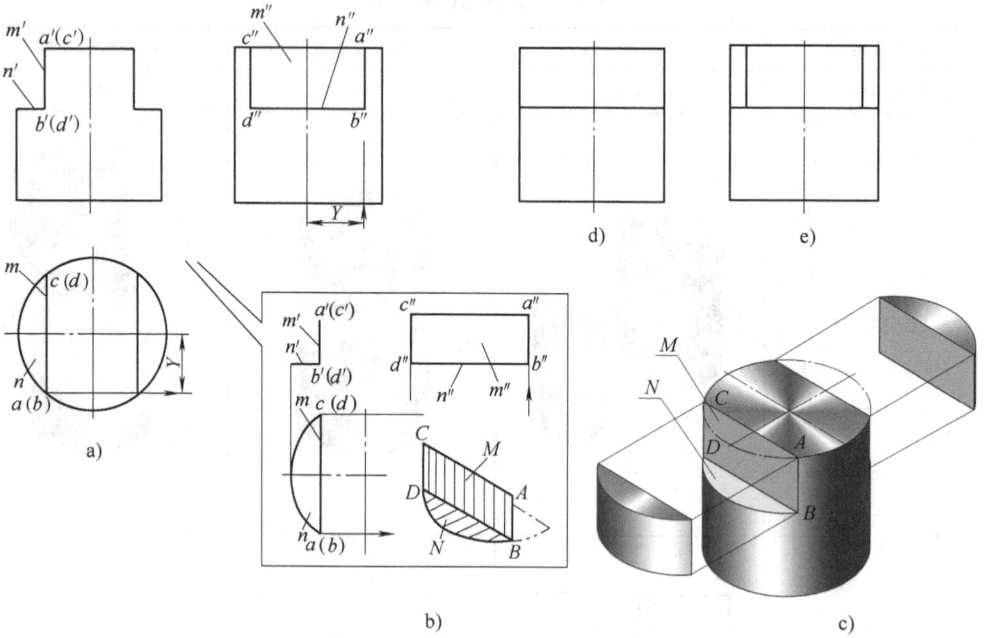

图 4-4 圆柱切口的投影分析和作图步骤

【例 4-4】 已知图 4-5b 所示圆柱切槽的主、俯视图，在 4 个左视图中，找出正确的一个，标出交线 AB、CD 三面投影，并解答下列问题。

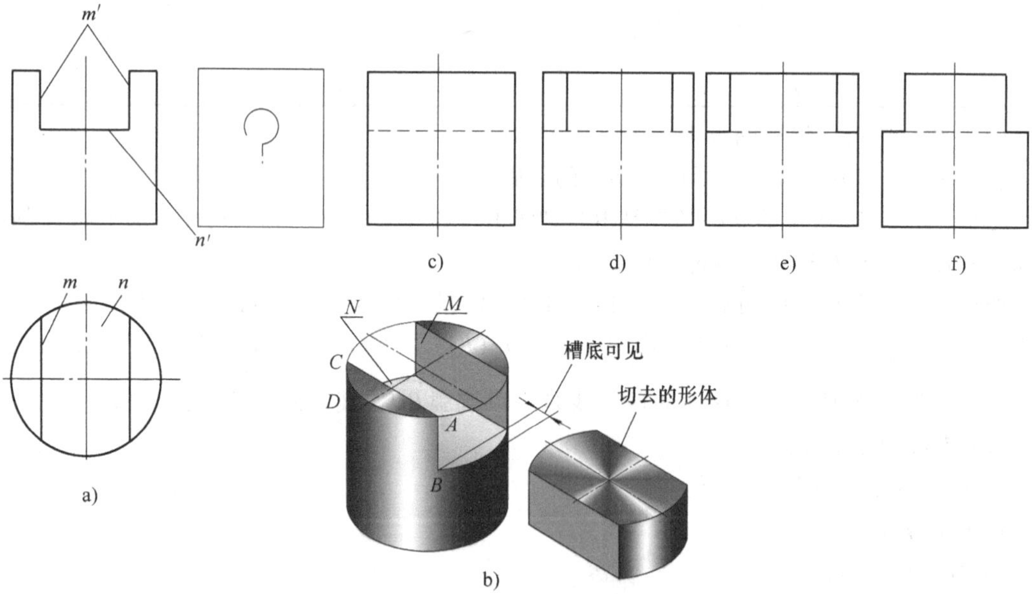

图 4-5 已知圆柱切槽主、俯视图，找出正确左视图

1）分析图 4-5b 圆柱切槽的形成；槽的两侧和槽底的形状和位置及三面投影；与图 4-4c圆柱切口对比，有何异同点？

2）圆柱切槽处产生几条相交线；哪个方向的轮廓线被切去，哪个投影应删除被切去的轮廓线的投影？

3）截交线 AB、CD 的侧面投影从哪个投影求得，它与槽宽有什么关系？

4）槽底的侧面投影为什么有可见和不可见之分，分界点是哪个点？

对应正确的左视图为图 4-5f。

（2）圆柱斜截的投影

【例 4-5】 求作图 4-6a 所示的圆柱被正垂面 P 截切截交线的投影。

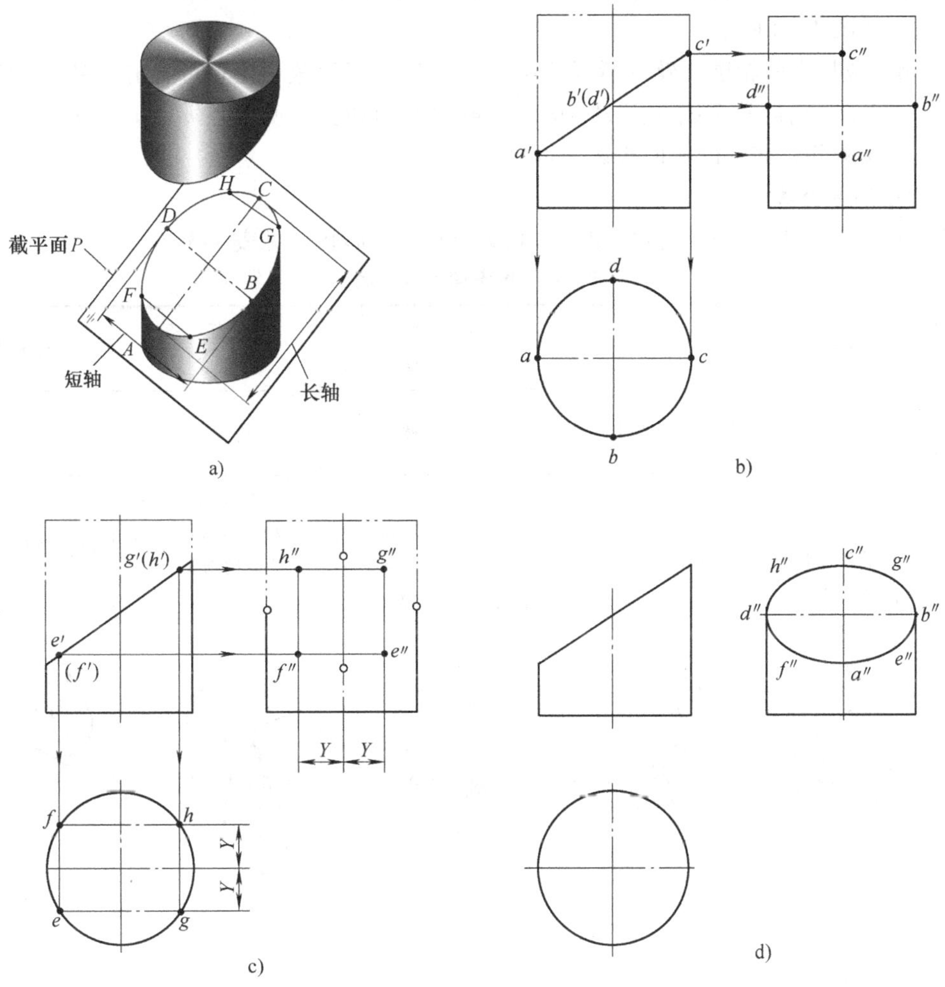

图 4-6 圆柱斜截的投影

分析：截平面 P（正垂面）与圆柱轴线斜交，截交线为椭圆。

椭圆的正面投影积聚为斜线，水平投影与圆柱面的积聚性投影为圆相重合，侧面投影一般情况下仍是椭圆，应求作。

作图步骤如下。

1）求特殊点：特殊点一般指截交曲线上最左、最右、最前、最后、最高、最低的点，它常在视图轮廓线上，如图 4-6a 所示椭圆长、短轴的端点 A、C 与 B、D 处在圆柱左右、前后轮廓线上，是椭圆的特殊点。

作图时，在正面和水平投影定出 a'、b'（d'）、c 和 a、b、c、d，求得侧面投影 a''、b''、c''、d''，如图 4-6b 箭头所示。

2）求一般点：为准确作图，常在特殊点之间作适当数量的一般位置点，如 E、G、H、F 各点，应用圆柱面积聚性取点法，求作投影。

作图时，先在水平投影定出截交线上对称点 e、g、h、f，并求得点 e'（f'）、g'（h'），再求得点 e''、f''、g''、h''，如图 4-6c 箭头所示。

3）连成光滑曲线：按水平投影点的顺序把侧面投影的点 a''、e''、b''……连成光滑曲线，即得所求，如图 4-6d 所示。

4）删除被切去的轮廓线及判断可见性：从图 4-6a 平面截切位置可看出，左、右轮廓线在点 A、C 以上，前后轮廓线在点 B、D 以上被 P 平面切去，所以点 a'、c'及点 b''、d''以上外形轮廓线应删除，椭圆的侧面投影均可见。

2. 圆锥的截交线

截平面与圆锥轴线的不同位置相交，截交线有 5 种形状，见表 4-3。

表 4-3　圆锥面的截交线

截平面位置	垂直于轴线	过锥顶	倾斜于轴线不与轮廓线平行	平行任一条素线	平行于轴线
截交线形状	圆	直线	椭圆	抛物线	双曲线
轴测图	截平面⊥圆锥轴线，截交线为圆 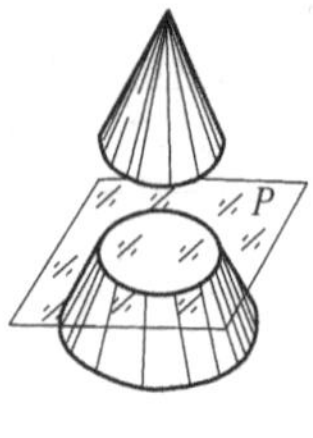	截平面过锥顶，截交线为等腰三角形 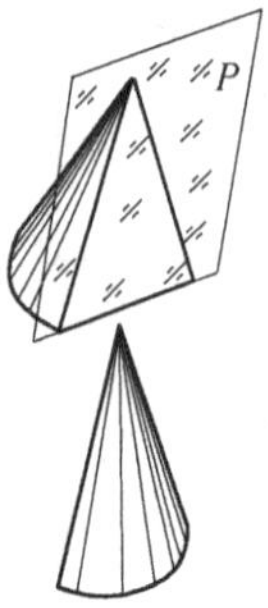	截平面与圆锥轴线倾斜，当 $\alpha<\theta$，截交线为椭圆 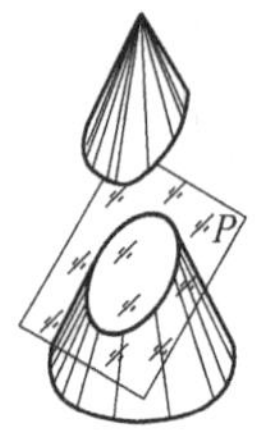	截平面与圆锥轴线倾斜当 $\alpha=\theta$，截交线为抛物线 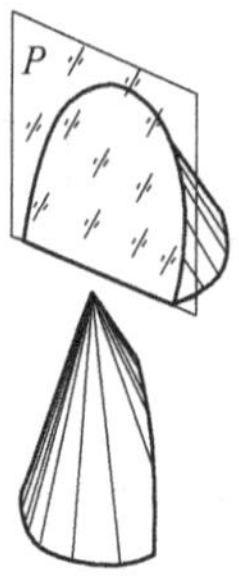	截平面与圆锥轴线平行，截交线为双曲线 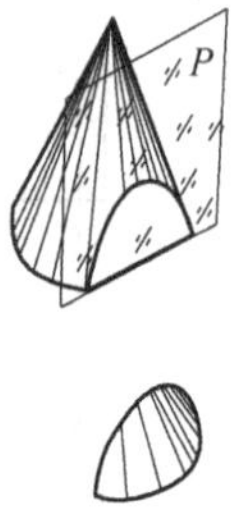
投影图	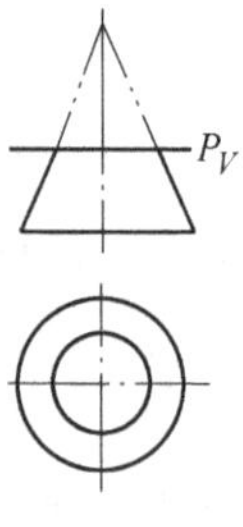	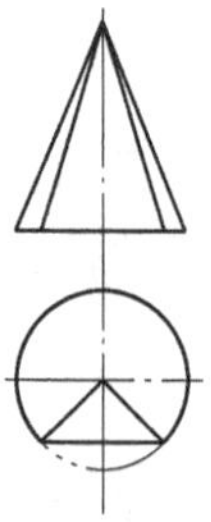	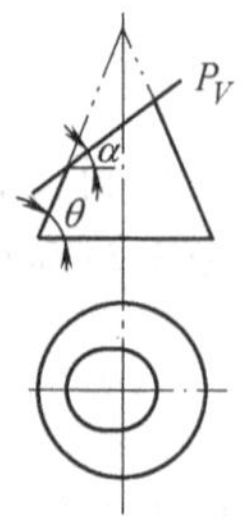	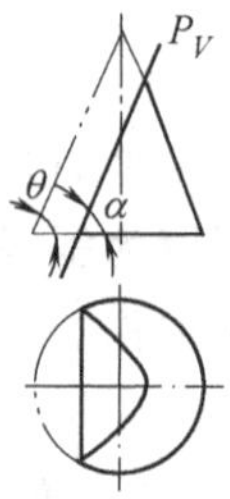	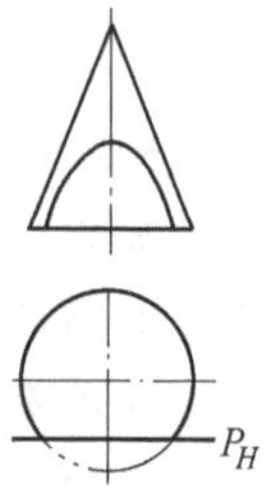

【例 4-6】 求作图 4-7a 所示的圆锥被正平面 P 截切的截交线投影。

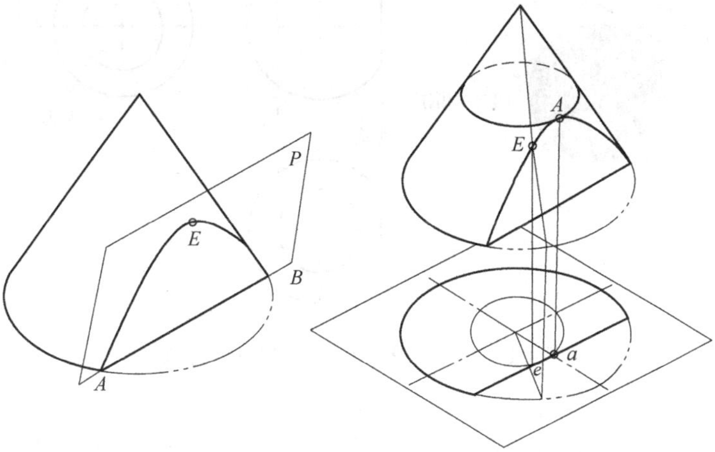

a)　　　　　　　　　　b)

图 4-7　求作圆锥截交线的方法

分析：圆锥面被平行于轴线的截平面 P 所截切，截交线为双曲线，其水平面和侧面投影分别积聚为直线，正面投影为双曲线（实形）。

作图方法：用辅助线法。如图 4-7b 所示在圆锥面的截交线上任取一点 E 或 A，过点 E 或 A 作辅助线（素线或纬圆），点 E、A 的投影在辅助素线或纬圆的同面投影上。

作图步骤：圆锥截交线的作图步骤见表 4-4。

表 4-4　圆锥面截交线的作图步骤

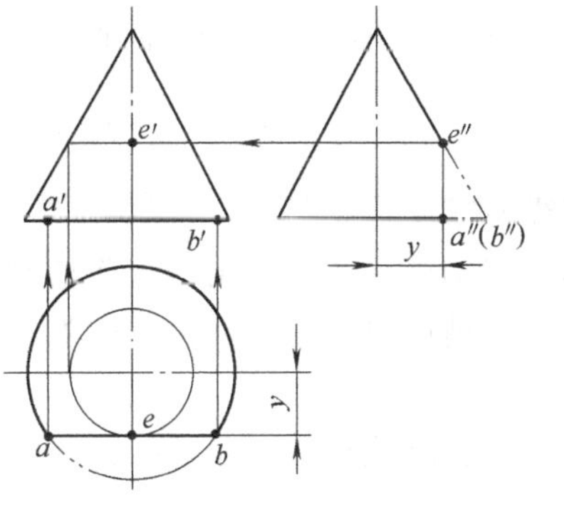	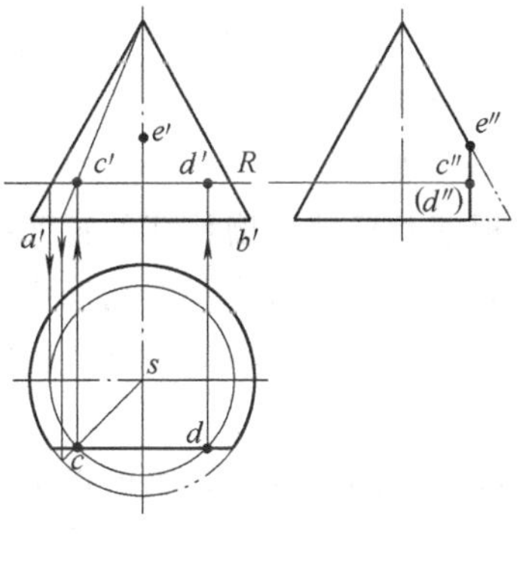	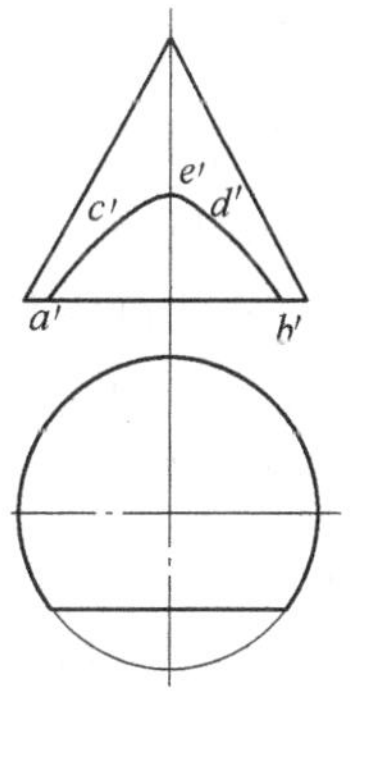
a）求特殊点：点 E 是最高点，由点 e'' 求 e'（或作辅助圆求得）；点 A、B 为最左、最右点，是底圆与截平面 P 的交点，由点 a、b 求得点 a'、b'	b）求一般位置点：如图 4-7b 所示，过截交线水平投影上点 c、d 作辅助线（素线或纬圆），由点 c、d 求得点 c'、d'。作图过程如图中箭头所示	c）将各点依次连成光滑曲线：将点 a'、c'、e'、d'、b' 连成光滑曲线，即得所求

3. 圆球的截交线

圆球被任意方向的平面截断，截交线都是圆。当截平面平行某一投影面时，交线在该投影面的投影为圆形，其他两个投影面的投影积聚为直线，其长度等于圆的直径，如图 4-8 所示。

【例 4-7】 求作半球切槽的投影（图 4-9）。

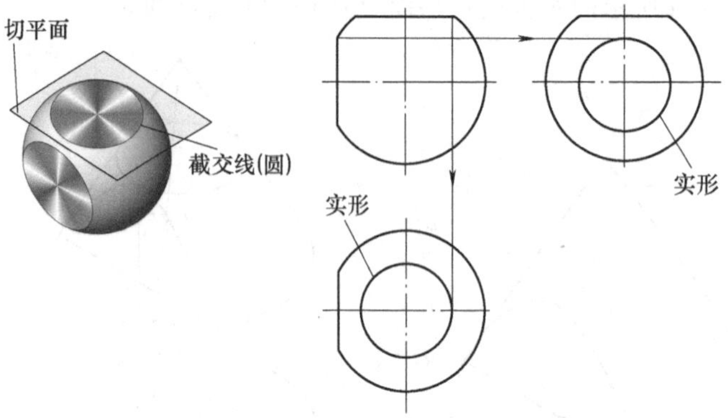

图 4-8 圆球被投影面平行面截切的投影

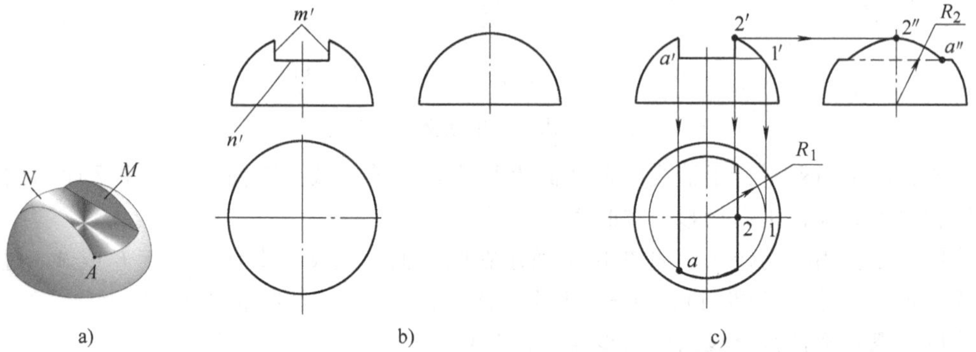

图 4-9 半球切槽的投影

分析（图 4-9a）：半球通槽的两个侧平面 M 与球面交线为两段等径圆弧，侧面投影为实形；槽底面与球面交线为两段同心水平圆弧，水平投影为实形；槽的两侧与底面垂直正面投影积聚为直线，反映通槽的特征。

作图步骤（图 4-9b、c）如下。

1）先画完整半球三视图及反映切槽特征的正面投影线 m'、n'。

2）画切槽的水平和侧面投影。求作要点是确定辅助交线圆弧的半径，由槽深作槽底交线的水平投影圆弧半径 R_1，由点 1′求得点 1 作出；由槽宽作槽两侧交线侧面投影圆弧半径 R_2，由点 2′求得点 2″作出。

3）删除被切去轮廓线及判断可见性。画槽把圆球侧向的轮廓线切去一段圆弧；点 a''为槽底可见与不可见分界点。

第二节 相 贯 线

两立体相交后的形体称为相贯体。两立体的表面交线称为相贯线。

回转体相交是机件中常见的一种组合关系。

一、相贯线的基本性质

通过图 4-1c 轴承盖上的圆锥台和圆柱相交的分析，归纳相贯线具有如下基本性质。

相贯线是两回转体表面上的共有线，它是两回转体表面分界线，所以相贯线上的点是两表面上的共有点。相贯线一般是封闭的空间曲线，特殊情况下是平面曲线或直线。

求作相贯线的实质，就是求作回转体表面上一系列共有点。作图方法常用积聚性取点法和辅助截平面取点法。

二、两圆柱相贯

1. 两圆柱正交

【例 4-8】 求作图 4-10a 所示两圆柱正交的相贯线。

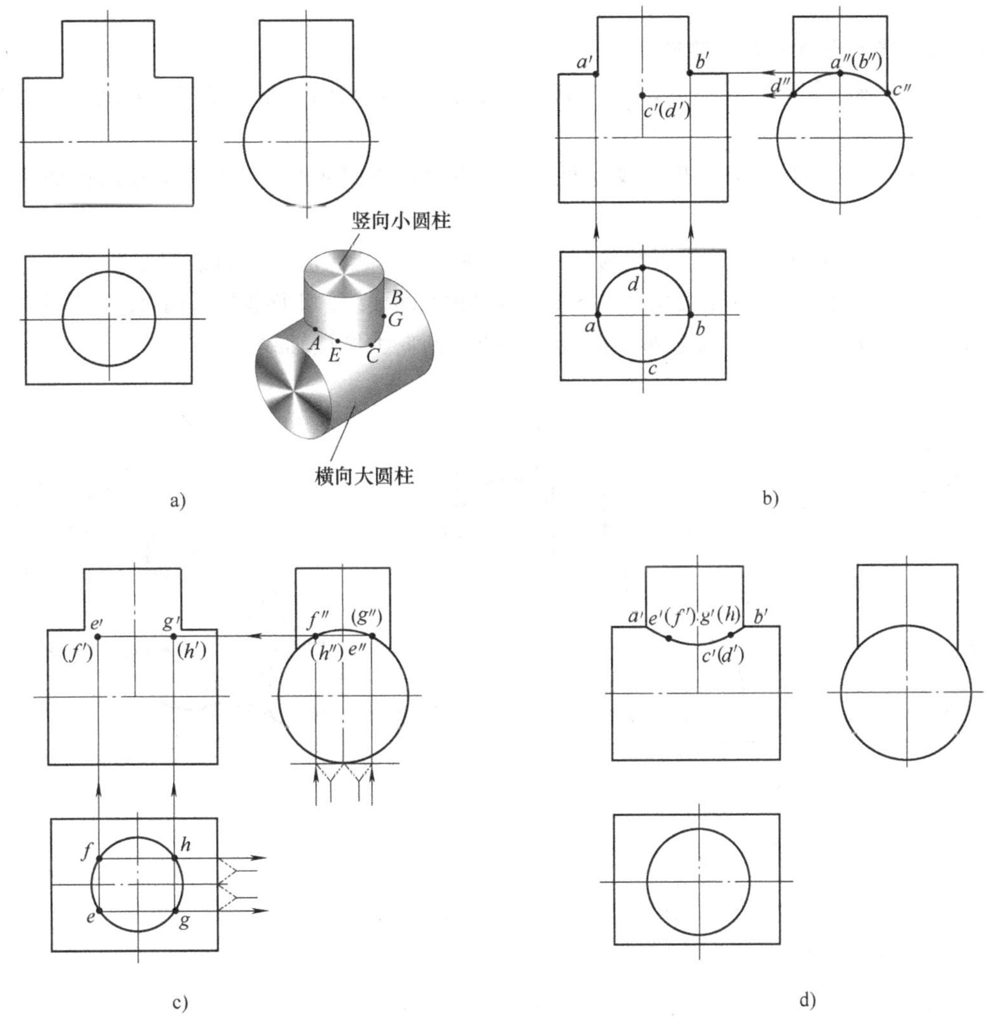

图 4-10　求作正交两圆柱的相贯线

a）投影分析　b）求特殊点　c）求一般点　d）连成光滑曲线

分析：两圆柱轴线垂直相交称为正交。相贯线为左右、前后对称的空间曲线，竖向圆柱轴线为铅垂线；相贯线水平投影积聚在小圆上；横向圆柱轴线为侧垂线；相贯线侧面投影积聚在大圆一段圆弧上，相贯线正面投影显现，相贯线两个投影已知。作图时，利用圆柱面积聚性取点求得。

作图步骤如下。

（1）求特殊点　点 a'、b'是大、小圆柱正面轮廓相交点，也是最左、最右点；点 c'（d'）由点 c''、d''求得，它是小圆柱前后轮廓线与大圆柱面相交点，也是最低点，如图 4-10b 所示。

（2）求一般位置点　在相贯线水平投影任取 e、g、h、f 的对称点（一般用圆周等分而得），在侧面投影求得对应点 e''（g''）、f''（h''），求得点 e'（f'）、g'（h），如图 4-10c 箭头所示。

（3）连曲线　把正面投影各点按水平投影各点顺序，连成光滑曲线，如图 4-10d 所示。

（4）判断可见性　当两回转体表面在投影面上投影可见，相贯线为可见，除此之外都是不可见。由于相贯线前后对称，前半部可见，后半部不可见，所以 a'、e'、c'、g'、b'连成实线。

2. 相贯线的形状和弯曲趋向

若两正交圆柱相对位置不变，而大小发生变化，相贯线的位置和形状也随之变动，如图 4-11 所示。

1）圆柱 Ⅰ＜圆柱Ⅱ时，相贯线为两条上、下对称空间曲线，曲线正面投影凸向大圆Ⅳ的轴线。

2）圆柱Ⅱ＝圆柱Ⅳ时，相贯线为两条椭圆曲线，曲线正面投影两条相交直线。

3）圆柱Ⅲ＞圆柱Ⅳ时，相贯线为两条左、右对称空间曲线，正面投影凸向大圆柱Ⅲ的轴线。

从图中可看出，若相贯线投影是曲线，曲线总凸向大圆柱轴线。

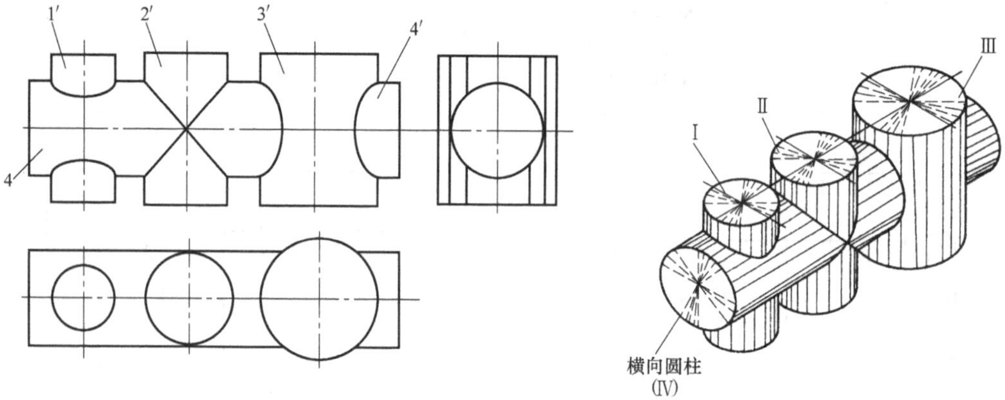

a)　　b)

图 4-11　相贯线的形状及弯曲趋向

3. 相贯线三种形式

两圆柱外表面相交，其相贯线为外相贯线，如图 4-11 所示；外圆柱面与内圆柱面相交，其相贯线为外相贯线，如图 4-12 所示；两内圆柱面相交，相贯线为内相贯线，如图 4-13 所示。

不论什么相贯线，当两个直径不等的圆柱面相交时，其相贯线在非积聚性投影中，弯的大圆面的轴线。

4. 不等径圆柱正交，相贯线的简化画法

当两圆柱正交，不需准确画出相贯线时，相贯线投影曲线可用圆弧代替。作图时，以大圆柱半径为圆弧半径，圆心在小圆柱轴线上，如图 4-14 所示。

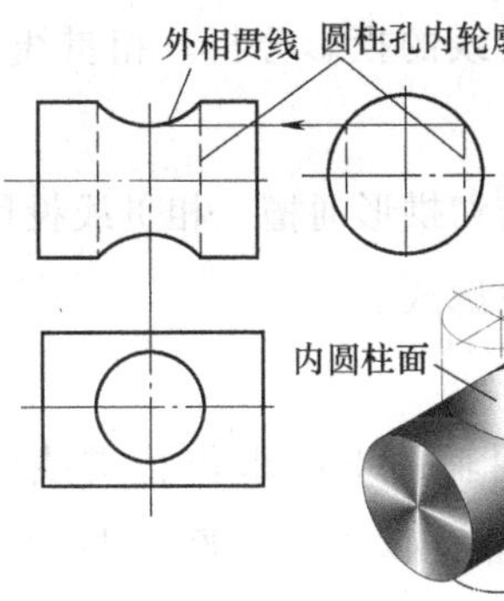

图 4-12 外圆柱面与内圆柱面相交的外相贯线

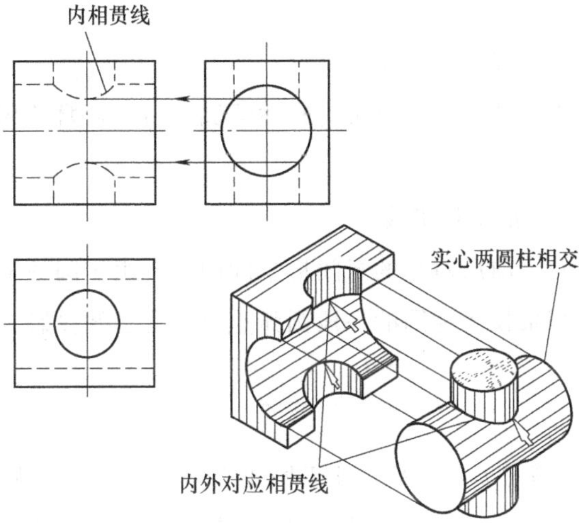

图 4-13 两内圆柱面相交的内相贯线

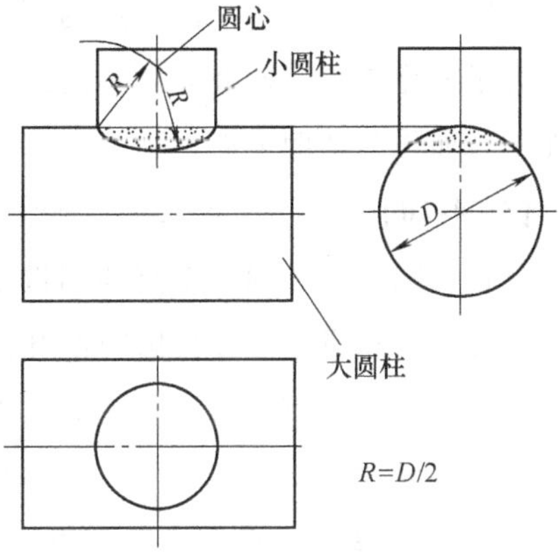

图 4-14 两圆柱正交相贯线的近似画法

三、拱形柱与圆柱相贯

【例 4-9】 求作图 4-15a 所示，拱形柱与圆柱正交相贯线。

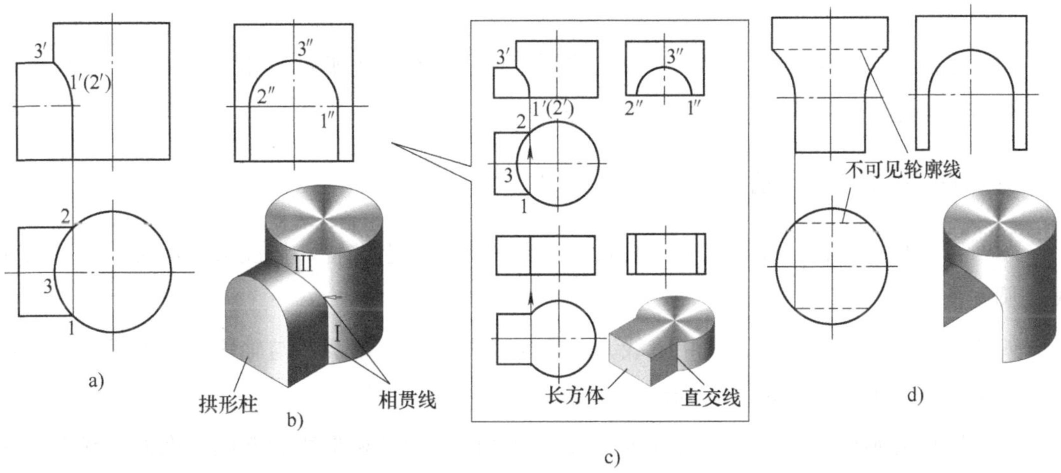

图 4-15 拱形柱与圆柱的相贯线

图 4-15b、c 所示的相贯体可分解为半圆柱与圆柱正交、长方体与圆柱正交，相贯线由空间曲线和直线所组成，图 4-15c 为相贯线的投影分析。相贯线的水平和侧面投影为已知，只需求作正面投影，如图 4-15a 所示。

如图 4-15d 所示，在圆柱上从左往右切拱形通槽，相贯线投影与图 4-15a 相同，但正面和水平投影面用虚线表示拱形槽不可见轮廓线。

四、圆锥台与圆柱相贯

图 4-16a 圆锥台与圆柱正交时，用辅助平面求作相贯线的投影较为简便，如图 4-16b 所示，选用辅助平面 P 与圆锥台面的截交线为圆，与圆柱面的截交线为两条平行直线，这两组截交线（圆与平行直线）的交点 E、G、H、F 是相贯线的点，其投影如图中所示。

辅助平面法是利用三面共点的原理求作相贯线点的方法。

为了简化作图，选择辅助平面的原则：应使截交线的投影为直线或圆，所以通常选用投影面平行面作为辅助平面。

【例 4-10】 求作图 4-16a、c 圆锥台和圆柱正交相贯线。

分析：圆锥台和圆柱正交的相贯线为左右、前后对称的封闭形空间曲线，由于圆柱轴线垂直于侧面、相贯线侧面投影与圆柱面侧面积聚投影为圆的一段圆弧重合，为已知投影，相贯线的正面和水平面投影显现，应求作。

作图步骤如下。

（1）求特殊点　最左、最右点（也是最高点）a'、b'，处于圆锥台与圆柱正面轮廓线相交点，由点 a'、b'求得点 a、b；最前、最后点（也是最低点）c''、d''是圆锥台侧面轮廓线与圆锥面相交点，由 c''、d''求得 c'（d'）和 c、d，如图 4-16d 所示。

（2）求一般位置点　按图 4-16b 所示作辅助水平面方法，在水平面求得圆锥面和圆柱辅助截交线的投影（圆与两平行直线），得交点 e、f、g、h，再求得点 e'（f'）、g'（h），如图 4-16e 所示。

（3）连曲线判断可见性　把求得各点按顺序连成曲线；水平投影相贯线可见，正面投影相贯线前部可见后部不可见，与前后部重合。

五、相贯线的特殊情况

两回转体相交，在一般情况下，相贯线为空间曲线，但在特殊情况下，相贯线为平面曲线（圆、椭圆）。

如两个同轴回转体相交，其相贯线为垂直于轴线的圆，该圆在与轴线平行的投影面上投影集聚为直线，如图 4-17a、b 所示。

又如圆柱与圆柱斜交及圆柱与圆锥正交、公切圆球，其相贯线为椭圆。在两轴线平行的投影面投影为两相交直线，如图 4-17c、d 所示。

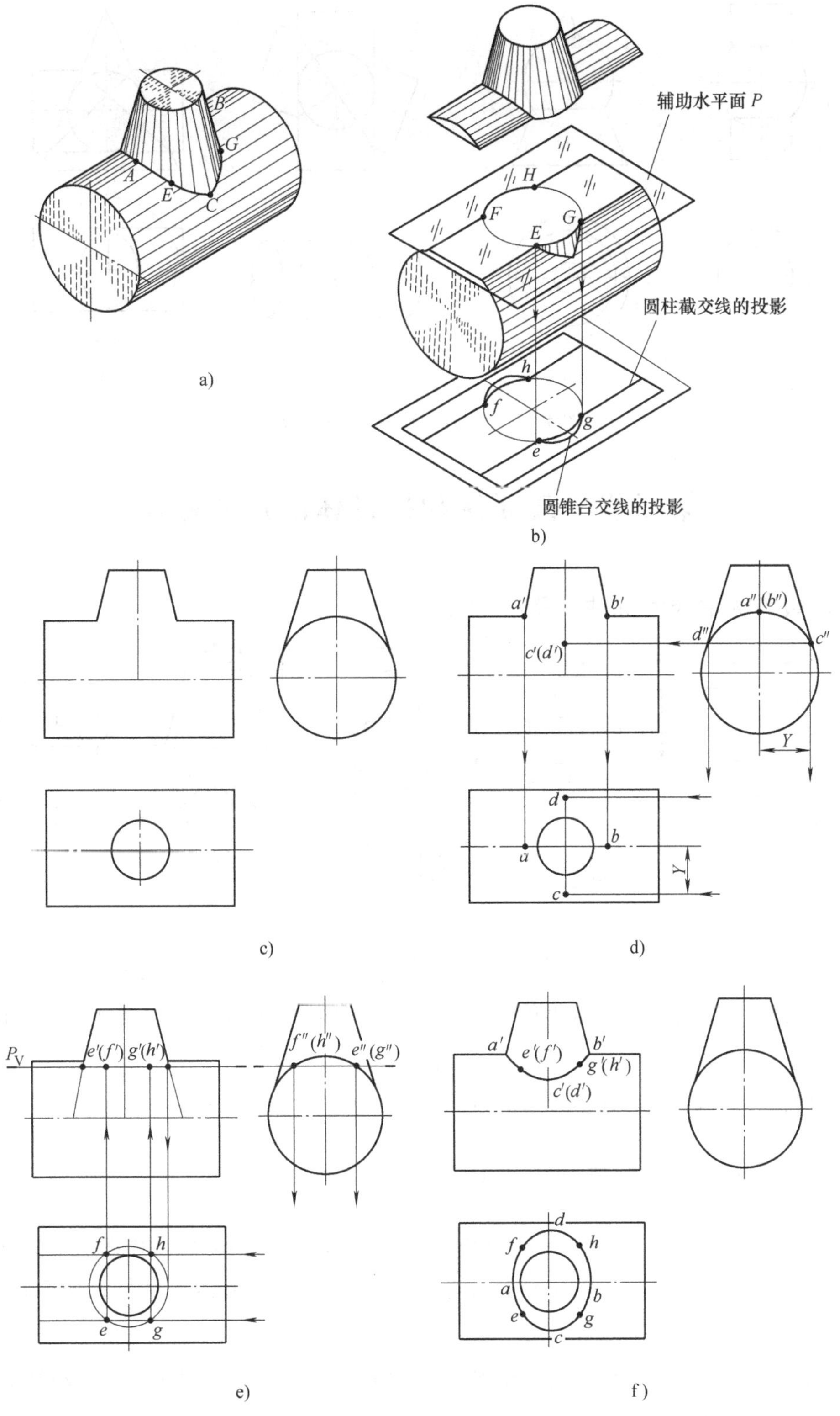

图 4-16　圆锥台与圆柱正交的相贯线

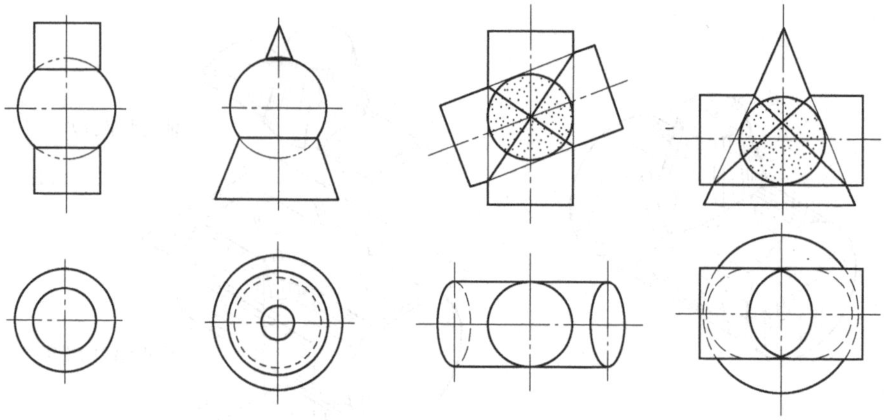

a)　　b)　　c)　　d)

图 4-17　相贯线为圆和椭圆的投影

第三节　截断体和相贯体的尺寸标注

一、截断体的尺寸标注（图 4-18）

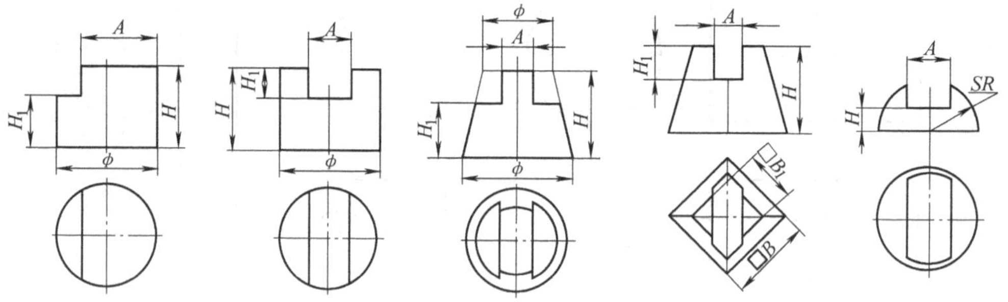

a)　　b)　　c)　　d)　　e)

图 4-18　截断体的尺寸标注

标注截断体的尺寸，除了标注基本体的定形尺寸外，还应标注确定截断面的定位尺寸，并应把定位尺寸集中标注在反映切角、切口和凹槽的特征视图上。

当截断面位置确定后，截交线随之确定，所以截交线上不能再标注尺寸。

二、相贯体的尺寸标注（图 4-19）

标注相贯体的尺寸时，除了标注两相交基本体的定形尺寸外，还应标注两个基本体的相对位置尺寸（定位尺寸），并把定位尺寸集中标注在反映两形体相对位置明显的特征视图上。

当两相交的基本体的形状、大小和相对位置确定之后，相贯线的形状、大小及位置随之确定，因此相贯线上不标注尺寸。

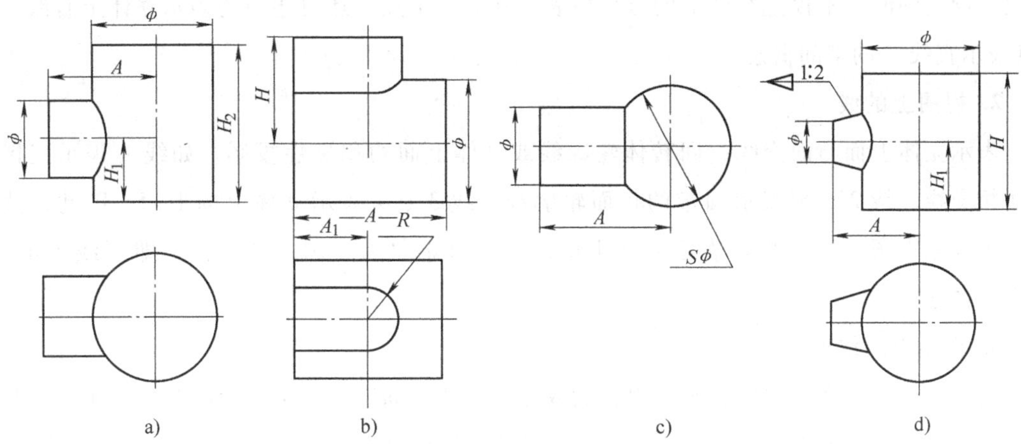

图 4-19　相贯体的尺寸标注

第四节　读图的思维基础

应用点、线、面的投影特性，搞清楚视图上的点、线、线框的空间含义，是读机件视图的投影分析和空间想象的思维基础。

一、视图上的点、线、线框含义（图 4-20）

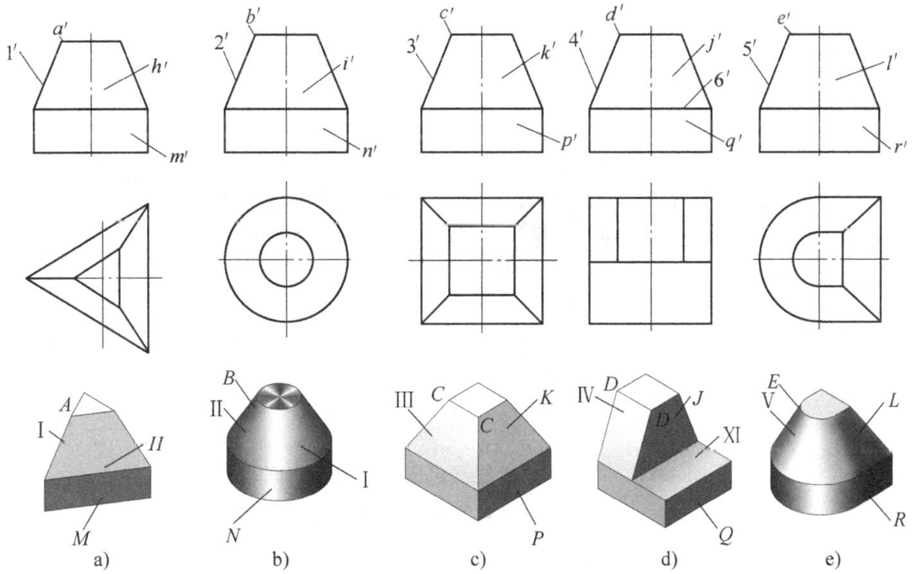

图 4-20　视图上点、线、线框的空间含义

1. 视图上的点

表示立体上的点或直线。如点 a'、b'、e'表示立体上的点；如点 c'、d'表示立体上直线。

因此，读视图时，不仅把视图上的点想象表示立体一个点，还可想象为表示立体上直线；即“点表示直线”的空间概念。

2. 视图上的线

表示立体上面与面交线、回转体轮廓线或立体上面的积聚性投影。如线 1′表示三棱台侧面相交线；线 2′、5′表示圆锥的正面轮廓线；线 3′、4′表示立体上的平面。因此，读图时，不仅把视图上的线想象表示立体上的线，还可想象为表示立体上面；即“线表示面”的空间概念。

3. 视图上的线框

表示立体上平面、曲面、平曲组合面或体：如线框 m'、p'、q'表示体上的平面；线框 n'表示圆柱面；线框 r'表示平曲组合面。对上述的线框也可看成表示体（线框 m'表示三棱柱、线框 r'表示拱形体）。对此，读图时，不仅把视图上线框想象为表示立体上的面，还可想象表示体；即“线框表示体”的空间概念。

4. 视图中的相邻线框

在一般情况下表示立体上两个相交面或两个错位的面。如相邻线框 j'、q'表示两个错位面，其他的相邻线框均是表示两个相交面。两个相邻线框的共线，除线 6′表示隔开面外，其他均表示面与面交线。

对于处在线框包围中的线框，一般表示形体凸凹关系或通孔，如图 4-21 所示。

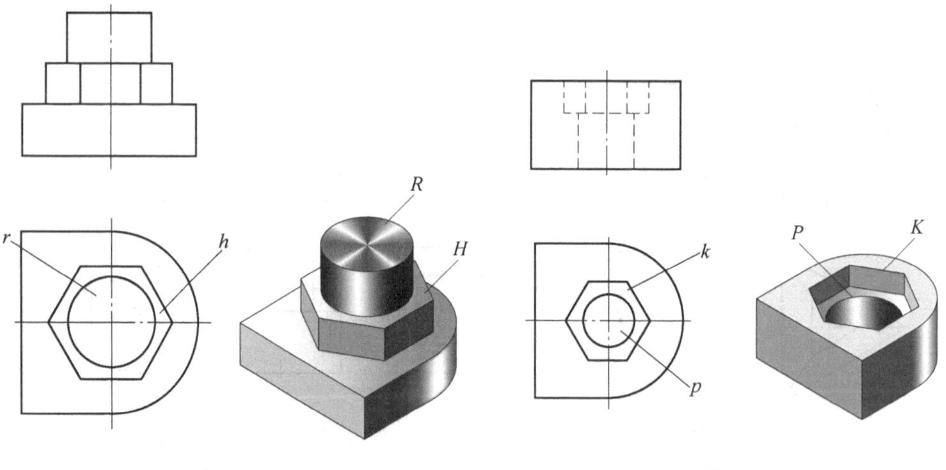

图 4-21　视图中处于线框包围中线框的空间含义

线框 r、h 表示在拱形柱上凸起六棱柱 H 和圆柱 R；

线框 k、p 表示拱形柱上凹入六棱柱槽 k 及穿通的圆柱孔 P

二、在相邻视图中确定线框、线段对应关系的思维方法

从视图之间分离出线框、线段对应关系是读图必须具备的思维方法，分离时借助于三角

板、分规等工具，按“三等”关系和“六方位”关系进行，分析时应掌握如下要点。

1. 相邻视图中成对应关系的线框为类似形

如图 4-22a 所示，主、俯视图的线框 1′和 1 成对应关系。因两个线框 1′和 1 符合 *n* 边对应 *n* 边（6 个边对应）；平行边对应平行边，如 *a′b′//e′f′//c′d′*、*ab//ef//cd*；线框各顶点符合点的投影规律，如图 4-22b、c 的投影分析。成对应关系的类似形线框表示形体上同一表面，如线框 1′、1 表示体上侧垂面Ⅰ。同理线框 3 和 3″成对应关系，表示体上正垂面Ⅲ。

2. 相邻视图中无类形线框对应，必对应积聚性线段

如图 4-22a 俯视图的线框 2、3 在主视图中找不到类似线框对应，必对应线段 2′、3′，即面Ⅱ水平面，面Ⅲ正垂面。

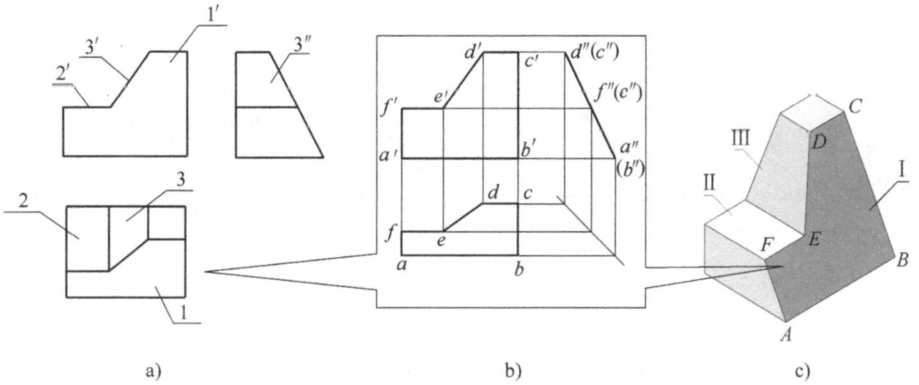

图 4-22　由相邻视图找线框与线段的对应关系

三、读图举例

【例 4-11】　已知图 4-23 六组主、俯视图，俯视图形状相同，想象其立体形状。

读图时，应先在主、俯视图中找线框、线段对应关系，然后根据相邻线框表示不同面，以及处于线框包围中的线框在一般情况下表示立体的凸凹关系或通孔，来进行空间立体的想象。

【例 4-12】　已知图 4-24a 的主、俯视图，想象其立体形状，求作左视图。

1. 想象立体形状

用假想线补齐主视图的缺角，从俯视图外形（八边形的特征形线框）对应主视图为矩形线框，想象为八边棱柱体；从斜线 1′出发对应线框 1，想象为正垂面Ⅰ在八边棱柱左上切去角，形成八边形截交面，想象为图 4-24f 所示立体形状。

2. 求作左视图

求作左视图的关键是求作八边形截交面Ⅰ的投影，图 4-24e 为截交面Ⅰ的投影分析。左视图的作图步骤如下。

1）画完整的八边棱柱的左视图（图 4-24b）。

2）画截交面Ⅰ的侧面投影。先在俯视图定出截交面Ⅰ各顶点，在主视图找出其对应点

（图 4-24a）；再求得侧面投影各对点，并按俯视图各点顺序连线（图 4-24c）。

3）擦去被切去棱线的投影，得与线框 1 相似形线框 1″（图 4-24d）。

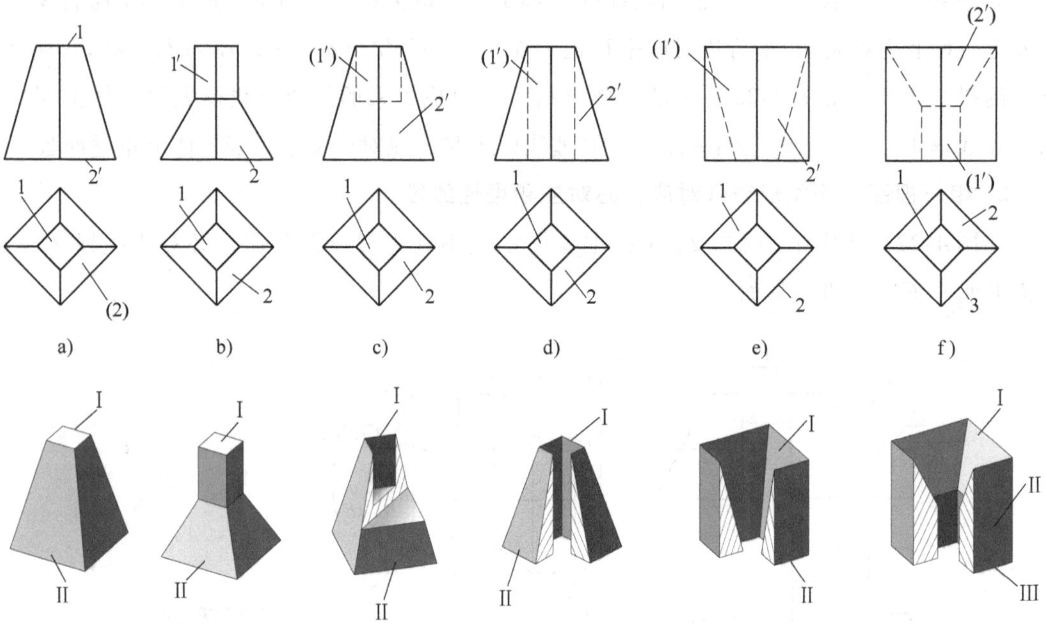

图 4-23 由主、俯视图想象立体形状

a）线框 1、(2) 表示四棱台顶面 1 和底面 Ⅱ b）线框 1、2 表示四棱台 Ⅱ 上叠加四棱柱 Ⅰ c）线框 1、2 表示在四棱台 Ⅱ 上凹入四棱柱孔 Ⅰ d）线框 1、2 表示在四棱台 Ⅱ 上切通四棱柱孔 Ⅰ e）线框 1、2 表示在四棱柱 Ⅱ 上切通四棱台孔 Ⅰ f）线框 1、2、3 表示四棱柱 Ⅲ 上凹入四棱台孔 Ⅱ 和四棱柱通孔 Ⅰ

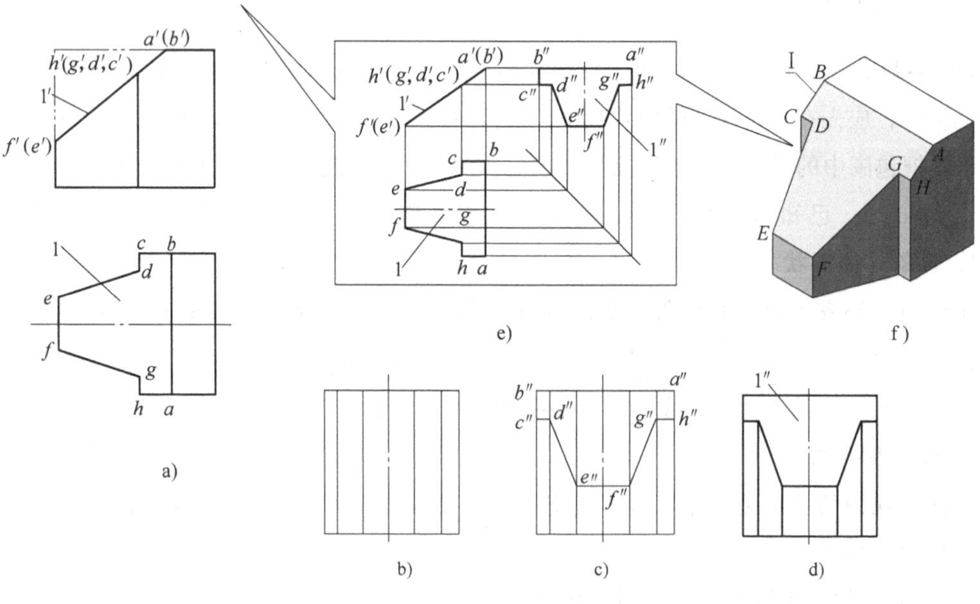

图 4-24 已知平面裁割体的主、俯视图，求作左视图

【例 4-13】 已知图 4-25a 俯、左视图，想象立体形状，补画主视图所缺图线。

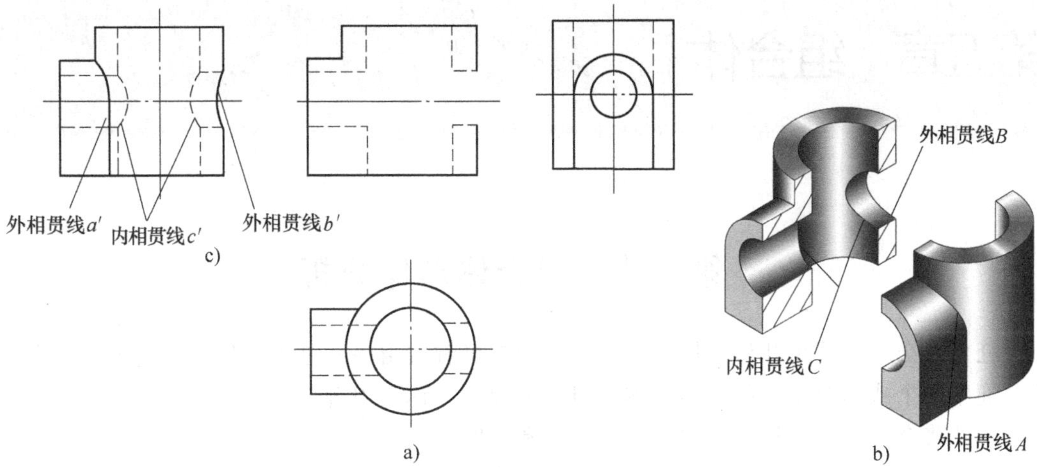

图 4-25 已知完整俯、左视图，补画主视图所缺图线

1. 想象立体形状

从俯视图两个同心圆，对应左视图为竖向线，想象为竖向圆筒体；从左视图的拱形，对应俯视图是横向线，想象为横向拱形体与圆筒正交；从左视图小圆对俯视图有两处虚线，想象横向小圆孔与圆筒外圆柱及圆筒内圆孔两处正交，想象立体形状，如图 4-25b 所示。

2. 补画主视图所缺图线

拱形柱与圆筒外圆柱面正交，交线为直曲外相贯线 A，应补线 a'；横向小圆孔与圆筒外圆柱面正交，交线为空间曲线（外相贯线 B），应补画曲线 b'（向圆筒弯曲）；小圆孔同时与圆筒内孔两处正交，两处交线也是空间曲线，属内相贯线 C，均向圆筒内孔弯曲，应补两处虚曲线 c'，如图 4-25c 主视图所示。

第五章 组合体

第一节 组合体形体分析

任何复杂机件若用几何形体来分析，一般都可看成由一些基本立体按一定方式组合而成的。通常两个或两个以上的基本立体所组成的形体，称为组合体。

本章将介绍组合体视图画法、尺寸标注和读图方法。

一、形体分析法

为了正确而迅速地绘制和识读组合体视图，通常在绘图、标注尺寸和读图过程中，假想把组合体分解成若干基本立体，分析基本立体形状、相对位置、组合形式以及两立体表面连接关系，这种把复杂形体分解为若干基本立体的分析方法，称为形体分析法。

如图 5-1a 所示轴承座，分解为如图 5-1b 所示的底板、支承板、圆筒及肋板四个形体。

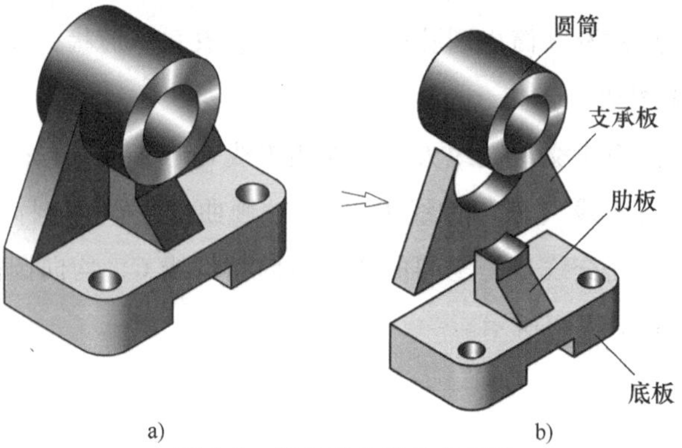

图 5-1 轴承座及形体分析法

a）轴承座 b）形体分解图

二 、基本立体之间表面连接关系及画法

组合体的组合形式，分为叠加式、切割式两种。常见这两种的综合。

当基本立体组合时，基本立体之间表面连接有下列四种形式。

1. 两表面不平齐

当两个基本立体叠加，但相邻两表面不平齐时，两立体之间存在分界面。画视图时，分界处应画有分界线。

如图 5-2a 所示机座的形体 Ⅰ 、Ⅱ 叠加，但宽度不等，两形体的前、后端面均不平齐；如图 5-2b 所示机座的主视图中应画出两形体的分界线 a'；如图 5-2c 所示的主视图漏线。

2. 两表面平齐

当两基本立体叠加，相邻两表面平齐时，平齐无界线。画视图时，该处不应再画分界线。

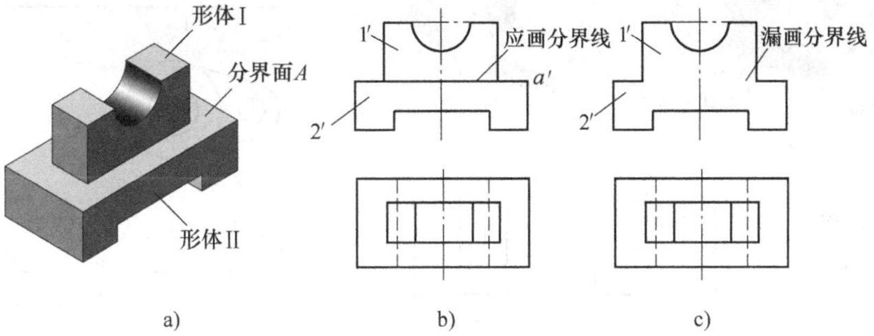

图 5-2　相邻表面不平齐的画法

a）机座和形体分析　b）正确画法　c）错误画法

如图 5-3a 所示机座的形体Ⅰ、Ⅱ叠加，宽度相等，两形体的相邻前、后端面均平齐，相接处形成共面，也不存在接缝面；如图 5-3b 所示的主视图不应再画表示两形体之间的分界线；如图 5-3c 所示的主视图多画线。

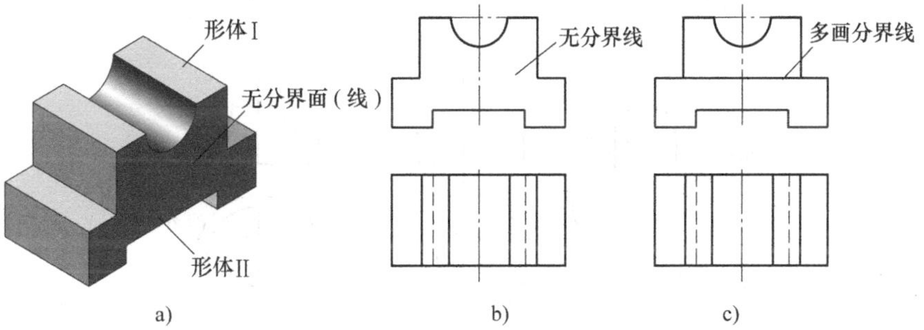

图 5-3　相邻两表面平齐的画法

a）机座和形体分析　b）正确画法　c）错误画法

3. 两表面相切

当两基本立体相邻表面相切时，相切处无界线。画视图时，该处不应画切线（接缝线）。常见的基本体的两表面相切有：平面与曲面、曲面与曲面相切。

图 5-4a 摇臂是由图 5-4b 所示的耳板和圆筒相切而成的。耳板前、后侧平面和圆柱面相切，在相切处光滑过渡。画视图时，图 5-4c 主、左视图相切处不画线，但耳板顶面Ⅰ的投影应画到切点 a'（b'）和 a''、b''，如图 5-4f 的投影分析。图 5-4d、e 是常见错误画法。

图 5-5a 为 1/4 圆环面切于小圆柱面和大圆柱顶面，在相切处不存在分界线。图 5-6b 主、俯视图中的相切处不画线。图 5-5c 是错误画法。

4. 相交

当两基本立体表面相交或立体被切割时，其相交处、切割处有交线。画视图时，相交处、切割处应画出交线的投影。

如图 5-6a 所示机座耳板的前、后侧面与圆柱面相交，肋板的前、后侧面及斜面与圆柱面相交，主、左视图在相交处应画出交线的投影，如图 5-6b 所示。请读者分析图 5-6c 的错误画法。

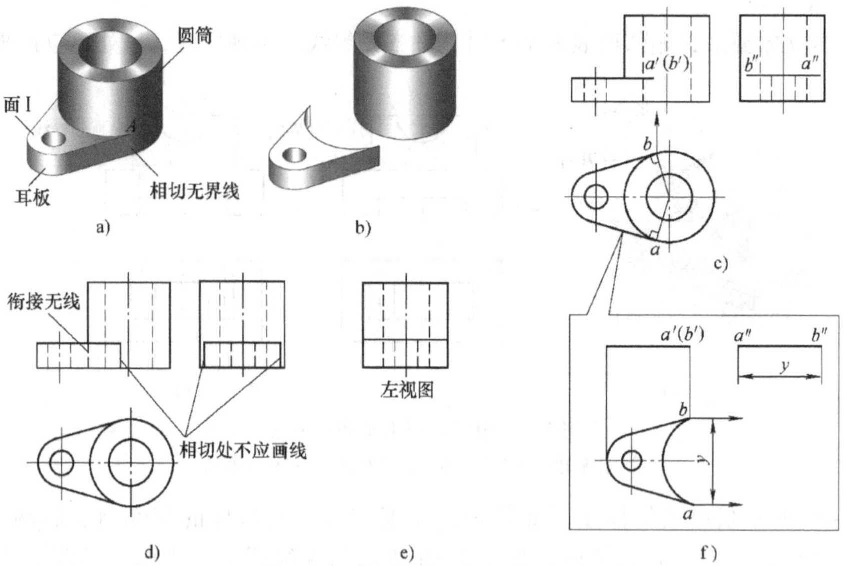

图 5-4 平面与曲面相切的画法

a）摇臂 b）形体分析 c）耳板与圆筒相切画法

d）错误画法 e）左视图错误画法 f）耳板顶面的投影分析图

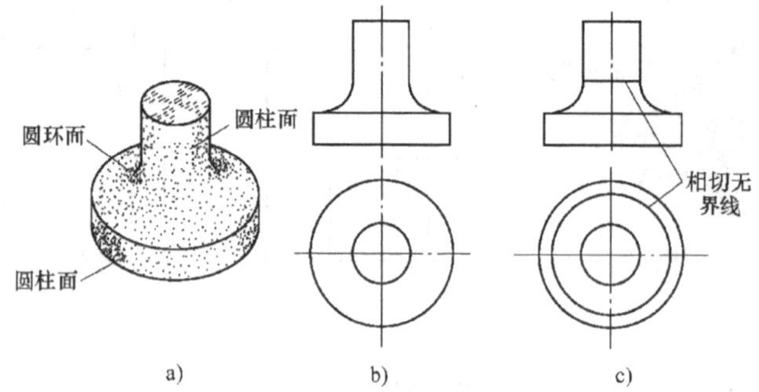

图 5-5 曲面与曲面相切及曲面与平面相切的画法

a）立体表面分析 b）正确画法 c）错误画法

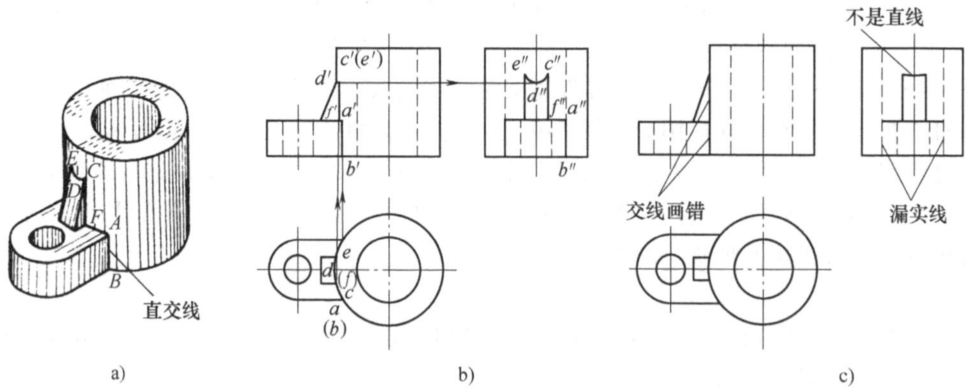

图 5-6 平面与曲面相交线画法

a）摇臂及形体分析 b）正确画法 c）错误画法

第二节　组合体三视图画法

一、形体分析

画组合体视图时，首先应进行形体分析，分析它由哪些基本立体所组成，其相对位置、组合形式、表面连接关系，以及整体形状特征。

如图 5-1a 所示的轴承座，分解为 5-1b 所示的底板、圆筒、支承板和肋板四个部分叠加组合而成的。支承板、肋板叠加在底板之上；支承板两侧面与圆筒外圆柱面相切；肋板与圆筒外圆柱面相交，相交线为直线和一段圆弧，整体形状左、右对称。

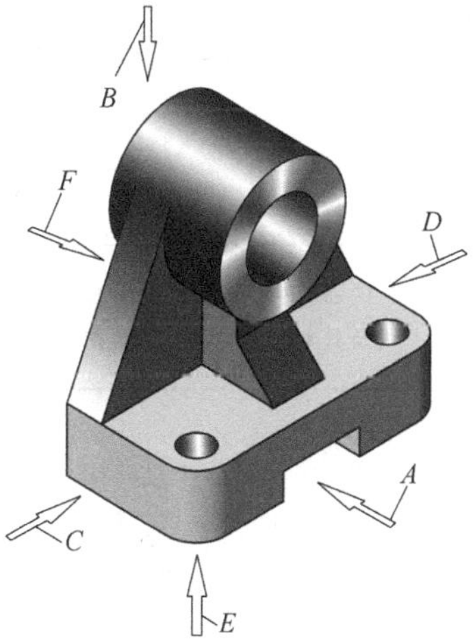

图 5-7　主视图的选择

二、主视图选择

在三个视图中，主视图是主要视图，当主视图投射方向一确定，俯、左视图投射方向随之确定。选择主视图应符合三条要求。

1）反映组合体的结构特征。一般应把反映组合体各部分形状和相对位置信息量较多的方向作为主视图的投射方向。

2）符合组合体的自然安放位置，主要面应平行于基本投影面。

3）尽量减少其他视图的虚线。

从图 5-7 箭头所示几个方向投射，显然 *A* 向作为主视图投影方向更符合上述要求。

三、确定比例、选定图幅

视图确定后，要根据实物大小和复杂程度，选择符合标准规定的比例和图幅。在一般情况下，尽可能选用 1:1。

图幅大小应根据所绘制视图的面积大小以及留足标注尺寸、标题栏等的位置来确定。

布置视图时，把各视图匀称地布置在图幅上，使各视图之间有足够空档，视图与图框之间的位置适当。

四、三视图的作图步骤

图 5-1a 所示轴承座三视图的作图步骤见表 5-1。

画底稿图时，应注意以下几点。

（1）先分后合作图过程　按每个基本立体的形状和位置，逐个画出其三视图，切忌对着物体画出整个视图后，再画其他整个视图的“照像式”画图。应用形体分析法画图，可提高作图速度，又可避免少画、错画图线。

综合起来的每一视图应从整体出发，处理各形体之间表面连接关系和衔接处图线的变化。

（2）画图顺序　先画主要部分，后画次要部分；先画可见，后画不可见；画每部分形体先画特征视图，再画其他视图，三个视图配合作图。

表 5-1　画轴承座三视图的步骤

<table>
<tr><td>图例</td><td>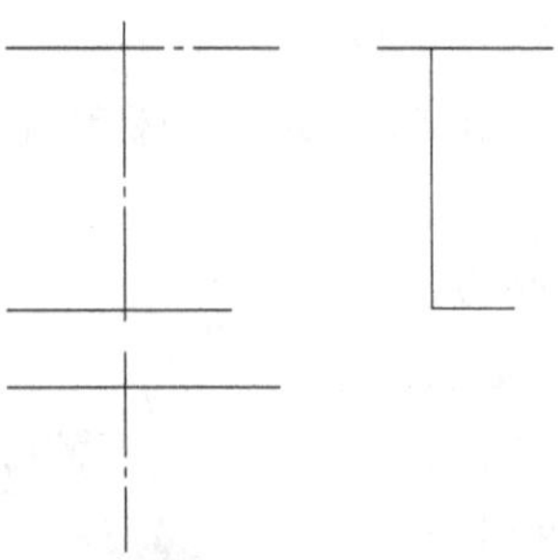
a)</td><td>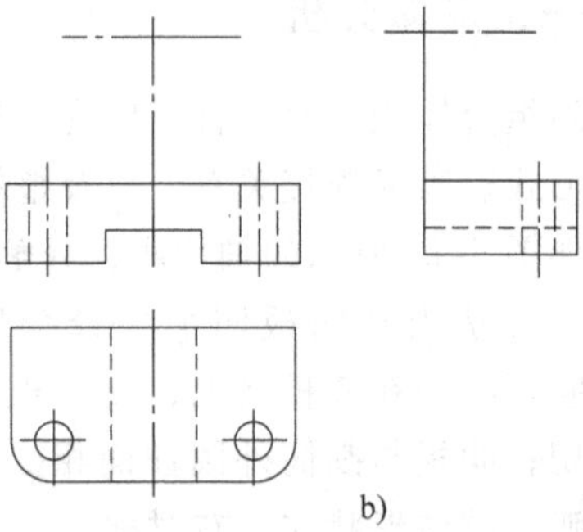
b)</td></tr>
<tr><td>说明</td><td>1）画出各视图的作图基准线：对称中心线，大圆孔中心线及其对应的轴线，底面和背面对应的位置线</td><td>2）按形体分析逐个画三视图：画底板从俯视图先画，凹槽则从主视图先画</td></tr>
<tr><td>图例</td><td>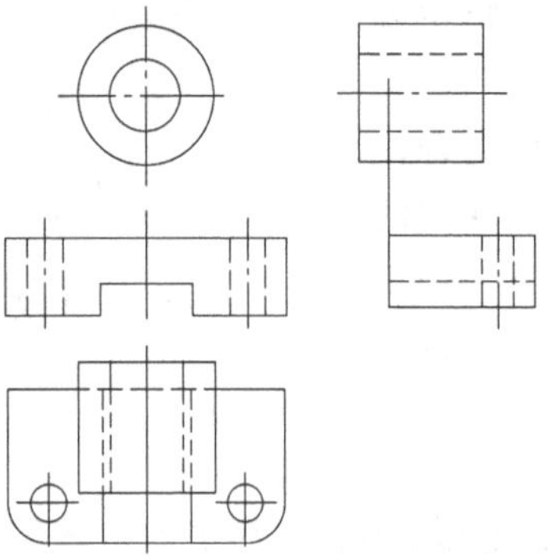
c)</td><td>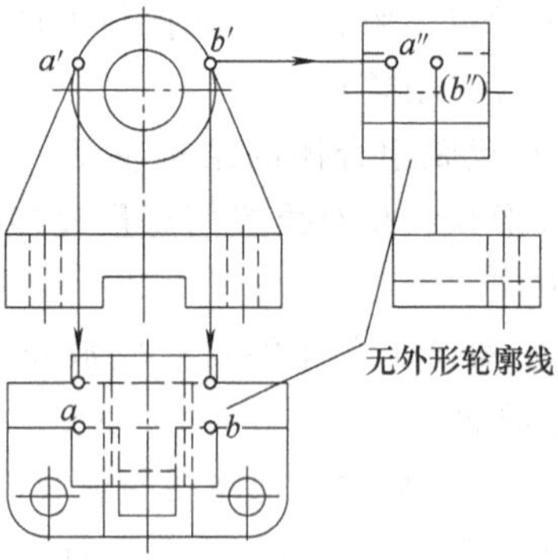

d)</td></tr>
<tr><td>说明</td><td>3）画圆筒：从反映圆筒特征形状的主视图先画</td><td>4）画支承板：从反映支承板特征形的主视图先画，再画俯、左视图。注意支承板两侧平面与圆筒外圆柱面相切处无界线及准确定出切点的投影 a'、b'和 a、b 及 a''、(b'')，并应擦去圆筒衔接处轮廓线</td></tr>
<tr><td>图例</td><td>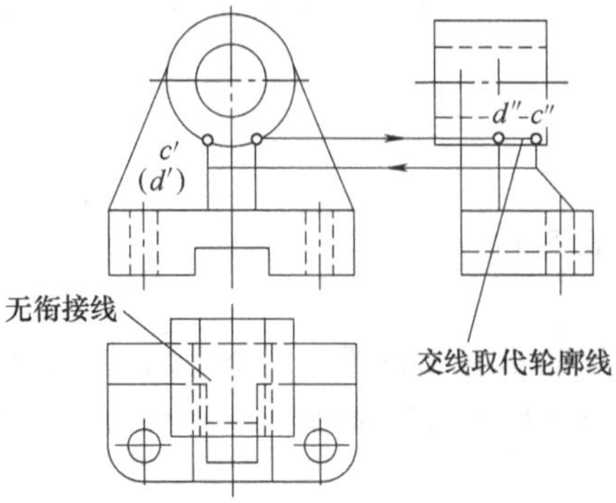

e)</td><td>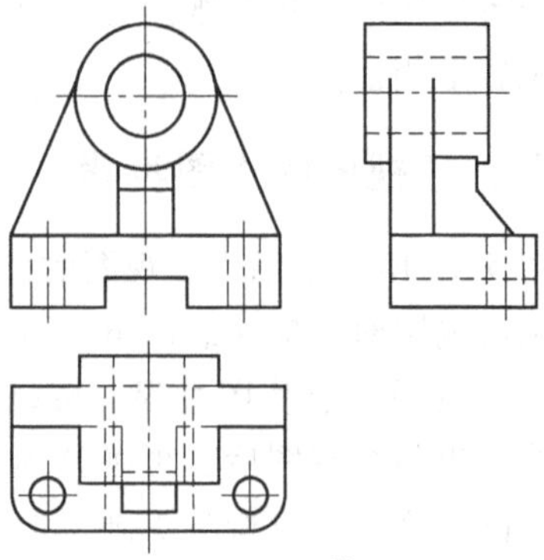
f)</td></tr>
</table>

（续）

说明	5）画肋板：主、左视图配合先画，再画俯视图。左视图上 $c''d''$交线由点 $c'(d')$求得，取代圆柱上一段轮廓线；俯视图应擦去支承板与肋板衔接处的界线	6）核对视图，整理图线：画完底稿图后，应按形体分析法再次检查轴承座每个视图，改正错画的图线及擦去多余图线，确认无误后，按标准线型描深、加粗

第三节　组合体尺寸标注

组合体的视图仅能表示其形状，其大小要由注出的尺寸来确定。

一、尺寸种类

1. 定形尺寸

确定组合体各组成部分（基本立体）的形状和大小的尺寸，称为定形尺寸。

2. 定位尺寸

确定组合体各组成部分（基本立体）之间相对位置的尺寸，称为定位尺寸。

3. 总体尺寸

确定组合体外形大小的总长、总宽、总高的尺寸，称为总体尺寸。

二、标注组合体尺寸的方法

标注组合体尺寸仍然运用形体分析法，把组合体分解若干基本部分，然后逐个标注各部分的定形尺寸和定位尺寸，如标注图 5-8b 轴承座。

1. 标注定形尺寸

标注尺寸时，把轴承座分离为底板、支承板、圆筒和肋板，逐个注出四部分的定形尺寸，如图 5-8a 中，确定圆筒直径 $\phi10$、$\phi22$ 和宽度尺寸 13，支承板 $\phi22$、(22)、38 和宽度 6，底板和肋板的定形尺寸如图中所示。

2. 定位尺寸

标注确定四部分相对位置的定位尺寸。如图 5-8c 确定圆筒与底板高低方向相对位置尺寸，需标注圆筒轴线距底板底面高度 31；左右方向不必标注尺寸，轴线与对称面重合；确定圆筒与底板及支承板前后相对位置尺寸，需标注圆筒后端面与底板、支承板后端面的定位尺寸 3。底板上两个圆孔的定位尺寸，标注 30、14。

3 标注总体尺寸。

如图 5-8d 所示，底板的长度 38 为轴承座的总长（与定形重合），总宽由底板宽度 18 和圆筒伸出宽度 3 所确定；总高尺寸由圆筒定位尺寸 31 加上圆筒外径 $\phi22$ 一半所确定。

对于具有带圆孔、圆弧的端部结构，为了明确其中心位置，通常不直接标注总体尺寸，而只注圆弧、圆孔中心尺寸。如按图 5-9a、c 所示标注尺寸，不按图 5-9b、d 所示标注尺寸。

三、尺寸基准

尺寸基准是指标注或测量尺寸的起点。标注组合体的尺寸时，应先选择尺寸基准。由于

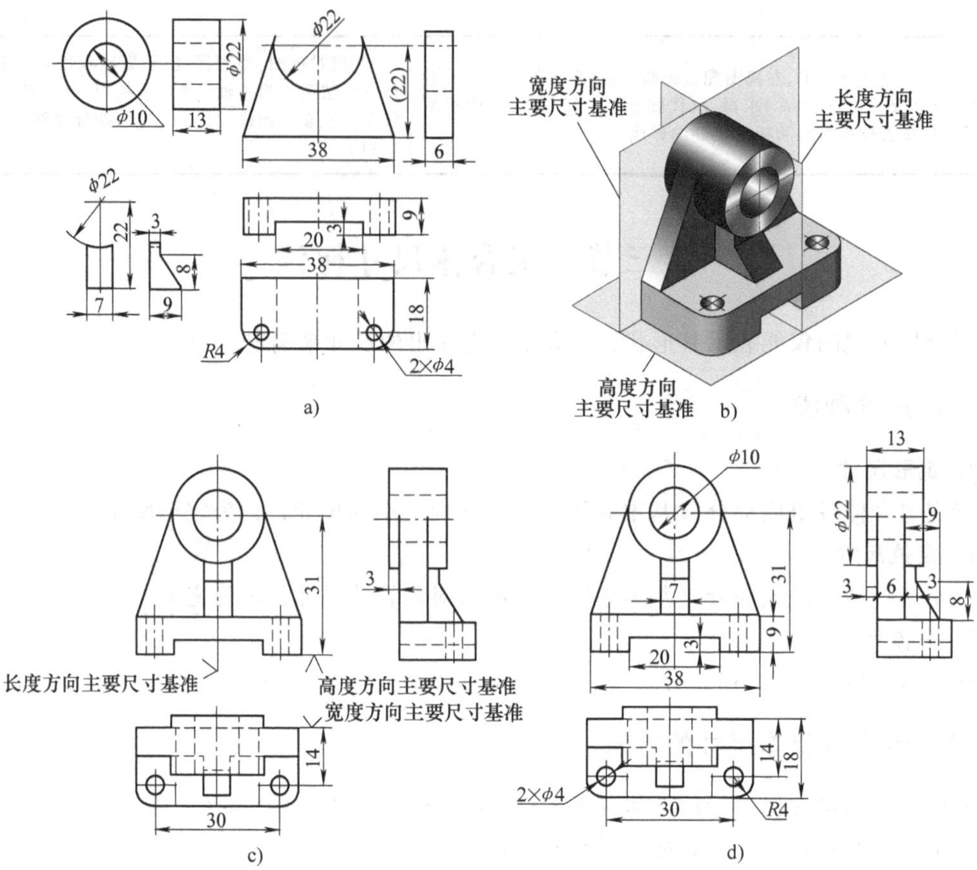

图 5-8 轴承座尺寸标注

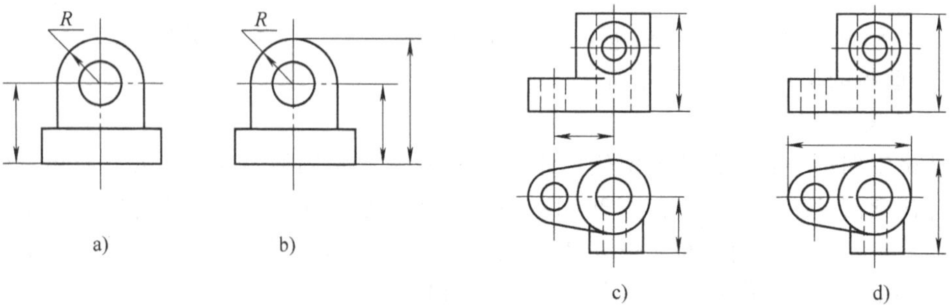

图 5-9 总体尺寸的标注

组合体具有长、宽、高三个方向尺寸，在每个方向都应有尺寸基准，以便从基准出发，确定各基本体的定位尺寸。

选择尺寸基准必须体现组合体的结构特点，并使尺寸度量方便。一般选择组合体的对称面、底面、重要端面及轴线为尺寸基准。

如图 5-8b 所选轴承座的尺寸基准是：左左对称面为长度方向的尺寸基准；底板和支承板后端面作为宽度方向的尺寸基准；以底板的底面为高度方向的尺寸基准。

当基准选定后，各方向的主要尺寸应从相应尺寸基准进行标注，如图 5-8d 所示，主、俯视图长方向尺寸 7、20、38、30 以左右对称面为基准对称分布；俯、左视图宽方向尺寸

14、18、3、6以底板和支承板后端面为基准进行标注；主视图高方向尺寸3、9、31，以底板底面为基准进行标注。

读视图的尺寸，从视图标注尺寸起始点（基准）出发，确定三个方向的定形和定位尺寸。

四、尺寸标注的基本要求

1. 正确性

尺寸数值应正确无误，所注的尺寸必须符合国家标准中有关的尺寸注法规定。

2. 完整性

标注的尺寸要完整，不允许遗漏，一般也不得重复。

3. 清晰性

为了便于读图，标注尺寸应整齐清晰。为此，标注尺寸时，应注意如下几点。

1）尺寸排列整齐清楚。尺寸一般标注在视图之外，相邻视图的相关尺寸最好注在两个视图之间，如图5-10a所示。图5-10b所示的尺寸不清楚。

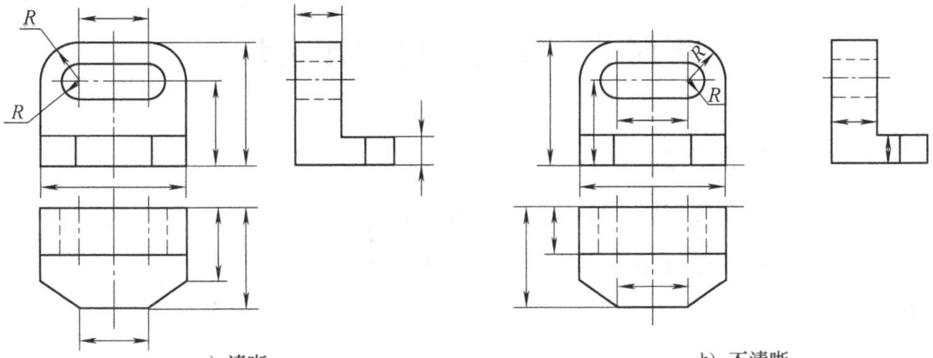

a）清晰　　b）不清晰

图5-10　尺寸布置清晰性（一）

2）尺寸标注在反映形体特征的视图上。如图5-11a的L形板的尺寸7.22及8.25应标在主视图上，而板的切角尺寸10与5应标注在左视图。

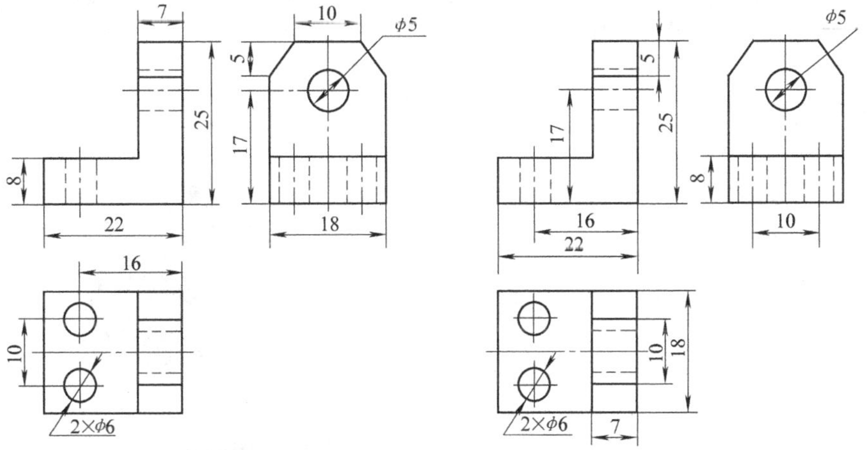

a）清晰　　b）不清晰

图5-11　尺寸布置清晰性（二）

3）相关结构尺寸应集中。如底板上两个圆孔的定形尺寸 2×ϕ6 和定位尺寸 16、10 集中在俯视图，圆孔 ϕ5 的定位尺寸 17 标注在左视图。图 5-11b 标注的尺寸，既不明显又分散。

4）圆柱及圆锥的直径尺寸，一般标注在非圆视图上，圆弧半径尺寸则应标注在圆弧视图上，如图 5-12a 所示。图 5-12b 所示的 ϕ6、ϕ10 注法不够好，R7 是错误的。

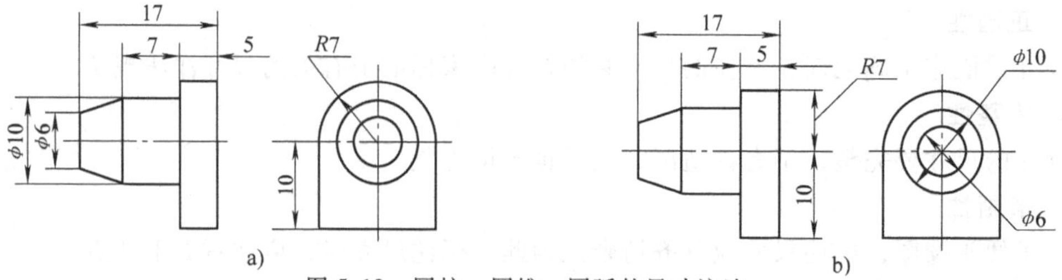

图 5-12　圆柱、圆锥、圆弧的尺寸注法

a）清晰　b）不清晰和错误注法

第四节　组合体轴测图画法

一、画组合体轴测图的方法

画组合体轴测图的方法仍是形体分析法，若是从视图画轴测图时，应先读懂视图，想象立体形状，确定它是属于哪种组合形式，然后再进行作图。

1. 叠加法

当组合体是叠加体时，先把组合体分解成若干基本立体，然后按其相对位置，逐个叠加画出各基本立体的轴测图，从而完成整体轴测图。这种画轴测图的方法，称为叠加法。图 5-13 是应用叠加法画组合体正等测的作图步骤。

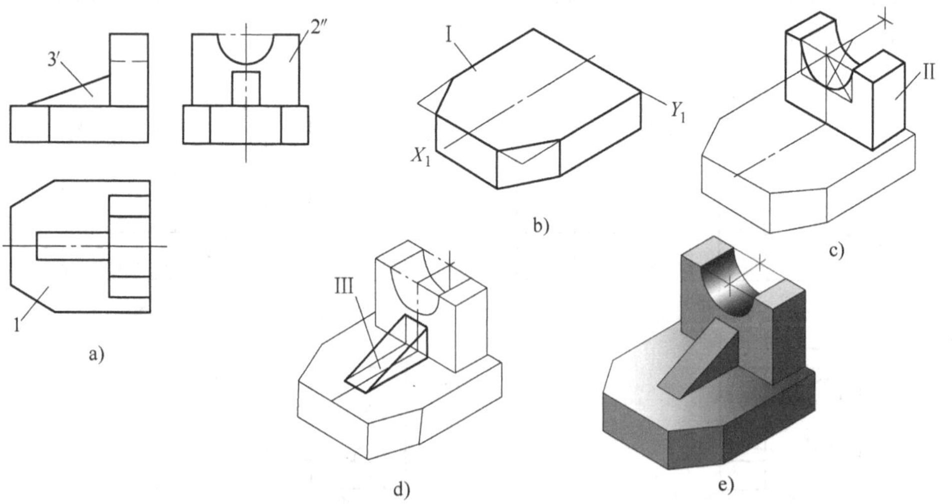

图 5-13　叠加式组合体正等轴测图的画法

a）三视图　b）画轴测轴及底板Ⅰ（先画顶面）　c）在底板Ⅰ上定出竖板Ⅱ位置。画竖板Ⅱ先画出左端面　d）定出直角三角柱Ⅲ位置，先画直角三角柱前端面　e）描深加粗可见线，省略虚线得整体轴测图

2. 切割法

若组合体是切割体，应先画完整基本立体的轴测图，然后按切割顺序及切割位置，逐个画出被切去部分的轴测图，从而画出整体轴测图。这种画图方法，称为切割法（也称方箱法）。图 5-14 为应用切割法画组合体正等测图的作图步骤。

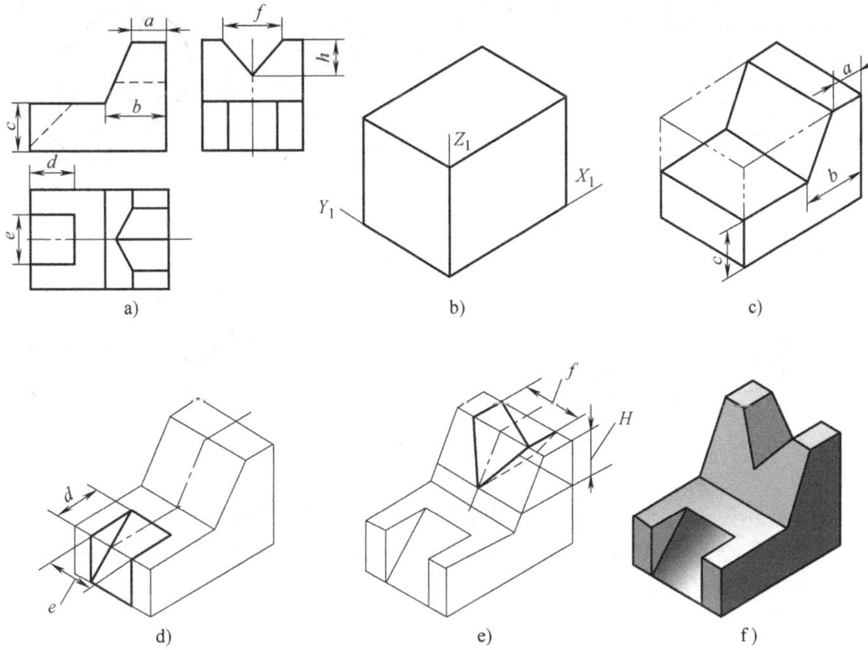

图 5-14　切割式组合体等轴测图的画法

a）三视图　b）画法测轴及长方体　c）由 a、b、c 尺寸切去梯形块，得五边柱
d）由 e、d 尺寸在五边柱左方前后对称位置画缺口　e）由 f、h 尺寸在五边柱右上方前后对称位置画出缺口　f）描深加粗可见图线，省略虚线，得整体轴测图

对于既有叠加又有切割组合形式的组合体，一般先画叠加后画切割，它是两种作图方法的综合应用。

二、轴测图选择

画轴测图时，应从直观性和作图简便性来选择轴测图种类。

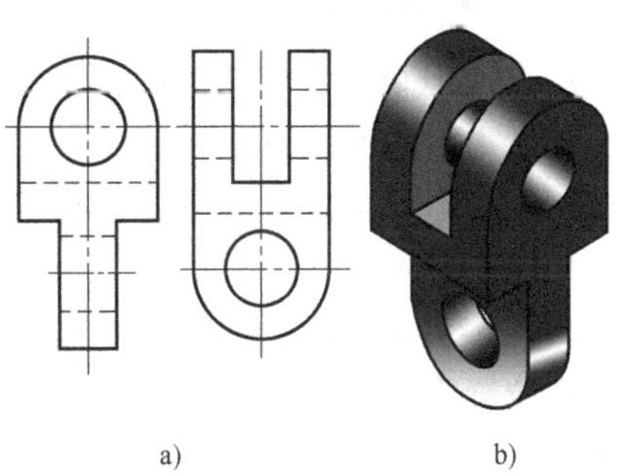

图 5-15　轴测图选择（一）

正等轴测图的轴间角均为 120°，各轴向伸缩系数相同，作图较为方便，特别各坐标方向都有圆孔和圆弧面时，更有其优点。如图 5-15 所示，圆孔和圆弧面的轴测图采用移心法作图。

斜二测的 $X_1O_1Z_1$ 轴测面平行于正面，该方向的轴测投影反映实形，对于单方向具有圆、圆弧、圆角、曲线及复杂形状的形体，采用斜二测，其作图最为简便，如图 5-16e 所示。图 5-16b、c、d、e 是斜二测的作图步骤。

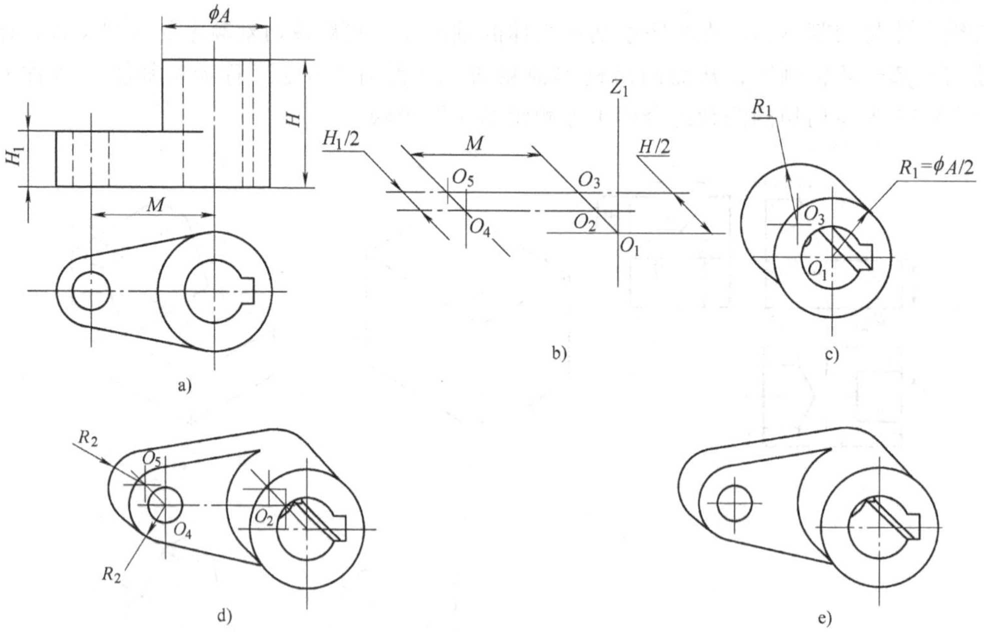

图 5-16 轴测图选择（二）及斜二测图画法

a）已知视图 b）分层次画出各圆及圆弧的中心线以确定各圆、圆弧的圆心 c）画圆筒及键槽 d）画耳板与圆筒外表面相切 e）描深、加粗全图，去掉多余作图线（包括虚线）完成全图

第五节 读组合体视图

前面已初步介绍了读图思维基础和基本思维方法，本节将较深入、系统地讲述应用形体分析法和线面分析法读组合体视图。

一、读图要点

1. 以形状特征视图为基础，想象各部分形状

在基本立体的三视图中，有一个反映形状特征的视图，读图时，应以特征视图的特征形线框所示面形为基础，配合其他视图所示的厚度，想象立体形状。

如图 5-17a 所示的三视图，如果只从主、左视图识读，物体形状不易想象出来或至少可想象出图 5-17b 所示六种物体形状。只有从俯视图的特征视图识读，并以特征形线框 1 所示面形和位置为基础，配全主、左视图之一所示高度，图 5-17c 所示立体形状和位置才能想出来。

由于组成组合体的各基本立体的特征形不一定都集中在同一方向，所以反映各基本立体的特征形不一定集中在同一个视图上。读图时，必须把几个视图配合起来读，从各个视图中分离出表示各基本立体的特征形线框，并以各个特征形线框为基础，想象每个基本立体的形状和方位。

如读图 5-18a 的三视图，分离出线框 1′、2′、3′及 1、2、3 和 1″、2″、3″，确定俯视图的线框 1、左视图的线框 2″、主视图的线框 3″为特征线框。

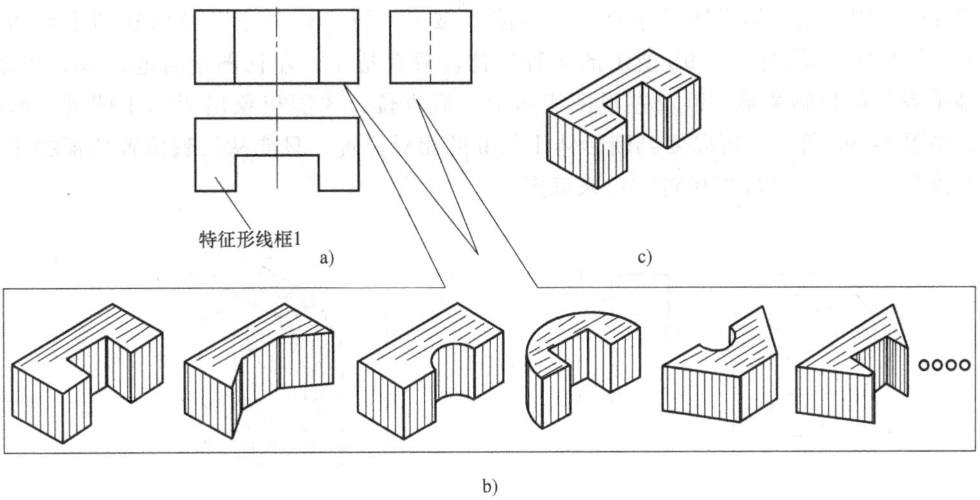

图 5-17　由形状特征图想象立体形状（一）

想象形体Ⅰ时，以俯视图的特征形线框Ⅰ所示形状为基础，配合主、左视图之一所示的高度。

想象形体Ⅱ时，以左视图的特征形线框 2″所示形状为基础，配合主、俯视图之一所示的长度。

想象形体Ⅲ时，以主视图的特征形线框 3′所示形状为基础，配合俯、左视图之一所示的宽度。

通过图 5-18b、d、c 所示的思维和想象过程，物体三个部分的形状和方位就想象出来。

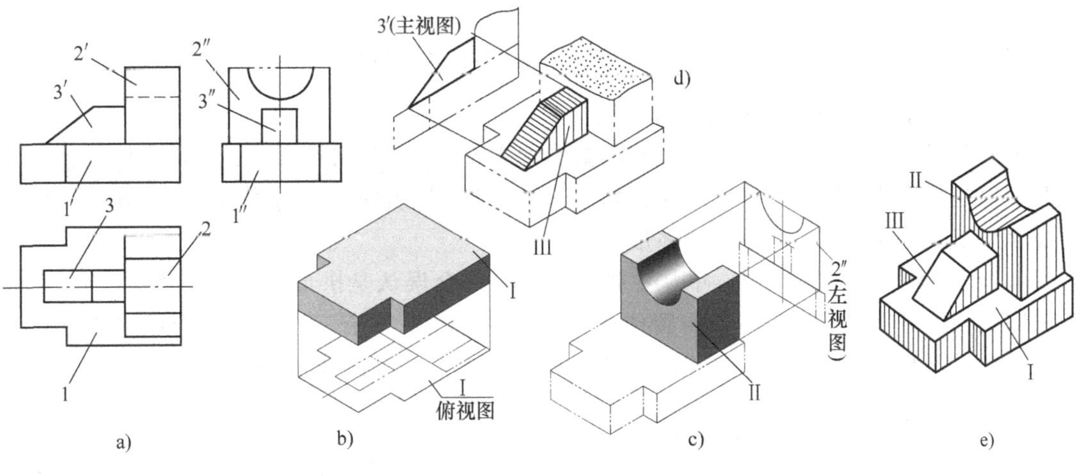

图 5-18　从形状特征视图想象立体形状（二）

2. 以位置特征视图为基础，想象各部分的相对位置

组合体的三个视图中，必有反映各基本立体之间的上下、左右、前后相对位置最为明显的视图，即位置特征视图。读图时，应以位置特征视图为基础，想象各基本立体的相对位置。

如图 5-19a 所示，主视图的线框 1′和 2′清晰地表示了形体Ⅰ、Ⅱ的上下位置和左右对称的位置特征。但前后关系、即哪个凸出、哪个凹入，只能通过俯、左视图加以判别，假若只联系俯视图，则因长方向投影关系相重，不能依靠主、俯“长对正”分清这两个形体的凸凹关系，至少能想象出图 5-19b 所示的 4 种形体。只有把主、左视图配合起来读，根据主、左“高平齐”的投影关系，以及左视图表示前、后方位，才能想象出形体Ⅰ凹进，形体Ⅱ凸出，如图 5-19c 所示。所以要判断形体Ⅰ与Ⅱ的相对位置，只能从反映位置特征的主、左视图上线框 1′与 2′、1″与 2″相对方位来确定。

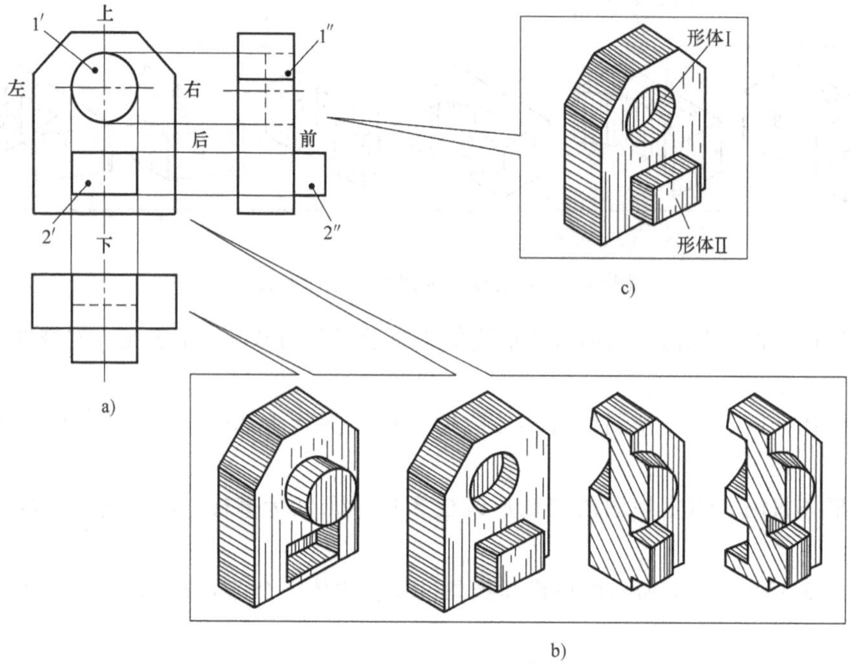

图 5-19　从位置特征视图，想象各基本立体的相对位置

3. 读图时，应把几个视图配合起来读

上面介绍了从某个形状特征视图判断基本立体的形状，但必须指出，有的形体具有两个或两个以上的形状特征，所以读图时，切忌只凭一个视图就臆造出物体形状，必须把几个视图配合起来读，才能正确想象出物体形状。

如图 5-20a 所示的三视图，单从主视图读，可能会误认是拱形柱体（图 5-20b）；配合俯视图读，也可能误认为是圆柱与圆球相切（图 5-20c）；只有三个视图配合起来读，并分析左视图线框和相贯线的形状，才能正确想象出如图 5-20d 所示的立体形状。

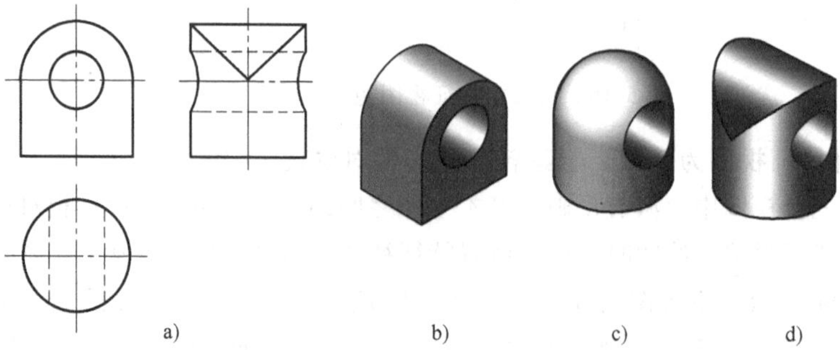

图 5-20　几个视图配合读图

4. 借助视图中线段、线框可见性，判断形体投影相重合的相对位置

当一个视图中有两个或两个以上的线框不能借助于"三等"关系和"六方位"关系在其他视图中找到确切对应关系时，应从视图投射方向及视图中线框或线段的可见性加以判别。

如图 5-21a、b 所示三视图，俯、左视图形状相同，主视图（有实线和虚线之差）不同。从图 5-21a 主视图实线框 l'和 a'，想象直角三角柱 A 叠加在 L 形柱体之中。图 5-21b 主视图的线框（b'）有两条虚线，表示直角三角柱槽 B 在五边柱 C 正中。

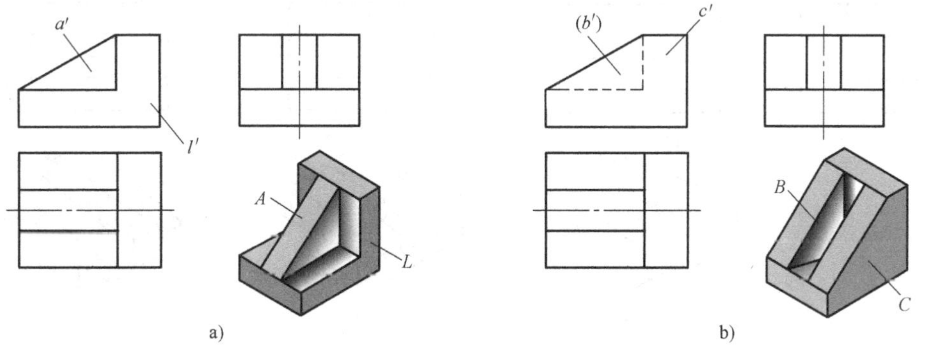

图 5-21　借助线段、线框可见性，判断形体间的相对位置（一）

如图 5-22a 所示，俯视图的方框形 m 对应主视图中是竖向线，想象方框体 M。主视图的方框 1′和圆形 2′相切，与俯、左视图对照投影，仅能判断方框形体的前、后壁有方孔和圆孔，未能分清其确切位置。这时，借助于主视图的投影方向来想象，实线方框 1′表示方孔应在前壁，图形 2′表示圆孔应在后壁，如图 5-22b 所示，才能符合主视图的圆和方框都是实线。图 5-22c 方框（2′）为虚线，圆形 1′为实线，则方孔应在后壁，如图 5-22d 所示。

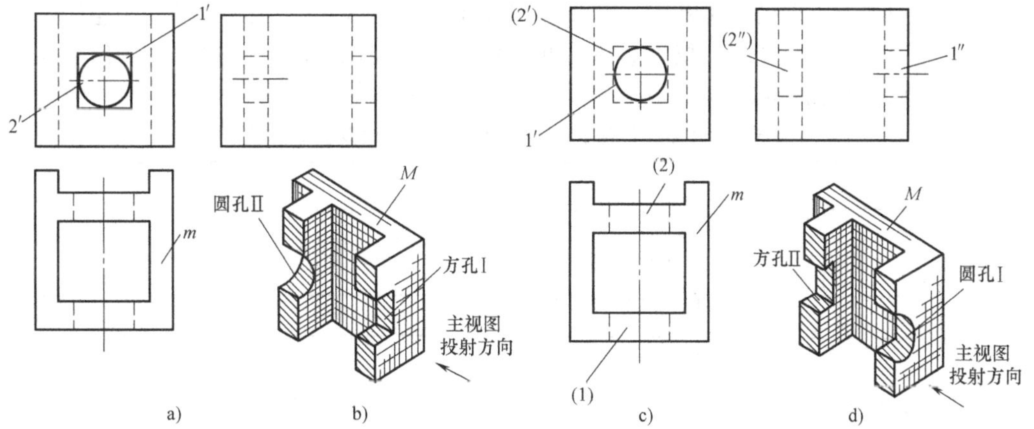

图 5-22　借助线段、线框可见性，判断形体间的相对位置（二）

5. 善于构思物体形状、不断修正想象的立体形状

读图过程中，根据给定的视图，往往想象出多种不同形状的空间形体表象，因此必须与给定视图的形状反复对照，不断修正想象过程中不符合视图形状要求的空间立体表象。

如读图 5-23a 所示主、俯视图，根据主视图形状特点，较易想象出图 5-23b 所示的立体

表象，但它不符合俯视图要求；再考虑俯视图三个矩形线框，较易想象出图 5-23c 所示立体表象，但它又不符合主视图要求；只有想象为图 5-23d 所示立体表象，才符合主、俯视图要求，想象的立体形状才能成立。

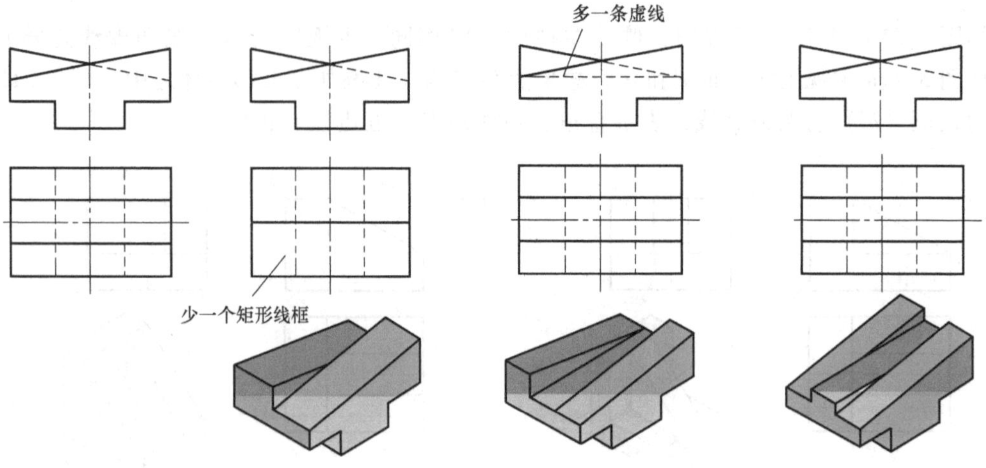

图 5-23　由已知视图想象立体形状的过程

二、读组合体视图方法和步骤

1. 形体分析法

形体分析法是读图的基本方法。形体分析法着眼点是基本立体，它把视图中线框与线框的对应关系想象为基本立体。读图时，把视图分解为几个线框，然后逐个线框对投影，逐个地想象出其所示基本立体形状，并确定其相对位置、组合形式和表面连接关系，然后综合想象整体形状。

如读表 5-2a 所示三视图，想象立体形状。由于已知视图形状较有规则，采用形体分析法，读图思维过程见表 5-2。

表 5-2　已知三视图，应用形体分析法，想象立体形状

图例	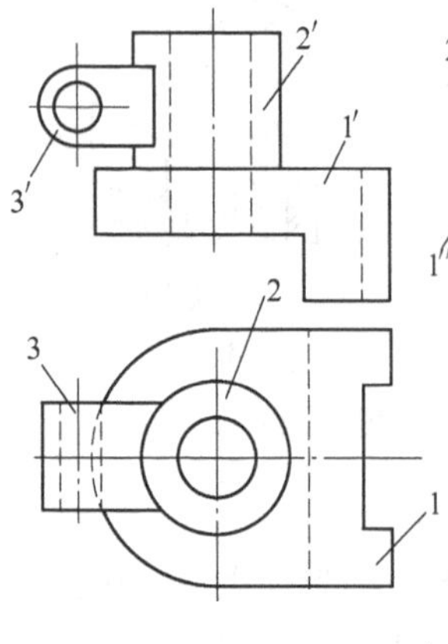 a)	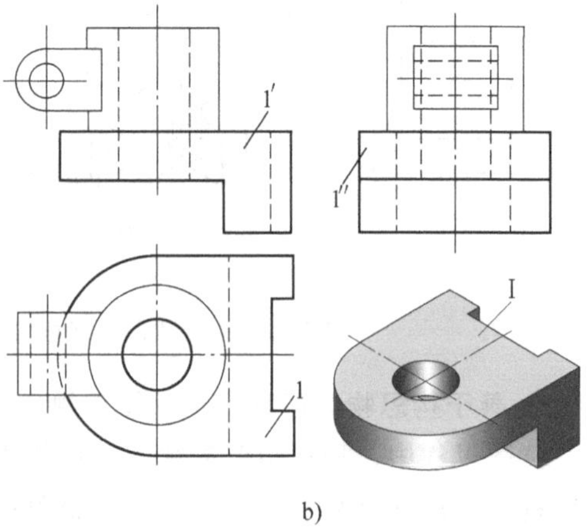 b)

<table>
<tr><td>说明</td><td>1）对投影分离视图线框：通过三视图的投影关系，把视图中的线框分离为三部分，即 1′、2′、3′和 1、2、3 及 1″、2″、3″</td><td>2）找特征形线框，想象立体形状：线框 1、1′、1″相对应，以特征形线框 1 为主，配合线框 1′，想象底板 I</td></tr>
<tr><td>图例</td><td>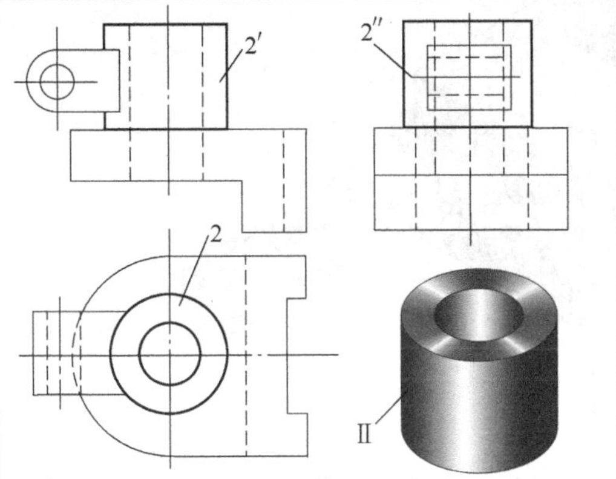

c)</td><td>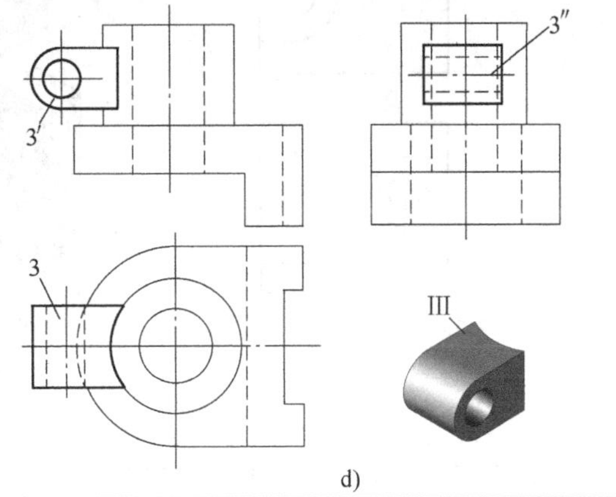

d)</td></tr>
<tr><td>说明</td><td>3）线框 2、2′、2″对应，以特征形线框 2 为主，配合线框 2′或 2″的高度，想象圆筒 II</td><td>4）线框 3、3′、3″对应，以特征形线框 3′为主，配合线框 3 或 3″所示厚度，想象为形体 III</td></tr>
<tr><td>图例</td><td colspan="2">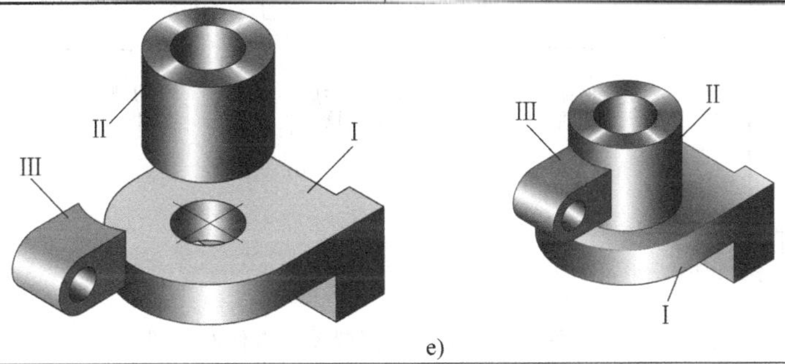

e)</td></tr>
<tr><td>说明</td><td colspan="2">5）综合想象整体形：以主视图位置特征视图的线框相对位置及关系为主，配合俯视图，综合想象机件由三部分组成，前后对称</td></tr>
</table>

【例 5-1】 已知图 5-24a 主、俯视图，求作左视图。

已知两面视图，求作第三视图，是在读懂两面视图想象立体形状后进行作图的过程，是读图和画图的综合练习，是培养想象和表达能力的有效途径之一。一般分为两步。

1）由已知两面视图想象立体形状。

2）由想象立体形状，应用形体分析法，按投影关系逐个画出指定的视图。

通过图 5-24c 主、俯视图的投影分析，分离出线框 1、2 与 1′、2 对应，想象为长方体 I 前叠加拱形体 II 后，并切拱形通槽；线框 3、4 与（3′）、（4′）对应，想象方体 I 左边挖拱形槽 III，再往下挖圆柱通孔 IV，综合想象整体形状，如图 5-24b 所示。

求作左视图仍照形体分析法进行。作图时，按叠加和切割位置逐个画出，如图 5-24d 所示的作图过程。补画视图时遵照先叠加后切割，先画大的形体，再画小的形体。

【例 5-2】 已知图 5-25a 主、俯视图，想象立体形状，画轴测草图，补画左视图。

（1）想象立体形状　如图 5-25e 所示分离主、俯视图线框对应关系，线框 1′与 1、线框 2′与 2、线框 3′与 3，想象出形体 I 、II 、III 叠加成的形状，如图 5-25d 所示。

（2）画等轴测草图　由于它是叠加式，按图 5-25b、c、d 逐个叠加画其等轴测草图。

（3）补画左视图　逐个画出每个形体左视图，如图 5-25f 所示的作图步骤。

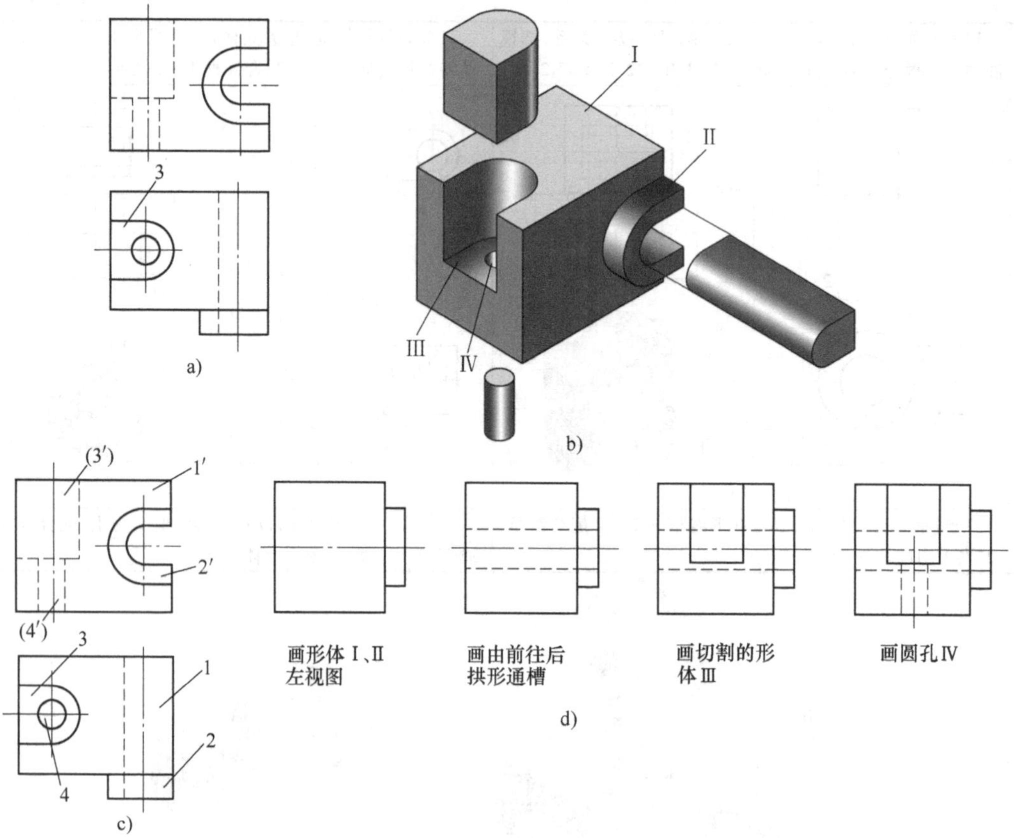

图 5-24　已知主、俯视图，求作左视图

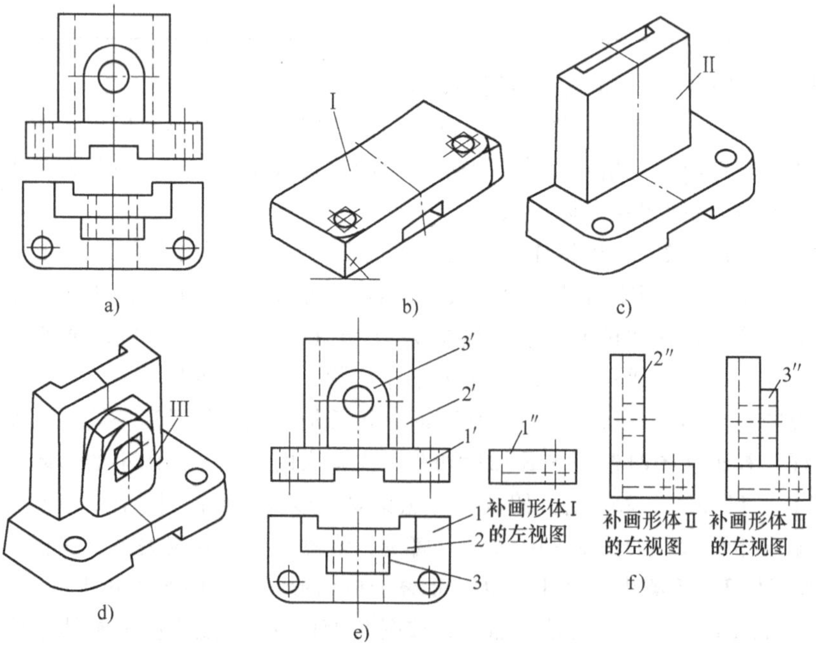

图 5-25　已知主、俯视图，想象立体形状，画等轴测草图和左视图

a）已知条件　b）画底板Ⅰ　c）在底板上定位置，画竖板Ⅱ

d）在底板与竖板定位置，画拱形体Ⅲ　e）分离线框，想象形状　f）求作左视图步骤

2. 线、面分析法

当给定视图所表达的物体形状较不规则或轮廓线投影重合，应用形体分析法读图难予奏效时，则应用线、面分析法。线、面分析法着眼点是体上的面，把相邻视图中的线框与线框、线框与线段对应关系想象为面。通过逐个线框、线段对投影，想象立体各表面形状、相对位置，并借助立体概念，想象立体形状。线、面分析法根据给定视图特点，采用下列三种思维方法。

（1）形体切割法　若已知视图的外形是缺口和缺角，可初步判断是切割体。读图时，把视图缺口、缺角进行“整形”，使其表示一个完整基本立体。然后从反映缺口、缺角特征的积聚性线段出发，与相关视图对投影找出对应线框，确定切割位置，想象被切去的形体及留下缺口、缺角的形状和切割交线，这种读图思维方法称为形体切割法。

【例 5-3】 已知表 5-3a 的主、左视图，想象立体形状，求俯视图。

由于主、左视图外形具有缺口、缺角的特点，所以用形体切割法读图。读图思维过程见表 5-3b、c、d、e 所示。

表 5-3　已知主、左视图，应用切割法，想象立体形状，求作俯视图

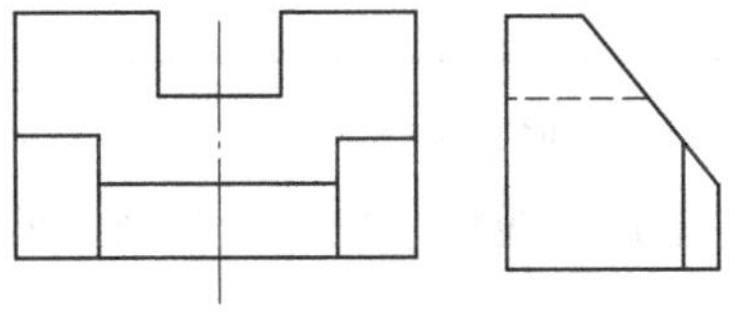 a）已知主、左视图	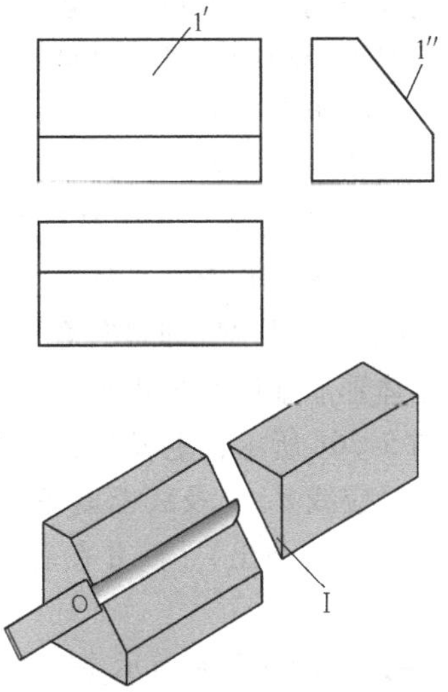 c）从左视图的斜线 1″，想象用侧垂面 I 切去一角，形成五边形柱体。补俯视图横向线
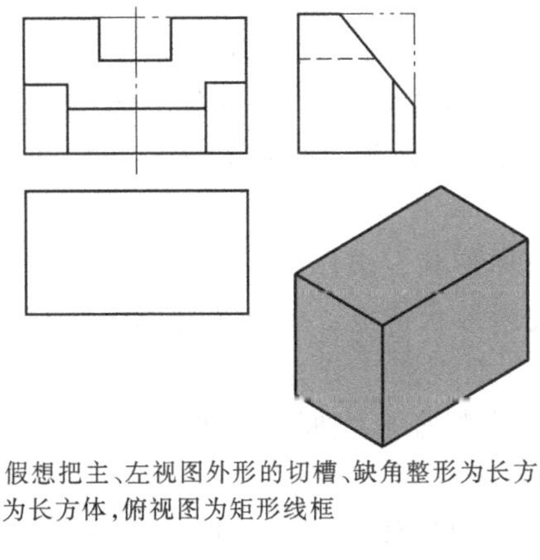 b）假想把主、左视图外形的切槽、缺角整形为长方形，并想象为长方体，俯视图为矩形线框	

（续）

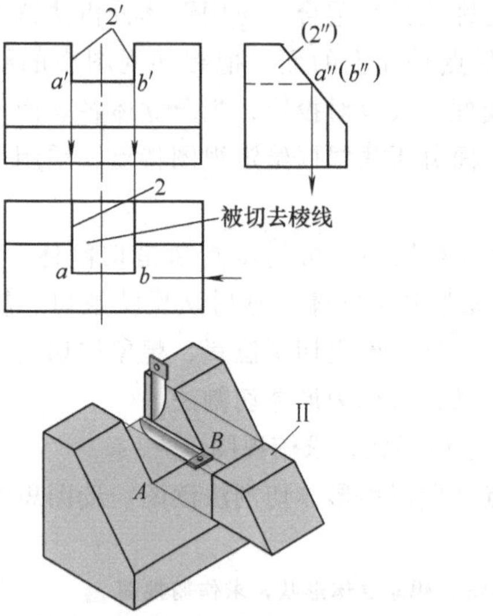

d）从主视图反映切槽特征形的线 2′、a′b′，对应左视图的线框（2″）、点 a″（b″），想象在五边柱上边的左右对称位置切去梯形体Ⅱ而形成的槽，槽的两侧壁为侧平面，俯视图为两条竖向线；槽底为矩形水平面，交线 ab 由点 a″（b″）求得

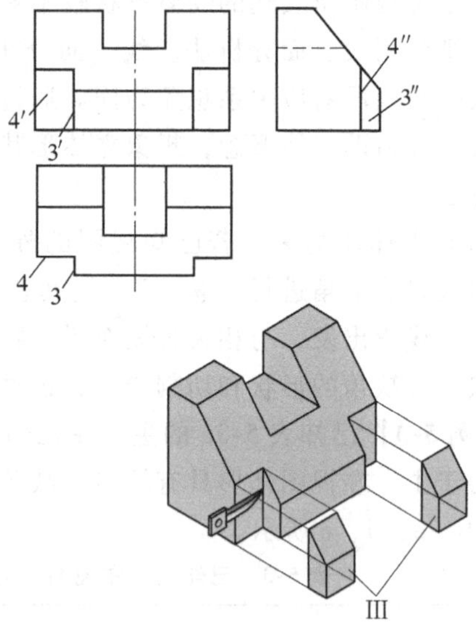

e）从主、左视图的线框 4′与线段 4″、线框 3″与线段 3′相对应，想象用正平面Ⅳ和侧平面Ⅲ组合面在形体的左前端和右前端左右对称切割去两块直角梯形柱Ⅲ而形成的缺口。俯视图应画反映缺口特征形线 3、4，即得所求

（2）形体凸凹构想法　读图时，若一个视图有几个特征形线框在相邻视图中同时对应几条横向线或竖向线，不易分清各自对应关系，这时可把这些线框想象为几个凸、凹面，并从物体应有厚度及借助于投影可见性，想象其立体形状。

如图 5-26a 所示，主视图的上、下两个相邻特征形线框 1′、2′，对应俯视图甲、乙两条横向实线，分不清确切对应关系。这时，根据俯视图投射方向的图线可见性，以及线框 1′上点 a'、b'对应线 a、b，线框 2′上点 c'对应线 c，从线 a、b、c 的起始位置及长度分别表示各自厚度，如图 5-26b 所以，及甲、乙线为实线，判断线框 1′对应线乙，线框 2′对应线甲。根据甲、乙线的相对位置即可想象面Ⅱ在前（凸出），面Ⅰ在后（凹入）的两层凸凹柱形体，构思立体形状如图 5-26d 所示。

又如图 5-26c 所示，主视图的上、下两个相邻线框 1′、2′虽同时对应线甲、乙，但从线框点 a'、b'对应线 a、b 及线乙是虚线，就可确定线框 1′对应实线甲、线框 2′对应虚线乙，想象为面Ⅰ在前（凸出）、面Ⅱ在后（凹入）的两层凸凹柱形体，构思立体形状如图 5-26e 所示。

【例 5-4】 读图 5-27a 所示主、俯视图，想象其立体形状，求作左视图。

（1）读主、俯视图，想象立体形状　从主、俯视图形状特点，确定主视图是特征视图，分上、中、下三个特征形线框 1′、2′、3′；俯视图为一般视图，分为三层的矩形相邻线框，及甲、乙 、丙三条横向实线。从对应关系中，确定三个特征形线框为正平面，以它为端面三层柱形体，分前、中、后三层凸凹体，如图 5-27b 所示。

从主视图三个线框所处高、低位置及俯视图三条横向实线和俯视投射方向确定：线框 1′对应线甲及点 a'对应线 a，面Ⅰ最前，柱形体Ⅰ占前、中、后三层，如图 5-27d。

线框 2′对应线乙及点 b'对应线（b），面Ⅱ居中，柱形体Ⅱ占中、后两层，如图 5-27e。

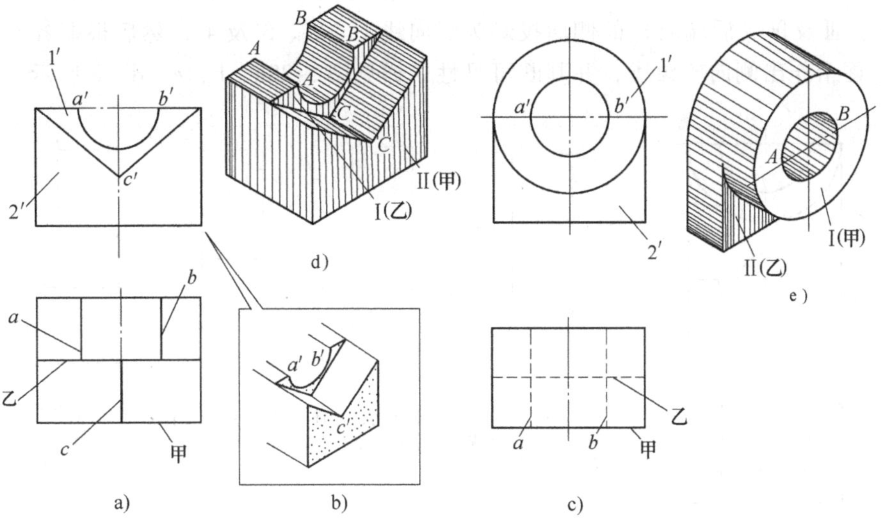

图 5-26　形体凸凹构想读图法（一）

线框 3′对应线丙及点 c′对应线 c，面Ⅲ在后（凹入），柱形体Ⅲ占后层，如图 5-27f。通过上述的投影分析和分层想象，综合起来想象图 5-27c 所示的立体形状。

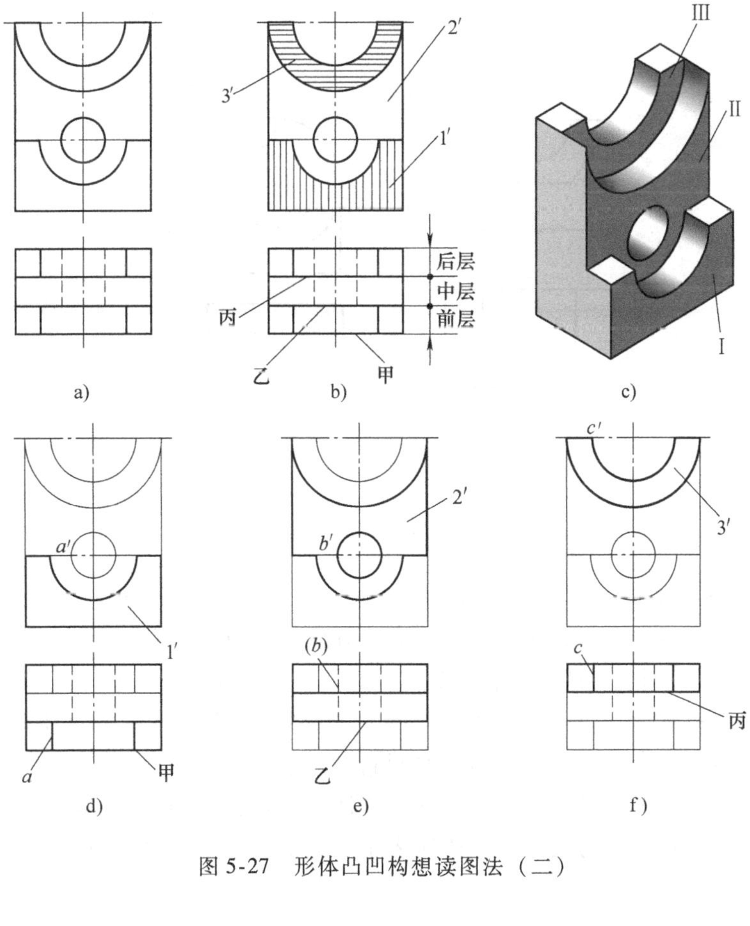

图 5-27　形体凸凹构想读图法（二）

（2）作左视图　由于该物体为凸凹柱形体，左视图都是矩形线框。作图时，先画出端面Ⅰ、Ⅱ、Ⅲ及Ⅳ（后端面）的侧面投影为竖向线1″、2″、3″及4″，然后根据各面所占层次（厚度），逐个作出侧向轮廓线，并判断可见性，详见图5-28a、b、c、d、e所示。

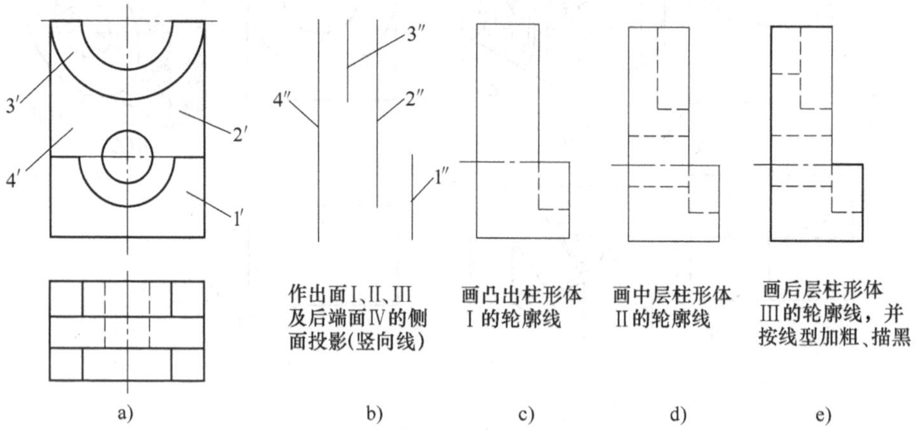

图5-28　已知主、俯视图，求作左视图

【课堂讨论题】根据图5-29找线框对应关系，想象立体形状，徒手画左视图和轴测草图。

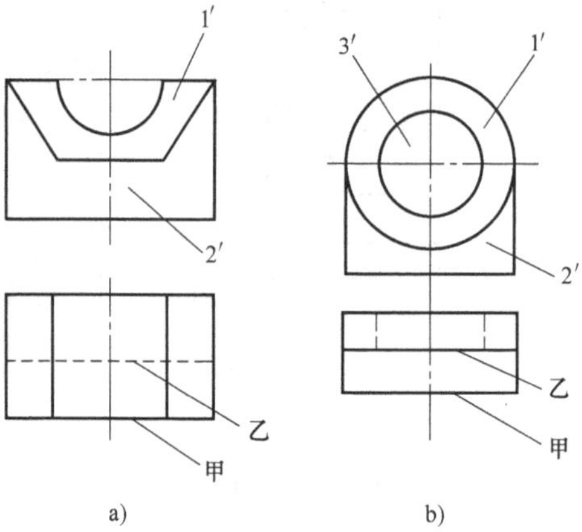

图5-29　已知主、俯视图，想象立体形状，徒手画图

1）图a的线框1′对应__线；线框2′对应__线；__面在前（凸出）、__面在后（凹入）。物体是__层柱形；想想与图5-26d表示立体形状有什么不同点。

2）图b的线框1′对应__线，线框2′对应__线；__面在前（凸出）、__面在后（凹入），物体是__层柱形体；圆形3′表示__；想想与图5-26e表示立体形状有什么不同点。

3）徒手补画图5-29a、b的左视图，并画斜二测草图。

（3）形体表面组装法　读图时，当已知视图的图形较为不规则，难采用前述几种方法读图时，这时可采用把视图的线框、线段所表示平面形及位置想象出来后，然后把这些面按相对位置进行组装想象，综合出整体形。

已知图 5-30a 所示主、俯视图，想象立体形状。

1）分离视图线框。主视图有两个线框，俯视图有三个线框，并编号，如图 5-30b 所示。

2）逐个找线框、线段找对应关系，想象平面形状和位置。

如果我们先从俯视图的线框 1、2、3 读起，在主视图找对应关系时，五边形线框 1 在主视图无类似形线框相对应，必对应斜线 1′，面Ⅰ为正垂面；同理矩形线框 2 必对线 2′，面Ⅱ是水平面；直角三角形线框 3 与 3′相对应，尚不能确定什么位置面，但因线 ec 与 $e'c'$ 相对应，EC 为侧垂线，所以面Ⅲ为侧垂面。

根据这三个线框所表示面形和位置进行组装想象，如图 5-30c 所示。

图 5-30d 主视图还有直角梯形线框 4′和五边线线框（5′），在俯视图对应横向线 4、5，面Ⅳ、Ⅴ为正平面，是物体前、后端面，如图 5-30e 所示。

主、俯视图的竖向线 6′、6 和 7′、7 对应，说明物体左、右端面是侧平面，但因未画左视图，无法确定其形状，只能借助已知面的边线来确定形状，如图 5-30e 所示面Ⅵ、Ⅶ的形状。

3）把各表面进行组装想象，综合出立体形状。根据想象出 7 个面形状和位置及底面进行组装，想象整体形状，如图 5-30f 所示。

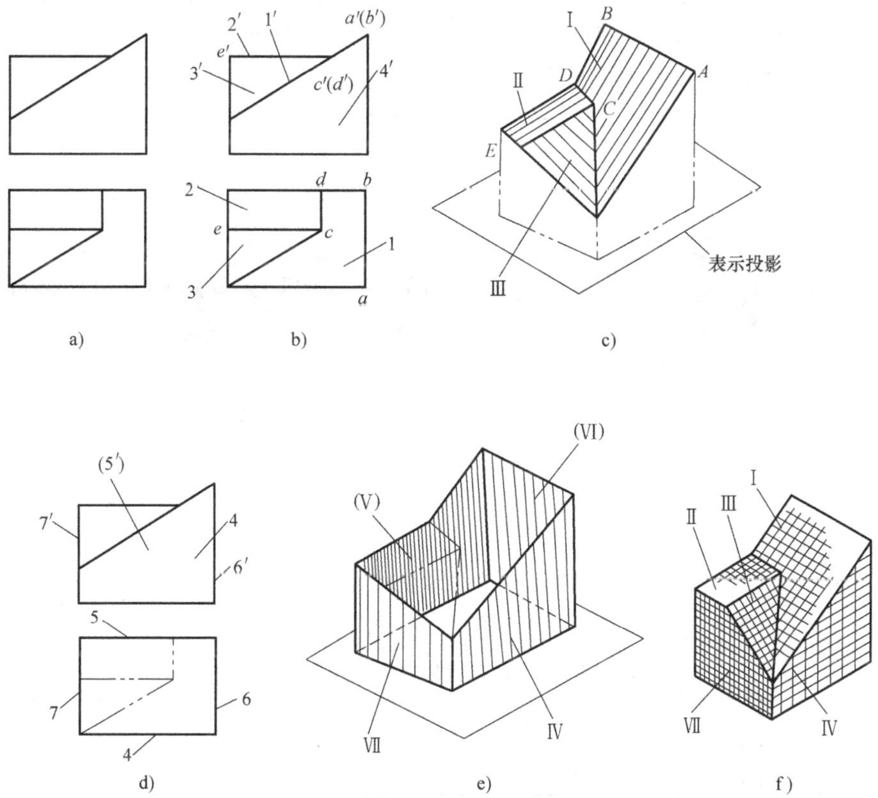

图 5-30　用表面组装法读主、俯视图

第六章　机件表达方法

由于机件的结构形状多种多样，为了完整、清晰、简便地把机件形状表示清楚，国家标准《技术制图》《机械制图》规定了表达机件形状各种画法，本章将介绍常用画法，以及读、画机件表达方法。

第一节　视图（GB/T 17451—1998）

在视图中，应用粗实线表示机件可见轮廓线，必要时，还可用细虚线表示机件不可见轮廓线。国家标准规定了下列4种视图。

一、基本视图

将机件向基本投影面投射所得视图，称为基本视图。如图6-1a所示，表示一个机件有6个基本投射方向，相应地有6个基本投影平面分别垂直于投射方向，围成一个正六面体。机件向6个基本投影平面投射，得6个基本视图，如图6-1b所示。

6个基本投射方向及视图名称见表6-1。

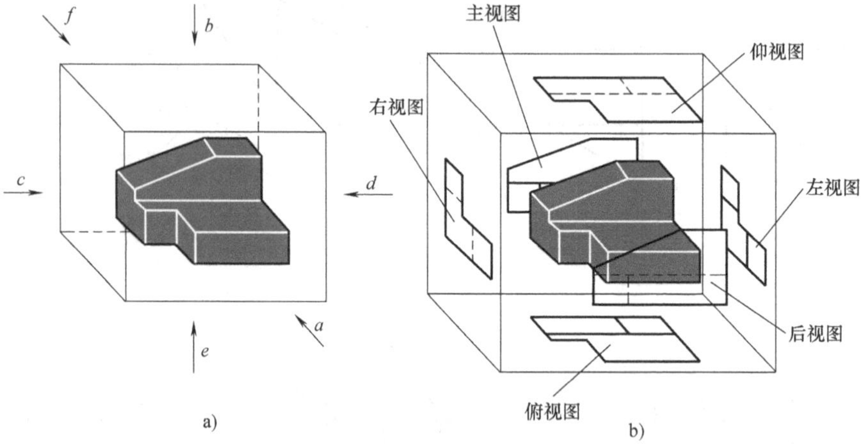

图6-1　6个基本视图的形成

a）6个基本投射方向　b）6个基本视图

表6-1　6个基本投射方向及视图名称

方向代号	*a*	*b*	*c*	*d*	*e*	*f*
投射方向	自前方投射	自上方投射	自左方投射	自右方投射	自下方投射	自后方投射
视图名称	主视图	俯视图	左视图	右视图	仰视图	后视图

6个投影面的展开及投影规律，如图6-2所示。展开后6个基本视图的位置配置如图6-3

所示。

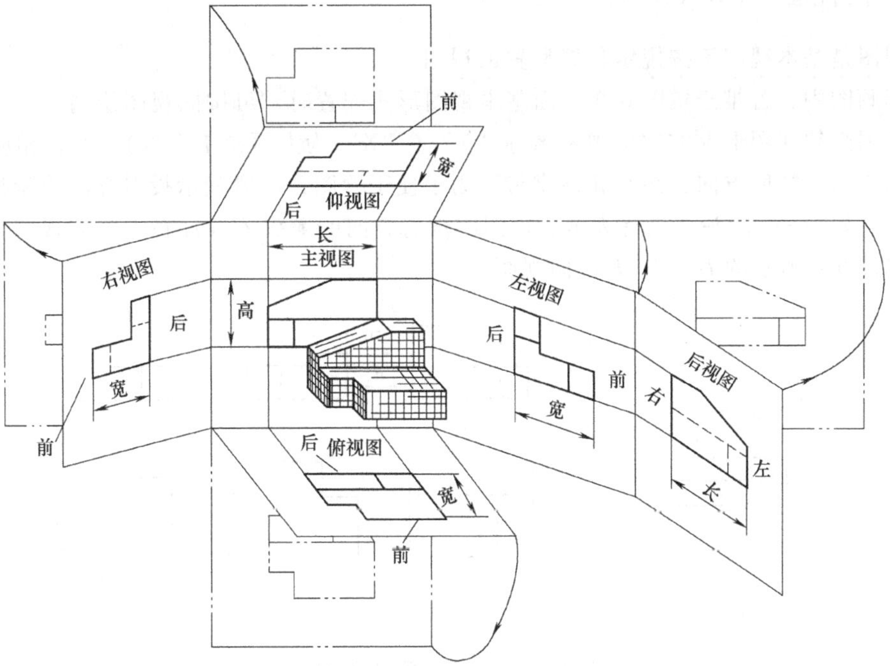

图 6-2　6 个基本投影面的展开及投影规律

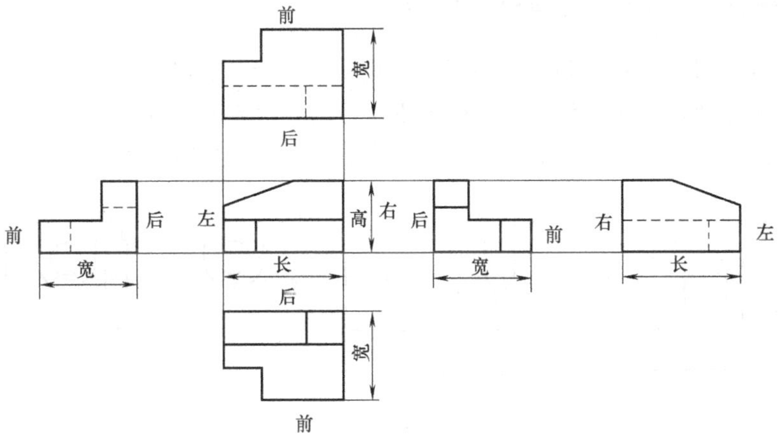

图 6-3　6 个基本视图位置配置和“三等”及前后方位对应关系

在同一张图纸内按图 6-3 所示位置配置的基本视图，一律不标注视图名称。

6 个基本视图的投影度量关系，仍然保持“长对正、高平齐、宽相等”的“三等”投影关系；6 个基本视图的“六方位”对应关系，上下、左右方位易识别，前后方位不易识别，若以主视图为准，除后视图外，其他视图远离主视图的一侧表示机件的前面，靠近主视图的一侧表示机件的后面，如图 6-2、图 6-3 所示。

实际画图时，一般不需将六面基本视图全部画出，应根据机件的复杂度和结构特点，按表达需要在完整、清晰地表达机件形状前提下，使视图数量为最少，力求制图简便。选择基本视图的数量，通常优先选用主、俯、左视图。

二、向视图（GB/T 17451—1998）

向视图是基本视图不按规定位置配置的视图。

实际画图中，若难于按图 6-3 六面基本视图形式配置时，可按向视图绘制。

向视图必须在图形上方注出视图名称“X”（“X”为大写拉丁字母），并在相应的视图附近用箭头指明投射方向，注写相同字母。为了便于读图，一般表示投射方向的箭头配置在主视图上，如 *D*·*E* 箭头。只有表示后视图的投射方向的箭头才标注在左、右视图上。如 *F* 箭头。如图 6-4 所示的 *D*、*E*、*F* 的向视图。

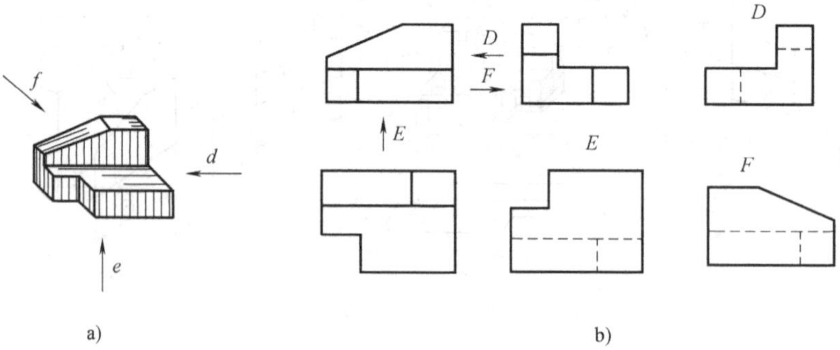

图 6-4　向视图的配置及标注

三、局部视图（GB/T 17451—1998）

将机件的某一部分向基本投影面投射所得视图，称为局部视图。

如图 6-5 所示机座的主、俯视图，已把主体结构表示清楚，但左、右端的凸缘特征形状尚未表示，假若再画左、右视图，则主体形状会重复表示。这时，可仅画表示两个凸缘端面

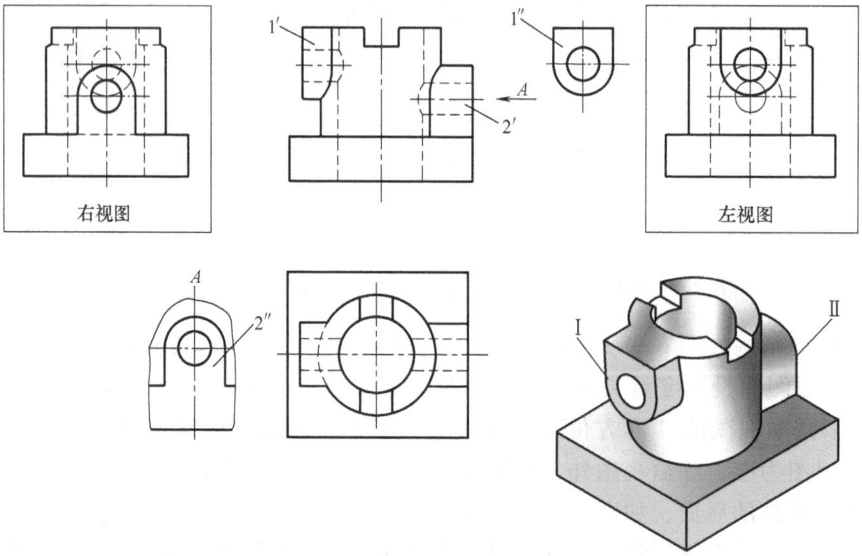

图 6-5　局部视图

形状的局部视图。这种画法突出表示重点，便于读图，简化作图。

1. 局部视图位置配置及标注

局部视图通常按基本视图的配置形式配置，若中间没有其他视图隔开时，可省略标注，如图 6-5 中表示左端拱形凸缘的局部视图 1″。局部视图也可按向视图形式配置和标注，如图 6-5 中表示右端凸缘的 *A* 向局部视图 2″。

2. 局部视图规定画法

局部视图仅画出需要表示的局部形状，用波浪线（或双折线）表示机件断裂边界，如图 6-5 所示的 *A* 向局部视图 2″。若所表示局部结构是完整的，外形轮廓线是自成封闭的，断裂边界线可省略不画，如左端凸缘的局部视图 1″。

四、斜视图（GB/T 17451—1998）

机件向不平行于基本投影面的平面投射所得的视图称为斜视图。

如图 6-6a 所示，夹板的倾斜结构不平行于任何基本投影面，在俯、左视图上不能反映其实形，给绘图和标注尺寸带来困难，为此设置一个与倾斜结构的主要面平行且垂直于某一基本投影面（如垂直 *V* 面）的辅助投影面（H_1）。然后，将倾斜结构向 H_1 面投射，即得反映机件倾斜结构实形的图 6-6b 所示的 *A* 向斜视图。

1. 斜视图位置配置及标注

斜视图通常按向视图形式配置并标注。在斜视图上方用字母标出视图名称，在相应视图附近用相同字母和用箭头指明表示部位及投射方向，如图 6-6b 所示。

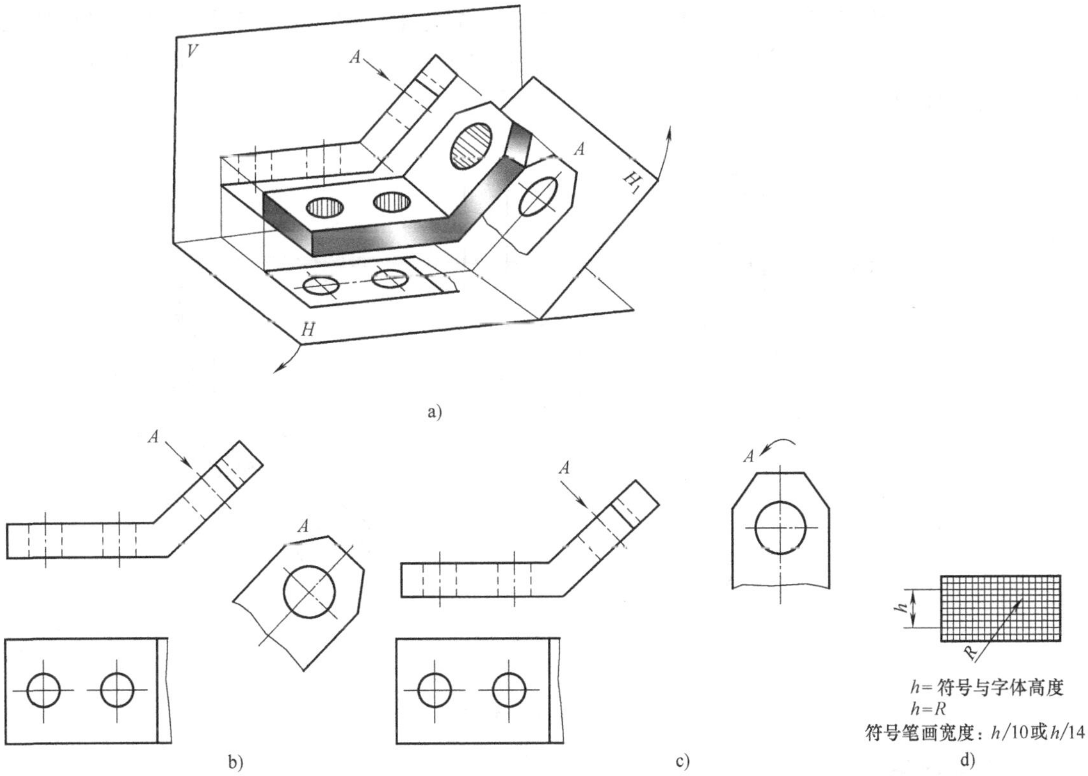

图 6-6　斜视图

在不引起读图误解时，允许将斜视图旋转配置，如图 6-6c 所示。这时斜视图上方应加画旋转符号箭头，箭头指向与图形转动方向应一致，字母应靠近箭头端，箭头画法如图6-6b所示。

2. 斜视图规定画法

斜视图仅表示机件倾斜结构的真实形状，与其他相连结构采用断开画法，如图 6-6 所示。

五、读图举例

【例 6-1】 读图 6-7a 所示的摇臂视图，想象其立体形状。

分析：读各种视图画法与读组合体三视图的思维方法基本相同。

1. 分析视图，确定视图名称及对应关系

全图有主视图、局部左视图、*B* 向局部视图和 *A* 向斜视图。从主视图注写字母 *A*、*B* 和箭头朝向，确定 *A*、*B* 部位形状及投射方向。

2. 分部分、想形状

通过 4 个视图对投影关系，分离出 5 个部分的线框对应关系（见数字），确定线框 1′、2′、3、4′、5″为特征形线框。线框 1′与 1″为圆筒Ⅰ；线框 2′与 2″为正支板上带长圆槽凸缘；线框 3 与 3′为小圆筒；线框 4′与 4″为斜支板Ⅳ；线框 5″与 5′为带小圆孔拱形凸台Ⅴ（该结构左视图省略不画）的五部分形状。

3. 综合想象整体形状

从主视图反映左右、上下关系的线框 2′与 1′、4′与 1′、4′与 3′、5′与 1′的相对位置及交、接、切关系，局部左视图反映前、后关系的线框 2″与 1′、4″与 1′，综合想象图6-7b所示摇臂立体形状。

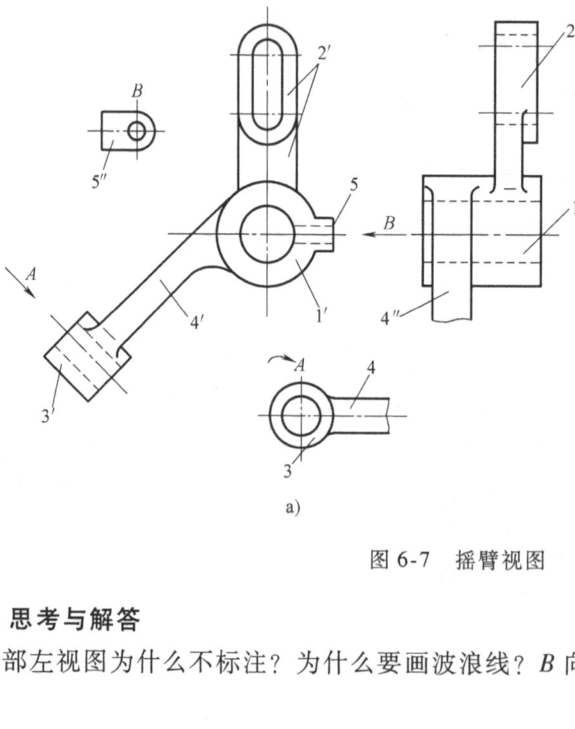

a)

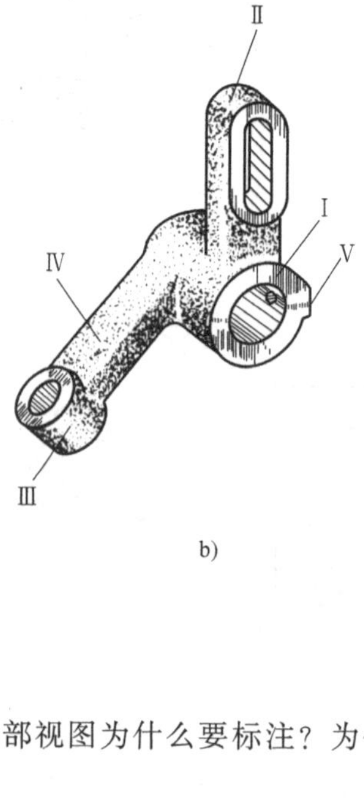

b)

图 6-7 摇臂视图

4. 思考与解答

局部左视图为什么不标注？为什么要画波浪线？*B* 向局部视图为什么要标注？为什么不

画波浪线？

第二节　剖　视　图

若机件内部形状比较复杂，视图中出现较多虚线，使图形不清晰，不利于绘图、读图和标注尺寸，如图 6-8a 所示的主视图有较多虚线，因此，为了清晰地表示机件内部形状，国家标准《图样画法》中规定用剖视图方法来表示。

一、剖视的概念

1. 剖视的形成

假想用剖切面剖开机件，将处在观察者和剖切面之间的部分移去，将其余部分向投影面投射所得图形，称为剖视图，简称剖视。假想部切面可以用平面，也可以用曲面。剖视图的形成过程如图 6-8b 所示。图 6-8c 所示的主视图为剖视图。

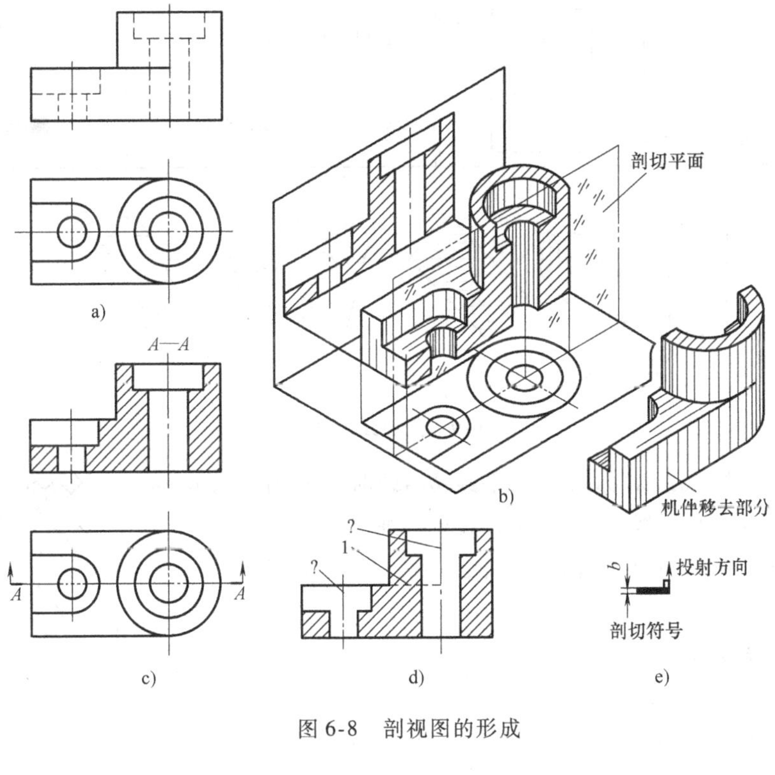

图 6-8　剖视图的形成

2. 剖面符号

为了区分机件的空与实、远与近的结构，通常在剖切面与机件接触部分（剖面区域）画上剖面符号，以增强剖视图表示的效果。国家标准规定不同材料类别的剖面符号，见表 6-2。

机件使用金属材料及不需要表示材料的类别的剖面符号，用通用剖面线表示。通用剖面线以角度、间隔相等的细实线绘制。剖面线的方向一般与图形主要轮廓线或剖面区域的对称线成 45°角，如图 6-9 所示。

表 6-2 剖面符号（摘自 GB/T 4457.5—2013）

金属材料（已有规定剖面符号者除外）		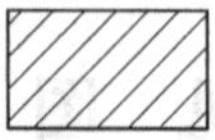	液体	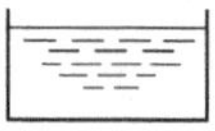
非金属材料（已有规定剖面符号者除外）		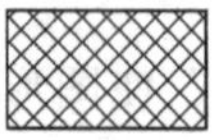	木质胶合板（不分层数）	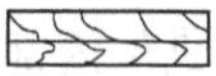
木材	纵剖面	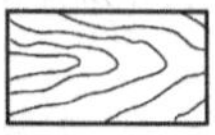	混凝土	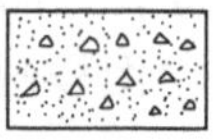
	横剖面			
玻璃及供观察用的其他透明材料		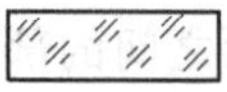	钢筋混凝土	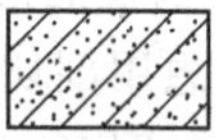
线圈绕组元件		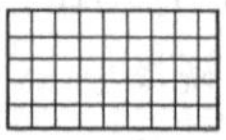	砖	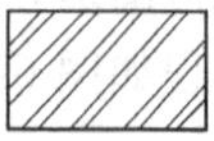
转子、电枢、变压器和电抗器等的迭钢片		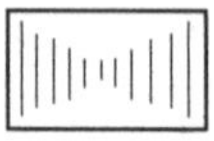	基础周围的泥土	
型砂、填砂、粉末冶金、砂轮、陶瓷刀片、硬质合金刀片等		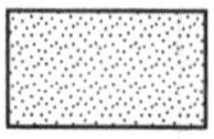	格网（筛网、过滤网等）	

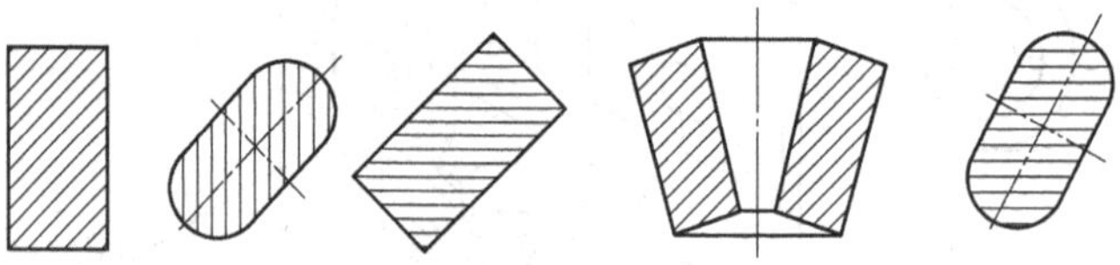

a) b) c) d) e)

图 6-9 剖面线方向

当图形主要轮廓线或对称线与水平线成 45°时，该图形的剖面线应画成与水平线成 30°或 60°的平行细实线，其倾斜方向仍与其他图形的 45°剖面线方向一致，如图 6-10 所示。

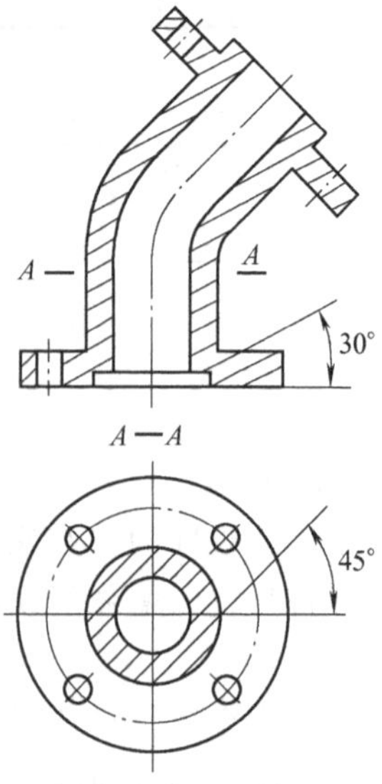

图 6-10 剖面线方向

3. 剖视图的规定画法

1）确定剖切面的位置时，应使剖切面尽可能通过机件内腔、孔和槽的对称面或轴线，避免剖切出现不完整结构要素。

2）剖视是假想的作图过程，机件并非被真实剖开和移走一部分。因此，除剖视图外，其他视图仍按完整机件画出，如图 6-8c 所示的俯视图仍按完整画出。

3）剖切面后面的可见轮廓线一定要全部画出，不能漏画或多画图线，如图 6-8c 所示。请读者分析图 6-8d?处的错误画法。

4）剖切面后的不可见轮廓线（虚线）一般省略，如图 6-8d 和图 6-11a 所示的主视图中虚线 1′应省略不画。但对尚未表达清楚的不可见结构，或在保证图面清晰的前提下，用少量的虚线可减少视图的数量时，可画虚线，如图 6-11b 所示的主视图中虚线 1′应画出。

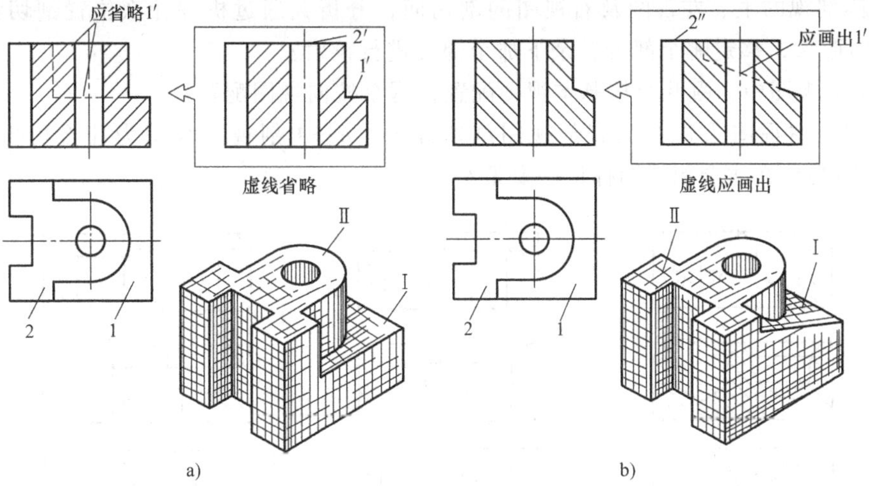

图 6-11　剖视图中的虚线处理

4. 剖视图的配置

剖视图一般按基本视图形式配置，必要时，按向视图形式配置在适当的位置。

5. 剖视图的标注

为了便于读图，剖视图应标注，以明确视图名称和剖切位置，指示视图之间的投影关系。剖视图的剖切标记包含三个要素。

（1）字母　表明剖视图名称，用大写拉丁字母注写在剖视图上方“*X*—*X*”（*X* 为字母）。

（2）剖切线　指示剖切面通过的位置线，用细点画线表示，剖视图中通常省略此线，断面图常使用。

（3）剖切符号　指示剖切面起讫和转折位置（用短画的粗实线表示）及投射方向（箭头），并注与剖视图名称相同的字母。

剖视图的剖切标记三要素标全的示例如图 6-8c、e 所示。

（4）在下列情况下，剖视图的剖切标记可简化或省略标注。

1）单一剖切平面通过机件对称（或基本对称）平面；剖视图按投影关系配置；剖视图和相应视图之间没有其他图形隔开，可省略标注。如图 6-10、图 6-11 所示剖视的主视图及图 6-8c 的 *A*—*A* 全剖主视图也应省略不标。

2）单一剖切面通过机件非对称面，剖视图按投影关系配置，省略箭头，如图 6-10 所示的 *A*—*A* 剖视的俯视图。

【课堂讨论题 I】（图 6-12）

（1）图 6-12 所示的三组正确的俯视图对应两个剖视的主视图，请识别哪个主视图画法是正确的？哪个画法是错误的？（正确的在括号内打“√”，错误的在括号内打“×”）

（2）对照轴测图说明正确和错误画法的原因。

【课堂讨论题Ⅱ】（图6-13）

由图6-13c所示的4个视图对照图6-13a、b所示轴测图完成如下讨论题。

（1）看懂机件立体形状，确定机件内、外形由几部分组成？

（2）读剖视的主、左视图及右视图的剖切面，分析其通过机件什么位置剖切？截面图是什么结构形状，移走哪个部分，余下那个部分进行投射？

（3）4个视图中，哪几个按基本视图配置，哪个按向视图配置？

（4）剖视主视图为什么没有剖视图剖切标记？A—A剖视左视图为什么可省略箭头？B—B剖视图为什么注全剖视图标记三要素？

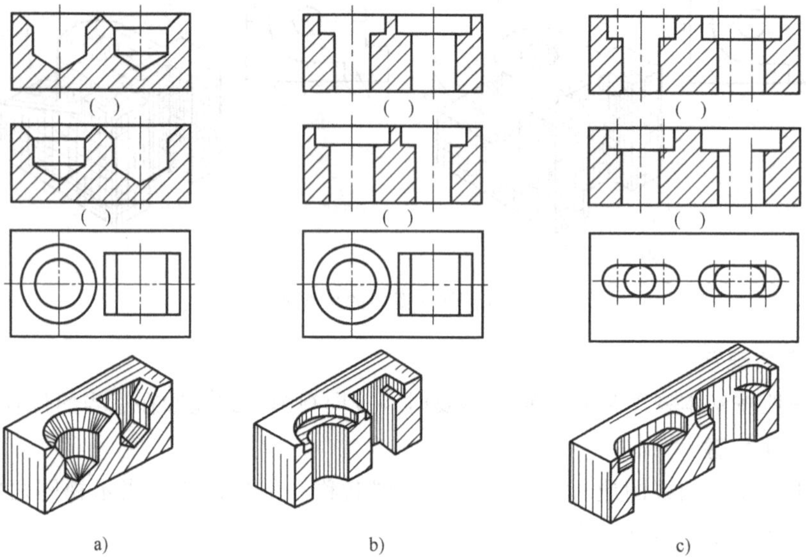

图6-12 剖视图正误画法对比

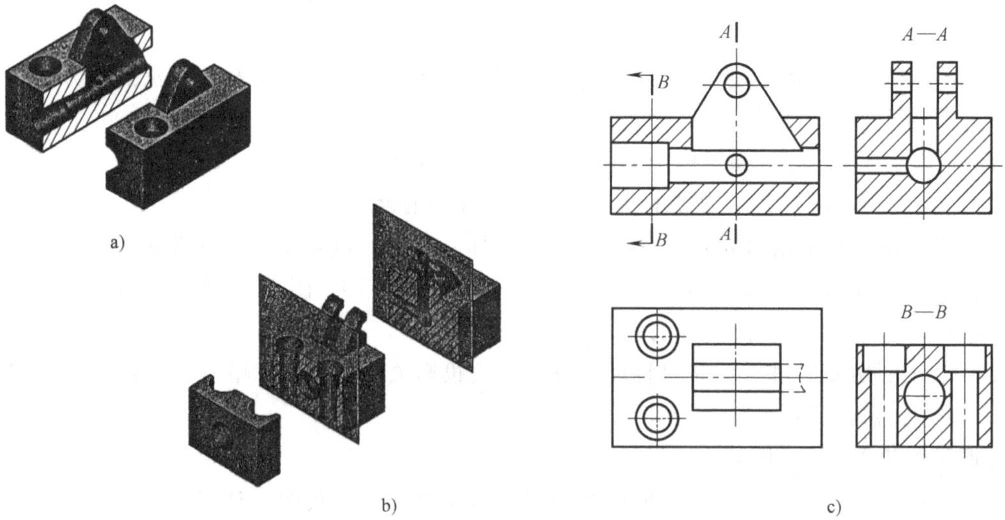

图6-13 剖视图的形成、配置和标注讨论题

二、剖切面的种类（剖切方法）

由于机件内部结构形状的多样性和复杂性，为了满足机件各种位置内形表示的需要，国标规定用不同形状、数量及位置的剖切面剖切机件。

1. 单一剖切面

用单一剖切面剖切机件而得剖视图，有下列三种。

1）用一个平行于基本投影面的剖切平面剖切机件。如图 6-8 至图 6-13 所得的剖视都采用这种剖切方法。

2）用一个圆柱面剖切机件。如图 6-14 所示圆弧形板上的孔、槽分在圆弧面上，采用单一圆柱面剖切而得全剖主视图。画其剖视图应展开（拉直），并注“*A*—*A* 展开”。

3）用一个斜剖切平面剖切机件。如图 6-15a 所示弯管接头，由于要表示斜凸缘及圆孔的内外形都处于与基本投影倾斜位置，此时，采用斜剖切平面剖切而得图 b 所示 *A*—*A* 斜剖视图。

画这种剖视图时，通常按向视图或斜视图的形式配置和标注。为了便于绘图，常采用旋转画法，如图 6-15d 所示。

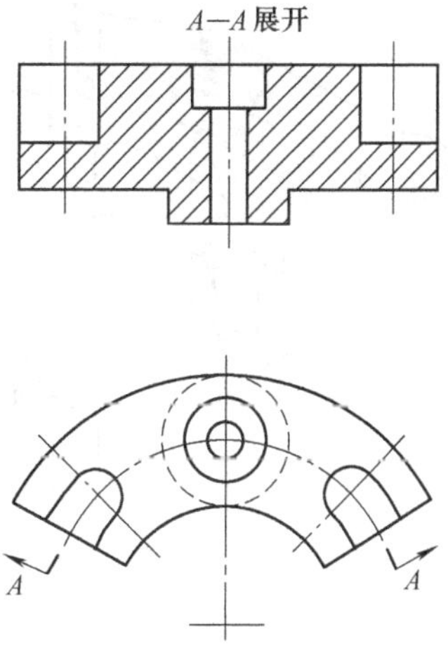

图 6-14　单一剖切柱面

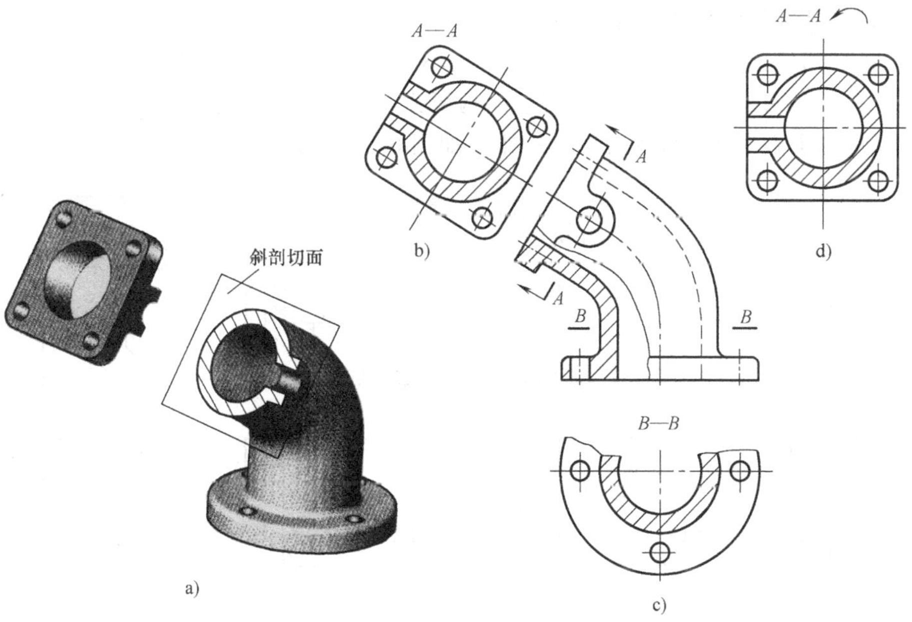

图 6-15　单一斜剖切平面

2. 几个平行的剖切平面

用几个平行的剖切平面剖切机件获得剖视图。

如图 6-16 所示，机座前后对称，用单一剖切面不能表示长圆槽和小圆孔，所以用三个互相平行的平面通过机件孔、槽中心线剖切而获得“*A*—*A*”剖视主视图。几个平行剖切平面常用来表达机件的孔、槽及空腔中心线分布在几个互相平行平面上的结构。

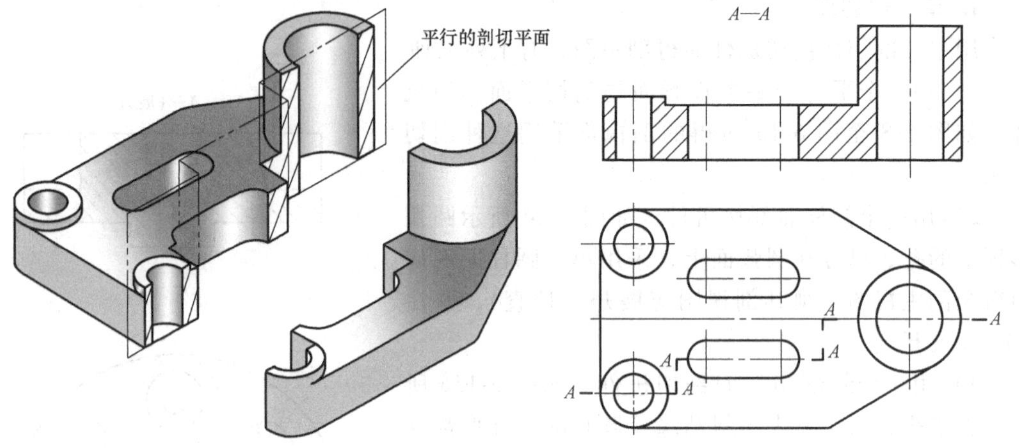

a) b)

图 6-16 几个平行剖切平面

用这种剖切面画剖视图时应注意如下几点。

1）因为剖切面位置是假想的，所以在剖视图上不应画剖切平面转折的界线，如图 6-17b所示的主视图上画分界线是错误画法。

2）选择剖切位置时，应使剖视图中不出现不完整结构要素，如图 6-17d 所示的主视图表示的半个圆孔是错误画法。只有当两个结构要素在图形上具有公共的对称中心线或轴线时，可以以对称中心线或轴线为界各画一半，如图 6-18 所示。

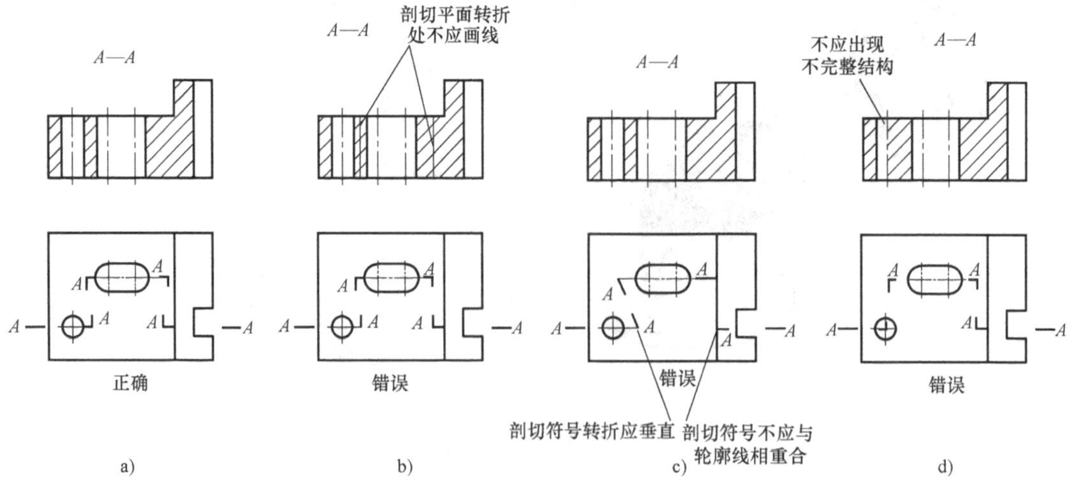

a) b) c) d)

图 6-17 几个平行剖切平面画法的正、误对比

3）用几个平行剖切面获得的剖视图，必须标注剖视名称和剖切符号。如图 6-17a 所示，“A—A”省略箭头。剖切符号转折应垂直，不与轮廓线重合，图 6-17c 所示的俯视图画的剖切符号是错误的。

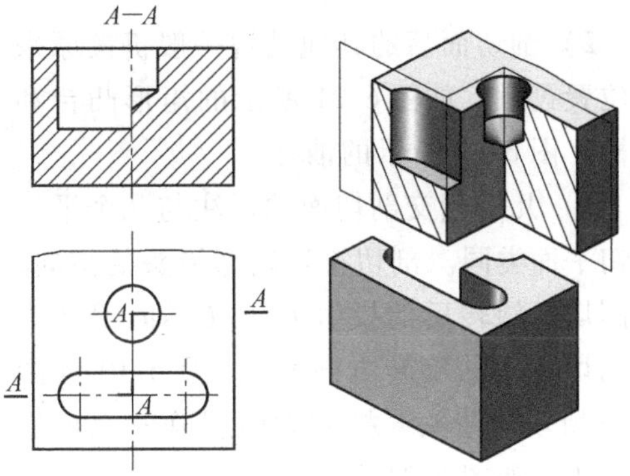

图 6-18　具有公共对称线的两个平行剖切面的画法

3. 几个相交剖切面

用几个相交的剖切面（交线垂直于某一基本投影面）剖开机件获得的剖视图。

如图 6-19a 所示，圆盘三种圆孔分布在两个相交平面位置上，采用两个相交的剖切平面（交线垂直于侧面）通过圆孔轴线剖切圆盘，而获得图 6-19b 所示的剖视主视图；图 6-20 用三个相交剖切平面，通过机件孔、槽的轴线、中心线剖开而得，剖视左视图用展开画法。

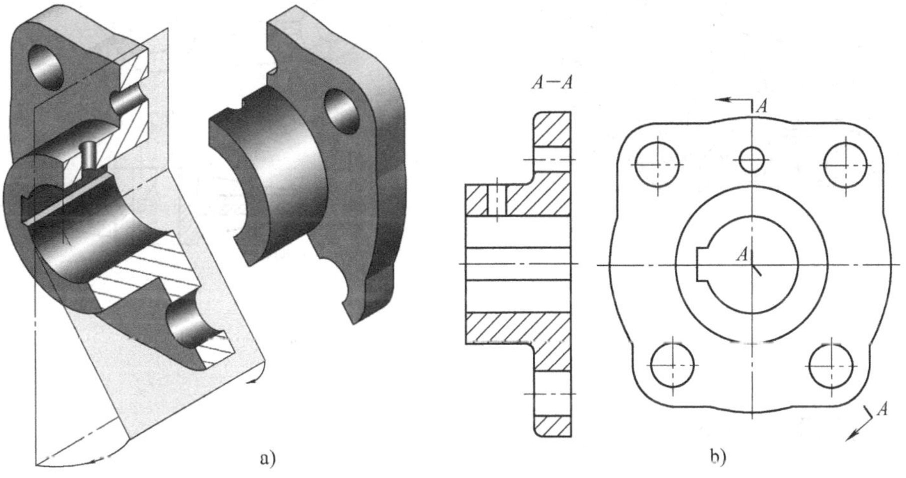

图 6-19　两个相交剖切面（旋转剖）

相交剖切面常用来表示机件内部结构分布在几个相交的平面上。

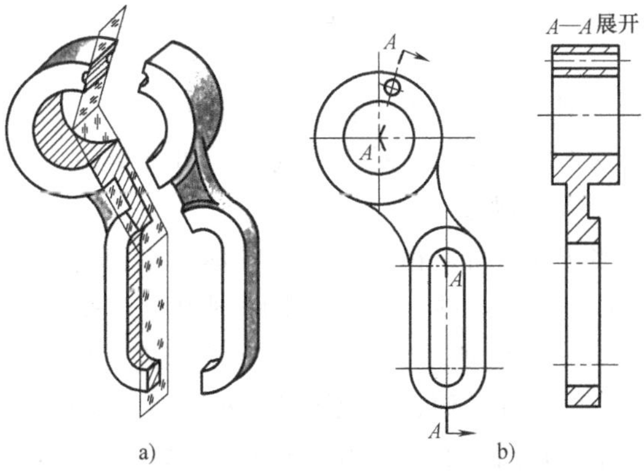

图 6-20　三个相交剖切面的展开画法举例

采用这种剖切面画剖视图时应注意如下几点。

1）画这种剖视图时，先假想按内形相交位置剖开机件，把倾斜的剖切面的结构及相关部分绕交线旋转到与选定的投影面平行后再进行投射，此时旋转部分的结构与原图形不再保持投影关系，如图 6-19 所示。相关部分是指与被剖切断面有直接联系且密切相关的部分，如图 6-21 所示的肋板。

2）剖切面后的其他结构一般仍按原来的位置投射。如图 6-21 所示的矩形凸台和键槽，图 6-22 所示的油孔。

3）几个相交剖切面的标注与几个平行剖切平面类同。剖切符号端部箭头的指向，为剖切面旋转后的投射方向（不能误认为是剖切平面的旋转方向），如图 6-19 和图 6-20 所示的箭头。投射方向明确时也可省略箭头，如图 6-21 所示。

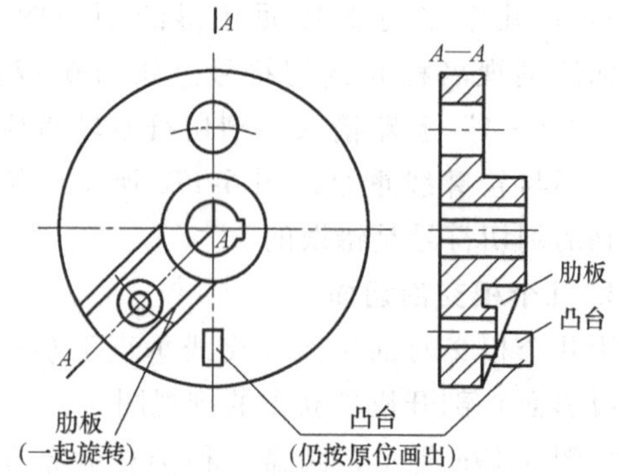

图 6-21 与剖切面相关的结构的画法

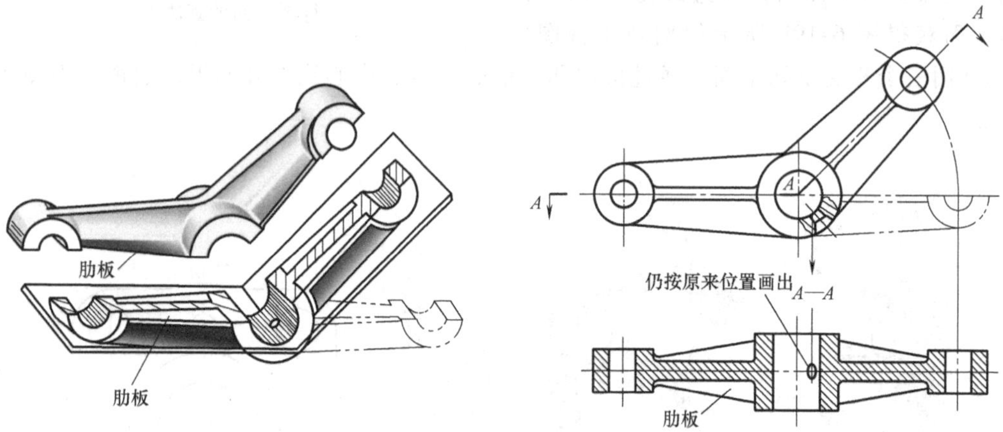

图 6-22 与剖切平面相关的结构的画法

三、剖视图的种类

按机件被剖切范围划分，剖视图可分为全剖视图、半剖视图和局部剖视图三种。

1. 全剖视图

用剖切面完全剖开机件所得的剖视图称为全剖视图。图 6-8 ~ 图 6-22 所示都是全剖视图。

全剖视图一般用来表示外形比较简单、内形比较复杂的不对称形机件的内形，外形简单、内形相对复杂的对称形机件，如图 6-23 所示。

2. 半剖视图

当机件具有对称（或基本对称）平面时，向对称平面所垂直的投影面上投射所得的图形，以对称中心线为界，一半画剖视图，另一半画成视图，这种组合图形称为半剖视图。

如图 6-24 所示，半剖的主视图以左、右对称中心线为界，把视图和剖视图各取一半组合而成。同理，俯、左视图是以前、后对称中心线为界的半剖视图。

半剖视图主要用于内、外形状都需要表示的对称形机件。当机件形状接近对称，且不对称部分已另有视图表示清楚时，也可画成半剖视图，如图 6-25a、b 所示。

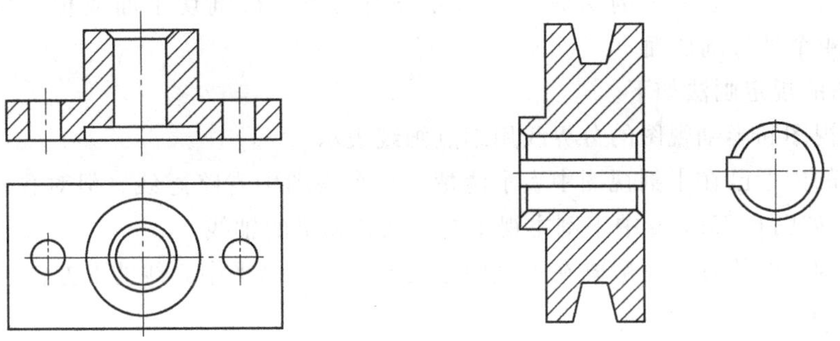

a)　　　　　　　　b)

图 6-23　对称形全剖视图

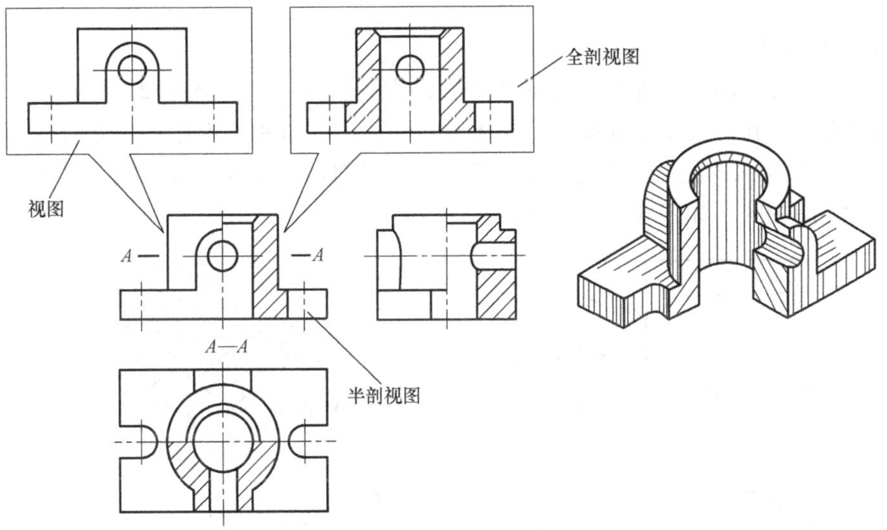

图 6-24　半剖视图

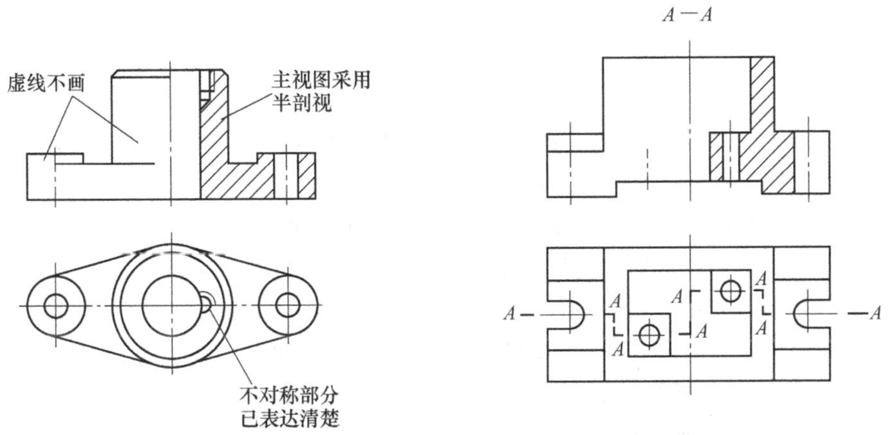

a)　　　　　　　　b)

图 6-25　接近对称机件的半剖视图

半剖视图除了采用单一剖切面外，也可采用几个平行剖切平面或相交剖切面，如图6-25b所示为4个平行剖切面。

半剖视图的规定画法如下。

1）半个视图和半剖视图的分界线用细点画线表示。

2）机件的内形已在半剖视图中表示清楚，半个视图中省略虚线，但对孔、槽应画出中心线的位置，如图6-25a、b中半剖主视图左边圆孔和槽的轴线。

3）半个剖视的位置，一般画在垂直中心线的右方、水平中心线的下方，如图6-24中半剖视的位置所示。

半剖视图的标注与全剖视图相同，如图6-24和图6-25b中的*A—A*剖视图。

读半剖视图时，以对称中心线为界，通过半个视图想象机件一半的外形，并推想另一半对应的外形；从半剖视图想象机件一半的内形，并推想另一半对应的内形，从而想象机件整体内外形。

3. 局部剖视图

用剖切面局部地剖开机件所得的剖视图，称为局部剖视图。图6-26中主、俯视图局部剖表示两个方向圆孔。图6-27b所示的箱体左右、前后不对称，由底板、方框体及拱形凸台组成。为了兼顾内外形表达，将主视图画成两个不同剖切位置的局部剖视，在俯视图采用一个剖切的局部剖视图，如图6-27a所示。

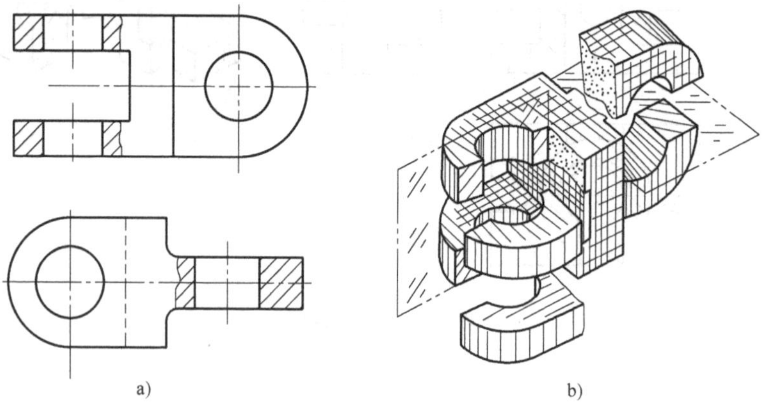

图6-26 局部剖视图（一）

局部剖视图不受机件是否对称的限制，可根据机件结构、形状特点灵活地选择剖切位置和范围，所以它应用广泛，常用于下列几种情况。

1）不对称形机件，既需要表示外形又需要表示内形时，如图6-27所示。

2）机件上仅需要表示局部内形，不必或不宜采用全剖视画法时，如图6-26所示。

3）实心机件（如轴、杆等）上的孔、槽等局部结构常用局部剖视图，如图6-28a、b所示。

4）对称形机件的内形或外形的轮廓线正好与图形对称中心线重合，因而不宜采用半剖视画法时，采用局部剖视图，如图6-28c、d、e所示。

局部剖视图的规定画法如下。

1）局部剖视图的剖视和视图用波浪线分界。波浪线不能与视图上其他图线重合或在轮廓线延长线上，图6-29所示是错误画法，正确画法如图6-26a所示。

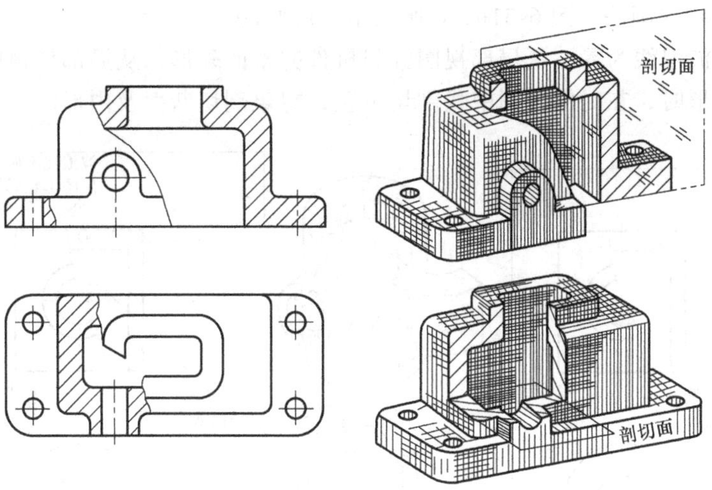

a) b)

图 6-27 局部剖视图（二）

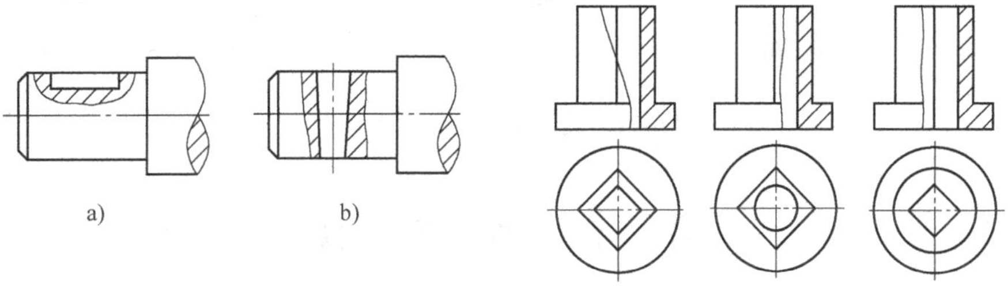

a) b) c) d) e)

图 6-28 局部剖视图（三）

2）当被剖切的局部结构为回转体时，允许将该结构的中心线作为局部剖视与视图的分界线，如图 6-30 所示。

3）波浪线（表示断裂边界线）只能画在机件实体部分，不能画在实体范围之外，图

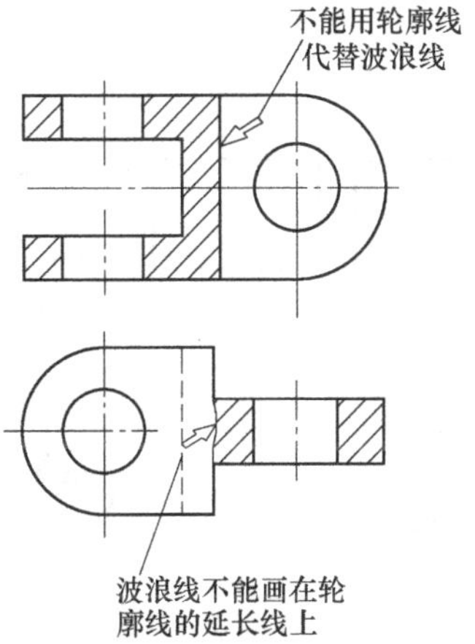

图 6-29 波浪线的错误画法

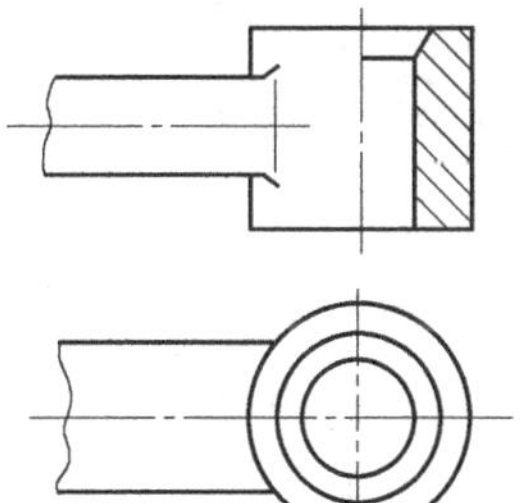

图 6-30 轴线代替波浪线

6-31a、c 所示是错误画法，图 6-31b、d 所示是正确画法。

读图时，以波浪线为界，从局部视图推想机件完整的外形，从局部剖视图想象机件整体的内形。想象内形时，在对应视图中找剖切位置，想象剖切断面及内形。

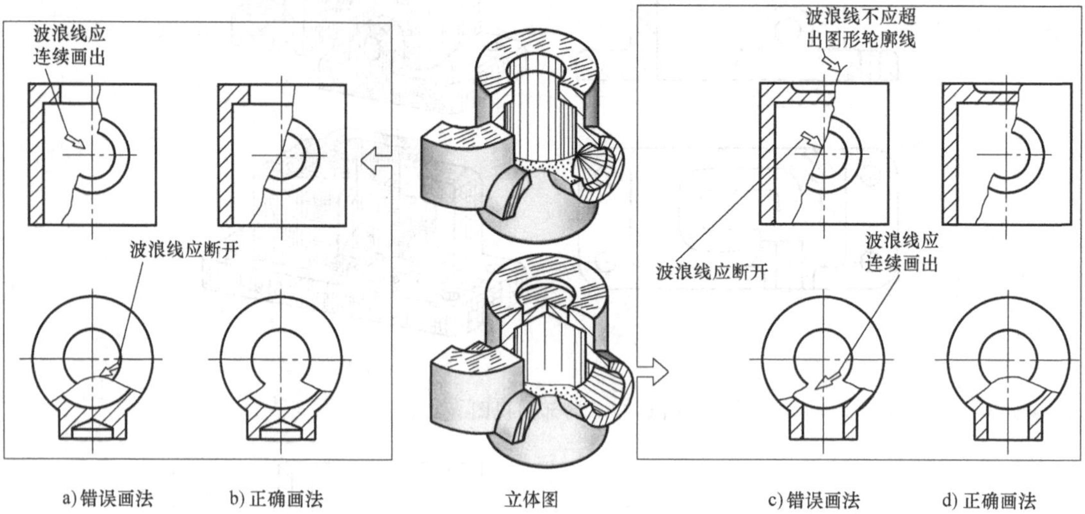

图 6-31　波浪线正、误画法对比

第三节　断　面　图

假想用剖切平面将机件的某处切断，仅画出剖切面与机件接触部分的图形，这种视图称为断面图，简称断面，如图 6-32a、b 所示。也可理解为剖切平面与机件接触的断面图形旋转 90°而得。

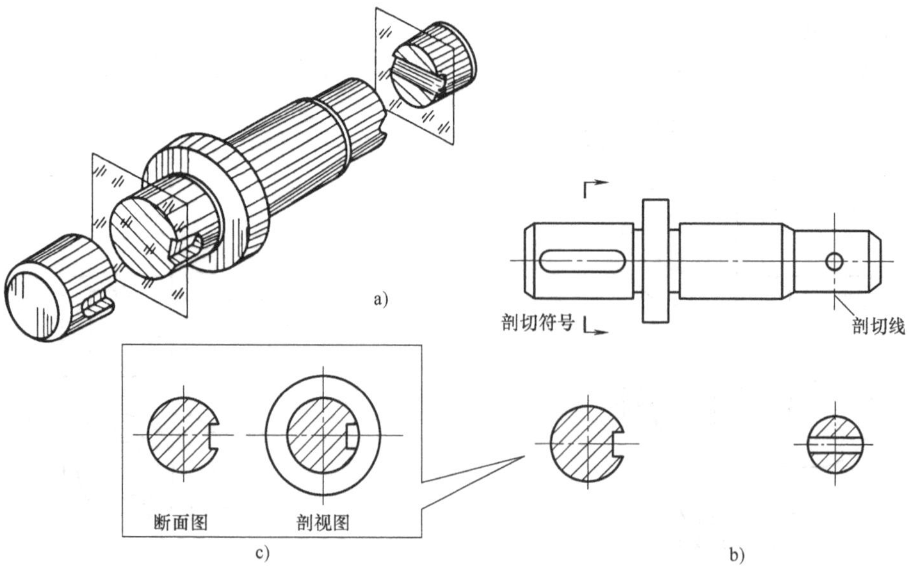

图 6-32　断面图

断面图与剖视图的区别是：断面图仅画机件被剖切处的断面形状，而剖视图除了画出断面形状外，还必须画剖切面后的可见轮廓线，如图 6-32c 所示。

断面图常用于表示机件上结构的断面形状，如肋板、轮辐、键槽、孔及连接板和各种型材的断面形状。

断面图分为移出断面图和重合断面图。

一、移出断面图

画在视图之外的断面图，称为移出断面图，其轮廓线用粗实线绘制，如图 6-32b 所示。

（1）移出断面图的应用范围　单一剖切面、几个平行剖切平面和几个相交剖切面的概念完全适用于断面图。

（2）移出断面图的配置形式　移出断面图一般配置在剖切符号或剖切线的延长线上，如图 6-32b 所示。必要时，可配置在适当位置，如图 6-35 中 *A—A*、*B—B* 所示的断面图；断面图形是对称的，可配置在视图中断处，如图 6-33 所示。

（3）移出断面图的规定画法

1）当剖切面通过回转面形成的孔或凹坑的轴线时，这种断面图按剖视图绘制，如图 6-34中的 *A—A* 断面图。

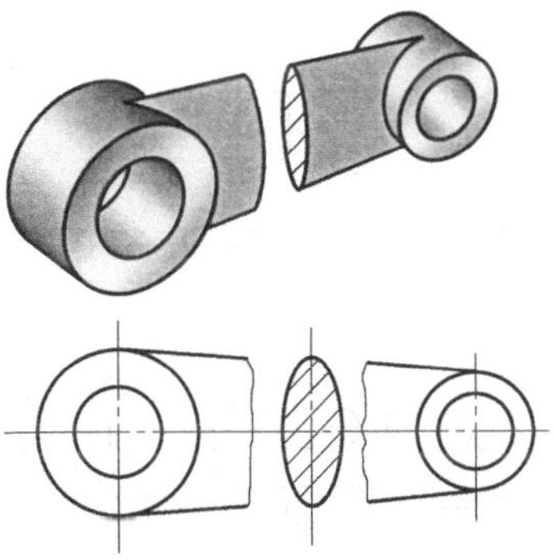

图 6-33　对称形断面图的配置

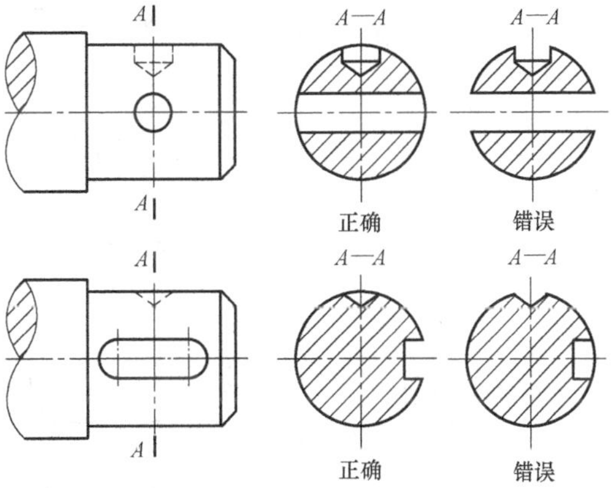

图 6-34　按视图要求绘制移出断面图

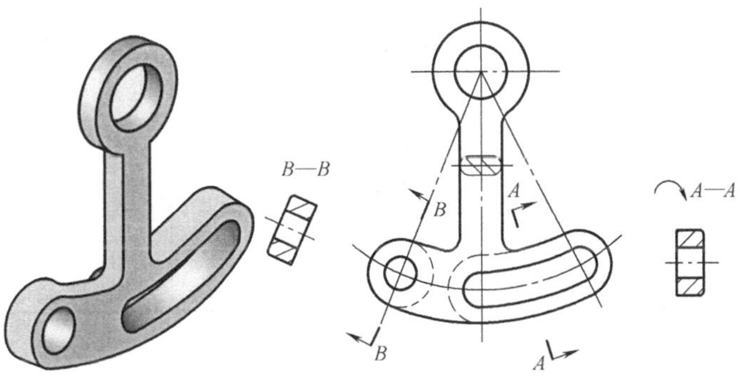

a)　　b)

图 6-35　剖切平面通过非圆孔断面及旋转画法

2）当剖切平面通过非圆孔，会导致出现完全分离的断面时，这种结构应按剖视图要求画，如图6-35b中的*A—A*断面图。

3）在不致引起误解时，允许将断面图形旋转，如图6-35中的*A—A*断面图。

4）剖切平面应垂直于机件主要轮廓线；由两个或多个相交剖切平面剖切所得到的移出断面图，中间一般应断开，如图6-36所示。

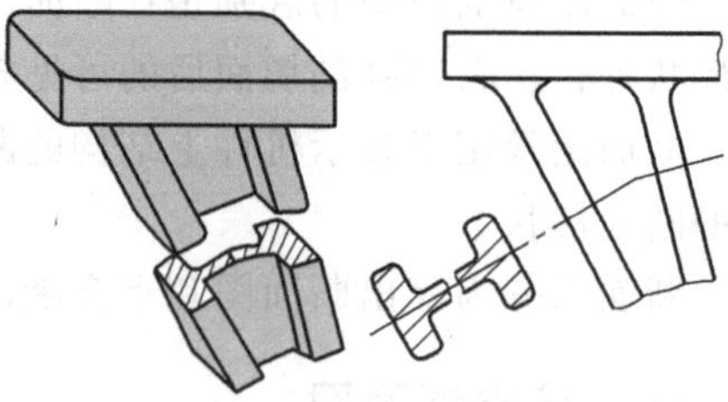

图6-36　相交剖切面的断面图画法

（4）移出断面图的标注　移出断面图和剖视图的剖切标记的三要素相同。如图6-35中的*B—B*移出断面图。移出断面图的位置配置及标注方法见表6-3。

表6-3　移出断面图的位置配置和标注方法

断面图位置配置	断面形状及标注	
	不对称的移出断面图	对称的移出断面图
不画在剖切符号或剖切线的延长线上	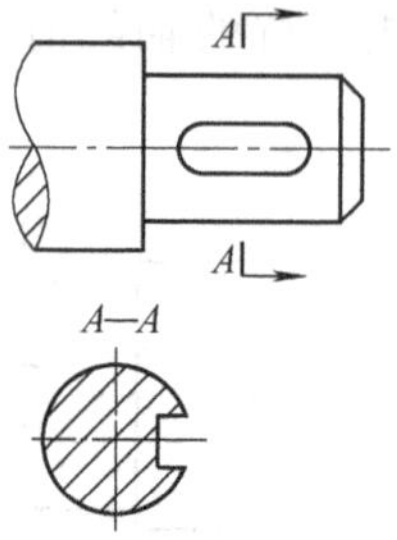	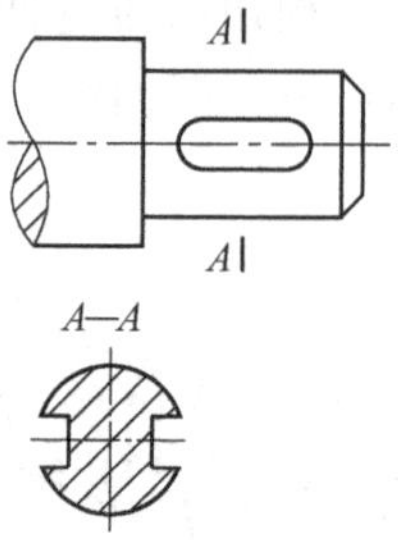
	标注剖切符号(含箭头)和字母	省略箭头
按投影关系配置	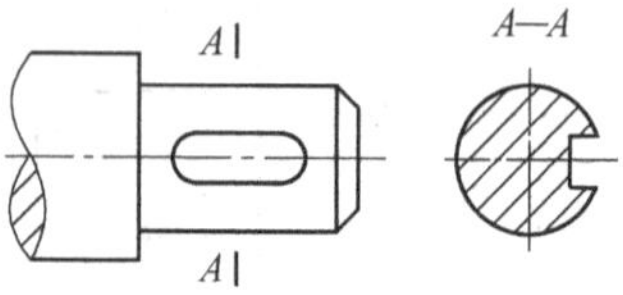	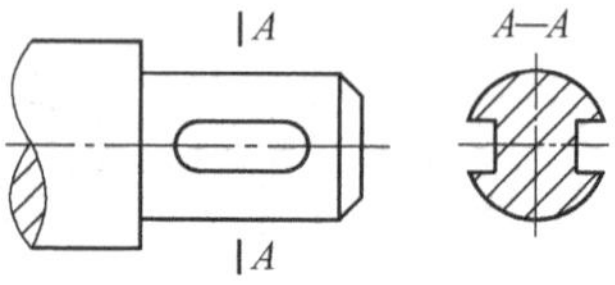
	省略箭头	省略箭头
画在剖切符号或剖面线的延长线上	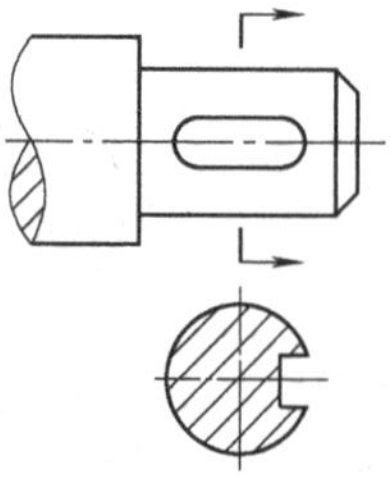	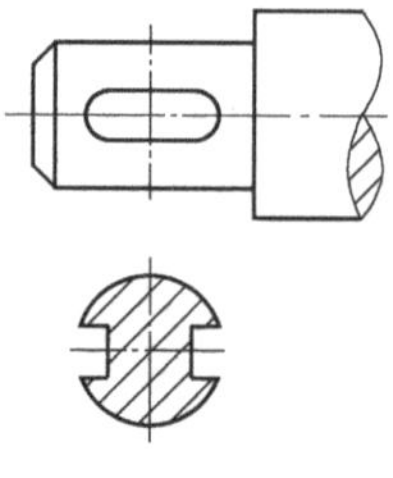
	省略字母	用剖切线(细点画线)表示剖切位置,省略剖切符号和字母

二、重合断面图

画在视图之内的断面图形，称为重合断面图（简称重合断面）。重合断面的轮廓线用细实线绘制，如图 6-37 所示。

当视图轮廓线和重合断面图轮廓线重合时，视图的轮廓线仍按连续画出，不可中断，如图 6-37b 所示。

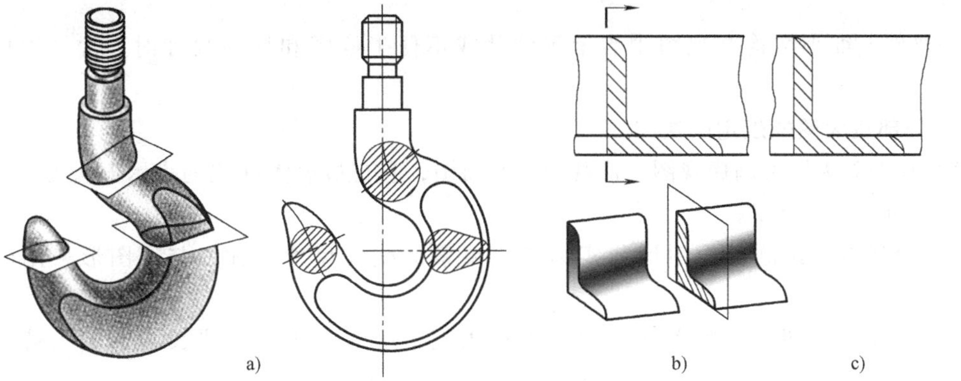

图 6-37　重合断面图

不对称重合断面应标注剖切符号（含箭头），如图 6-37b 所示，图 c 是错误画法；对称重合断面省略标注，如图 6-37a 所示。

【读图与思考】

（1）读图 6-38，想象图中指定线框 1′、2′、3′、4′所示轴段结构形状。

（2）指出图中 8 个移出断面图哪个是正确，哪个是错误的（在正确编号处打“√”）？

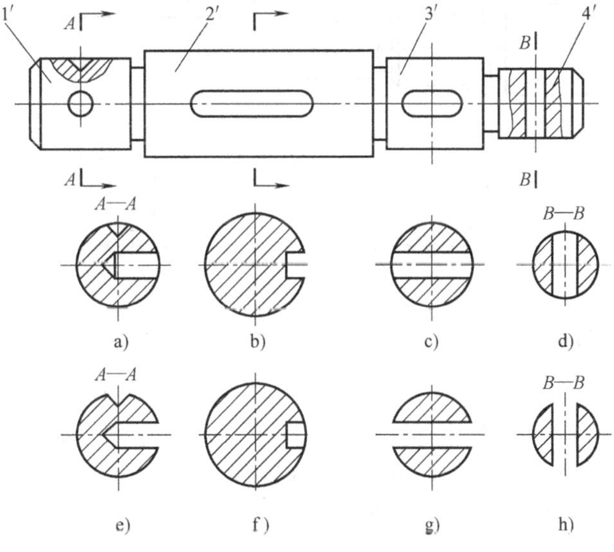

图 6-38　读图、识别断面图的正、误画法

（3）指出错误断面图画错的原因。

第四节　局部放大图和简化画法

为了使图形清晰及简化绘图，国家标准规定局部放大图和简化画法，以供绘图时选用。

第六章　机件表达方法

一、局部放大图（GB/T 4458.1—2002）

将机件的局部结构用大于原图形所采用的比例画出的图形称为局部放大图，如图6-39所示。

当机件上细小结构在视图中表示不清楚或不便于绘图和标注尺寸时，常采用局部放大图。

1. 局部放大图的规定画法

1）局部放大图可画成视图、剖视图或断面图，它与被放大部位的表示方法无关，如图6-39 I 处局部放大断面。

2）绘制图形比例仍为图形与实物相应要素的线性尺寸之比，与原图形采用的比例无关。

3）局部放大图一般配置在被放大部位附近，用细实线（圆或长圆）圈出被放大的部位。

4）同一机件上不同部位的局部放大图，当图形相同或对称时，只需画出一个，也可用几个图形同时表示同一被放大的结构，如图6-40所示。

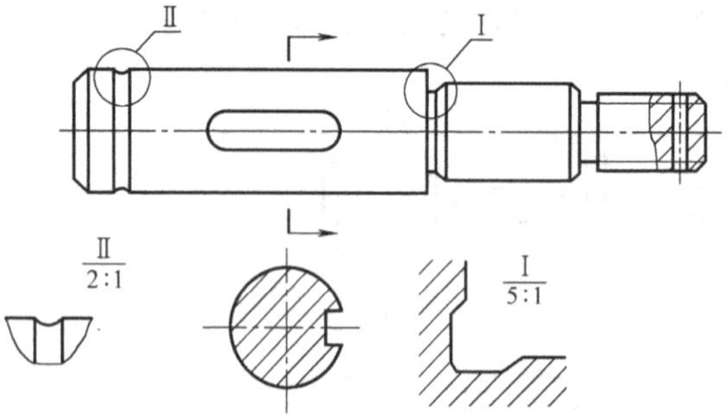

图6-39　局部放大图（一）

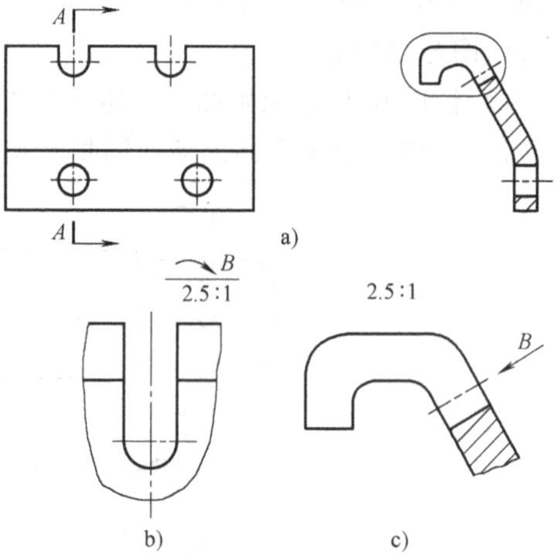

图6-40　局部放大图（二）

2. 局部放大图的标注

若机件仅有一个部位被放大，只需在放大图上方注明比例，如图6-40所示的“2.5:1”。当机件同时有几处被放大时，用罗马数字标明被放大部位，并在相应局部放大图上方注上相同罗马数字和采用比例，如图6-39中 I Ⅱ处所示。

二、简化画法（GB/T 16675.1—2012、GB/T 4458.1—2002）

在保证不致引起误解的前提下，为了力求绘图简便，国家标准《技术制图》《机械制图》制定了一系列的简化画法。下面介绍几种常见画法。

1）对于机件的肋、轮辐及薄壁等，如果纵向剖切（剖切面通过这些结构轴线或对称面）这些结构时，规定不画剖面符号，并用粗实线将它与其邻接部分分开，如图6-41所示的全剖左视图的肋板，图6-42所示的全剖主视图的轮辐；若横向剖切，则应画出剖面符号，如图 6-41 所示的全剖俯视图的肋板和图 6-42 所示的左视图中椭圆形轮辐的断面。

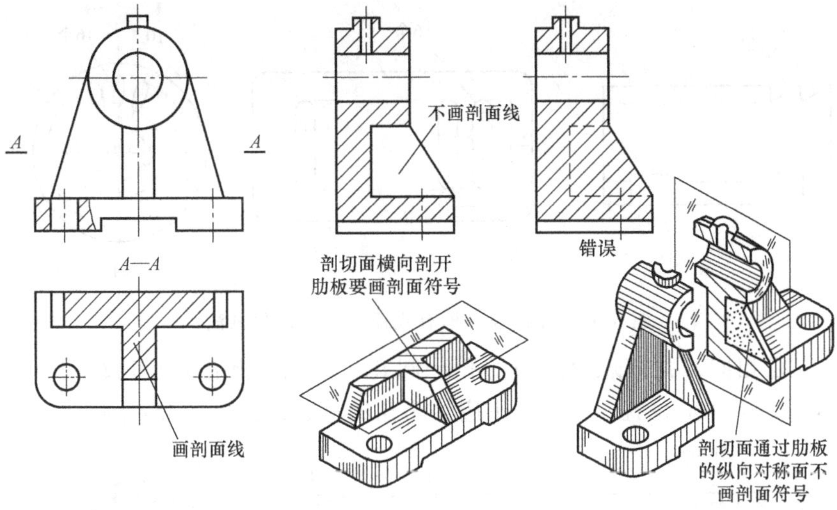

图 6-41 机件上肋板的简化画法

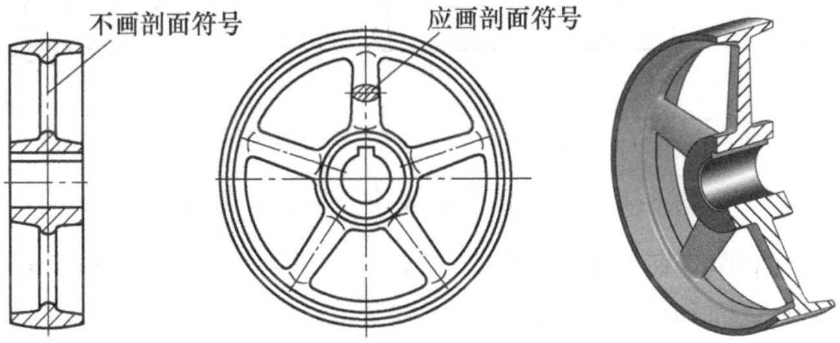

图 6-42 轮辐的简化画法

2）当机件的回转体上均布的肋、轮辐、孔等结构不处在剖切平面上时，可假想把这些结构旋转到剖切平面上画出，如图 6-43 所示。

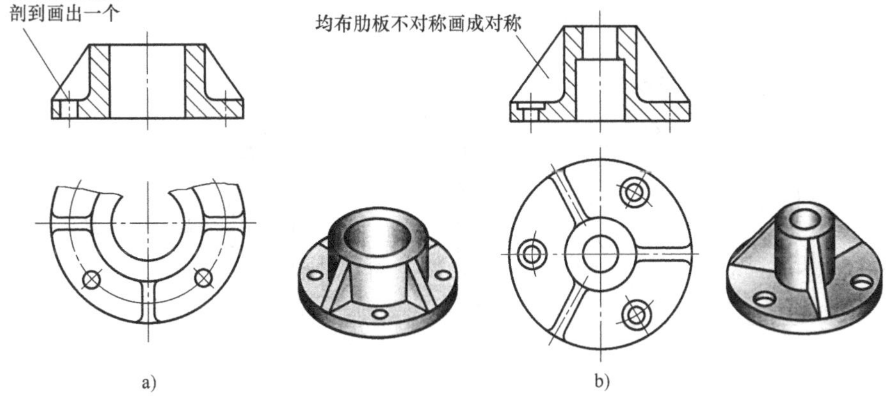

图 6-43 均布在圆盘上孔和肋的规定画法

3）当机件具有若干相同结构要素（齿、槽等），并按一定规律分布时，只需画出几个完整的结构，其余用细实线连接，在图中注明该结构的总数，如图 6-44 所示。

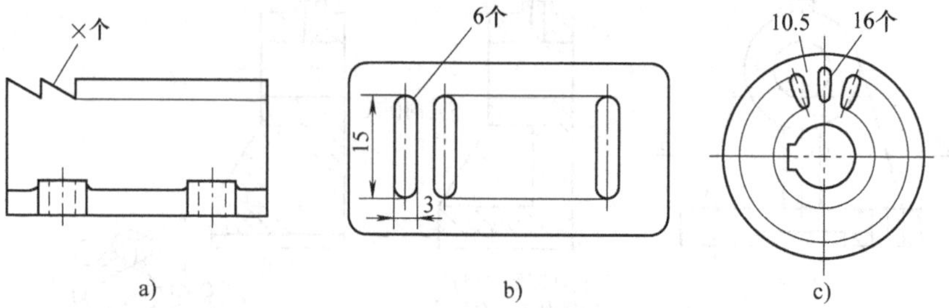

图 6-44 相同齿、槽有规律分布的简化画法

4）若干直径相同，并按规律分布的孔（圆孔、沉孔、螺孔），可仅画出一个或几个，其余用点画线表示其中心位置，但在图中应注明孔的总数，如图 6-45 所示。

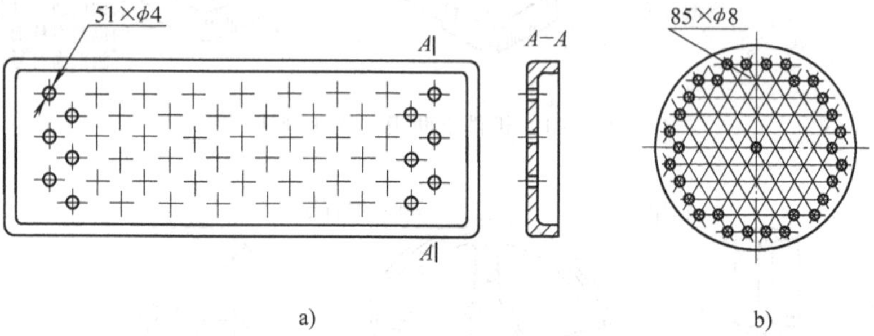

图 6-45 等径圆孔呈规律分布的简化画法

5）当机件上的平面结构在视图中未能充分表达时，可采用平面符号（两条相交的细实线）表示，如图 6-46 所示。

6）网状物、编织物或机件上的滚花部分，可在轮廓线的附近用粗实线示意表示，并在零件图上或技术要求中注明这些结构的具体要求，如图 6-47 所示。

7）对于较长机件（如轴、杆、型材、连杆等），沿长度方向的形状一致或按一定规律变化时，可将其断开，缩短绘出，但尺寸仍按实际长度标注，如图 6-48 所示。

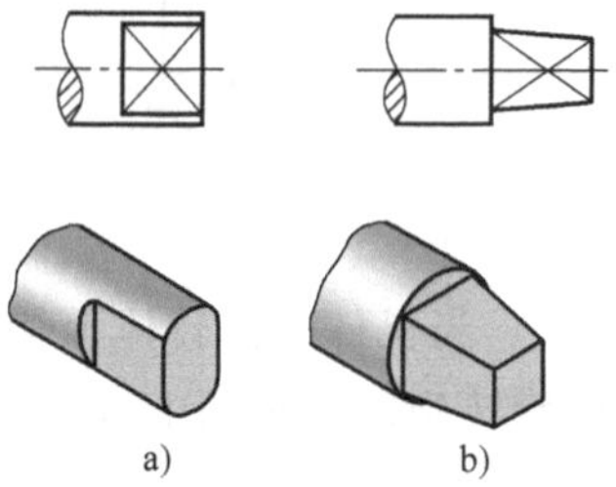

图 6-46 用平面符号表示平面

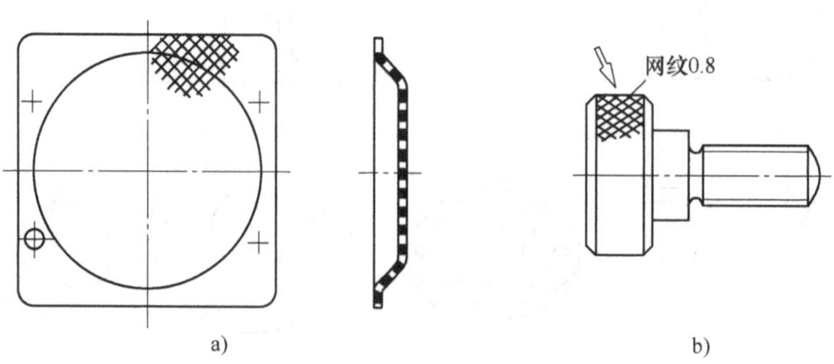

图 6-47 网状物及滚轮的示意画法

8）对机件上较小结构，如在一个视图已表示清楚时，其他视图可以简化或省略，如图 6-49 所示。

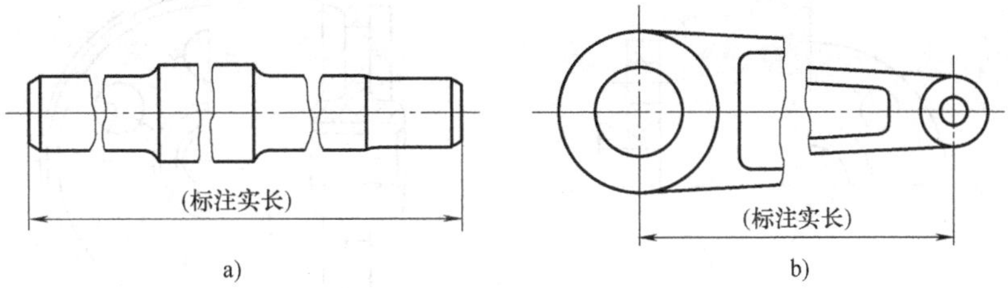

图 6-48　折断画法

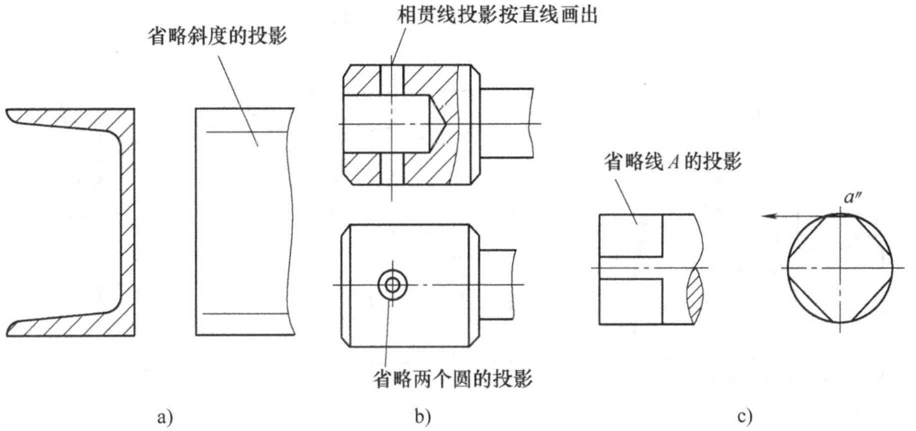

图 6-49　较小结构的简化画法

9）在不致引起误解的前提下，剖面线可以省略或用涂色表示，如图 6-50 所示。

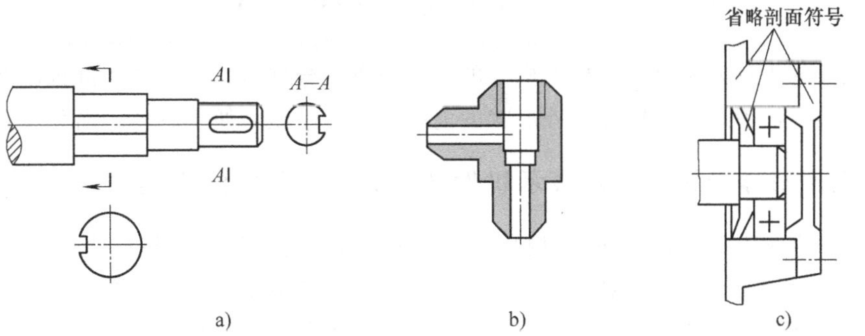

图 6-50　剖面符号简化画法

a）移出断面省略剖面符号　b）涂色代替剖面符号　c）装配图中的省略剖面符号

10）在不致引起误解时，对于对称机件的视图，可只画一半或 1/4，并在对称中心线两端画出两条与其垂直的平行细实线，如图 6-51 所示。

11）圆柱形法兰盘和类似机件上均匀分布的圆孔，按图 6-52 所示方法绘制。

12）在不致引起误解时，图形中的相贯线可以用直线代替曲线，如图 6-52a 所示；也可采用模糊表示法，如图 6-53b 所示。

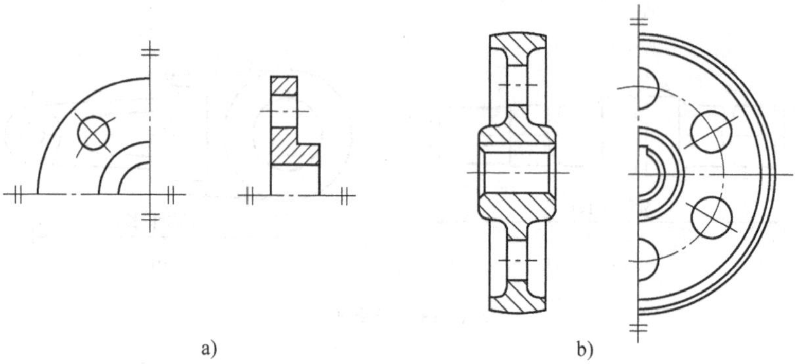

a) b)

图 6-51 对称视图的简化画法

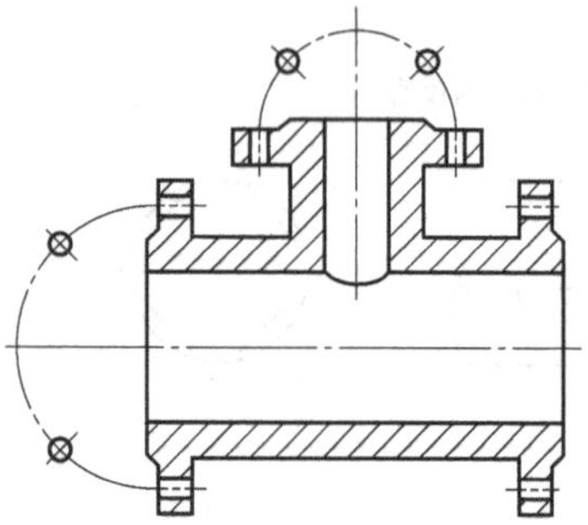

图 6-52 均布的孔的简化画法

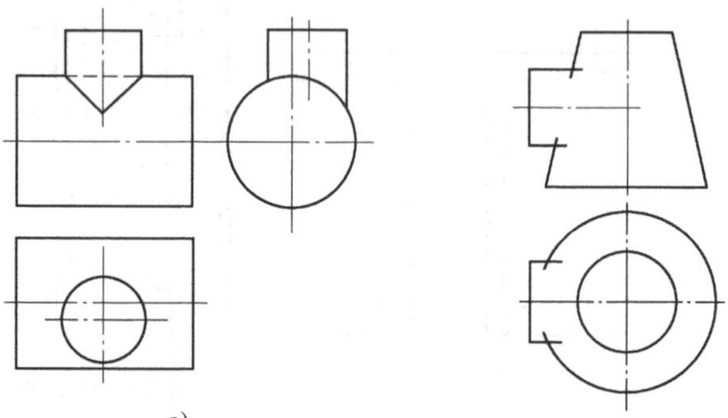

a) b)

图 6-53 相贯线的简化画法

第五节 机件表示方法的综合应用

选择机件的表示方法时，应根据机件的结构特点，合理地选用视图、剖视图及断面图等画法，在完整、清晰地表示机件内外形状的前提下，力求做到便于看图、简化绘图。

一、应用形体分析法确定表示机件各组成部分所需的视图

选择机件表示方案时，必须先对机件的各组成部分进行形体分析，明确各组成部分的内、外形及相对位置，并确定要把各部分的内、外形表达清楚所需的视图。

如图 6-54 所示的机座，它是由阶梯圆筒体、十字形支承连接板和底板三个主体结构，以及与圆筒斜交带长圆形槽凸台结构所组成的。图 6-55 所示为表示这些结构所需的视图。

二、主视图的选择

主视图应能明显地反映机件内、外形的主要结构特征，并应兼顾其他视图的清晰性及图幅的利用率等。如图 6-54 所示，从 *A*、*B* 两个方向投射，都能反映支架的结构特征，各有优缺点，但若从其他视图选择等方面综合考虑，选择 *A* 向更合理。

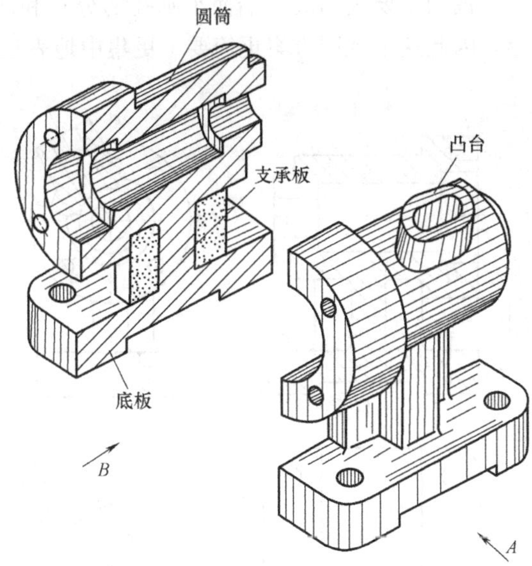

图 6-54　机座及形体分析

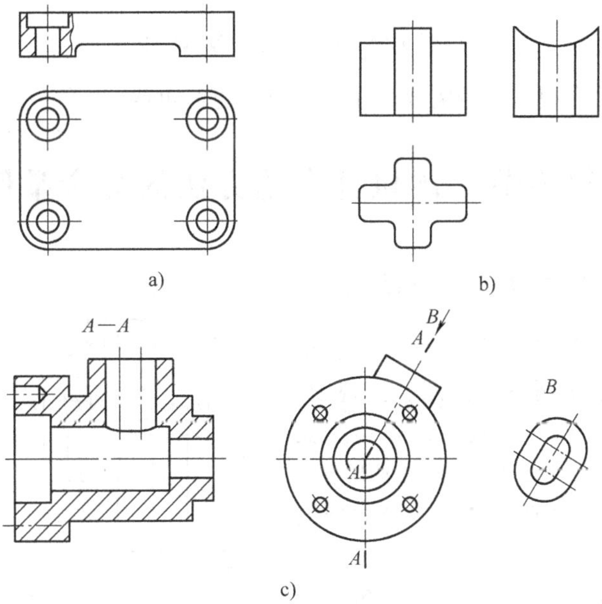

图 6-55　机座各组成部分所需视图

a）底板　b）支承板　c）圆筒和凸台长圆槽

三、确定其他视图

当主视图确定后，优先考虑选择基本视图（包括剖视图），然后再考虑其他表示方法。确定每个视图时，应有表示的目的。

如图 6-56 和图 6-57 所示的两个表达方案，显然图 6-57 所示表达方案较佳。图 6-57 所示的俯视图取 *B—B* 剖视，清晰地表达了连接板和底板的形状及对称位置；主视图取 *A—A* 两平面相交的局部剖视，表达了圆筒内孔及与凸台长圆槽相通，同时表示了底板、连接板和圆筒外形的相对位置及连接关系；左视图主要表达圆筒端面小圆孔的分布和凸台与圆筒斜交位置；C向斜视图表达凸台的特征形。因此这个视图方案更简要、更集中地表达了机件的内、外形。

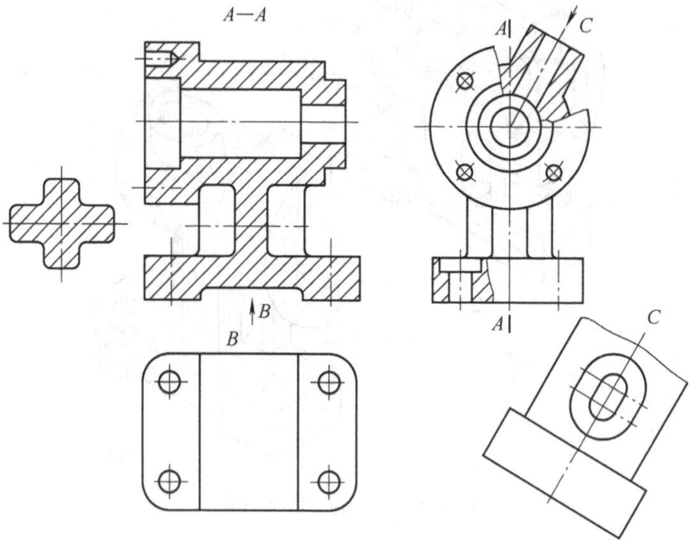

图 6-56 机座表达方案（一）

请读者想一想，左视图是否需要画全图，可否更简单些？

第六节 读机件表达方法的综合举例

一、读机件表达方法的思维基础

读图时，除了应用读组合体视图的思维方法外，还应熟练地掌握各种视图、剖视图、断面图以及规定画法和简化画法，并在想象机件内形上下功夫，对此，应掌握如下要点。

1. 区分机件上结构的空与实、远与近的关系

机件的剖视图和断面图中除规定和简化画法不画剖面符号（如图 6-41、图 6-59 肋板线框 3′）外，凡是画有剖面符号的封闭形线框一般表示机件实体范围，空白封闭形线框[①]一般表示空腔范围及剖切面后的结构形状。如图 6-58a 的线框 6′、7′表示实体，线框 1′、2′、3′、4′表示空腔，线框 5′表示剖切面后肋板形状。

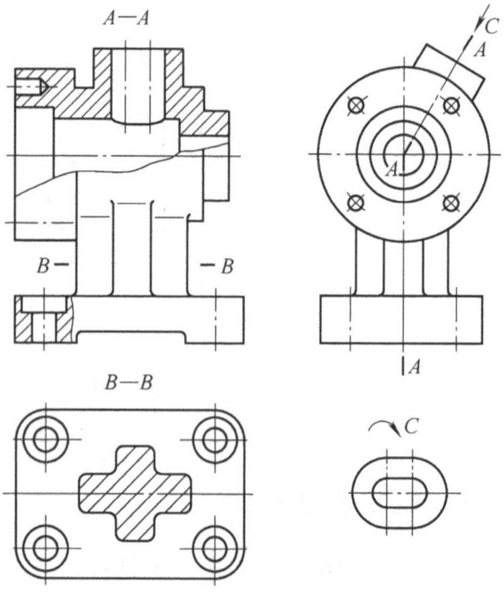

图 6-57 机座表达方案（二）

注：① 这里所指的空白线框只限于表示单个机件（零件）而言。

2. 确定机件上内部形状的要点

1）如果空白线框是特征形，就能直接确定其形状，如图 6-58a 中主视图的线框 5′是特征形线框，直接确定肋板Ⅴ是直角三角形。

2）通常空白线框不能直接确定其形状（不反映特征形），所以应从对应视图的剖切位置上的特征形线框或线段的形状想象其内形，如图 6-58a 中主视图中的空白线框 3′、4′对应俯视图对称中心线的剖切位置上的线组 2 和线框 4 的形状，确定槽Ⅱ和槽孔Ⅳ的结构形状。线框 1′、3′请读者自己分析。

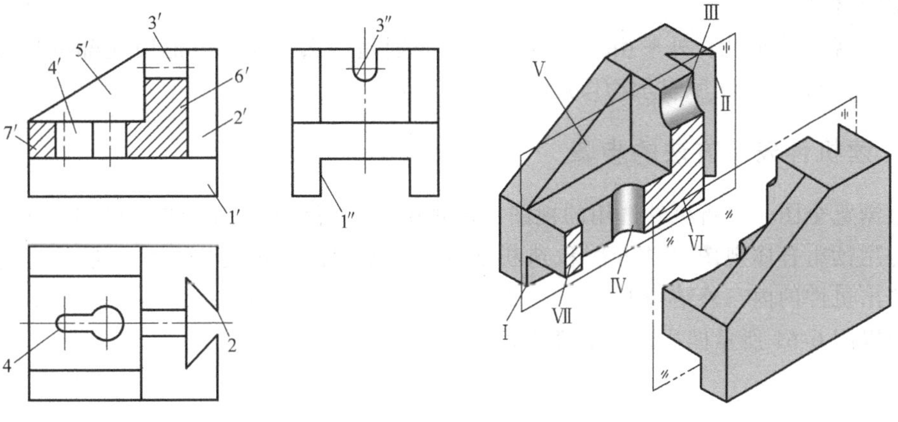

a) b)

图 6-58 读剖视图的思维方法（一）

3. 从局部线段推想整个面形

由于剖视图一般不画虚线，读图时，应借助于剖视图中线段的延伸，判断整个面的形状和范围。如图 6-59a 所示的线段 1′，2′延伸为图 6-59b 所示的虚线，就能从俯视图的线框 1、2 想象出面Ⅰ、Ⅱ的形状和范围。

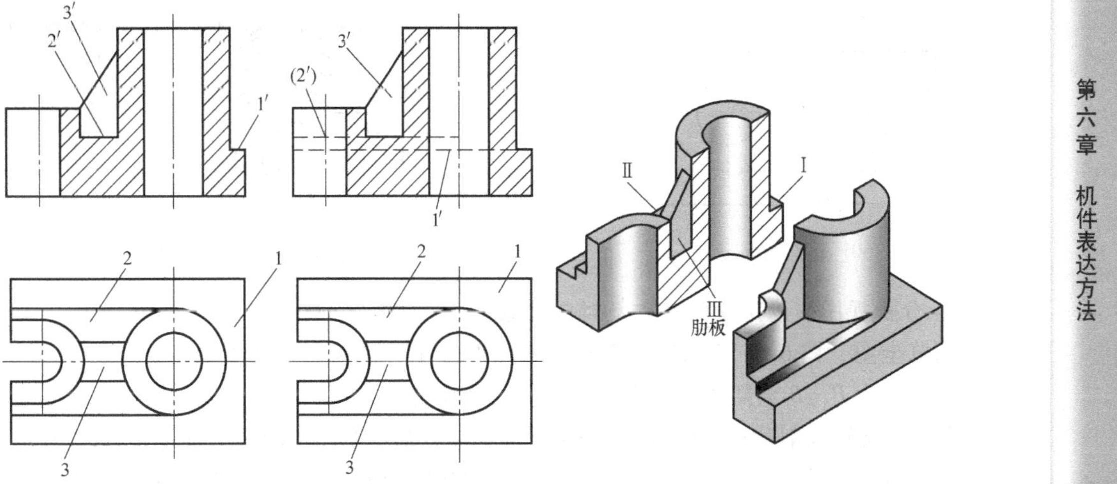

a) b) c)

图 6-59 读剖视图的思维方法（二）

【读图与思考】

假若把图 6-59 所示的主、俯视图变为图 6-60 所示的主、俯视图，想象其立体形状并回答下列问题。

（1）主视图是什么剖视？为什么不标注？俯视图有几个封闭形线框？分别是什么线框？

（2）找出俯视图指定的点 a、b、c、d、e、f、k 在主视图的对应位置，说出点所在面的形状，比较它们之间所处的高低位置。

（3）找出主视图上指定的空白线框 1′、2′、3′、4′、5′在俯视图的对应关系，说明这些线框的空间含义。

（4）想象立体形状：外形由几部分组成？分别是什么形状？内形由几部分组成？分别是什么形状？与图 6-59 所表示物体形状有何异同点？

二、读机件表示方法的步骤

通过浏览全图，分析机件选用的视图、剖视图、断面图等，分析它们的对应关系和表达意图。应用读组合体视图思维方法和判断剖视图、断面图所示的空与实、远与近的思维方法，想象出机件的内、外结构形状。

下面以图 6-61 所示四通管为例说明。

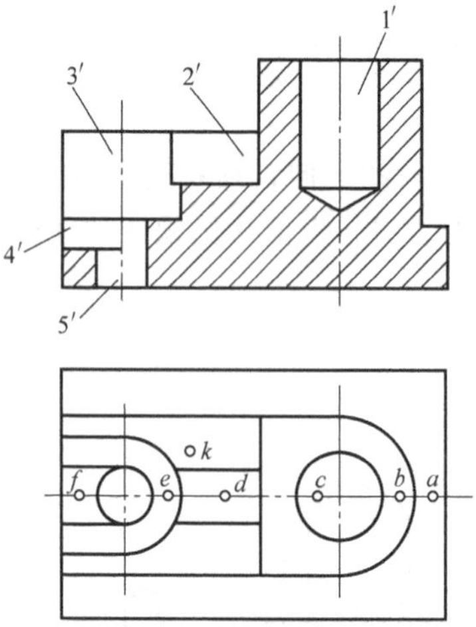

图 6-60 读图与思考题

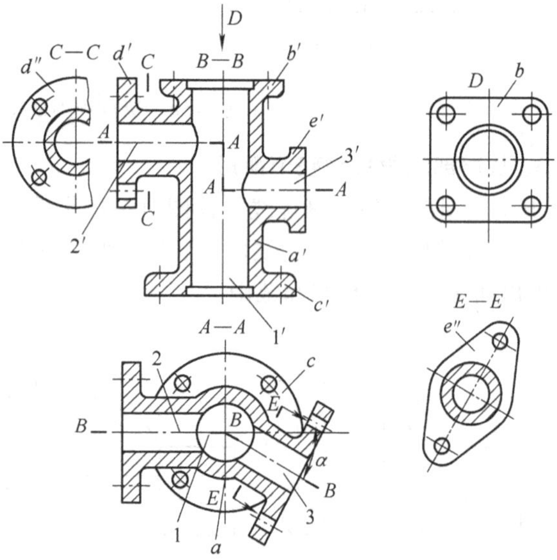

图 6-61 四通管视图

1. 分析视图、确定视图名称及对应关系

浏览全图，图 6-61 所示四通管有 5 组图形。主、俯视图是主要视图。

主视图为 B—B 全剖视图，从俯视图中的剖切符号 B—B，确定用两相交剖切平面，通过两个孔的斜交轴线剖开；俯视图为 A—A 全剖视图，从主视图中的剖切符号 A—A，确定两个平行剖切平面，通过两个孔轴线平行位置剖开；右视图为 C—C 全剖视图，从主视图中的剖切符号 C—C，确定为单一剖切面在 C—C 处剖开；E—E 视图为斜剖视图，从俯视图中的剖切符号 E—E，确定为单一斜剖切面在 E—E 处剖开；D 向局部视图，从主视图字母和箭头确定。

2. 投影分析、想象内外形

如图6-61所示，根据各视图的分析，读图宜采用分部分同时想象内、外形，并以主、俯视图为主展开的方法由剖面线框 a' 与 a，空白线框 $1'$ 与1、$2'$ 与2、$3'$ 与3，想象主体的竖向圆管Ⅰ与左边横向管Ⅱ正交及右边斜交管Ⅲ（交角 α）构成四个方向相通；线框 c' 与 c 说明竖管下端圆盘 C 及4个小圆孔的分布位置，D 向局部视图的线框 b' 与 b 表示竖管上端方形凸缘 B 及4个小圆孔的分布位置；$C—C$ 全剖右视图的线框 d' 与 d'' 表明圆形支管Ⅱ端部为圆盘形凸缘 D 及4个小圆孔的分布位置；$E—E$ 斜剖视图的线框 e' 与 e'' 表示圆形支管Ⅲ端部为卵圆形凸缘 E 及两小圆孔位置。

3. 综合想象整体形状

从主、俯视图反映位置特征形的各个线框对应关系，想象圆筒形主管Ⅰ与支管Ⅱ正交且与支管Ⅲ斜交。主管Ⅰ上、下及支管Ⅱ、Ⅲ的端部有不同形状的凸缘且分布着不同数量、位置的小圆孔，整体形状如图6-62所示。

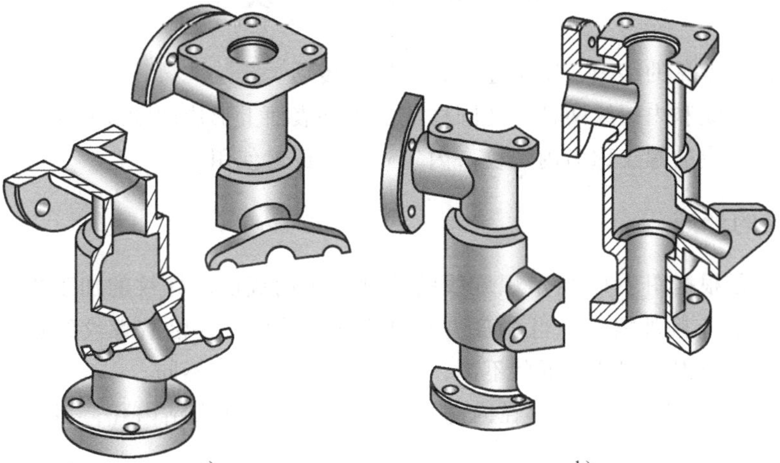

a)　　　　b)

图6-62　四通管的结构形状

第七章　标准件和常用件

各种机器设备和仪器仪表广泛地应用了螺栓、螺钉、螺母、垫圈、键、销、滚动轴承、等零件、组件，国家标准对这些零、组件的结构、规格尺寸和技术要求作了统一规定，实行了标准化，这些零件、组件统称为标准件。齿轮、弹簧的结构和尺寸部分标准化，称为常用件。

本章主要介绍标准件和常用件的基本知识、规定画法、代号及标注方法。

第一节　螺　　纹

螺纹是机器上常见的结构，用于连接，也用于传动。

螺纹分为外螺纹和内螺纹两种，在圆柱或圆锥外表面上形成的螺纹称为外螺纹，在圆柱或圆锥内表面上形成的螺纹称为内螺纹。内、外螺纹成对使用。

一、螺纹的形成

各种螺纹都是根据图 7-1a 所示螺旋线的原理加工而成的。螺纹的加工方法有很多，图 7-1b 所示为车床上车削外螺纹。当车刀切入圆柱形工件内，并沿着螺纹线运动时，便在工件上加工出螺纹。车刀的切削刃形状不同，加工出的螺纹牙型不同。

图 7-1c 所示为用丝锥加工小直径内螺纹的过程，先用钻头钻内孔，后用丝锥在内孔内攻螺纹。

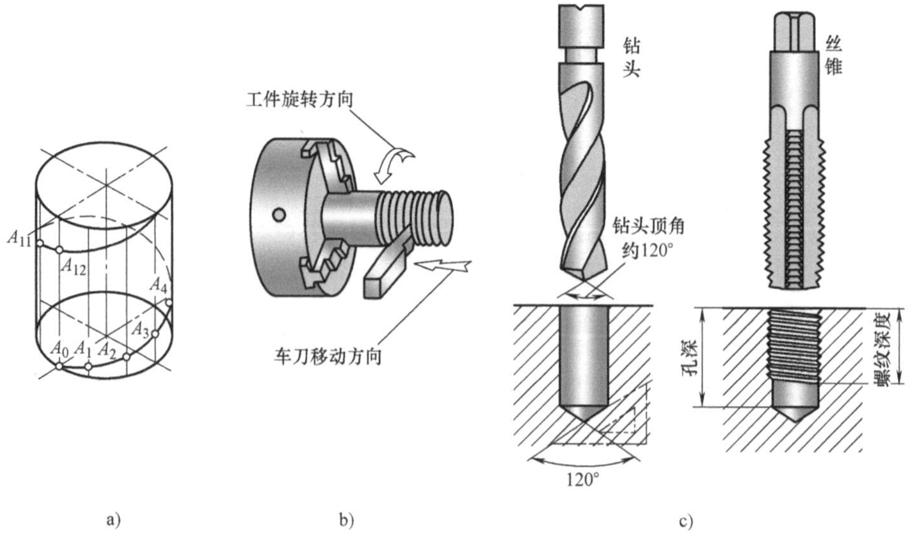

图 7-1　螺纹加工方法示例

a）圆柱螺旋线　b）车床上车削外螺纹　c）用丝锥加工内螺纹

二、螺纹要素

螺纹的参数有牙型、公称直径、螺距、线数和旋向五要素。当内、外螺纹旋合时，五要素必须完全一致。

1. 螺纹牙型

通过螺纹轴线剖切的断面上的螺纹轮廓形状称为螺纹牙型。常见螺纹牙型有三角形（60°、55°）、梯形、锯齿形等，如图 7-2 所示。

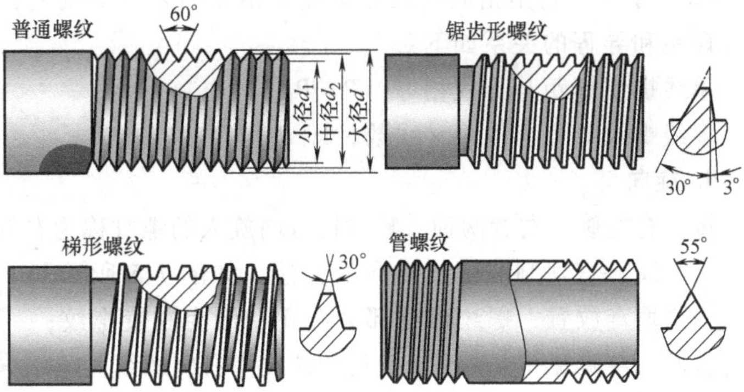

图 7-2　螺纹的牙型

2. 螺纹直径

螺纹的直径分为大径（d、D）、小径（d_1、D_1）、中径（d_2、D_2），如图 7-3 所示。

（1）大径（d、D）：与外螺纹牙顶或内螺纹牙底相切的假想圆柱或圆锥的直径，是螺纹的最大直径，也是螺纹的公称直径。

（2）小径（d_1、D_1）：与外螺纹牙底或内螺纹牙顶相切的假想圆柱或圆锥的直径，是螺纹的最小直径。

（3）中径（d_2、D_2）：一条素线（称为中径线）通过牙型上沟槽和凸起宽度相等处的假想圆柱或圆锥的直径。

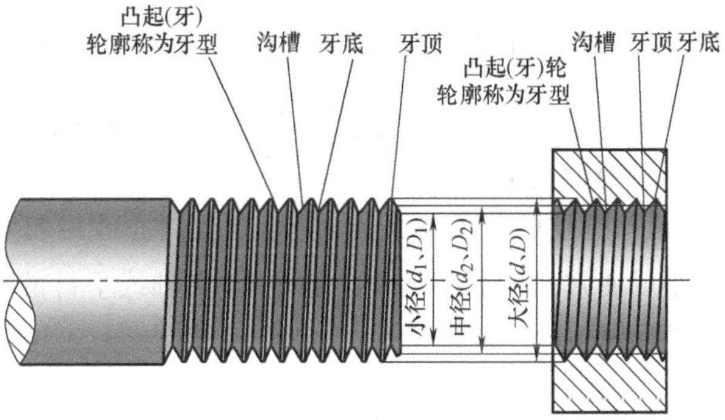

图 7-3　螺纹的直径

提示：普通螺纹公称直径是代表螺纹公称尺寸的直径，是指螺纹的大径。对于管螺纹，则称为尺寸代号。

3. 线数

螺纹有单线和多线之分。沿一条螺旋线形成的螺纹称为单线螺纹；沿两条或两条以上在轴向等距分布的螺旋线形成的螺纹称为多线螺纹，线数用 n 表示，如图 7-4 所示。

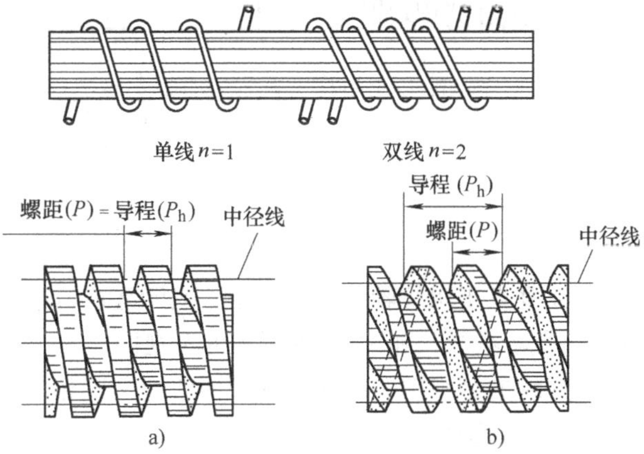

图 7-4　螺纹的线数、螺距和导程

a）单线螺纹　b）双线螺纹

4. 螺距和导程

（1）螺距　它是指相邻两牙在中径线上对应两点间的轴向距离，用 P 表示。

（2）导程　它是指同一条螺旋线上相邻两牙在中线上对应两点间的轴向距离，用 P_h 表示。螺距和导程的关系如下：

单线螺纹螺距与导程相等：$P=P_h$。

多线螺纹导程 = 螺距 × 线数，即 $P_h=Pn$。

5. 旋向

螺纹有左旋、右旋两种。顺时针方向旋入的螺纹称为右旋螺纹；逆时针方向旋入的螺纹称为左旋螺纹。直观判断螺纹旋向的方法，如图 7-5 所示，螺纹轴线垂直放置，螺纹可见部分右高左低为右旋螺纹；左高右低为左旋螺纹，工程上常见的螺纹为右旋螺纹。

提示：螺纹的牙型、大径、螺距、线数和旋向五要素都相同，内、外螺纹才能旋合在一起。

螺纹的牙型、大径和螺距是决定螺纹的最基本要素，当这三项都符合国家标准时，该螺纹称为标准螺纹。牙型不符合国家标准的螺纹（如矩形螺纹）称为非标准螺纹。工程中使用的螺纹绝大多数是标准螺纹。

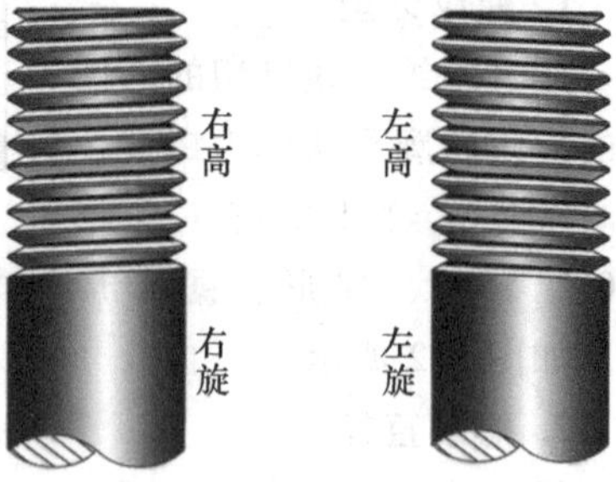

图 7-5　螺纹旋向的判断

三、螺纹的规定画法（GB/T 4459.1—1995）

螺纹不按其真实形状投射作图，而是采用规定画法绘制，以简化作图。

1. 外螺纹的画法

1）外螺纹的牙顶（大径 d）和螺纹终止线用粗实线表示；牙底（小径 d_1）用细实线表示（小径通常按大径的 $0.85d$ 绘画）。与轴线平行的投影面视图中表示牙底的细实线应画入倒角内或倒圆内，如图 7-6b 所示的主视图。

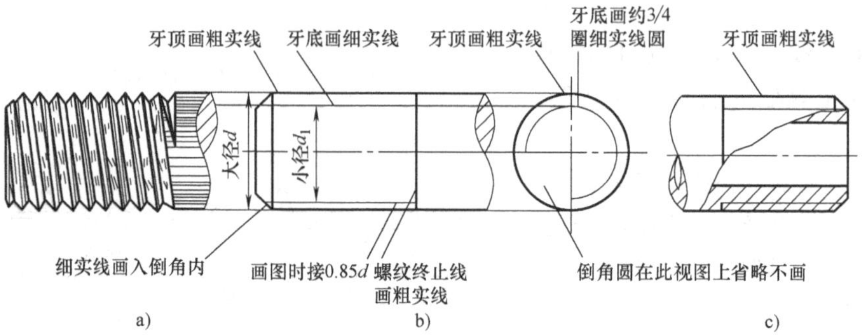

图 7-6　外螺纹的规定画法

a）外形　b）一般画法　c）剖视图

2）在垂直于螺纹轴线的视图中，表示牙底（小径 d_1）的细实线圆只画约 3/4 圈，螺杆的倒角圆省略不画，如图 7-6b 所示的左视图。

3）螺纹的剖视图和断面图的剖面线应画到粗实线，如图 7-6c 所示。

2. 内螺纹画法

1）内螺纹通常采用剖视画法，牙顶（小径 D_1）和螺纹终止线用粗实线表示，牙底（大径 D）用细实线表示，剖面线应画到小径的粗实线，如图 7-7a 所示的主视图。

2）在垂直于螺纹轴线的视图中，表示牙底（大径 D）的细实线圆只画约 3/4 圈，孔口倒角圆省略不画，如图 7-7a 所示的左视图。

3）绘制不通孔的内螺纹时，一般把钻孔深度与螺纹部分深度分别画出，底部由钻头形成的锥顶角按 120°画出，如图 7-7b 所示。

4）不可见螺纹的所有图线用虚线绘制，如图 7-7c 所示。

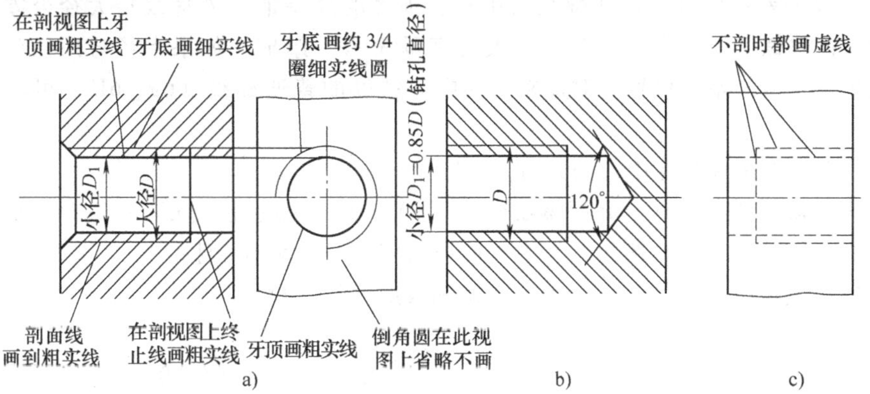

图 7-7　内螺纹的规定画法

a）通孔　b）不通孔　c）不可见螺纹

3. 螺纹连接画法

螺纹连接的画法如图 7-8 所示。

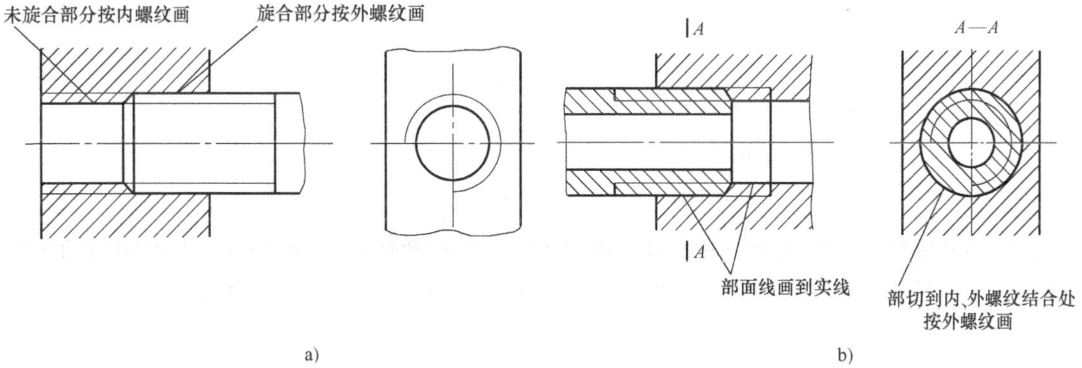

图 7-8　螺纹连接的画法

画内外螺纹连接时，一般采用剖视图，剖切面通过实心螺杆轴线，按不剖绘制。旋合部分按外螺纹绘制，未旋合部分按各自规定画法绘制，同时应注意表示内、外螺纹牙顶和牙底的粗、细实线应对齐。

四、螺纹标记内容和格式

由于螺纹按规定简化画出，图形不能表示螺纹的牙型、螺距、线数和旋向等结构要素，所以国家标准规定标注格式。

1. 常用螺纹标记内容和格式

[螺纹特征代号][公称直径] × [导程 Ph（螺距 P）]-[公差带代号]-[旋合长度代号]-[旋向代号]

(1) 螺纹特征代号　普通螺纹代号为“M”，梯形螺纹代号为“Tr”，锯齿形螺纹代号为“B”。

(2) 普通螺纹公称直径　公称直径指螺纹大径的公称尺寸；螺距有粗牙和细牙两种（相同公称直径，细牙的螺距比粗牙螺距小，具体数据见附表1），规定粗牙螺距不必标注，细牙必须标注螺距。

(3) 螺纹公差带代号　普通螺纹由中径、顶径的公差带（外螺纹指大径公差带，用小写字母表示；内螺纹指小径公差带，用大写字母表示）组成。如果中径与顶径公差带代号相同，只注写一个公差带代号。对最常用的中等精度的普通螺纹（6g、6H）可不标注公差带代号。

梯形、锯齿形螺纹只注中径公差带。

(4) 螺纹旋合长度代号　普通螺纹分短（S）、中（N）、长（L）三组；梯形、锯齿形螺纹只分中（N）、长（L）两组。对中等旋合长度（N）均不标注。

(5) 螺纹旋向　右旋螺纹不标注，左旋螺纹应注写“LH”。

例如：

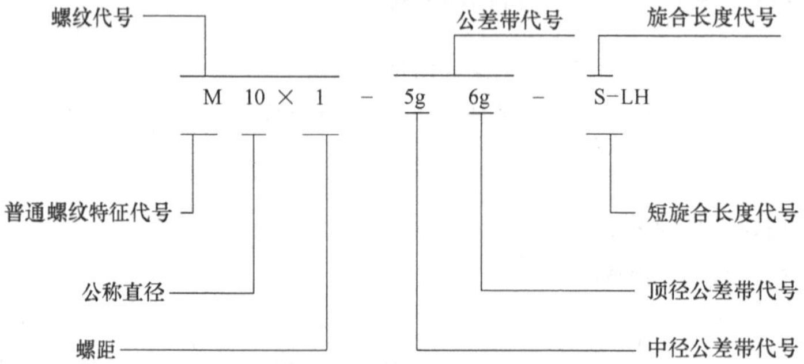

2. 管螺纹标记内容和格式

管螺纹是在管子上加工出螺纹，用于连接管件，应用广泛。

| 管螺纹特征代号 | 尺寸代号 | 公差等级代号 | 旋向代号 |

(1) 55°管螺纹特征代号　用“G”表示55°非密封管螺纹；用“Rc”表示密封的圆锥内螺纹；用“Rp”表示密封圆柱内螺纹；用“R_1”表示与圆柱内螺纹相配的圆锥外螺纹，用 R_2 表示与圆锥内螺纹相配合的圆锥外螺纹。

(2) 尺寸代号　不是指螺纹的大径尺寸，其数值与管子的孔径相近，见附表3。

(3) 公差等级代号　55°非密封外管螺纹分A、B两种公差等级，需要标注，其余管螺纹公差等级只有一种，省略标注。

(4) 旋向代号　右旋螺纹省略标注，左旋螺纹标注代号“LH”。

例如：

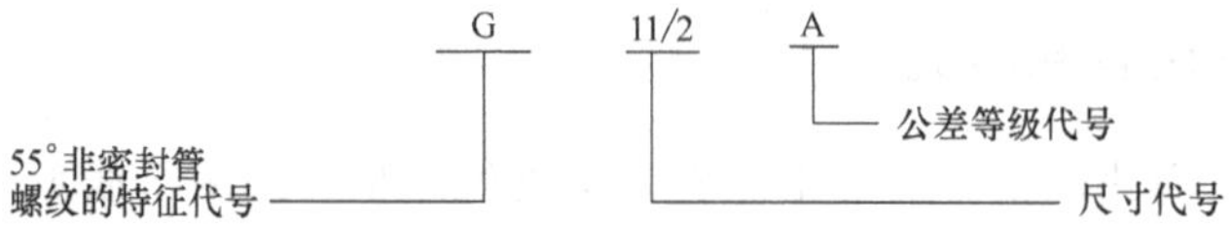

五、常用标准螺纹的标注和识读

标注标准螺纹尺寸，应注出螺纹规定标记。普通螺纹、梯形螺纹、锯齿形螺纹尺寸单位为 mm，其标记直接标注在大径尺寸线或引出线上；管螺纹尺寸单位为 in（英寸），其标记直接标注在大径线引出线的水平折线上。

常用标准螺纹的标注和识读见表 7-1。

表 7-1　常用标准螺纹的标注和识读举例

螺纹类别		特征代号	牙型	标注示例	识读
普通螺纹	粗牙	M	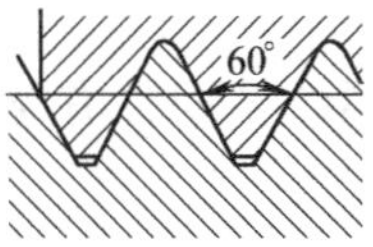	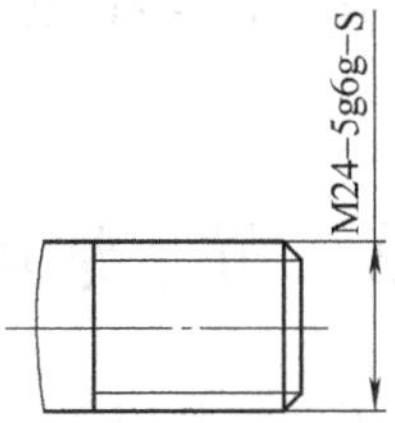	表示公称直径为 24mm 的右旋粗牙普通外螺纹，中径公差带代号为 5g，顶径公差带代号为 6g，可省略标注，短旋合长度
	细牙			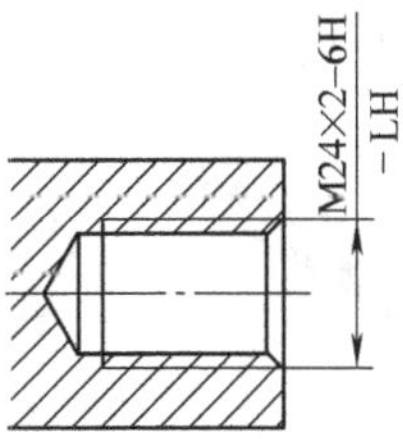	表示公称直径为 24mm，螺距为 2mm 的细牙普通内螺纹，中径、顶径公差带代号均为 6H，可省略标注，左旋，中等旋合长度
梯形螺纹		Tr	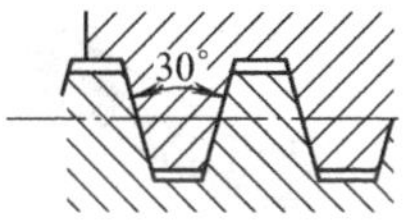	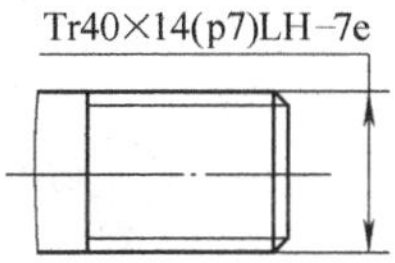	表示公称直径为 40mm，导程为 14mm，螺距为 7mm 的双线、左旋梯形螺纹，中径公差带代号为 7e，旋合长度属中等一组
锯齿形螺纹		B	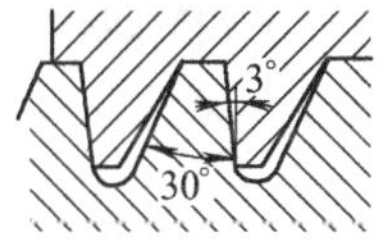	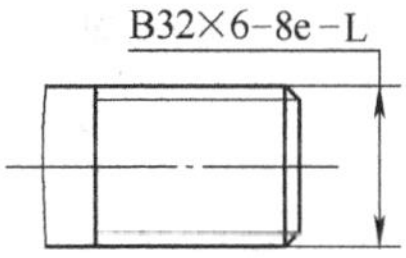	表示锯齿形螺纹，公称直径为 32mm，螺距为 6mm，单线，右旋，中径公差带代号为 8e，旋合长度属长一组
55°密封管螺纹		R_1 或 R_2	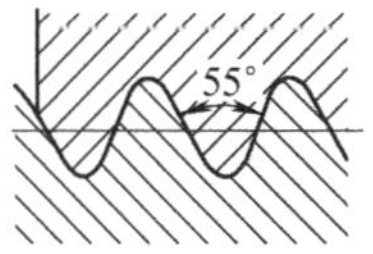	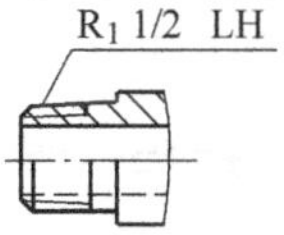	表示尺寸代号为 1/2，55°密封管螺纹，左旋的与圆柱内螺纹 Rp 配合的圆锥外螺纹 R_1
		Rp		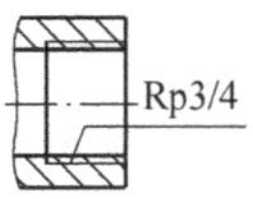	表示尺寸代号为 3/4，55°密封管螺纹为圆柱内螺纹，右旋
		Rc		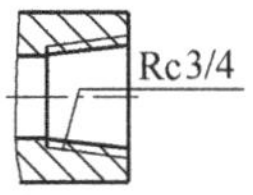	表示尺寸代号为 3/4，55°密封管螺纹为圆锥内螺纹，右旋
55°非密封管螺纹		G		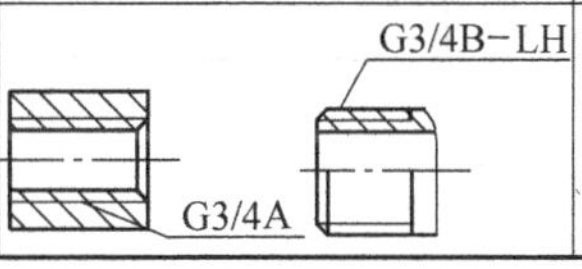	表示尺寸代号为 3/4，55°非密封管螺纹、A 级、右旋的圆柱内螺纹，及 B 级圆柱外螺纹、左旋

【读图与思考】

（1）解释螺杆标注 M10×1-5g-L：其中 M 是____代号；公称尺寸____mm；是____牙；螺距____mm；中径和顶径公差代号是____；旋向为____旋；旋合长度____。若螺孔的标记相同，螺杆按____时针方向旋转，能____入螺孔；旋转 2 圈螺杆前进____ mm。

（2）Rc1/2LH：表示____管螺纹；尺寸代号是____，旋向____。

（3）螺杆 M10 可旋进螺孔 M10×1（可以、不可以）；螺杆 M10 可旋进螺孔 M10（可以、不可以）；螺杆 M10-LH 可旋入螺孔 M10（可以、不可以）。（在正确处打“√”。）

（4）G1/2 是密封圆柱管螺纹（是、不是）；1/2 是公称尺寸（是、不是），（是、不是）管螺纹直径；单位是毫米（是、不是）；它的旋向是右旋（是、不是）。（在正确处打“√”。）

第二节　常用螺纹紧固件

机器的零件连接广泛地应用螺纹紧固件。常见螺纹紧固件有螺栓、螺柱（双头螺柱）、螺母、垫圈和螺钉等，如图 7-9 所示。

图 7-9　常用螺纹紧固件

螺纹紧固件是标准件，其结构和尺寸已标准化，由专业工厂大批量生产，只需根据规定标记，便能在相应标准查得其结构尺寸，并进行采购。因此，在零件图中一般不必画出。

一、常用螺纹紧固件及其标记

常用螺纹紧固件的标记示例见表 7-2。

表 7-2　常用螺纹紧固件的标记示例

名称及标准号	图　例	标记及说明
六角头螺栓 A 级与 B 级 GB/T 5782 GB/T 5783	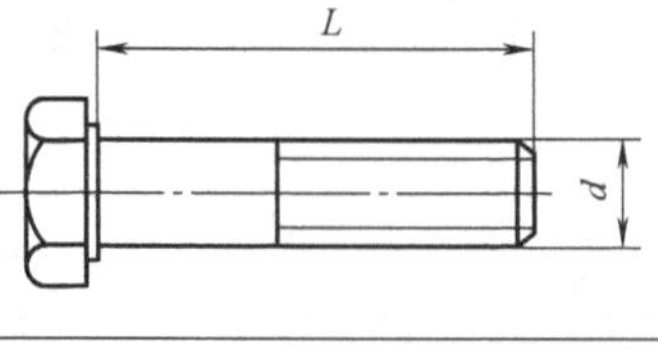	螺栓　GB/T 5782　M12×50 螺纹规格 d = M12，公称长度 L = 50mm，性能等级为 8.8 级，表面氧化，A 级的六角头螺栓
双头螺柱 A 级与 B 级 GB/T 897 GB/T 898 GB/T 899 GB/T 900	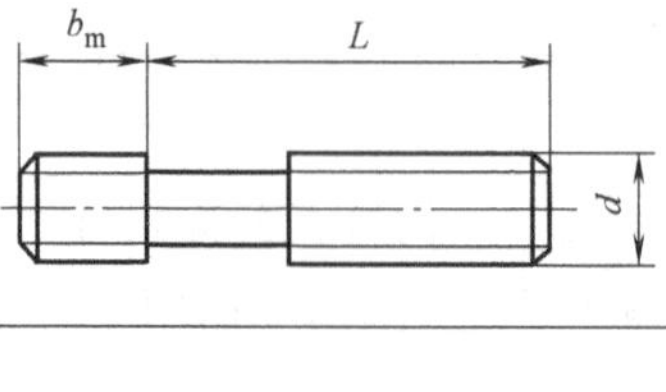	螺柱　GB/T 898　M12×50 两端均是粗牙普通螺纹，d = M12，L = 50mm，b_m = 1.25d，性能等级为 4.8，不经表面处理，B 型双头螺柱

（续）

名称及标准号	图　例	标记及说明
螺母　A 级和 B 级 GB/T 6170	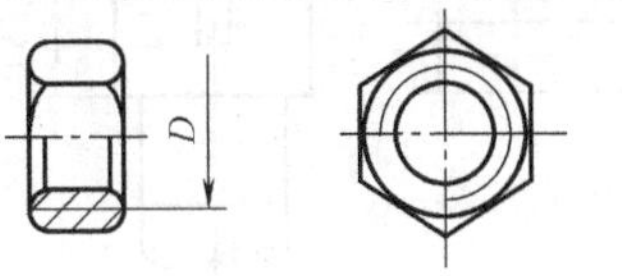	螺母　GB/T 6170　M16 螺纹规格 D = M16，A 级的 1 型的六角螺母，性能等级为 8 级，不经表面处理
平垫圈　A 级 GB/T 97.1	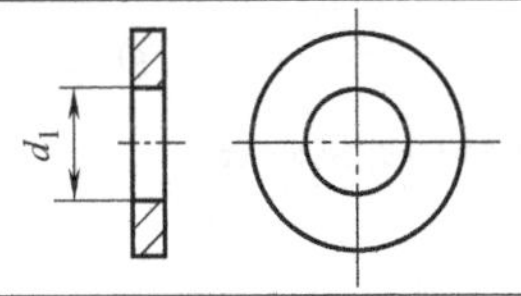	垫圈　GB/T 97.1　12 标准系列、公称尺寸 d = 12mm（与 M12 的螺栓配用），不倒角，硬度等级为 140HV 级，不经表面处理的平垫圈
标准弹簧垫圈 GB/T 93	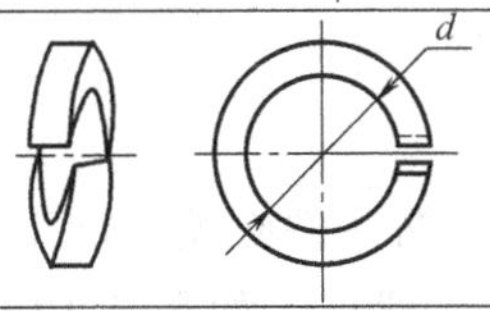	垫圈　GB/T 93　12Mn 规格 12，材料 65Mn，表面氧化的标准型弹簧垫圈
开槽沉头螺钉 GB/T 68	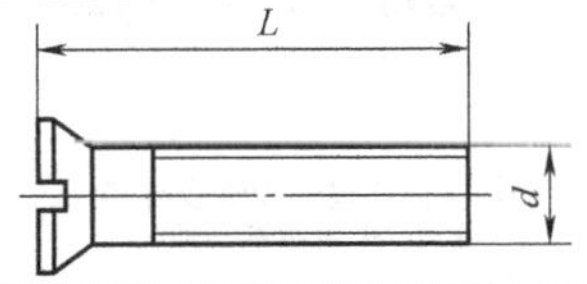	螺钉　GB/T 68　M10×45 螺纹规格 d = M10，公称长度 L − 45mm，性能等级为 4.8 级，不经表面处理的开槽沉头螺钉

*二、常用螺纹紧固件的画法

需要绘制螺纹紧固件视图时，可从国家标准中查出各部分尺寸，或根据螺纹公称直径（d、D）按比例关系近似画出，图 7-10 所示为螺栓、螺母和垫圈按公称直径比例绘制的近似画法。

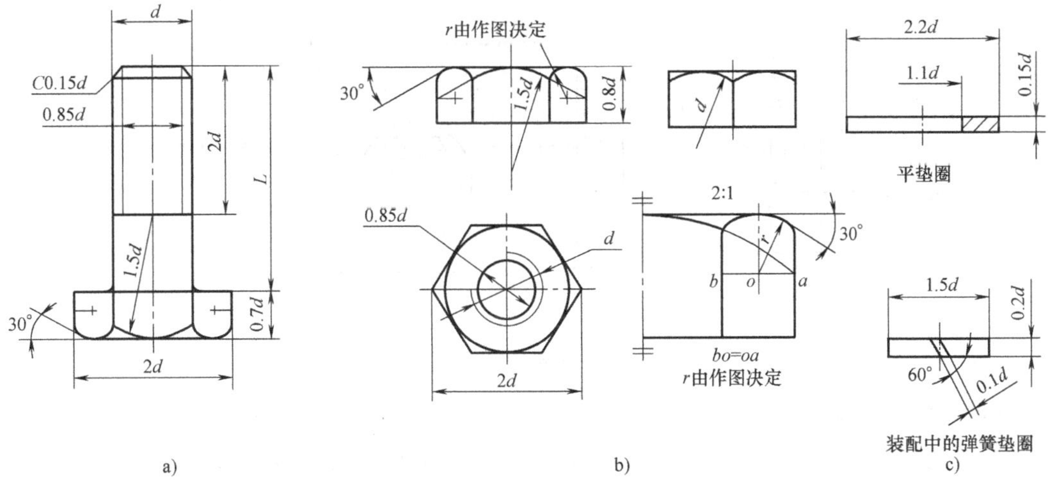

图 7-10　螺栓、螺母、垫圈的比例画法

a）螺栓　b）螺母　c）垫圈

螺栓头部及螺母倒角 30°，在各侧面产生截交线，这些交线的投影用圆弧近似画出，如图 7-10a、b 所示。

图 7-11 所示为螺钉头部的比例画法。

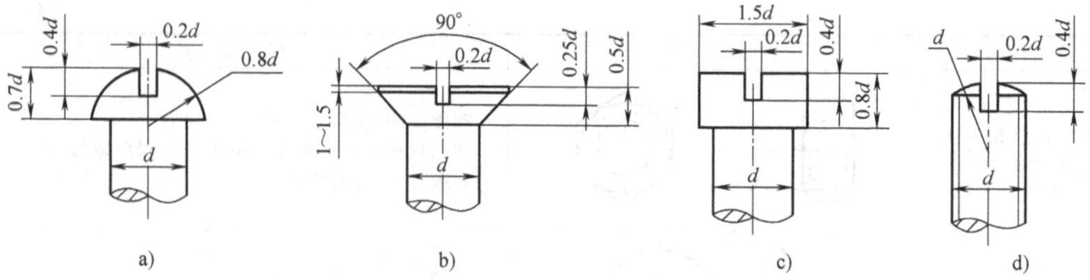

图 7-11 常用螺钉头部的比例画法

三、常用螺纹紧固件连接的画法

1. 螺栓连接画法

螺栓连接用于连接两个不太厚的零件。被连接两零件必须先加工出通孔。连接时，把螺栓穿入两个被连接零件的内孔中，套上垫圈，拧上螺母，如图 7-12a、b 所示。图 7-12c 所示为螺栓连接图按比例的简化画法。

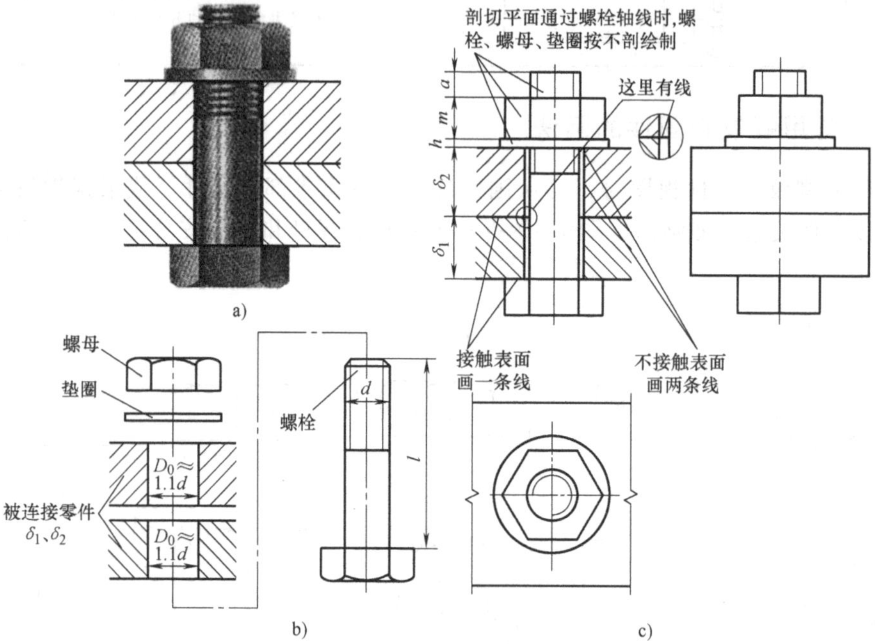

图 7-12 螺栓连接画法

画螺栓连接图时，应遵循下列基本规定。

1）被连接两个零件上的孔径比螺栓直径大（一般为 $1.1d$），两表面不接触，图中应画出两条轮廓线，以表示存在间隙；两个被连接零件的接触面只画一条轮廓线，也不要特意加粗。

2）剖切平面通过螺栓、螺母、垫圈等标准件的轴线时，按不剖画出，只画其外形。螺母、螺栓头部及螺纹的倒角交线，省略不画，按简化绘制。

3）在同一剖视图中，被连接相邻两零件的剖面线方向应相反。但同一零件在不同剖视图中的剖面线方向和间距应相同。

4）螺栓长度 L 的计算公式为

$L=(\delta_1+\delta_2)+$垫圈厚度$(h=0.15d)+$螺母高度$(m=0.8d)+$螺纹伸出长度$(a=0.3d\sim0.4d)$

根据公式计算出螺栓长度 L，再从附表 4 的 l 系列标准值中选取接近值。螺纹伸出不足或过长都是不合理的。

5）螺栓的螺纹终止线应低于垫圈的底面，以表示拧紧螺母还有足够的螺纹长度。

2. 螺柱连接的画法

当被连接件之一较厚，不便加工出通孔时，或为使拆卸时不必拧出螺柱，保护被连接件上的螺孔，常采用螺柱连接。连接时，先将螺柱的旋入端旋入螺孔 δ_1 中，再装上被连接件 δ_2，套上弹簧垫圈，拧紧螺母，如图 7-13a、b 所示。图 7-13c、d、e 所示为螺柱连接图按比例的简化画法。

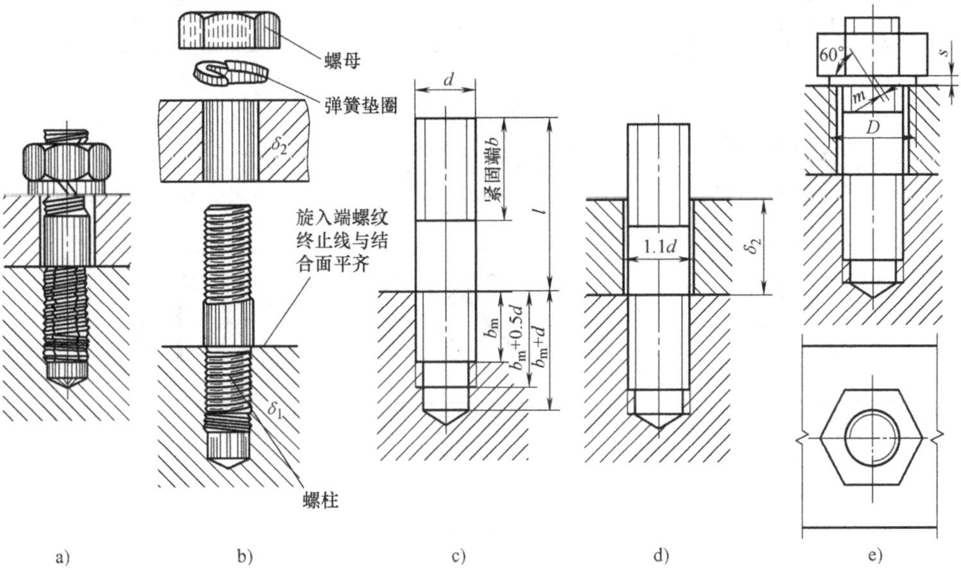

图 7-13　双头螺柱连接画法

画螺柱连接图时应注意如下。

1）旋入端螺纹终止线应与结合面平齐，以表示旋入端已拧紧。

2）旋入端长度 b_m 的值由旋入零件螺孔的材料决定：钢和青铜 $b_m=d$，铸铁 $b_m=1.25d$ 或 $1.5d$，铝合金 $b_m=2d$。

3）为了确保旋入端全部旋入，零件上的螺孔深度应大于旋入端长度（$b_m+0.5d$）。钻孔的孔径为螺纹的小径（$0.85d$），圆锥角是 120°，孔深度为（b_m+d），如图 7-13c 所示。螺纹旋入端与孔深，允许按图 7-13d 所示简化。

4）有效长度 $l=\delta_2+0.2d$（垫圈厚度）$+0.8d$（螺母高度）$+(0.3\sim0.4d)$（螺纹伸出长度）。根据公式计算出螺柱有效长度 l，l 取整数，再从附表 5 的 l 系列标准值查得接近值。

5）图 7-13e 所示为采用弹簧垫圈的螺柱连接，弹簧垫圈的弹性所产生的摩擦力可防止螺母松动。弹簧垫圈 $D=1.5d$，$s=0.2d$，$m=0.1d$，弹簧垫圈开槽方向与水平成左斜 60°。

3. 螺钉连接画法

常用螺钉种类很多，按其用途可分为连接螺钉和紧定螺钉两类。

螺钉连接不需要螺母，通常用于受力不大、不经常拆卸的场合。螺钉连接图画法除头部

（头部画法如图 7-11）不同外，其他部分与螺柱连接画法相似。图 7-14a 所示为开槽沉头螺钉连接图的比例近似画法。

画螺钉连接图时应注意以下问题。

1）螺纹终止线必须超出两个被连接件的结合面。

2）具有槽沟的螺钉头部，在与轴线平行的视图上槽沟应放正，而在与轴线垂直的视图上应画成与水平倾斜 45°，槽宽约 0.2d，可以涂黑表示。

3）螺钉有效长度 $L = b_m + \delta$，再根据附表 7 查取标准值。

为了简化作图，常按图 7-14b 所示绘画。图 7-14c 所示的 1、2、3 处是错误画法。

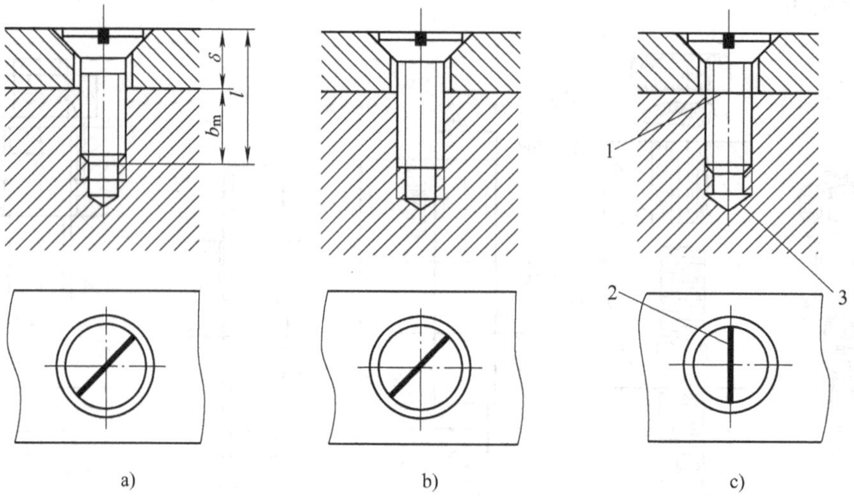

图 7-14 螺钉连接画法

a）正确 b）简化画法 c）错误

紧定螺钉常用来限制两零件的相对运动。紧定螺钉分为柱端、锥端和平端三种，见附表 8。

图 7-15 所示为锥端紧定螺钉连接的画法。

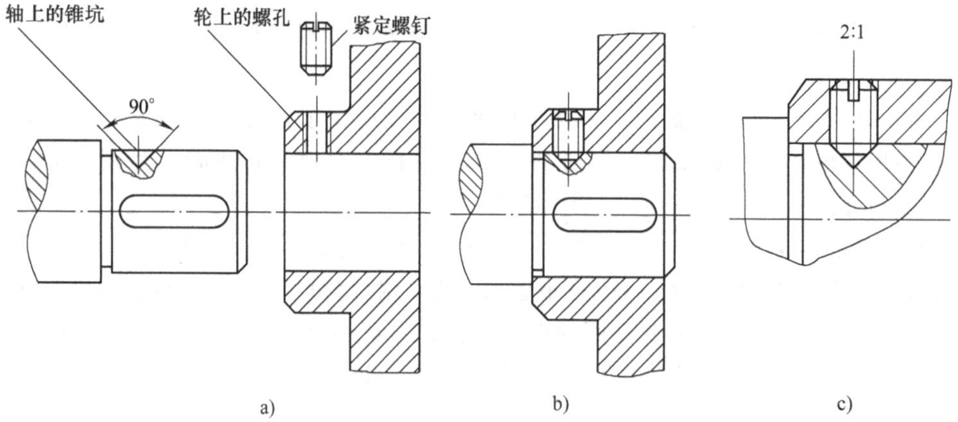

图 7-15 紧定螺钉连接画法

a）连接前 b）连接后 c）放大图

第三节　键、销连接

一、键连接

键通常用来连接轴和装在轴上的零件（如齿轮、带轮等），以传递转矩，如图7-16a所示。

1. 常用键的种类及标记

键的种类很多，常用的是普通平键、半圆键、钩头楔键这三种标准件，如图7-16b、c、d所示。

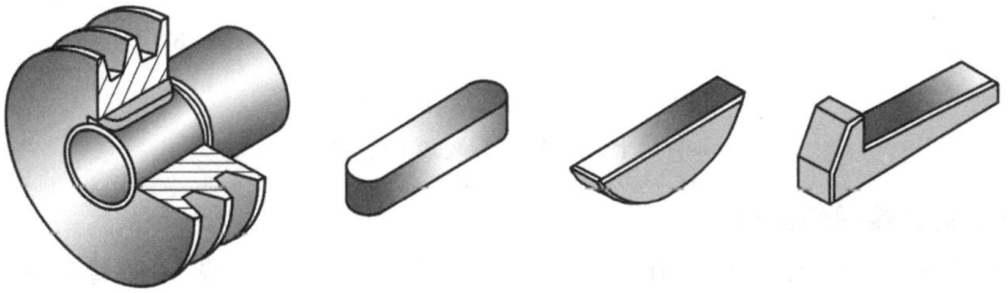

a)　b)　c)　d)

图7-16　键的种类

a）普通平键连接　b）普通平键　c）半圆键　d）钩头楔键

普通平键应用广泛，结构类型有A型（圆头）、B型（平头）、C型（单圆头）三种，其尺寸和标记见附表12。

普通平键标记格式为

| 标准号 | 名称 | 型式（A型不注） | 键宽 b | × | 键高 h | × | 键长 L |

如：

标注普通圆头A型平键　键宽16mm，键高10mm，键长100mm的标记为GB/T 1096　键 $16 \times 10 \times 100$

解释GB/T 1096　键 B$18 \times 11 \times 100$　标记的含义：普通平头B型平键　键宽 $b = 18$mm，键高 $h = 11$mm，键长 $L = 100$mm。

2. 普通平键键槽的加工、画法及标注

键槽的加工方法很多，图7-17所示为常见加工方法，了解它有利于键槽尺寸的标注。

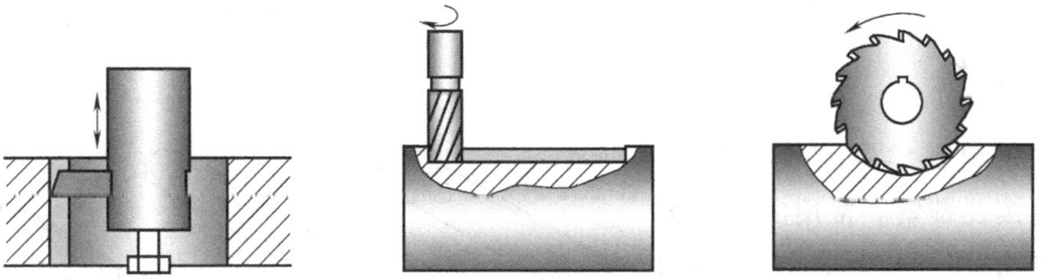

a)　b)　c)

图7-17　轮、轴上键槽的加工

a）插制轮孔中键槽　b）铣削轴上平键槽　c）铣削轴上半圆键键槽

图 7-18 所示为轴上平键槽和轮上键槽的画法和尺寸标注。键槽的宽度 b、轴上的槽深 t_1 和轮毂上槽深 t_2 根据轴（孔）的直径查附表 12。键槽长度 L 应小于或等于轮毂宽度 B。键槽的画法和尺寸标注如图 7-18 所示。

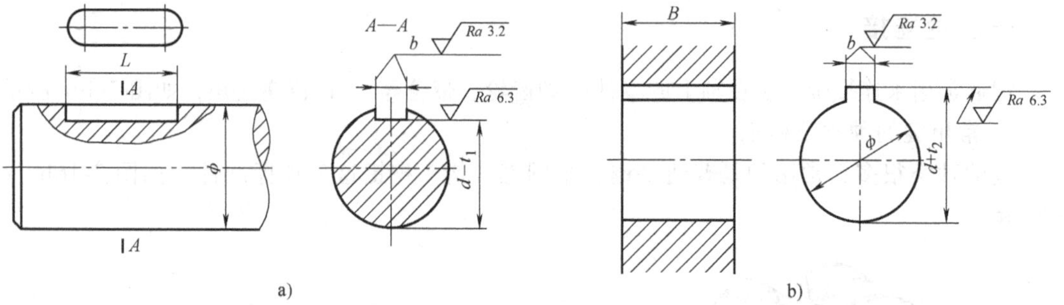

图 7-18 键槽的画法和尺寸标注

a）轴上的键槽 b）轮毂上的键槽

3. 普通平键连接图的画法

画键连接图时，根据轴径尺寸在相应标准查得各部分数值作图（如普通平键连接查附表 12）。

图 7-19 为普通平键连接图。主视图中键被剖切面纵向剖切，键按不剖处理，用局部剖表示键与轴的连接关系。左视图中键被横向剖切，键要画剖面线（剖面线的间隙与轮或轴之一不同）。

平键两侧面为工作面，分别与轴和轮毂的键槽面配合，键的底面与轴的键槽底面接触，都只画一条线；键的顶面与轮毂键槽底面不接触，画两条线表示留有间隙。

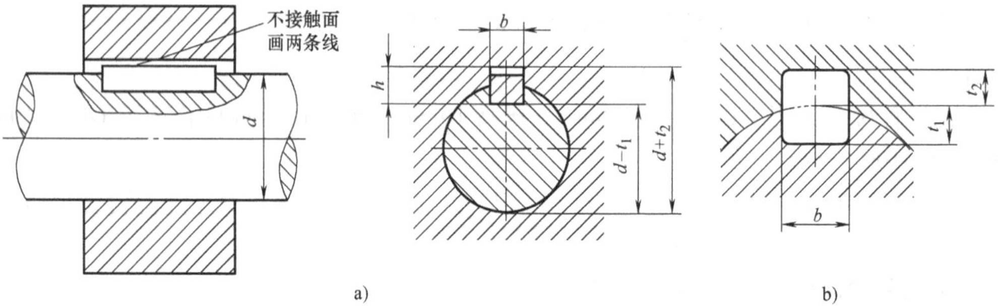

图 7-19 普通平键连接图

二、销连接

销常用于机器零件之间的定位，也可用于连接及锁紧。常用的销有圆柱销、圆锥销和开口销，如图 7-20 所示。

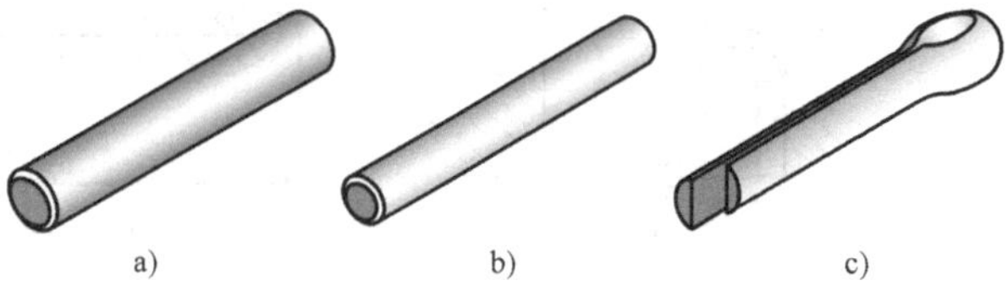

图 7-20 销

a）圆柱销 b）圆锥销 c）开口销

1. 圆柱销、圆锥销的标记

圆柱销、圆锥销的结构和尺寸可

从附表 13 中查得，其标记格式为

名称 标准号 公称直径 公差 × 公称长度

例如：销　GB/T 119.1　8m6 ×30

表示圆柱销公称直径 $d=8$mm，公差 m6，公称长度 $l=30$mm，材料为钢，不经淬火，不经表面处理。

销　GB/T 117　10 ×70

表示 A 型圆锥销公称直径 $d=10$mm（指锥销小端直径），公称长度 $l=70$mm，材料为 35 钢，热处理后硬度可达 28 ~38HRC，表面氧化处理。

2. 销孔的尺寸标注和销连接的画法

销与销孔装配要求较高，销孔一般是把零件装配后一起加工出的。图 7-21a、b、c 所示为圆锥销孔的加工和装配过程。

图 7-21d 所示为圆锥销孔的尺寸标注（用旁注法），圆销孔公称直径是指圆锥销小端直径。图 7-22 所示为圆柱销、圆锥销和开口销连接的画法。

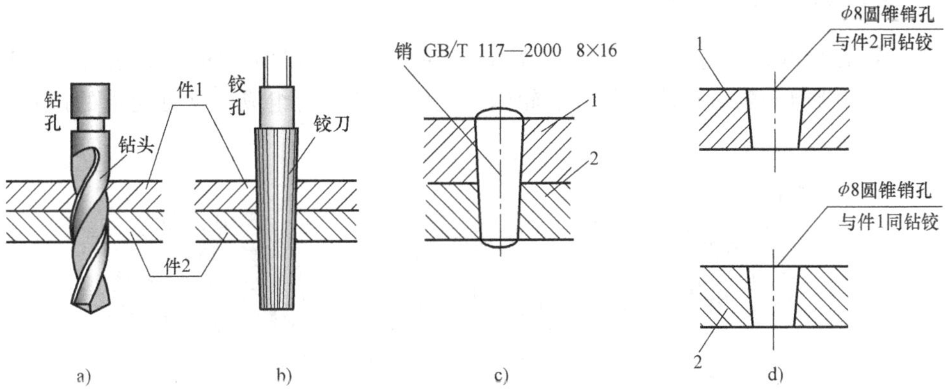

图 7-21　圆锥销孔的加工和装配过程及尺寸标注

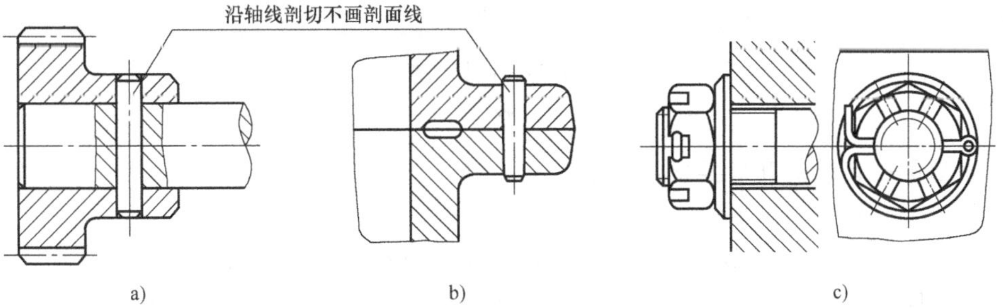

图 7-22　销连接画法

a）圆柱销连接　b）圆锥销连接　c）开口销连接

第四节　齿　　轮

齿轮是机器中广泛应用的一种传动件，常用于传递动力、改变转速和旋转方向。

齿轮的种类很多，按传动形式可分为圆柱齿轮（用于两平行轴间的传动）、锥齿轮（用于两相交轴间的传动）、蜗杆蜗轮（用于两交错轴间的传动、如图 7-23 所示）。本书主要介绍直齿圆柱齿轮的画法。

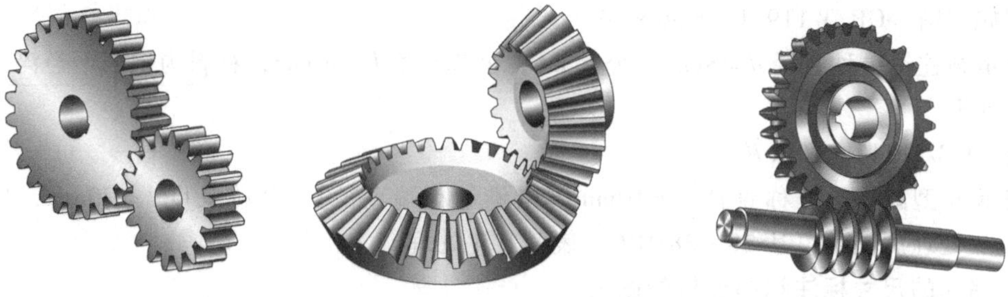

a)　　b)　　c)

图 7-23　齿轮传动

a）圆柱齿轮传动　b）圆锥齿轮传动　c）蜗杆传动

一、直齿圆柱齿轮的参数和计算

圆柱齿轮有直齿、斜齿、人字齿等，如图 7-24 所示。其中常用的是直齿圆柱齿轮（简称直齿轮），其结构一般由轮体（轮毂、轮辐、轮级）及轮齿组成。常见轮齿的齿廓曲线为渐开线。

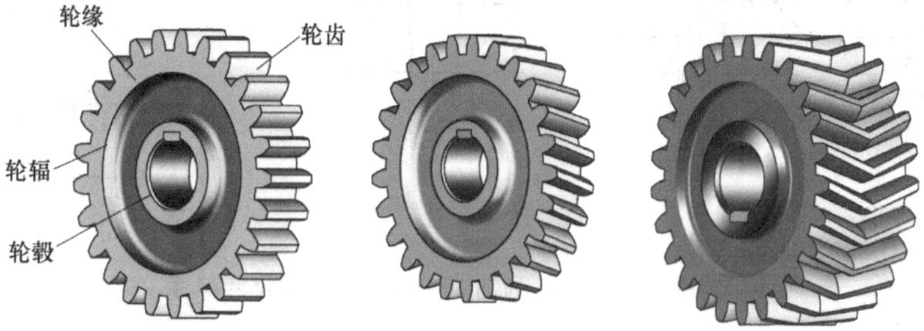

a)　　b)　　c)

图 7-24　圆柱齿轮

a）直齿　b）斜齿　c）人字齿

1. 直齿圆柱齿轮的几何要素及代号（图 7-25）

（1）单个齿轮上的三个圆

1）齿顶圆——通过齿轮齿顶的圆称为齿顶圆，直径用“d_a”表示。

2）齿根圆——通过齿轮齿槽根部的圆称为齿根圆，直径用“d_f”表示。

3）分度圆——假想介于齿顶和齿根的圆，是圆柱齿轮的分度曲面与端平面的交线，直径用“d”表示。分度圆是设计、制造齿轮时进行尺寸计算的基准圆和测量的依据，也是加工齿轮时作为齿数分度的圆。

（2）齿高

1）齿顶高——齿顶圆到分度圆的径向距离，用“h_a”表示。

2）齿根高——分度圆到齿根圆的径向距离，用“h_f”表示。

3）全齿高——齿顶圆到齿根圆的径向距离，用“h”表示，$h = h_a + h_f$。

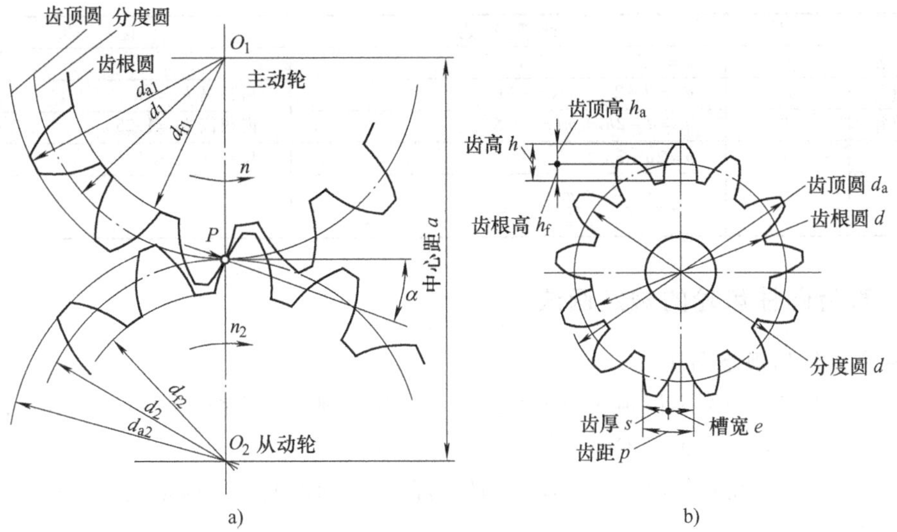

图 7-25 齿轮各部分名称与代号

a）啮合的圆柱齿轮 b）单个的圆柱齿轮

（3）齿距 分度圆上相邻的两个齿廓对应点之间的圆弧长称为齿距，代号用“p”表示。若是标准齿轮，分度圆上的齿厚 s 与齿槽宽 e 近似相等，即 $s \approx e = p/2$。

（4）中心距 两齿轮啮合的两轴线距离称为中心距，用“a”表示。

2. 直齿圆柱齿轮的基本参数

（1）齿数 z 一个齿轮上轮齿的个数。

（2）模数 当齿轮齿数为 z 时，分度圆圆周周长为 $\pi d = pz$，因此分度圆直径为 $d = zp/\pi$。

齿距 p 与圆周率 π 之比的商（$m = p/\pi$）称为齿轮模数，用“m”表示，尺寸单位为 mm。模数 m 是决定齿轮大小和齿轮承载能力的主要因素，是齿轮设计、加工（选刀具）的基本参数。

为了便于设计和制造，国家标准对模数规定了标准数值，见表 7-3。

表 7-3 模数的标准系列（GB/T 1357—2008）

第一系列	1 1.25 1.5 2 2.5 3 4 5 6 7 8 10 12 16 20 25 32 40 50
第二系列	1.125 1.375 1.75 2.25 2.75 3.5 4.5 5.5 （6.5） 7 9 11 14 18 22 28 35 45

注：应尽量避免用第二系列中的法向模数 6.5，表中用括号表示。

（3）压力角 一对传动齿轮，在接触点 P 处齿廓曲线公法线与两分度圆公切线之间的夹角称为压力角，用“α”表示。我国采用的标准压力角为 20°。

3. 直齿圆柱齿轮各部分尺寸的计算公差

直齿圆柱齿轮各部分尺寸计算关系见表 7-4。

表 7-4 直齿圆柱齿轮各部分尺寸计算关系

名称	代号	计算公式	说明
齿数	z	根据设计要求或测绘而定	z、m 是齿轮的基本参数，设计计算时，先确定 m、z，然后得出其他各部分尺寸
模数	m	$m = p/\pi$ 或 d/z。根据强度计算或测绘而得	

（续）

名称	代号	计算公式	说明
分度圆直径	d	$d=mz$	
齿顶圆直径	d_a	$d_a=d+2h_a=m(z+2)$	齿顶高 $h_a=m$
齿根圆直径	d_f	$d_f=d-2h_f=m(z-2.5)$	齿根高 $h_f=1.25m$
齿宽	b	$b=2p\sim3p$	齿距 $p=\pi m$
中心距	a	$a=\dfrac{d_1+d_2}{2}=\dfrac{m}{2}(z_1+z_2)$	

二、直齿圆柱齿轮的规定画法

1. 单个齿轮的规定画法

国家标准规定齿顶圆和齿顶线用粗实线表示；分度圆和分度线用细点画线表示；齿根圆和齿根线用细实线表示，也可省略，如图7-26a所示。

当剖切面通过齿轮轴线时，剖视图上的轮齿部分不画剖面线，齿根线用粗实线表示，如图7-26b所示。

斜齿、人字齿轮在非圆外形视图上用三条与齿线方向相一致的细实线表示，如图7-26c、d所示。

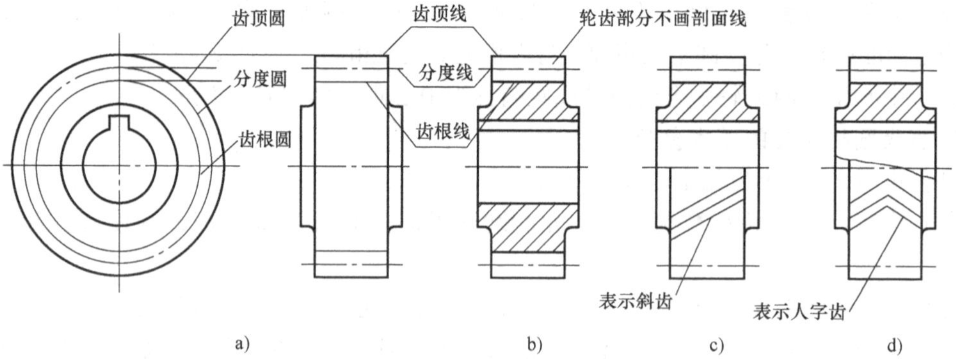

图7-26 圆柱齿轮的规定画法

单个齿轮一般采用主、左两个视图，主视图的齿轮轴线水平放置，左视图也可采用局部视图，表示圆孔上的键槽，如图7-31所示。

*2. 单个齿形的近似画法

有的齿轮图因尺寸标注的需要，需单独画出一个齿形。此时可用圆弧代替渐开线的齿廓形状，如图7-27所示。图中，s 为齿厚，r 为齿根部圆角（$r=0.2m$）。

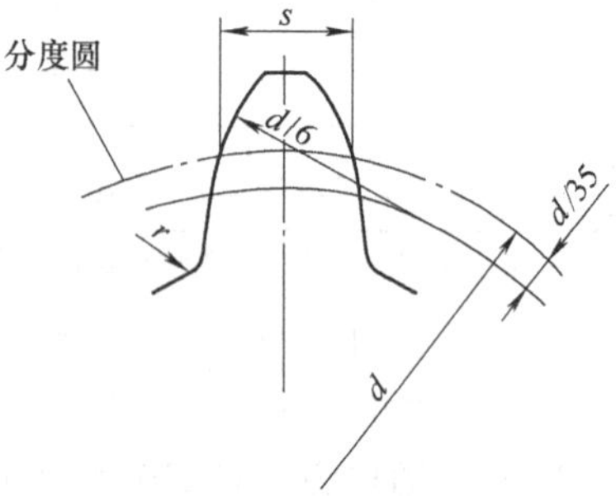

图7-27 齿形的近似画法

3. 两齿轮啮合的规定画法

两标准齿轮啮合时，两齿轮的分度圆相切，此时的分度圆又称为节圆。

（1）反映为圆的视图 相切两节圆画点画线，两齿根圆省略，啮合区内两齿轮顶画粗实线，也可省略，如图7-28a、b所示。

（2）非圆的剖视图 两齿轮节线重合画细点画线，齿根线画粗实线，一个齿顶线视为可见（画粗实线），另一齿被视为遮住不可见（齿顶线画虚线）如图 7-29 所示，也可省略不画。轮齿不画剖面线，如图 7-28a 所示。

（3）非圆的视图　啮合区的齿顶线省略，节线画粗实线，其他节线仍画细点画线（图 7-28c、d）。

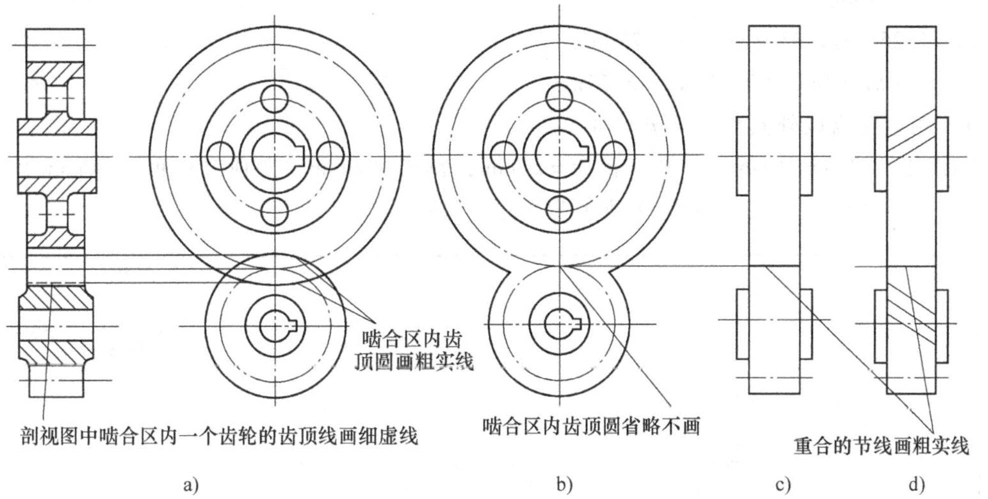

图 7-28　圆柱齿轮啮合的规定画法

a）规定画法　b）省略画法　c）外形视图（直齿）　d）外形视图（斜齿）

*4. 标准直齿轮的测绘

根据齿轮实物，通过测量，计算并确定其主要参数和各部分尺寸，画出齿轮工作图。其步骤如下。

1）数齿数 z，如 $z=26$。

2）测量齿顶圆直径 d。偶数齿轮可直接量得 d_a'，如图 7-30a 所示；奇数齿轮按图 7-30b 所示，测出齿轮孔径 d 和齿顶到孔壁的径向尺寸 e，得 $d_a'=d+2e$。例如，测得齿顶圆直径 d_a' 为 84.1mm。

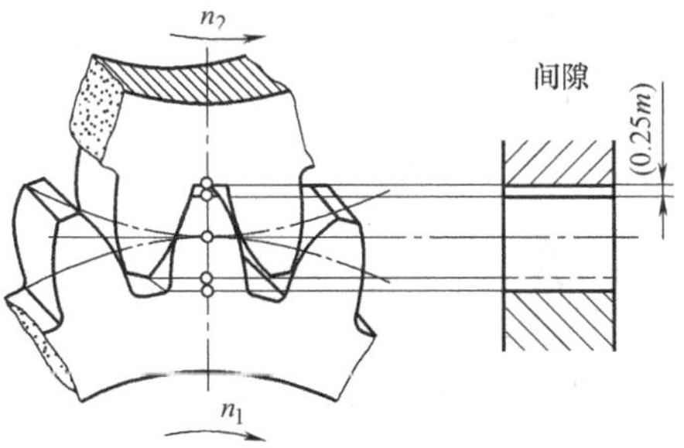

图 7-29　齿轮啮合区取剖视的画法

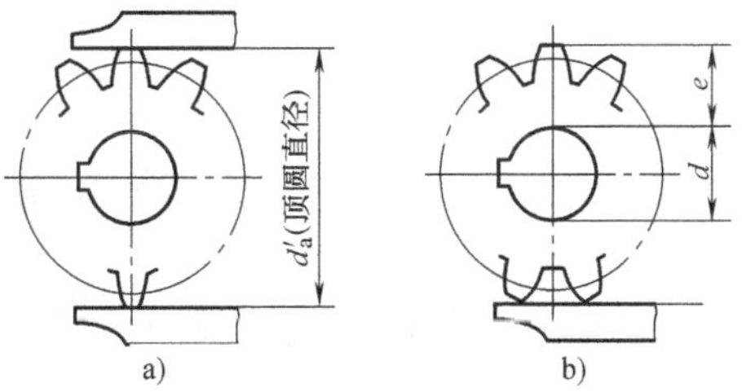

图 7-30　齿轮齿顶圆直径的测量

3）确定模数。

$$m=\frac{d_a}{z+2}=\frac{84.1\text{mm}}{26+2}=3.004\text{mm}$$

与表 7-3 核对，3.004mm 与第一系列标准模数 3mm 最接近，所以选取 $m=3$mm。

4）计算轮齿各部分的尺寸。

$d = mz = 3\text{mm} \times 26 = 78\text{mm}$

$d_a = m(z+2) = 3\text{mm} \times (26+2) = 84\text{mm}$

$d_f = m(z-2.5) = 3\text{mm} \times (26-2.5) = 70.5\text{mm}$

$h_a = m = 3\text{mm}$

$h_f = 1.25\text{m} = 1.25 \times 3\text{mm} = 3.75\text{mm}$

$h = h_a + h_f = 3\text{mm} + 3.75\text{mm} = 6.75\text{mm}$

5）测量轮齿以外其他各部分尺寸。

如齿轮宽度 $b = 16\text{mm}$，轮孔直径 $D = 20\text{mm}$，键槽宽 6mm，槽顶至孔底 22.8mm 等。

6）绘制齿轮零件图。图 7-31 所示为齿轮零件图。

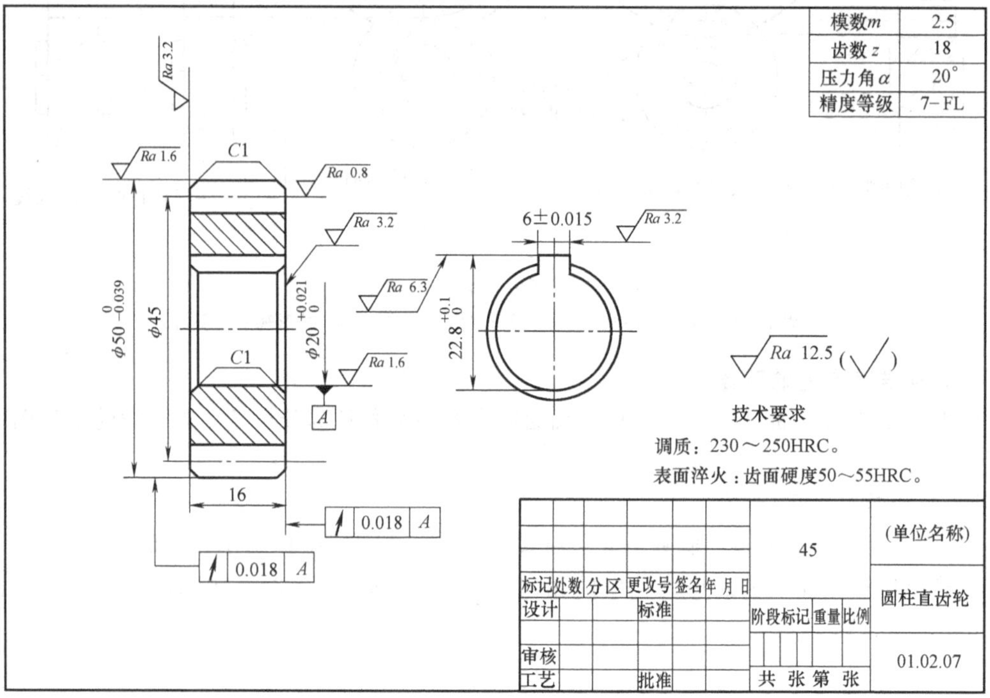

图 7-31 直齿圆柱齿轮零件图

第五节 滚动轴承

滚动轴承是支承传动轴旋转的标准组合件，由于结构紧凑，摩擦力小等优点，被广泛地应用。

一、滚动轴承的种类和结构

滚动轴承按承受载荷情况，一般分为向心轴承、推力轴承、向心推力轴承三类。虽然种类不同，但它们的结构大体相似，一般都是由以下部分组成：外圈装在机体轴承孔，一般固定不动；内圈装在轴径上，随轴旋转；滚动体有球形、圆柱形和圆锥形，在外圈和内圈的滚道内；保持架用于隔开滚动体，见表 7-5。

表 7-5　常用轴承的结构及应用

轴承类型	深沟球轴承 6	推力球轴承 5	圆锥滚子轴承 3
结构形式	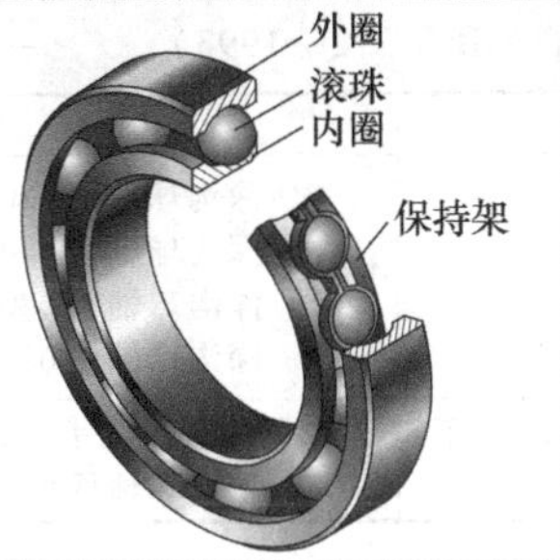	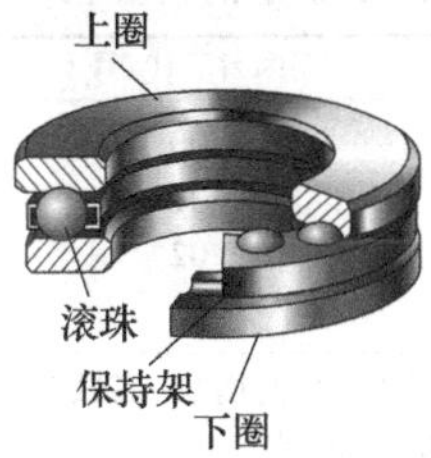	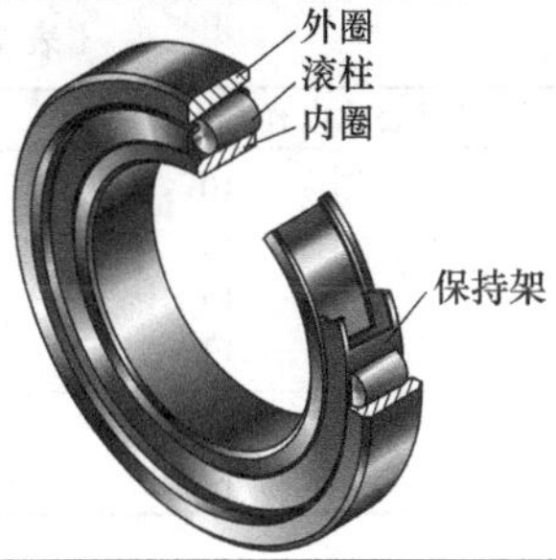
国标代号	GB/T 276—2013	GB/T 28697—2012	GB/T 297—1994
应用	主要承受径向载荷	只承受单向轴向载荷	能承受径向载荷与一个方向的轴向载荷

二、滚动轴承代号

滚动轴承的代号是表示滚动轴承的结构、尺寸、公差等级和技术性能的产品特征符号。

国家标准规定轴承代号由基本代号、前置代号和后置代号三部分组成，其排列顺序如下。

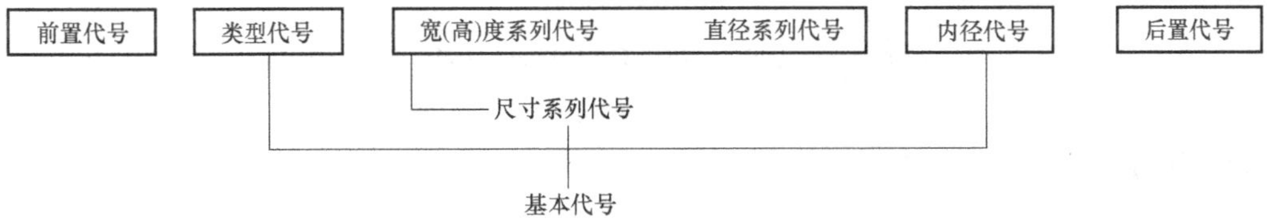

1. 基本代号（滚针轴承除外）

基本代号表示滚动轴承的基本类型、结构和尺寸，是轴承代号的基础。基本代号由轴承类型代号、尺寸系列代号和内径代号三部分组成。

（1）轴承类型代号　用阿拉伯数字或大写拉丁字母表示，见表 7-6。如“6”表示深沟球轴承；“0”表示双列角接触球轴承，可省略标注。

表 7-6　滚动轴承的类型代号（摘自 GB/T 272—1993）

代号	0	1	2	3	4	5	6	7	8	N	U	QJ
轴承类型	双列角接触球轴承	调心球轴承	调心滚子轴承和推力调心滚子轴承	圆锥滚子轴承	双列深沟球轴承	推力球轴承	深沟球轴承	角接触球轴承	推力圆柱滚子轴承	圆柱滚子轴承	外球面球轴承	四点接触球轴承

（2）尺寸系列代号　一般由两位数字组成，前一位数字代表轴承宽（高）系列，后一位数字代表外直径系列。尺寸系列表示内径相同的滚动轴承具有不同外径，而同样的外径又有不同的宽度（或高度），因此可以满足各种不同要求的承载能力。具体代号可查阅相关标准。

（3）内径代号　表示滚动轴承的公称内径，用两位数字表示。在通常情况下，代号数字 04，即 00、01、02、03，分别表示轴承公称内径为 10mm、12mm、15mm、17mm；当代号数字≥04 时，代号数字乘以 5，即得轴承内径，如 08，即 8mm × 5 = 40mm。滚动轴承的内径代号见表 7-7。

表 7-7　滚动轴承的内径代号（摘自 GB/T 272—1993）

轴承公称内径/mm		内径代号	示例
10 ~ 17	10	00	深沟球轴承 6200　$d = 10$mm
	12	01	深沟球轴承 6201　$d = 12$mm
	15	02	深沟球轴承 6202　$d = 15$mm
	17	03	深沟球轴承 6203　$d = 17$mm
20 ~ 480 (22、28、32 除外)		公称内径除以 5 的商数，商数为个位数，需在商数左边加“0”，如 08	调心滚子轴承 23208　$d = 40$mm 深沟球轴承 6215　$d = 75$mm

2. 前置、后置代号

当轴承的结构形式、尺寸、公差、技术要求等有改变时，可在其基本代号左右添加补充代号，其中前置代号用字母表示，后置代号用字母或数字表示。前置、后置代号有许多种，其含义可查阅 GB/T 272—1993。

3. 滚动轴承代号标注举例

名称　轴承代号　标准号

【例 7-1】　滚动轴承 6204 GB/T 276—1994

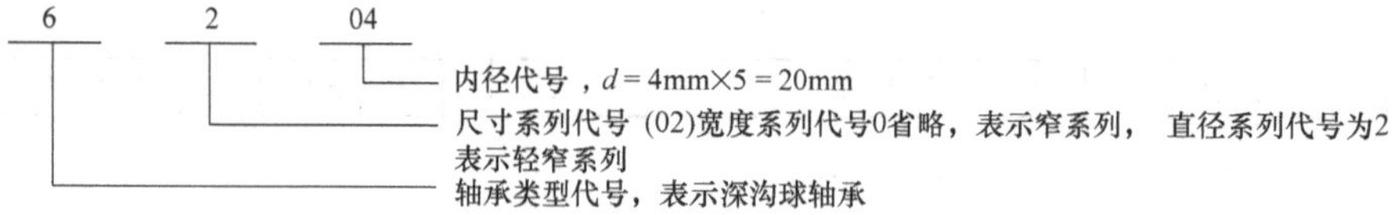

【例 7-2】　滚动轴承 N208 GB/T 276—1994

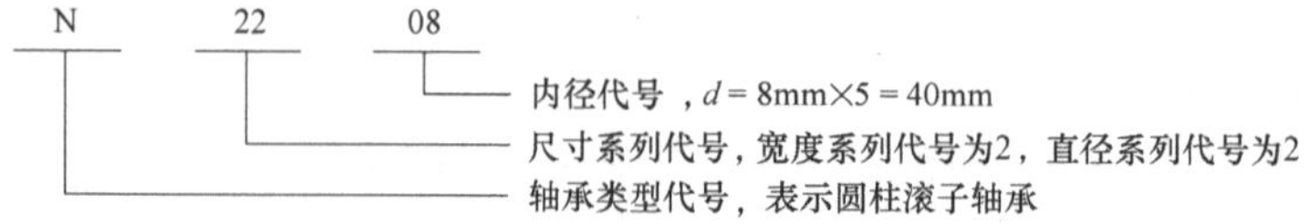

【例 7-3】　滚动轴承 K81107 GB/T 276—1994

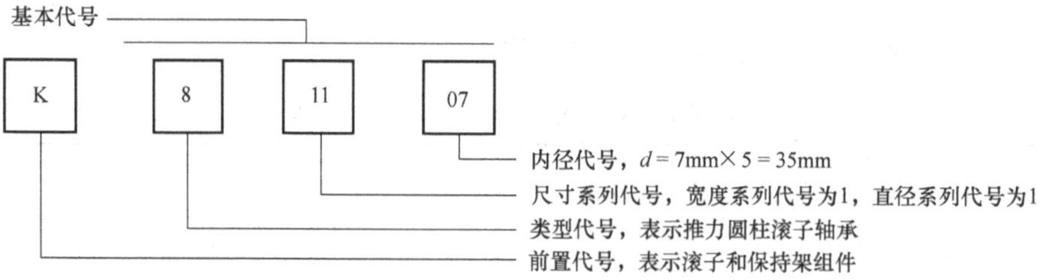

【例 7-4】　滚动轴承 7210N GB/T—1994

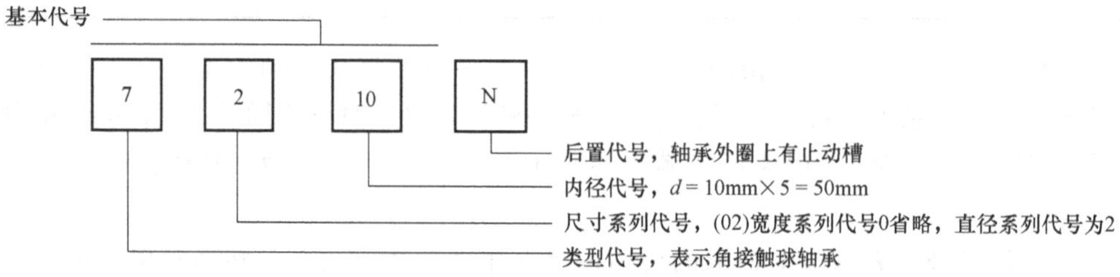

三、滚动轴承的画法

滚动轴承是标准组件，不必画各组成部分的零件图，在装配图上只需根据代号，在相应标准中查得主要数据按简化画法绘制。

国家标准规定了滚动轴承的简化画法（通用画法和特征画法）和规定画法。

在剖视图中，当不需要确切地表示滚动轴承的外形轮廓、载荷特征和结构特征时，可采用通用画法。当需要较形象地表示滚动轴承的特征时，可采用特征画法。必要时，用规定画法绘制。

表 7-8 所示为常用三种滚动轴承的简化画法和规定画法。

表 7-8　滚动轴承的简化画法和规定画法（摘自 GB/T 4458.1—2002）

类型名称和标准号	查表主要数据	简化画法		规定画法
		通用画法	特征画法	
深沟球轴承 GB/T 276—2013 60000 型	*D* *d* *B*		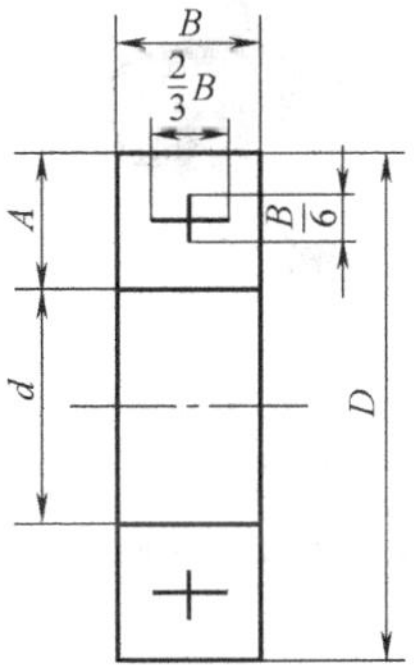 	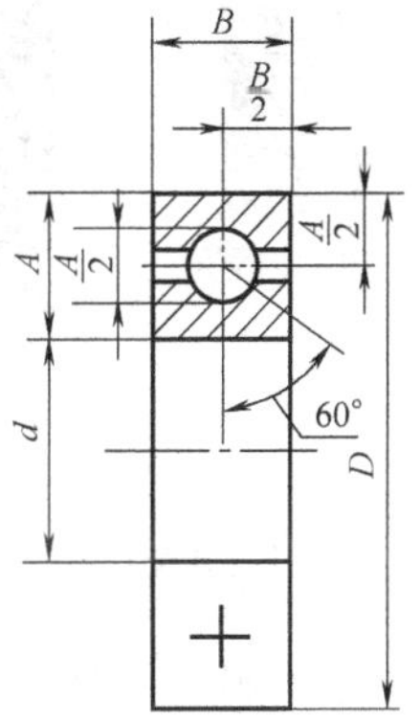
圆锥滚子轴承 GB/T 273.1—2011 30000 型	*D* *d* *B* *T* *C*	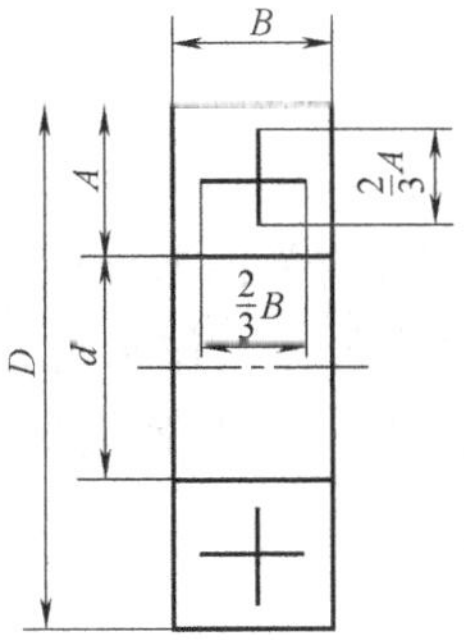 	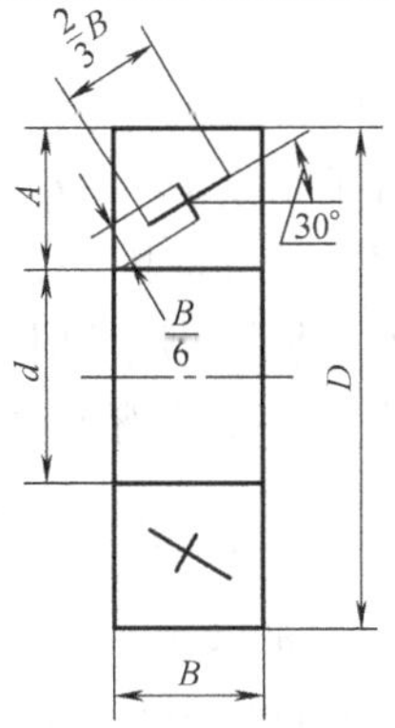 	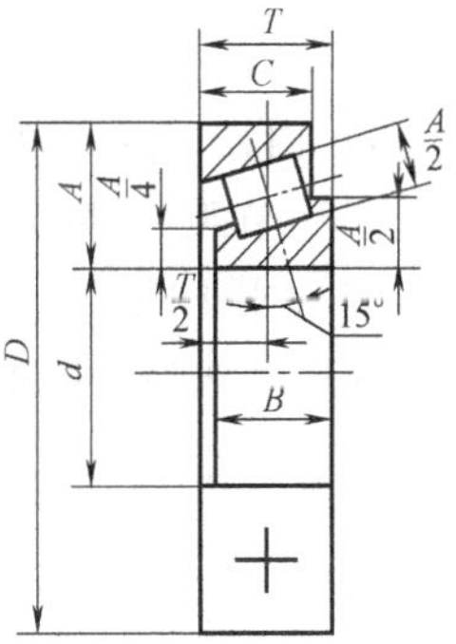
推力球轴承 GB/T 28697—2012 51000 型	*D* *d* *T*		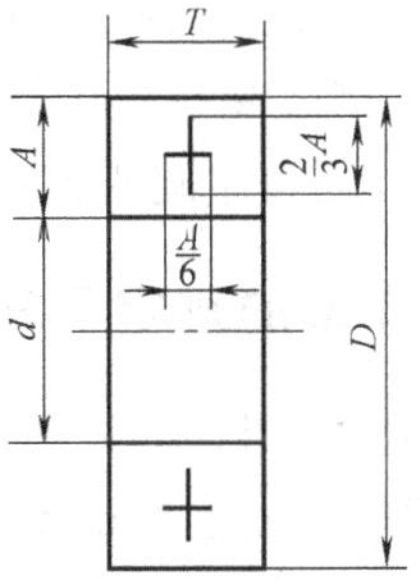 	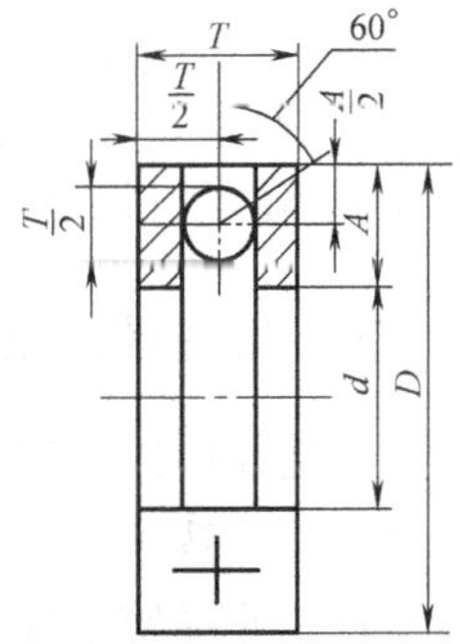

第六节 弹　　簧

弹簧被广泛用来储存能量、减振、夹紧、测力等。弹簧的种类很多，有螺旋弹簧、涡卷弹簧、板弹簧及片弹簧等。常见的螺旋弹簧有压缩弹簧、拉伸弹簧和扭力弹簧，如图 7-32 所示。本节介绍圆柱螺旋压缩弹簧的尺寸计算和画法。

一、圆柱螺旋压缩弹簧各部分名称及尺寸关系（图 7-33）

（1）簧丝线径 d　制造弹簧的钢丝直径，按标准选取。

a)　　b)　　c)

图 7-32　常见的螺旋弹簧

a）压缩弹簧　b）拉伸弹簧　c）扭力弹簧

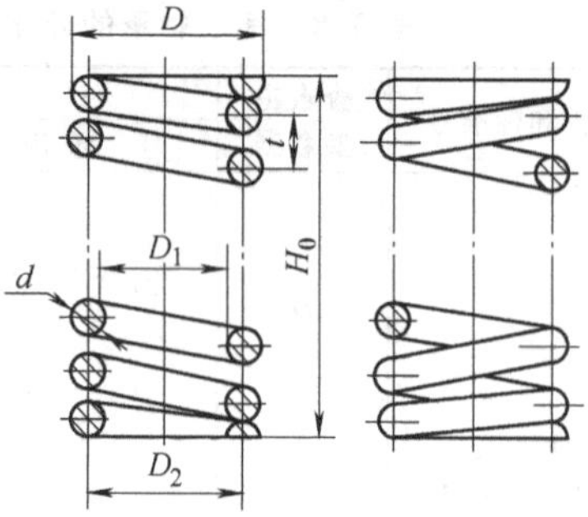

a)　　b)

图 7-33　圆柱螺旋压缩弹簧的名称、尺寸关系

（2）弹簧直径

1）中径 D_2：弹簧平均直径，按标准选取。

2）外径 D：弹簧最大直径，$D = D_2 + d$。

3）内径 D_1：弹簧最小直径，$D_1 = D_2 - d = D - 2d$。

（3）节距 t　除并紧磨平的支承圈外，两相邻有效圈截面中心线的轴向距离。

（4）支承圈数 n_2　为了使弹簧压缩时受力均匀，工作平稳，保证弹簧轴线垂直于支承面，制造时把弹簧两端并紧磨平，并紧磨平的几圈不参与弹簧受力变形，只起支承作用，称为支承圈。如图 7-33 所示，两端各并紧 $1\frac{1}{4}$圈为支撑圈，$n_2 = 2.5$ 圈。

（5）有效圈数 n　除去支承圈以外，保持节距相等的圈数。

（6）总圈数 n_1　沿螺纹轴线两端的弹簧圈数，$n_1 = n + n_2$。

（7）自由高度 H_0　弹簧未受任何载荷时的高度，$H_0 = nt + (n_2 - 0.5)d$。

（8）弹簧展开长度 L　制造弹簧前，簧丝的落料长度，$L \approx \pi D_2 n_1$。

（9）旋向　弹簧也有右旋和左旋两种，但大多数是右旋。

二、圆柱螺旋压缩弹簧的规定画法及画图步骤（GB/T 4459.4—2003）

1）圆柱压缩弹簧可画成视图、剖视图或示意图，如图 7-33 和图 7-36c 所示。

2）与弹簧轴线平行的投影面上的视图，弹簧的螺旋线画成直线。

3）螺旋弹簧不分左旋或右旋，一律画成右旋，但若是左旋弹簧，应注上代号“LH”。

4）有效圈数在4圈以上的弹簧，可以只画1~2圈（不含支承圈），中间省略不画，长度也可适当缩短，但应画出簧丝中心线。

5）由于弹簧画法实际上只起一个符号作用，所以螺旋弹簧要求两端并紧磨平时，不论支承圈多少，均可按图7-33所示形式绘制。支承圈数在技术条件中说明。

圆柱螺旋压缩弹簧的作图步骤如图7-34所示。

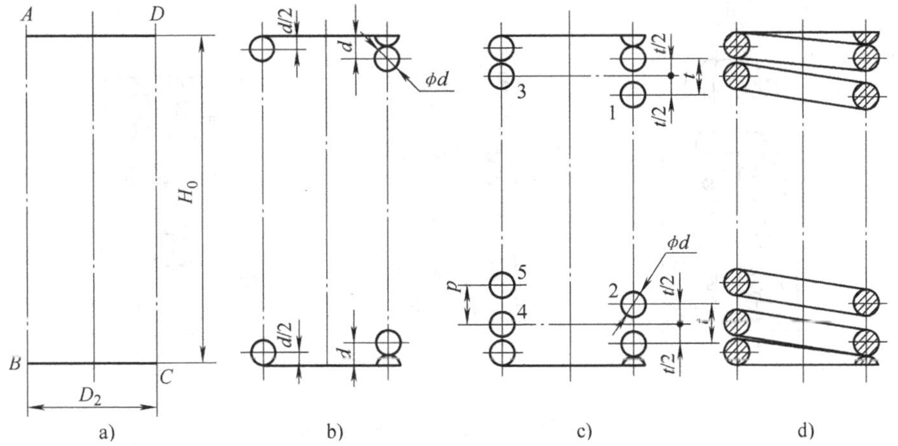

图7-34　圆柱螺旋压缩弹簧的作图步骤

a）以自由高度 H_0 和弹簧中径 D_2 作矩形 *ABCD*　b）画出支承圈部分与弹簧丝直径相等的圆与半圆

c）根据节距 t 作弹簧丝断面　d）按右旋方向作弹簧丝断面的切线，校核，加深，画剖画线

图7-35所示为弹簧零件图。图形上方的性能曲线表示弹簧负荷与长度之间的变化关系。如负荷 F_1 =725.2N，弹簧相应的长度为50mm。

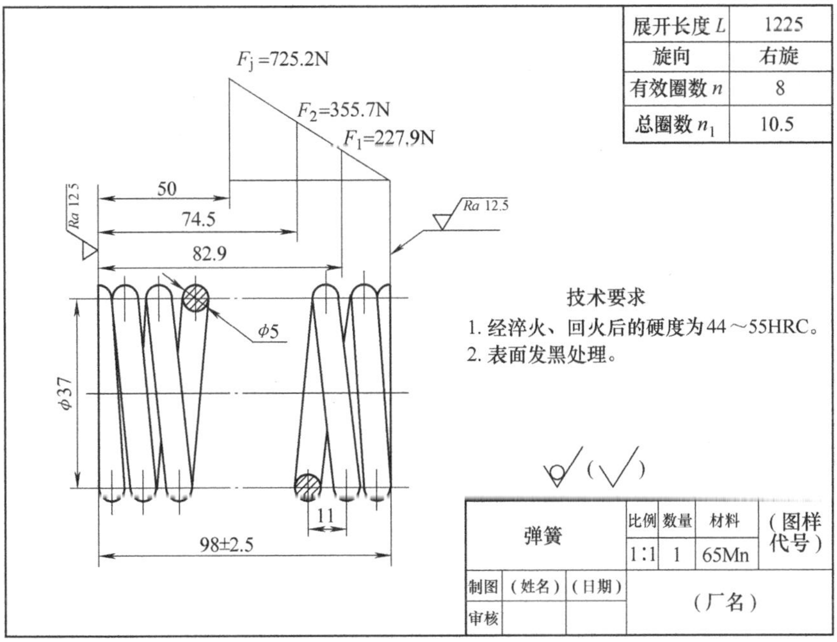

图7-35　弹簧零件图

三、装配图中螺旋压缩弹簧的简化画法

装配图中，弹簧被看做实心物体，因此，被弹簧挡住的结构一般不画出（图7-36a）。当弹簧被剖切，弹簧丝直径在图形上小于或等于2mm时，可用涂黑表示（图7-36b），也可采用示意画法（图7-36c）。

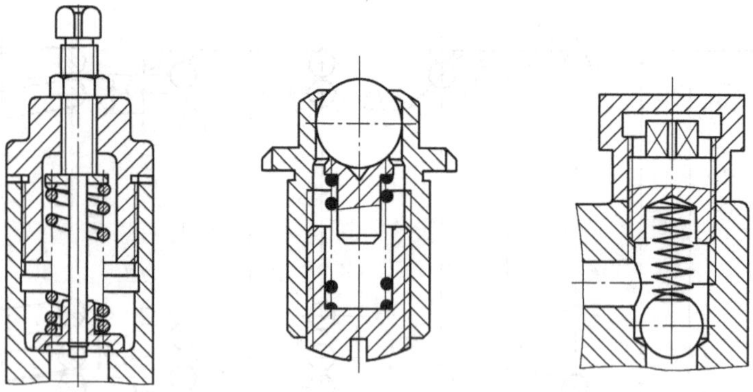

a)　　b)　　c)

图7-36　装配图中的弹簧画法

a）不画挡住部分的零件轮廓　b）弹簧断面涂黑　c）弹簧示意画法

第八章　零件图

第一节　零件图的作用和内容

一、零件图的作用

用于表示零件的结构形状、大小及技术要求的图样，称为零件图，图 8-1 所示为传动轴零件图。在生产过程中，从备料、加工、检验到成品都必须以零件图为依据，因此，它是指导零件生产过程的指令性的技术文件。

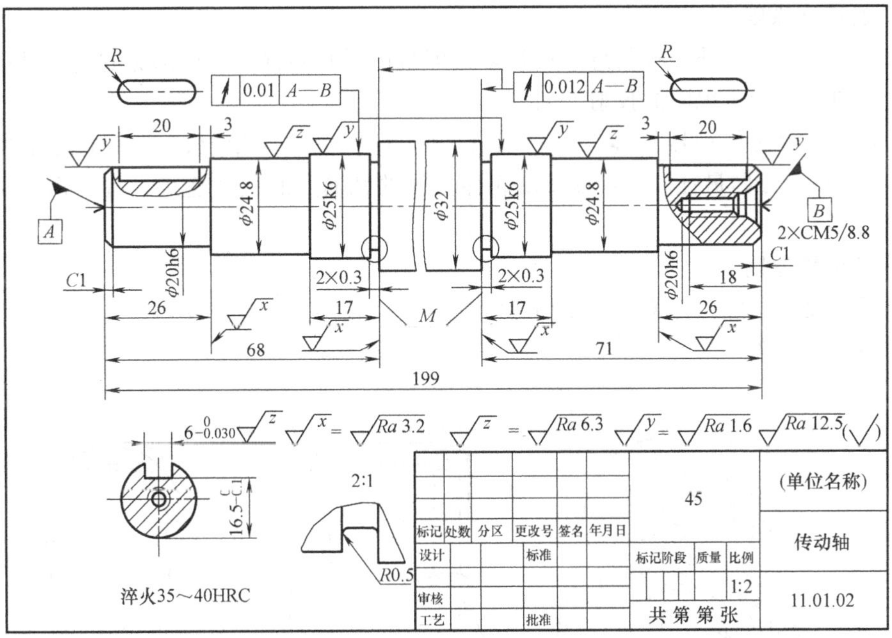

图 8-1　传动轴零件图

二、零件图的内容

一张完整的零件图一般应具备以下的基本内容。

1. 一组视图

用一组视图、剖视图、断面图等图形，将零件的内、外结构形状正确、完整、清晰地表示出来。

2. 完整的尺寸

正确、完整、清晰、合理地标注出制造、检验零件时所需要的全部尺寸。

3. 技术要求

用规定的符号、代号、标记或文字，说明零件在制造、检验时应达到的各项技术指标和要求，如尺寸公差、几何公差、表面结构（如表面粗糙度）、理化性能如热处理要求等。

4. 标题栏

填写零件的名称、件数、材料、比例、图号及制图和审核人员的责任签名等。

第二节　零件图的视图选择

零件图的视图选择应根据零件结构形状的特点，以及它在机器中所处的工作位置和机械加工位置等因素综合考虑，使选择的视图能够将零件的结构形状正确、完整、清晰地表述出来，达到便于读图和简化绘图的目的。

一、主视图的选择

主视图是表示零件形状的一组视图中的核心视图。主视图选择得合理与否，将直接影响到其他视图的选择和数量，关系到读图和画图是否方便。选择主视图应遵循如下原则。

1. 形状特征原则

应把反映零件内、外形状信息总量最多，即最能反映零件各组成部分的内、外形及其相对位置的方向，作为主视图的投射方向。

如图 8-2 所示的传动器箱体，分别从 *A*、*B*、*C* 三个方向投射，显然 *A* 向作为主视图（图 8-2b）的投射方向最佳。它最能反映箱体主体的圆筒、底板及连接结构的内、外形状和相对位置。

2. 加工位置原则

主视图的放置位置应与零件机械加工时的主要位置保持一致，使工人加工该零件时便于将图与实物对照读图。

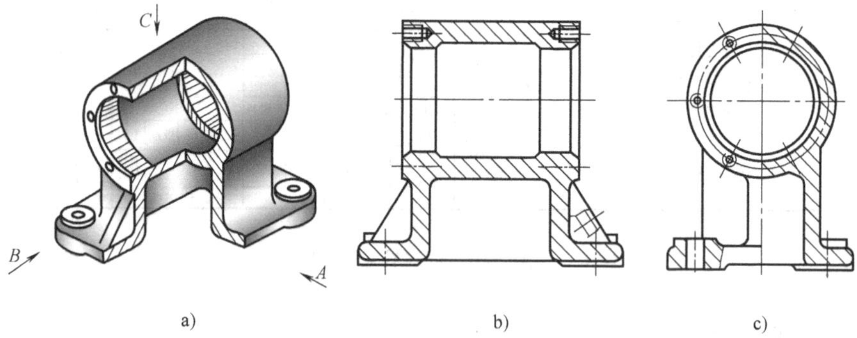

图 8-2　箱体主视图的投射方向

a）箱体轴测图　b）好的位置　c）不好的位置

如图 8-2b 所示，箱体主视图的位置符合镗孔时的加工位置；又如图 8-1 所示的传动轴和图 8-4b 所示端盖的主视图，将轴线水平位置放置，符合图 8-3 和图 8-4a 所示的车床切削加工位置。

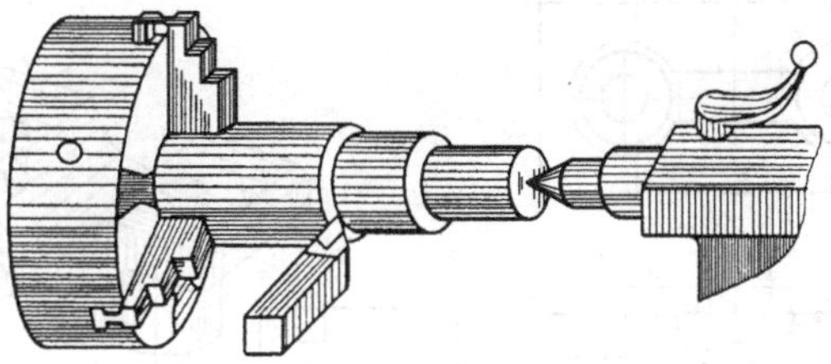

图 8-3　传动轴在车床上的加工位置

3. 工作位置原则

主视图放置的位置应与零件在机器（或部件）的工作位置和安装位置相一致，这样便于把零件和机器（部件）联系起来，想象零件工作状态及其作用，有利于读、画装配图。

如图 8-5 所示的吊钩主视图，图 8-2 所示的箱体主视图和图 8-1 所示的传动轴主视图均符合工作位置原则。

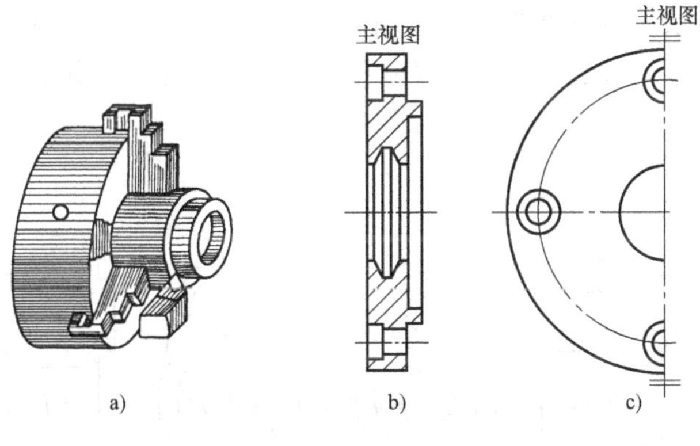

图 8-4　端盖主视图符合加工位置

a）轴测图　b）好的位置　c）不好的位置

确定零件图的主视图时，往往不能同时满足上述原则，此时要首先考虑形状特征原则，其次考虑工作位置原则和加工位置原则。

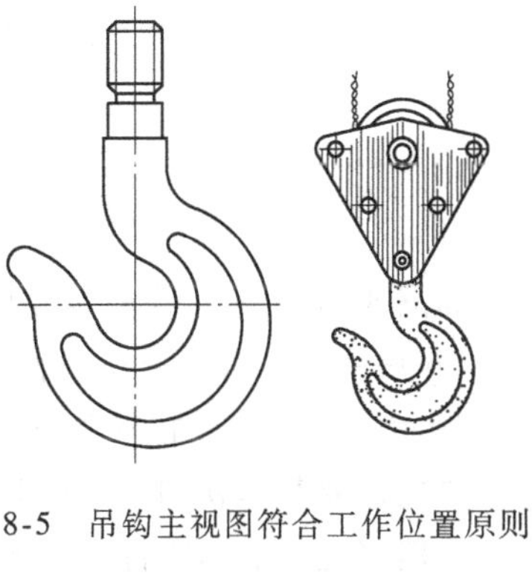

图 8-5　吊钩主视图符合工作位置原则

二、其他视图的选择

当主视图选定后，对零件主要结构形状尚未表示清楚的，首先选用基本视图（包括取剖视图）进行补充。

如图 8-6 所示的盖板除了主视图外，只有通过俯、仰视图及全剖左视图进行补充，才能把盖板的形状完整、清晰地表示出来，以利于读图。

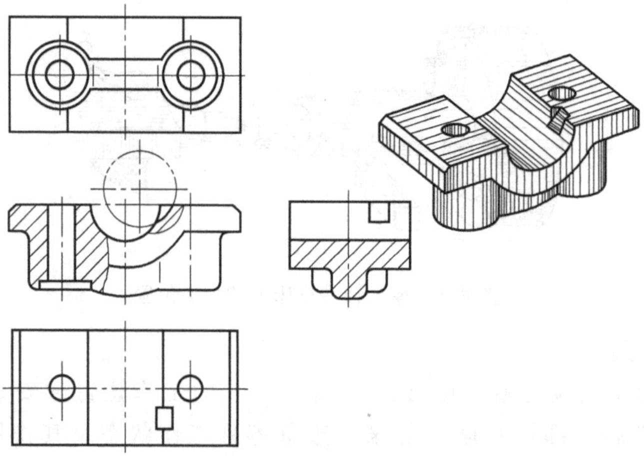

图 8-6　盖板视图方案的选择

对次要结构或细节部分尚未表示清楚之处，应辅以向视图、局部视图、斜视图、断面图、局部放大图等进行补充。如图 8-1 所示的传动轴零件图除了主视图外，还通过断面图和向视图来表达键槽形状，采用局部放大图表达退刀槽的形状。

选择每个视图所表示的结构形状时要有侧重点，使其具有独立存在的意义。选择过程中，既要避免视图过多、表达重复，又要避免把结构形状过多集中在一个视图中，使图面表示过杂而不清晰。

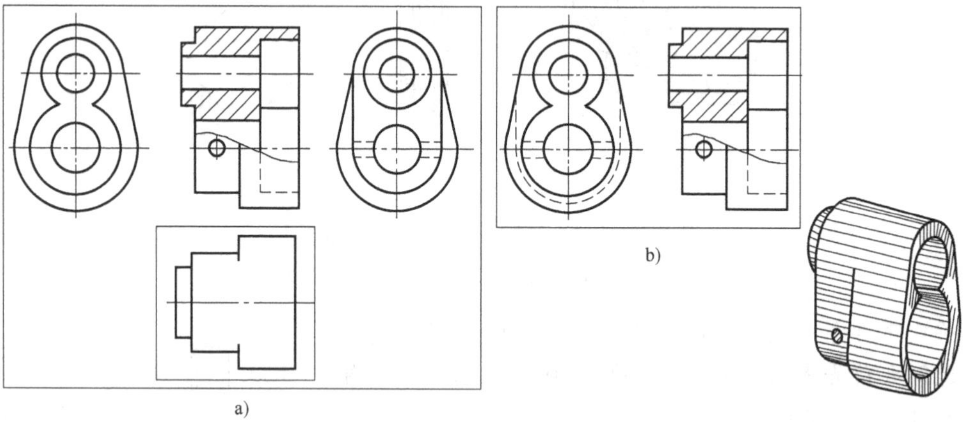

图 8-7　齿轮泵壳体视图方案

如图 8-7a 所示，齿轮泵壳体选用主、俯、左、右四个视图表示，显然俯视图是多余的；图 8-7b 只用主、右两个视图表达，显然右视图的虚线不利于读图和尺寸标注，所以采用图 8-7a 所示的主、左、右三个视图较佳。

总之，要掌握视图方案的选择方法，还应通过读图、画图的实践，不断认识和积累经验，才能在完整表达零件结构形状的前提下，力求作图简便，及便于读图。

第三节　零件图的尺寸标注

零件图上的尺寸是零件加工、检验的依据。标注零件图的尺寸时，除了遵循前面已讲过的正确、完整、清晰的要求外，还应做到合理。合理是指所注尺寸符合设计要求，满足加工、测理的需要。

一、合理选择尺寸基准

标注零件图的尺寸要做到合理，首先要正确地选择尺寸基准。常见的基准有：零件的对称面，零件回转体的轴线，零件的重要支承面，零件之间的结合面和主要加工面等。

零件有长、宽、高三个方向的尺寸基准，但对回转体零件只有径向和轴向两个方向的尺寸基准。尺寸基准根据其作用可分为两类：设计基准和工艺基准。

1. 设计基准

在设计零件时，根据零件的使用要求及结构特点而选定的尺寸基准，称为**设计基准**。

如图 8-8 所示，泵体的底面用于确定上端齿轮孔和管螺纹的高度尺寸“65”及“50”，因此它是高度方向的设计基准，也是主要基准；上端齿轮孔的轴线用于确定下端齿轮孔的位置尺寸“28.76”，它是高度方向的辅助基准。泵体的前后对称面用于确定上、下两齿轮同一对称面上及前、后两管螺纹孔凸缘对称关系，并确定两个安装孔的孔距“70”，所以前后对称面是宽度方向的设计基准。

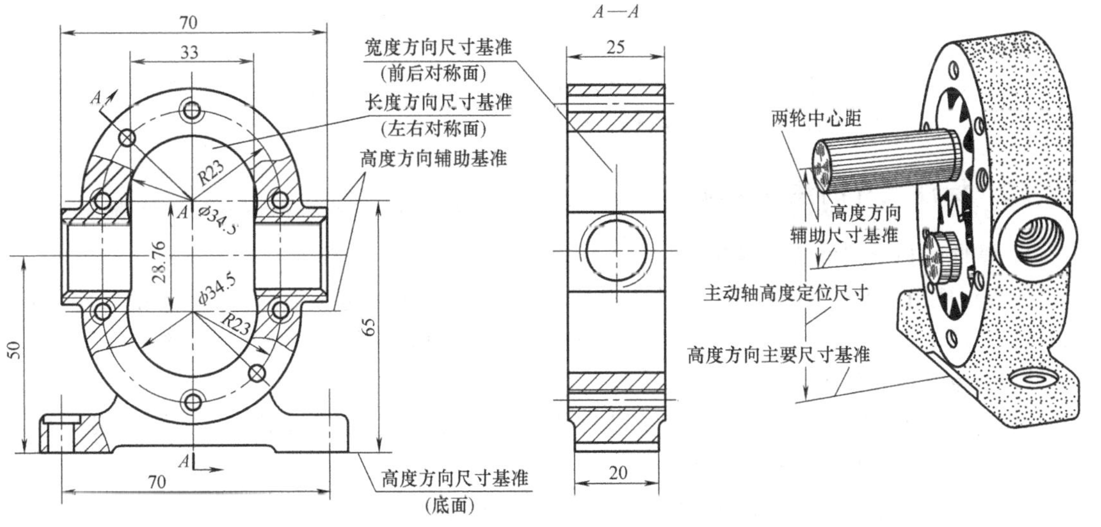

a)　　　　　　　　b)

图 8-8　泵体的尺寸基准

2. 工艺基准

零件在加工和测量时所选定的基准称为**工艺基准**。

如图 8-9a、b 所示，法兰盘在车床加工时以左端面 A 为轴向基准，以轴线为径向尺寸的加工定位基准。法兰盘键槽深度（43mm）的测量以圆柱孔的素线 *B* 为测量基准（辅助基准）（图 8-9c）。

有的零件的工艺基准与设计基准是重合的，如图 8-9a 所示，径向尺寸的轴线和轴向尺寸的端 *B* 既是设计基准也是加工、测量基准。又如图 8-8a 所示，泵体底面是设计基准，同时也是加工和测量孔 ϕ34.5mm 及管螺纹孔的工艺基准。

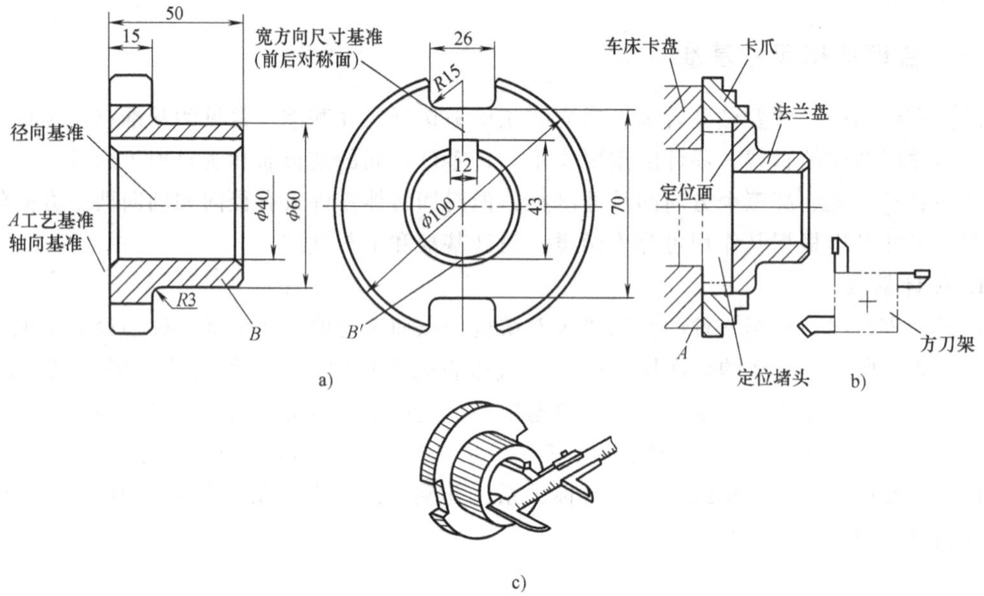

图 8-9 法兰盘的尺寸基准

标注尺寸时，应把设计基准和工艺基准统一起来，这样既能满足设计要求，又能满足工艺要求。若两者不能统一，应以设计基准为主。

二、标注尺寸的注意事项

1. 零件的重要尺寸应直接注出

为保证使用要求，零件的重要尺寸应直接注出，避免换算尺寸。如图 8-6 所示的尺寸“65”“28.76”（两齿轮的中心距）和螺纹孔位置“*R*23”及图 8-10c 中的尺寸 *a* 都应直接注出。

2. 避免注成封闭尺寸链

封闭尺寸链是指零件同一个方向上的尺寸，一环扣一环并相连，像链条一样，成为封闭状。每个尺寸又称为尺寸链的一环。

如图 8-11b 所示长和高两个方向的尺寸 *e*、*l*、*d* 和 *a*、*b*、*c* 组成封闭尺寸链。加工每段尺寸产生的误差都会影响相邻尺寸的误差，若要保证尺寸 *l*、*a* 在一定误差范围内，就要提高尺寸 *e*、*b* 或 *c* 的尺寸精度，从而增加了加工难度。为解决这个累积误差，应去掉不重要的尺寸 *e*、*c*，如图 8-11a 所示。

3. 按加工顺序标注尺寸

为了符合加工工艺要求及便于工人加工时识读图中所标注的尺寸，标注尺寸时应按加工顺序标注。如图 8-12a 所示阶梯小轴的轴向尺寸符合图 8-12b、c、d、e 所示的加工工序的

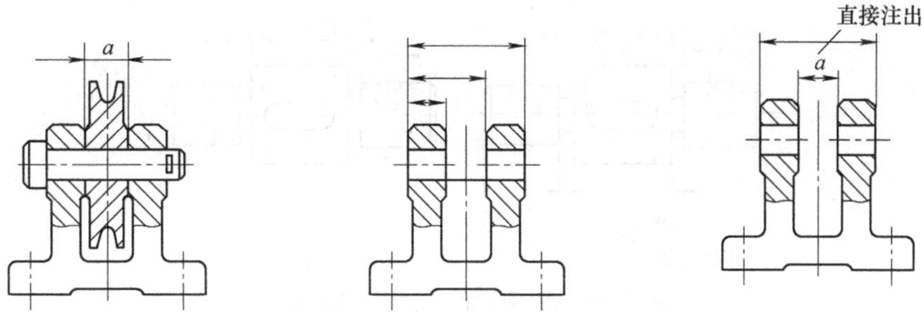

a)　　b) 不好　　c) 好

图 8-10　重要尺寸直接注出

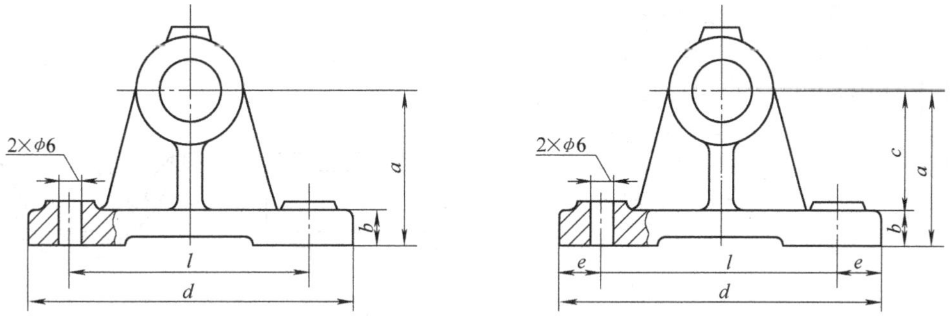

a)　　b)

图 8-11　尺寸不应注成封闭尺寸链

要求。

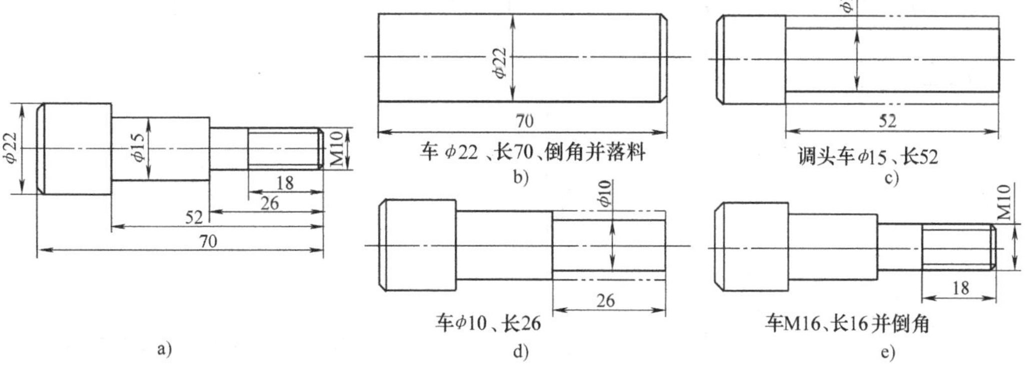

图 8-12　阶梯小轴按加工工序标注尺寸

4. 按不同的加工方法和要求标注尺寸

1）按不同加工方法标注尺寸。如图 8-13a 所示，把车削和铣钻尺寸分两边标注。

2）外部和内部尺寸分类标注。如图 8-14a 所示，把外部尺寸和内部尺寸分开标注。

3）按加工要求标注尺寸。如图 8-15 所示的轴瓦，加工时，上、下部分合起来镗（车）孔。工作时，支承轴转动，所以径向尺寸应标注“ϕ”，不能标注“R”。

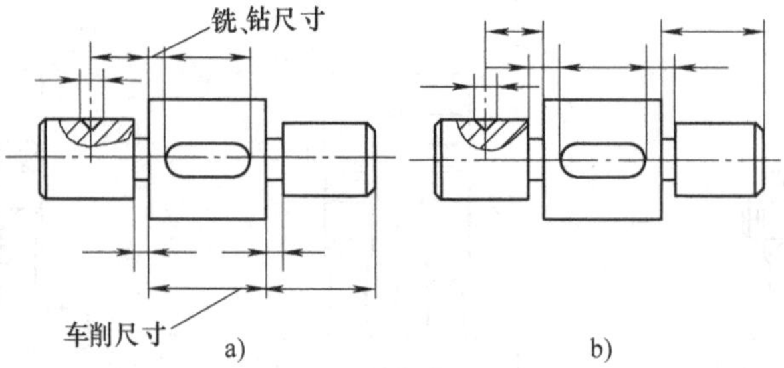

图 8-13 按不同加工方法标注尺寸

a）好 b）不好

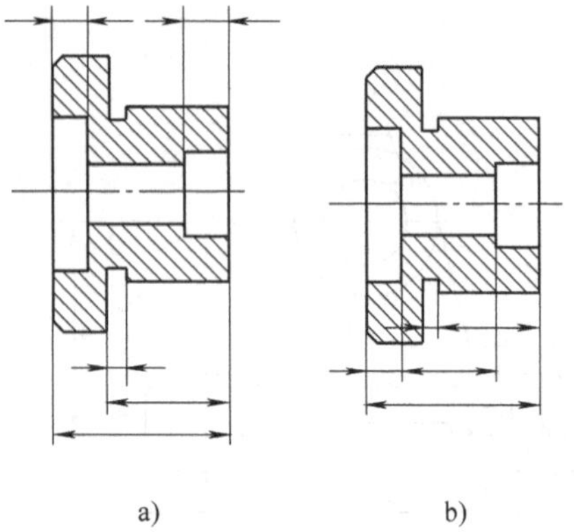

图 8-14 内、外尺寸分别集中标注

a）好 b）不好

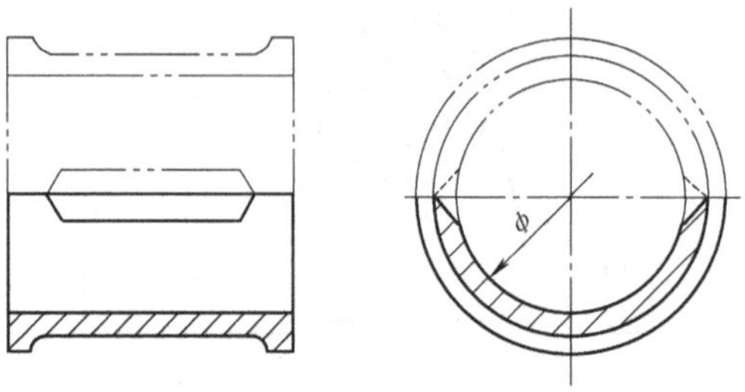

图 8-15 按加工要求标注尺寸

5. 按测量方便性和可测性标注尺寸

如图 8-16b、d，所示的尺寸“*B*”不便测量，尺寸“A”“9”“10”不能测量，图 8-17b 中的尺寸不能测量，是不合理的。图 8-16a、c 和图 8-17a 中所注的尺寸才是合理的。

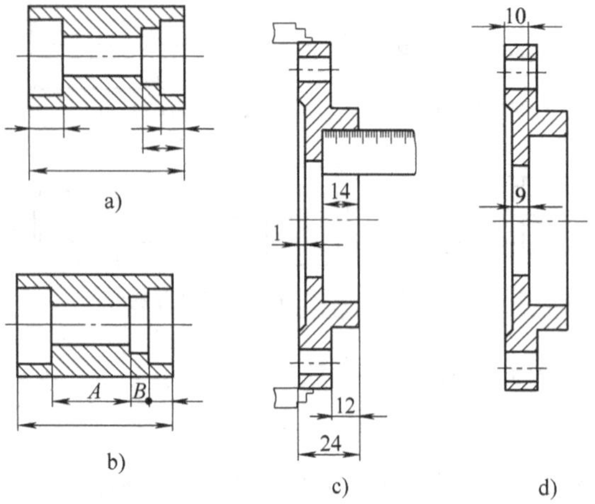

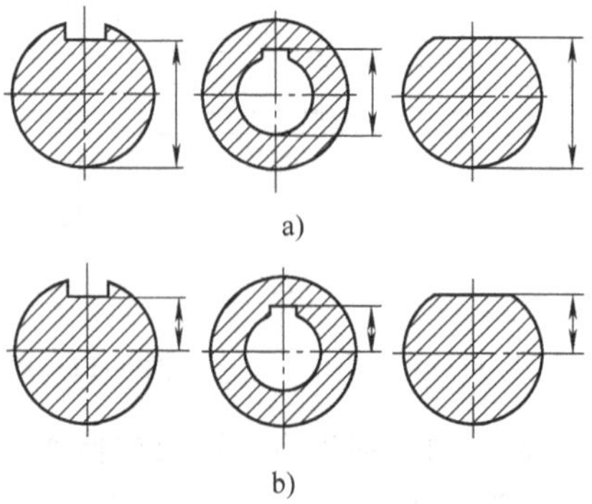

图 8-16 标注尺寸应考虑测量方便性和可测性（一）

a)、c）测量方便 b)、d）测量不便

图 8-17 标注尺寸应考虑测量方便性和可测性（二）

a）测量方便 b）测量不便

三、零件上常见孔的尺寸标注

光孔、锪孔、沉孔和螺孔是零件上常见的结构，它们的尺寸标注分为普通注法、旁注法及简化注法，见表 8-1。

表 8-1　常见孔的尺寸注法

类型		旁注法及简化注法	普通注法	说明
光孔	一般孔	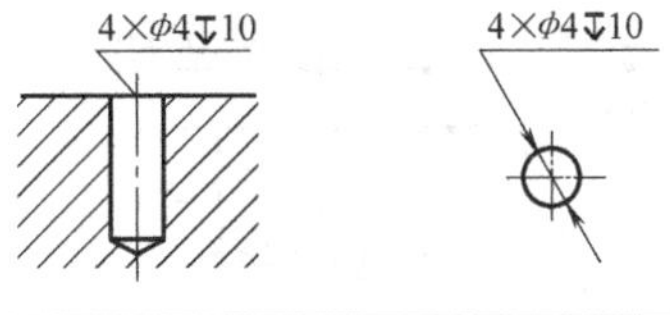	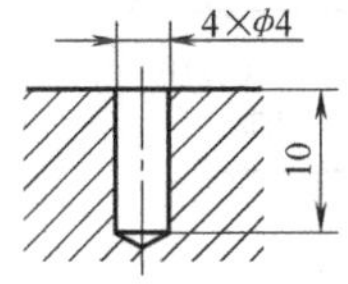	“↧”为孔深符号　“4×ϕ4”表示直径为 4mm 均匀分布的 4 个圆孔，孔深 10mm 孔深可与孔径连注，也可以分开注出
	精加工孔	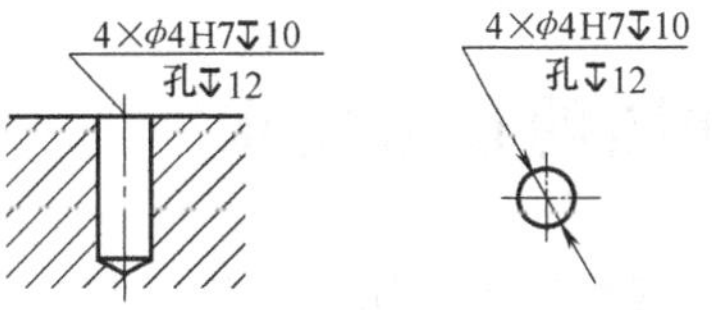	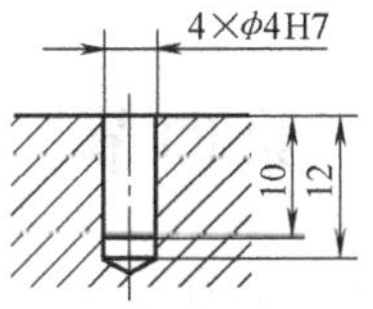	光孔深度为 12mm；钻孔后需精加工至 $\phi4_{0}^{0.012}$ mm，深度为 10mm
	锥销孔	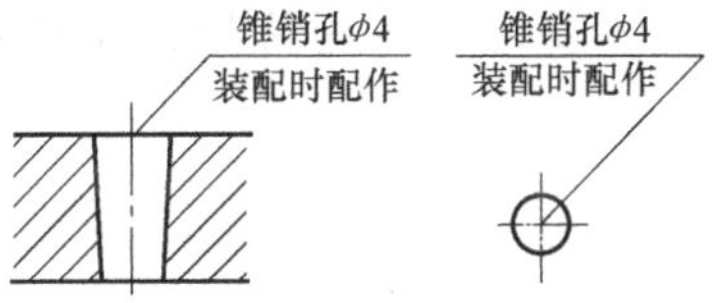	无普通注法	ϕ4mm 为与锥销孔相配合的圆锥销公称直径。锥销孔通常是相邻两零件装在一起配作（同钻铰）
沉孔	锥形沉孔	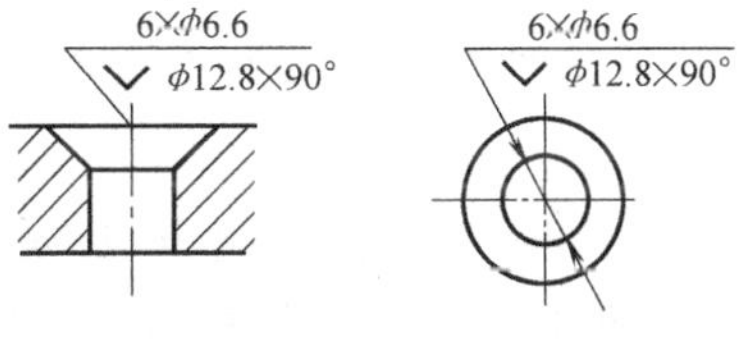	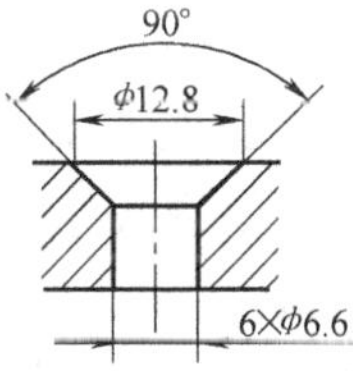	“⌵”为埋头孔符号 “6×ϕ6.6”表示直径为 6.6mm 均匀分布的 6 个孔，沉孔尺寸为锥形部分尺寸 锥形部分尺寸可以旁注，也可以直接注出
	柱形沉孔	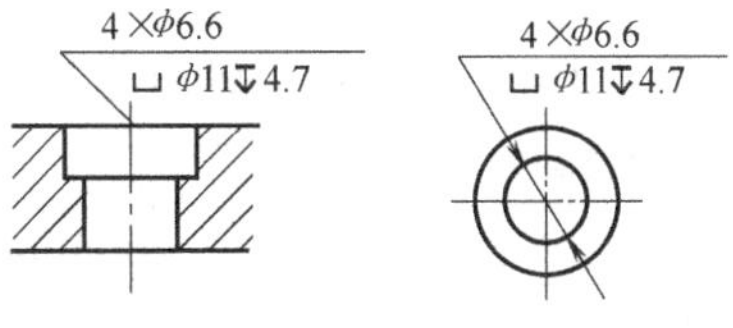	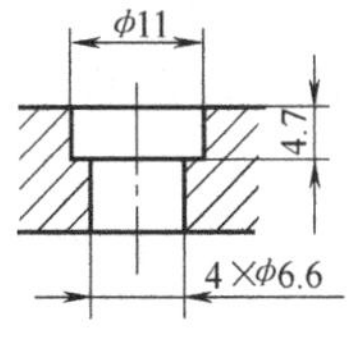	“⌴”为锪平、沉孔符号柱形沉孔的小直径为 ϕ6.6mm，大直径为 ϕ11mm，深度为 4.7mm，均需标注
	平锪沉孔	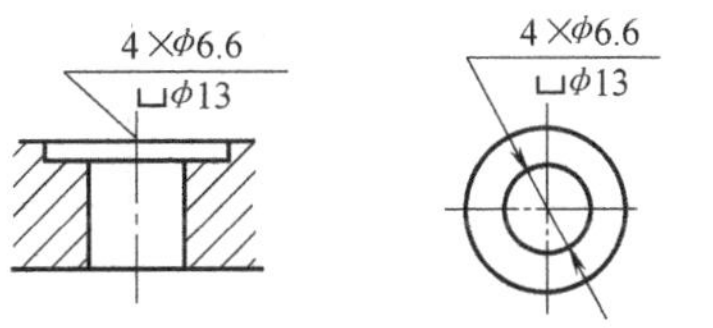	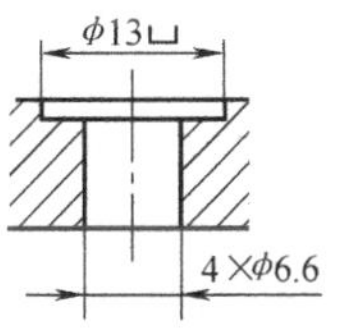	锪平 ϕ13mm 的深度不需标注，一般锪平到不出现毛面为止

（续）

类型		旁注法及简化注法	普通注法	说明
螺孔	通孔	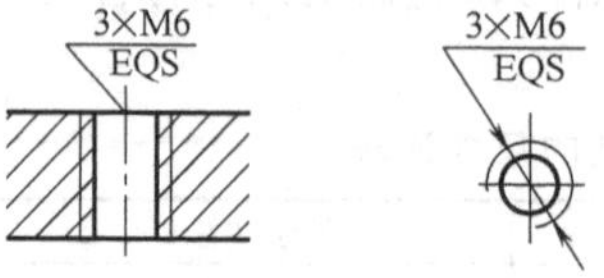	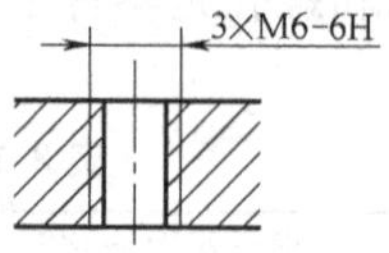	“3×M6”表示公称直径为6mm均匀分布的3个螺孔（中径、顶径公差代号6H省略不注） 普通旁注法，也可以直接注出6H
	不通孔	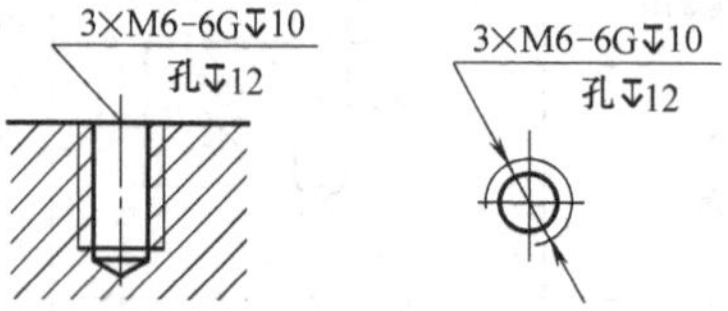	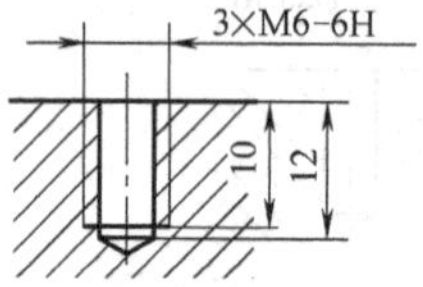	3个相同的螺纹不通孔（盲孔）螺纹孔深10mm，孔深12mm螺纹的中径、顶径公差代号为6G

第四节　零件图的技术要求

技术要求用于说明零件制造完工后应达到的有关技术质量指标。技术要求主要是指零件几何精度方向的要求，如尺寸公差、几何公差、表面结构等。从广义上还应包括理化性能方面的要求，如材料、热处理和表面处理等。技术要求通常用符号、代号或标记标注在图形上，或者用简明文字注写在标题栏附近。

一、极限与配合

1. 互换性的概念

现代化大规模生产要求零件具有互换性，即一批相同规格的零件，未经挑选或修配就能装到机器或部件上，并达到功能要求，零件间的这种装配性质称为互换性。它为提高生产率，实现大批量专业化生产创造条件。

2. 极限和公差

要使零件具有互换性，就要求零件间相配合的尺寸具有一定精确度，但零件加工时，不可能把零件的尺寸加工到绝对准确值，而是允许零件的实际尺寸在一个合理范围内变动，即存在一定尺寸公差，以满足不同使用要求，形成极限与配合制度。

（1）公称尺寸　设计时给定的尺寸，如图8-18所示的孔、轴直径尺寸“$\phi50$”。

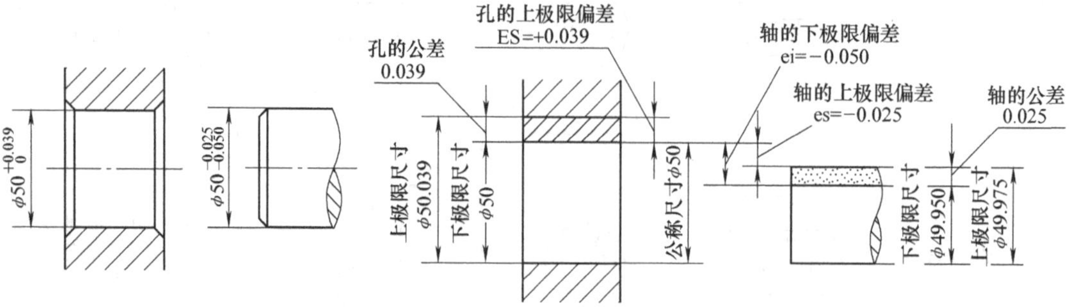

a)　　b)　　c)

图8-18　极限与配合术语举例

(2) 实际尺寸　零件完工后，通过测量而获得的尺寸。

(3) 极限尺寸　允许合格零件的尺寸变化的两个极限值，分为上极限尺寸和下极限尺寸。如图 8-18 所示，孔上极限尺寸为 $\phi50.039$mm，轴上极限尺寸为 $\phi49.975$mm；孔下极限尺寸为 $\phi50$mm，轴下极限尺寸为 $\phi49.950$mm。

零件完工实测的尺寸在两个极限尺寸之间为合格尺寸：孔为 $\phi50 \sim \phi50.039$mm，轴为 $\phi49.950 \sim \phi49.975$mm。

(4) 极限偏差　上、下极限尺寸减去公称尺寸所得的代数差，分为上、下极限偏差。

1) 上极限偏差：上极限尺寸减去公称尺寸所得的代数差。孔代号用 ES，轴代号用 es 表示。

孔(ES) $= \phi50.039\text{mm} - \phi50\text{mm} = +0.039\text{mm}$；轴(es) $= \phi49.975\text{mm} - \phi50\text{mm} = -0.025\text{mm}$

2) 下极限偏差：下极限尺寸减去公称尺寸所得的代数差。孔代号用 EI，轴代号用 ei 表示。

孔(EI) $= \phi50\text{mm} - \phi50\text{mm} = 0$；轴(ei) $= \phi49.950\text{mm} - \phi50\text{mm} = -0.050\text{mm}$

实际偏差要在上极限偏差和下极限偏差范围内。

(5) 尺寸公差（简称公差）　允许偏离公称尺寸的变动量。公差值等于上极限尺寸减下极限尺寸的值，或上极限偏差减下极限偏差的值。

例如在图 8-18 中：

孔公差 $= 50.039\text{mm} - 50\text{mm} = (+0.039)\text{mm} - 0 = 0.039\text{mm}$；

轴公差 $= 49.975\text{mm} - 49.950\text{mm} = (-0.025)\text{mm} - (-0.050)\text{mm} = 0.025\text{mm}$。

上、下极限偏差可以是正值、负值或零。而公差绝对值没有正、负之分，也不可能为零。

同一规格尺寸的公差越小，尺寸精度越高，实际尺寸的允许变动量越小，越难加工。反之公差越大，尺寸精度越低，易于加工。

(6) 公差带　为了便于分析尺寸公差和进行有关计算，以公称尺寸为基准（零线），用放大了间距的两条直线表示上、下极限偏差，这两条直线所限定区域称为公差带。用这种方法画出的图称为公差带图，如图 8-19 所示。

(7) 零线　公差带图中零线是确定正、负偏差的基准线，正偏差位于零线上方，负偏差位于零线下方。

公差带图表示公差大小和公差相对于零线的位置。

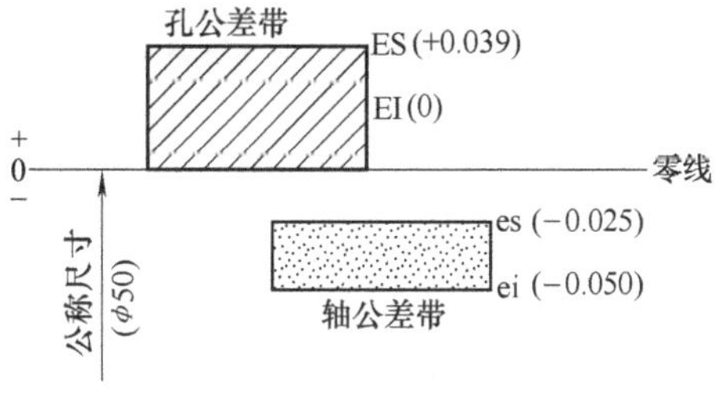

图 8-19　公差带图

3. 标准公差与基本偏差

公差带是由公差带大小及其相对于零线的位置两个要素组成的。分别用标准公差和基本偏差带来确定，如图 8-20 所示。

(1) 标准公差及等级　公差带大小用标准公差确定。标准公差代号用“IT”表示，后面的阿拉伯数字表示公差等级。对于公称尺寸至 500mm，标准公差分为 20 个等级，依次为 IT01、IT0、IT1、IT2，…，IT18。IT01 级公差值最小，精度最高，IT18 级公差值最大，精度最低。

标准公差值根据公称尺寸和标准公差等级在附表22查得。

如查 $\phi50$mm 的 IT7 级公差：从公称尺寸 >30～50mm 的横列与 IT7 竖列交汇处，得标准公差值为 25μm；

查 $\phi50$mm 的 IT8 级公差：相同尺寸段与 IT8 竖列交汇处，得标准公差值为 39μm；

查 $\phi30$mm 的 IT7 级公差：从公称尺寸 >18～30mm 的横列与 IT7 竖列交汇处，得标准公差值为 21μm。

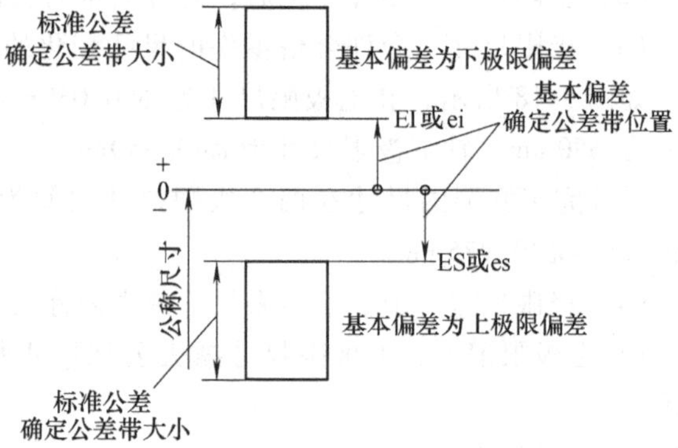

图 8-20　标准公差和基本偏差

从查表可知：同一公称尺寸，公差等级越高，标准公差值越小；同一标准公差，随着公称尺寸增大，标准公差值也增大。

（2）基本偏差　基本偏差用于确定公差带相对零线位置的上极限偏差或下极限偏差，一般指靠近零线的那个偏差。位于零线以上的公差带，下极限偏差为基本偏差；位于零线以下的公差带，上极限偏差为基本偏差，如图 8-19 所示及图 8-18b 所示的 $\phi50^{+0.039}_{0}$mm 的基本偏差为下极限偏差 0；$\phi50^{-0.025}_{-0.050}$mm 的基本偏差为上极限偏差 −0.025mm。

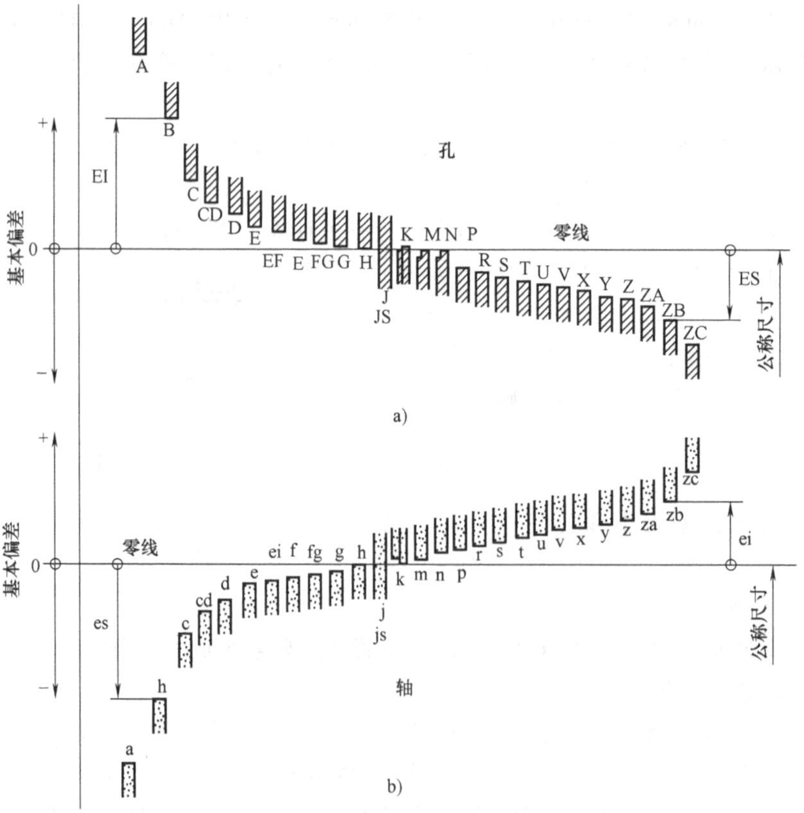

图 8-21　基本偏差系列示意图

1）国家标准规定，孔和轴各有 28 个基本偏差，它们的代号用拉丁字母表示，孔用大写字母 A，B，…，ZC 表示，轴用小写字母 a，b，…，zc 表示，如图 8-21 所示。孔与轴的基本偏差数值可查附表 23、24。

2）从图 8-21a 可知，孔的基本偏差中，A ~ H 为下极限偏差，J ~ ZC 为上极限偏差。JS 没有基本偏差，它的公差带是对称地分布于零线两侧，表示其上、下极限偏差各为标准公差的一半，即 ES = +IT/2，EI = -IT/2。

从图 8-21b 可知，轴的基本偏差中，a ~ h 为上极限偏差，j ~ zc 为下极限偏差。js 没有基本偏差，它的公差带对称分布在零线两侧，表示其上、下极限偏差各为标准公差一半，即 es = +IT/2，ei = -IT/2，写成 ±IT/2。

（3）孔和轴的公差带代号　它由基本偏差代号和标准公差代号（省略“IT”字母）组成。两种代号并列，位于公称尺寸之后，并与其字号相同，如图 8-22 所示。

“ϕ50H8”的含义：公称尺寸为 ϕ50mm，基本偏并为 H 的 8 级孔。查附表 24，极限偏差的上极限偏差为 +39μm，下极限偏差为 0，1mm = 1000μm，得 $\phi50^{+0.039}_{0}$mm。

“ϕ50f7”的含义：公称尺寸为 ϕ50mm，基本偏差为 f 的 7 级轴。查附表 23，极限偏差的上极限偏差为 -25μm，下极限偏差为 -50μm，得 $\phi50^{-0.025}_{-0.050}$mm。

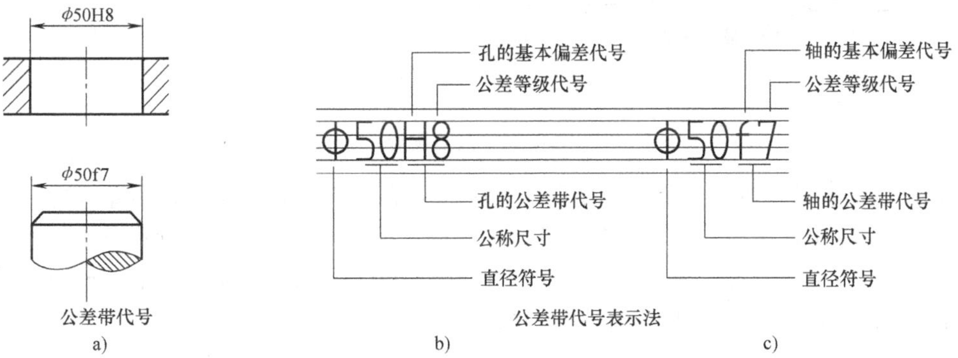

图 8-22　孔、轴公差带代号表示法

4. 配合和基准制

（1）配合　公称尺寸相同的互相结合的孔与轴的公差带之间的关系称为配合。这里的孔、轴配合主要指圆柱形的内、外表面的配合，同时也包括一般内、外表面组成的配合（如键与键槽的配合等）。根据使用要求的不同，孔与轴结合有松有紧，有间隙有过盈，因此，国家标准把配合分为三大类。

1）间隙配合是指孔的实际尺寸总比与其相配合的轴的实际尺寸大，孔与轴存在间隙，如图 8-23a 所示；间隙有最大间隙和最小间隙（包括最小间隙等于零），如图 8-23b 所示，轴在孔中能作相对运动。孔的公差带在轴的公差带之上，如图 8-23c 所示。

间隙配合主要用于孔与轴的活动连接。

2）过盈配合是指孔的实际尺寸总比与其相配合的轴的实际尺寸小，孔与轴存在过盈，如图 8-24a 所示。过盈有最大过盈和最小过盈（包括最小过盈等于零），如图 8-24b 所示。装配时，需借助外力或把带孔零件加热膨胀后，才能把轴压入孔中，轴与孔不能作相对运动。孔的公差带在轴的公差带之下，如图 8-24c 所示。

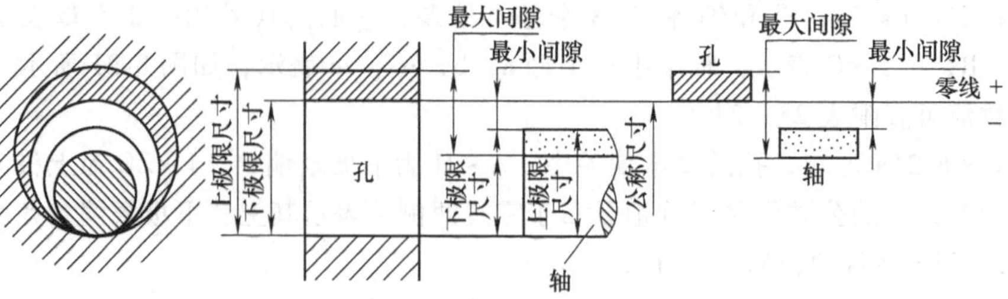

a)　　b)　　c)

图 8-23　间隙配合

过盈配合主要用于孔与轴的紧固连接。

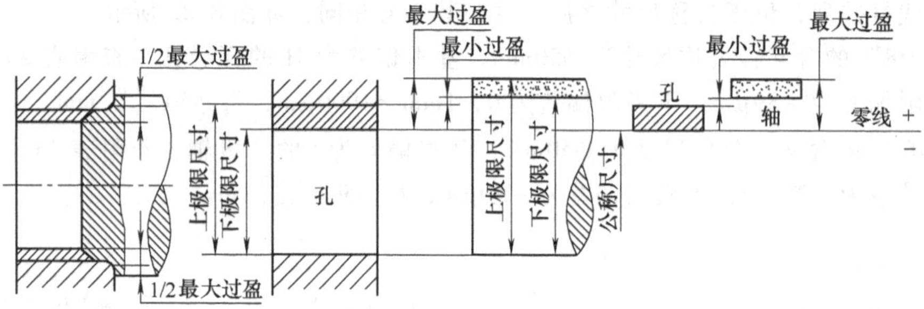

a)　　b)　　c)

图 8-24　过盈配合

3）过渡配合是指轴的实际尺寸比孔的实际尺寸有的小、有的大，孔轴配合时，可能出现间隙，也可能出现过盈，孔与轴公差带相互交叠，如图 8-25a 所示。这种介于间隙和过盈配合，即为过渡配合。过渡配合的最大间隙和最大过盈相对较小，如图 8-25b 所示。

过渡配合主要用于孔、轴之间的定位连接。

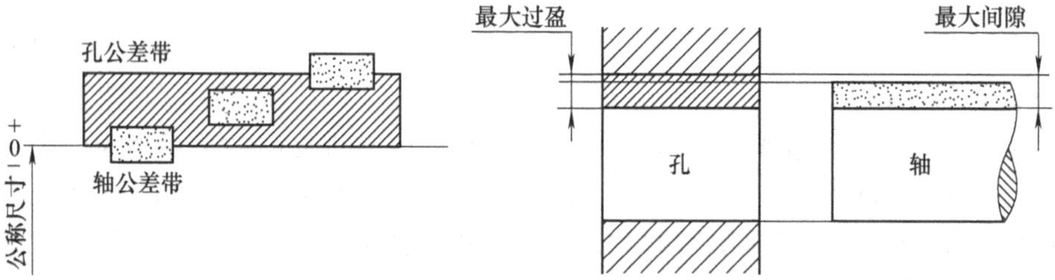

a)　　b)

图 8-25　过渡配合

（2）配合制　孔与轴公差带形成配合的一种制度称为配合制。国家标准规定了两种配合制度。

1）基孔制配合。基本偏差为一定的孔的公差带，与不同基本偏差的轴的公差带形成各种配合的一种制度，称为基孔制配合，即同一公称尺寸配合中，孔的公差带位置固定，通过变动轴的公差带，达到各种配合，如图 8-26 所示。

基孔制配合的孔称为基准孔，基本偏差代号为“H”，其下极限偏差为零，下极限尺寸

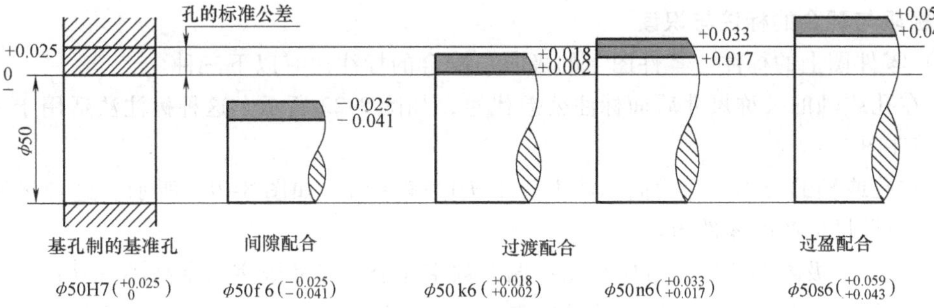

图 8-26　基孔制配合示意图

等于公称尺寸。在基孔制配合中，轴的基本偏差 a ~ h 用于基孔制间隙配合，j ~ zc 用于基孔制的过渡配合或过盈配合。

例如，ϕ50H7/f6 为基孔制间隙配合；ϕ50H7/k6、ϕ50H7/n6 为基孔制过渡配合；ϕ50H7/s6 为基孔制过盈配合。

2）基轴制配合。基本偏差为一定的轴的公差带与不同基本偏差的孔的公差带形成各种配合的一种制度，称为基轴制配合，即同一公称尺寸中，轴的公差带位置固定，通过变动孔的公差带，达到各种的配合，如图 8-27 所示。

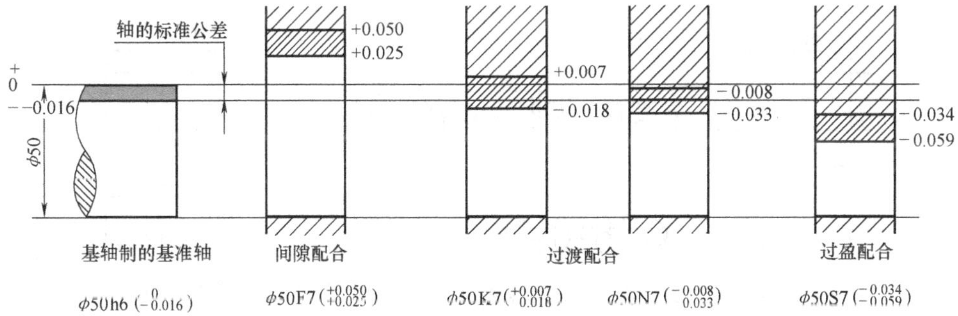

图 8-27　基轴制配合示意图

基轴制配合的轴称为基准轴，基本偏差代号为“h”，其上极限偏差为零（上极限偏差等于公称尺寸）。在基轴制配合中，孔的基本偏差 A ~ H 用于间隙配合，J ~ ZC 用于过渡配合或过盈配合。

例如，ϕ50F7/h6 为基轴制间隙配合，ϕ50K7/h6、ϕ50N7/h6 为基轴制过渡配合；ϕ50S7/h6 为基轴制过盈配合。

3）优先常用配合。

在一般情况下，优先选用基孔制配合，因为加工同样公差等级的孔比轴困难，同时还可减少刀具、量具的数目。但对于同一轴径在不同位置装上不同配合性质的孔的情况，如滚动轴承外圈和座孔的配合，以及键与轴、轴套上的键槽的配合，则选用基轴制。

由于 20 个标准公差等级和 28 种基本偏差可组成大量的配合，国家标准对孔、轴公差带的选用分为优先、其次和最后三类。基孔制和基础制的常用、优先配合可查阅附表 25 及附

表 26。极限偏差值查阅附表 23、24。

5. 极限与配合的标注与识读

（1）零件图上的标注　零件图上的极限与配合的标注法有以下三种。

1）在孔或轴的公称尺寸后面标注公差代号，如图 8-22 所示。这种标注法适用于大批量生产的零件图。

2）在孔或轴的公称尺寸后面标注上、下极限偏差值，如图 8-28a 所示。这种标注法适用于单件小批量生产的零件图。

标注上、下极限偏差数值时应注意：偏差数字比公差尺寸数字的字高小一号；上极限偏差注在公称尺寸的右上方，下极限偏差应与公称尺寸注在同一底线上；上、下极限偏差小数点须对齐，小数点后的位数相同：若一个偏差为“零”时，用“0”标出，并与另一个偏差小数点的个位数对齐；若上、下极限偏差数值相同，只需在数值前标注“±”符号，且字高与公称尺寸相同，如图 8-28b 所示。

3）在孔或轴的公称尺寸后面同时标注公差带代号和上、下极限偏差数值，偏差数值须加上括号，如图 8-28c 所示。

（2）装配图上的标注　装配图上标注线性尺寸的配合代号时，其代号必须注在公称尺寸的右边，用分数形式注出，分子为孔的公差带代号，分母为轴的公差带代号，其注写形式有三种，如图 8-29 所示。

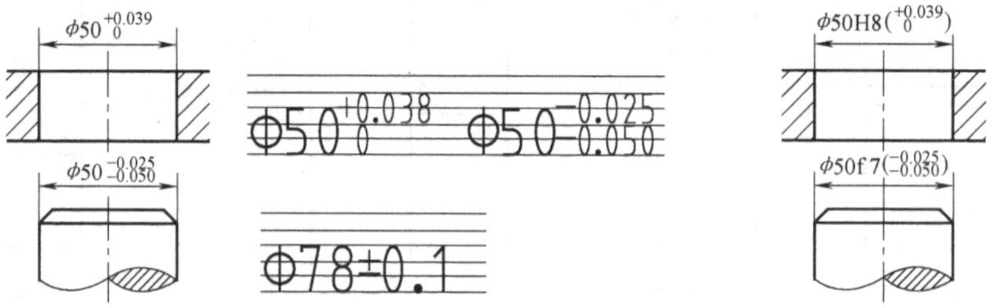

标准偏差数值　　偏差数值的注法

a)　b)　c)

图 8-28　零件图尺寸公差的标注

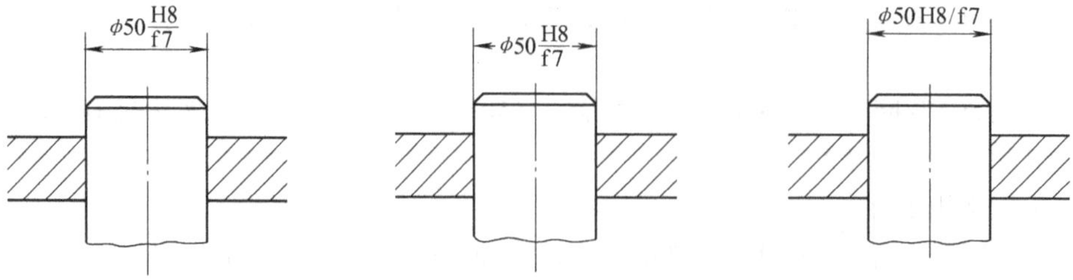

a)　b)　c)

图 8-29　配合代号的标注

标注标准件、外购件与零件（孔或轴）的配合代号时，可以只标注相配零件（孔或轴）

的公差带代号，如图 8-30 所示。

（3）读尺寸公差代号及偏差数值　示例如下：

【例 8-1】 解释 $\phi30H8/f7$ 的含义，查附表 23、24 确定孔、轴极限偏差值并注写，指出孔与轴是什么性质的配合。

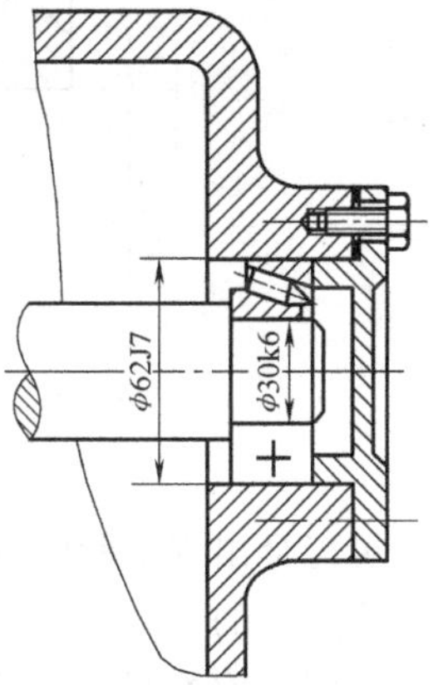

图 8-30　零件与标准件、外购件相配的配合代号标注

① $\phi30H8$ 表示公称尺寸为 $\phi30$mm，基本偏差为 H、公差等级为 8 级基准孔的公差带代号。孔的极限偏差值从附表 24 中的公称尺寸 >24 ~ 30mm 的横行和 H8 竖列交汇处，查得上、下极限偏差值为“$^{+33}_{0}$”μm。

② $\phi30f7$ 表示公称尺寸为 $\phi30$mm，基本偏差为 f、公差等级为 7 级轴的公差代号。极限偏差值从附表 25 中的公称尺寸 >20 ~ 30mm 的横行和 f7 竖列交汇处，查得上、下极限偏差值为“$^{-20}_{-41}$”μm。

③ 把单位微米从“μm”换算成毫米“mm”（1000μm = 1mm），孔应注写为 $\phi30^{+0.033}_{0}$，轴应注写 $\phi30^{-0.020}_{-0.041}$。

④ $\phi30^{+0.033}_{0}$mm 表示上极限尺寸为和 $\phi30.033$mm，下极限尺寸为 $\phi30$mm，实测孔的尺寸在 $\phi30$ ~ $\phi30.033$mm 之间为合格孔；$\phi30^{-0.020}_{-0.041}$mm 表示上极限尺寸为 $\phi29.98$mm，下极限尺寸为 $\phi29.959$mm，实测轴的尺寸在 $\phi29.98$ ~ $\phi29.959$mm 之间都是合格的。

⑤ 画出图 8-31a 所示的尺寸公差带图，孔公差带在轴公差带上方，所以是基孔制的间隙配合。最大间隙为 +0.033mm(−0.041mm) = 0.074mm，最小间隙为 0 − (−0.02mm) = 0.02mm。

【例 8-2】 解释 $\phi18N7/h6$ 的含义，查附表 23、24 确定孔、轴的极限偏差值并注写，指出轴与孔是什么性质的配合。

① $\phi18h6$ 表示公称尺寸为 $\phi18$mm，基本偏差为 h、公差等级为 6 级基准轴的公差代号。轴的极限偏差从附表 23 中的公称尺寸 >14 ~ 18mm 横行与 h6 的竖列交汇处，查得上、下极限偏差值为“$^{0}_{-11}$”μm。

② $\phi18N7$ 表示公差尺寸为 18mm，基本偏差为 N，公差等级为 7 级孔的公差代号。孔的极限偏差从附表 26 中的公称尺寸 >14 ~ 18mm 横行与 N7 的竖列交汇处，查得上、下极限偏差值为“$^{-5}_{-23}$”μm。

③ 把单位微米“μm”换成毫米“mm”，轴应注写 $\phi18^{0}_{-0.011}$，孔应注写，$\phi18^{-0.005}_{-0.023}$。

④ 孔 $\phi18^{-0.005}_{-0.023}$mm 表示上极限尺寸为 $\phi17.995$mm，下极限尺寸为 $\phi17.977$mm，实测孔的尺寸在 17.977 ~ 17.995mm 都是合格尺寸。轴 $\phi18^{0}_{-0.011}$mm 表示上极限尺寸为 18mm，下极限尺寸为 17.989mm，实测轴的尺寸在 17.989 ~ 18mm 都是合格尺寸。

⑤ 画出图 8-31b 所示的尺寸公差带图，孔与轴的公差带交织重合，所以属基轴制过渡配合，最大间隙为 0 − (−0.023mm) = 0.023mm，最大过盈为 (−0.005mm) − (−0.011mm) = 0.006mm。

二、几何公差（形状、方向、位置和跳动公差）

1. 基本概念

零件加工过程中，除了会产生尺寸误差，还会产生几何误差。如加工图 8-32a 所示圆锥

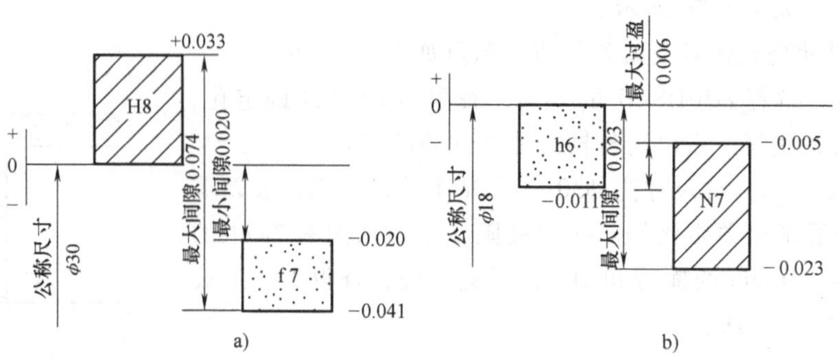

图 8-31　ϕ30H8/f7 与 ϕ18N7/h6 的公差带图

体，可能会出现实际圆截面不圆的情况；加工图 8-32b 所示圆柱面时出现实际圆柱面不完全符合圆柱面的形状误差。这种被测实际要素形状和相对于理想形状所允许的变动量称为**形状公差**。图 a 称为**圆度**，图 b 称为**圆柱度**。

又如加工图 8-33 所示顶面可能会出现与底面 *A* 歪斜产生不平行，加工图 8-33b 所示 ϕd 圆柱时，出现实际轴线与端面 *A* 不垂直，这种被测实际要素的方向对理想要素的方向所允许的变动量称为方向公差。图 a 称为**平行度**，图 b 称为**垂直度**。

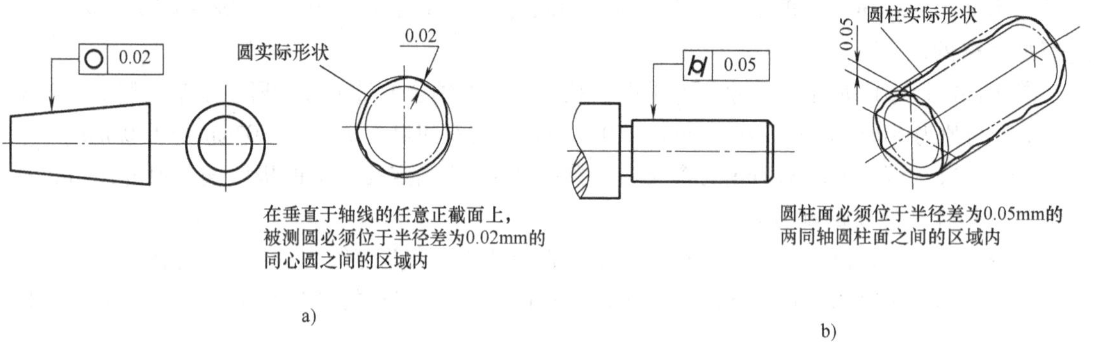

图 8-32　形状公差举例

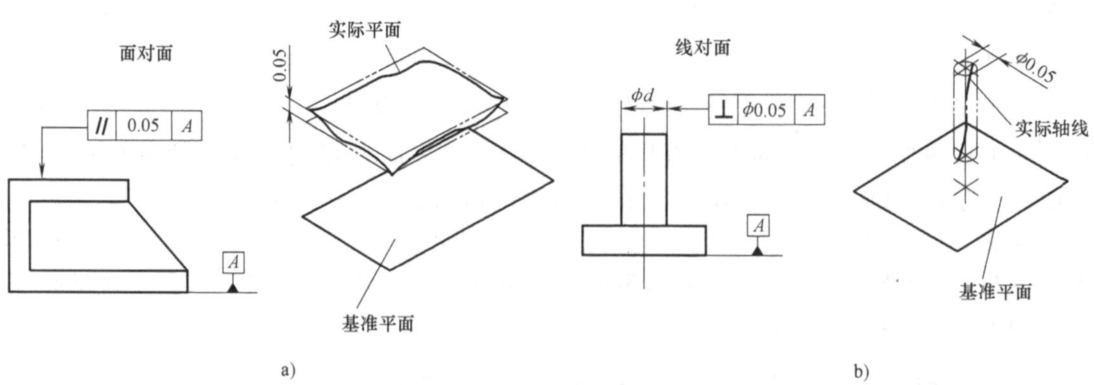

图 8-33　方向公差举例

a）上表面必须位于距离为公差值 0.05mm，且平行于基准平面的两平行平面之间

b）ϕd 轴线必须位于直径为公差值 ϕ0.05mm，且垂直于基准平面的圆柱面内

为了实现零件在机器或部件中的装配和使用功能要求，在图样上除了给出尺寸公差要求外，还必须给出几何公差（形状、公差、位置和跳动公差）要求。几何公差在图样上的注法应按照 GB/T 1182—2008 的规定。

2. 几何公差的几何特征和符号

几何公差的几何特征和符号，见表 8-2。

表 8-2 几何公差的几何特征和符号

公差类型	几何特征	符号	有无基准
形状公差	直线度	⏤	无
	平面度	⏥	无
	圆度	○	无
	圆柱度	⌭	无
	线轮廓度	⌒	无
	面轮廓度	⌓	无
方向公差	平行度	//	有
	垂直度	⊥	有
	倾斜度	∠	有
	线轮廓度	⌒	有
	面轮廓度	⌓	有

公差类型	几何特征	符号	有无基准
位置公差	位置度	⌖	有或无
	同心度（用于中心点）	◎	有
	同轴度（用于轴线）	◎	有
	对称度	⌯	有
	线轮廓度	⌒	有
	面轮廓度	⌓	有
跳动公差	圆跳动	↗	有
	全跳动	⌰	有

注：符号的笔画宽度为字体高度的 1/10。

3. 几何公差在图样中的标注

在技术图样中，几何公差用代号标注，当代号标注有困难时，允许在技术要求中用文字说明。几何公差代号由几何公差有关项目的框格、指引线、特征符号、公差值、基准代号的字母所组成，如图 8-34 所示。

（1）公差框格及内容　公差框格（矩形）和带箭头指引线用细实线画出，框格应水平或垂直放置。矩形框格由两格或多格组成，框格自左到右，或由下向上填写。第一格注写几何公差特征符号；第二格注写几何公差值和有关附加符号，若公差带是圆形、圆柱形，在公差值前加注“ϕ”；若是球形，则应加注“Sϕ”；第三格及其以后各格，注写基准要素字母或基准体系的字母。

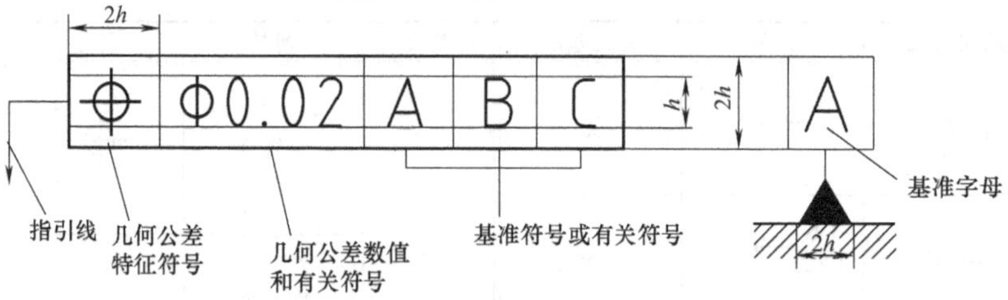

a)　　b)

图 8-34　几何公差框格与基准代号
a）几何公差框格　b）基准符号或基准代号

（2）指示符号　指示符号用箭头表示，并用指引线将被测要素与公差框格的一端相连，如图 8-34a 所示。指引线的箭头应指向被测要素公差带宽度方向。

（3）基准符号　基准要素是零件上用于确定被测要素方向或位置的点、线、面。基准符号（字母注写在基准方格内）与一个涂黑三角形相连表示，如图 8-34b 所示。

（4）几何公差标注举例　几何公差标注举例，见表 8-3。

表 8-3　几何公差标注示例

	图　例	说　明
被测要素和基准要素是轮廓线或表面	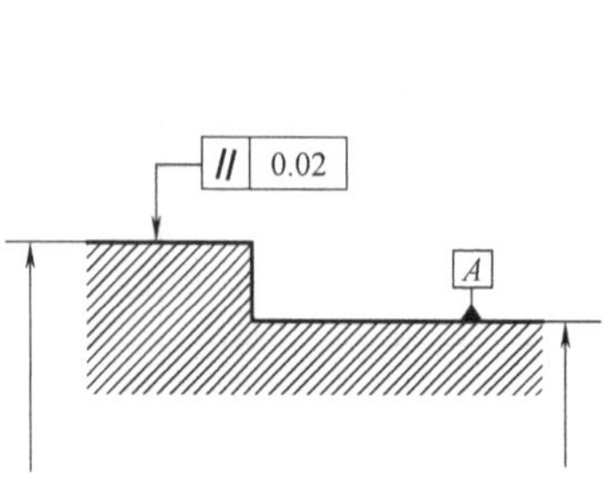 a)　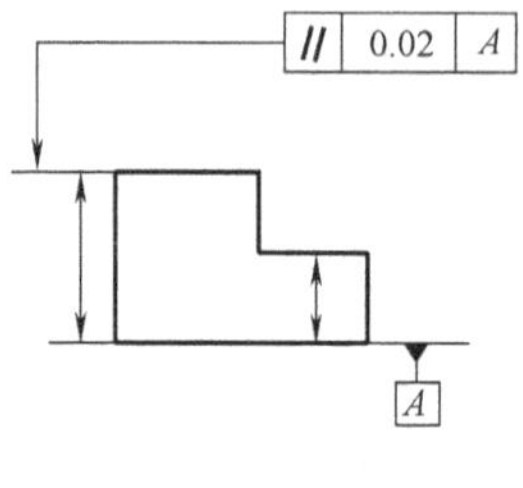 b)	带指引线的箭头或基准符号应指向被测要素或置于基准要素的轮廓线或其延长线上，但必须与尺寸线明显错开
被测要素和基准要素是轴线、中心平面、中心点	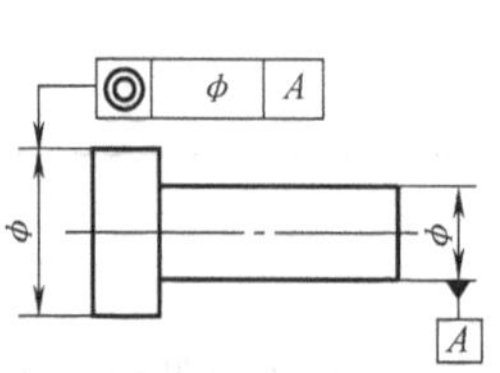 a)　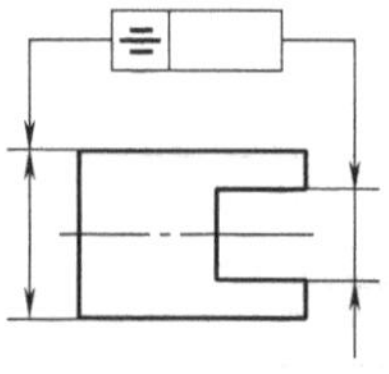 b)	带指引线箭头或基准符号对着被测要素的尺寸线，或与其延长线重合

（续）

	图　　例	说　明
被测要素和基准要素是轴线、中心平面、中心点	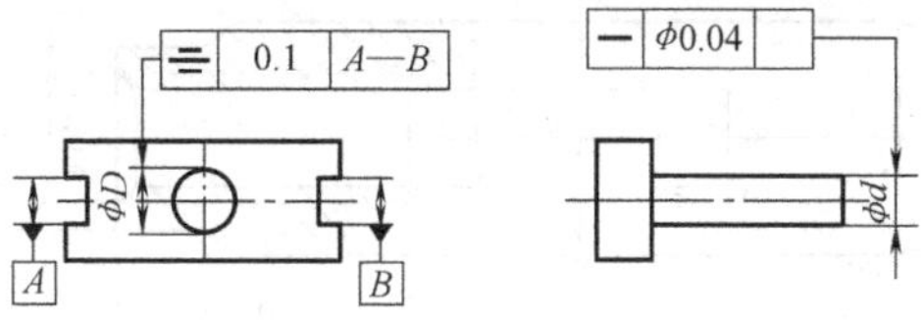 c)　　d)	带指引线箭头或基准符号对着被测要素的尺寸线，或与其延长线重合
几个不同被测要素具有相同几何公差	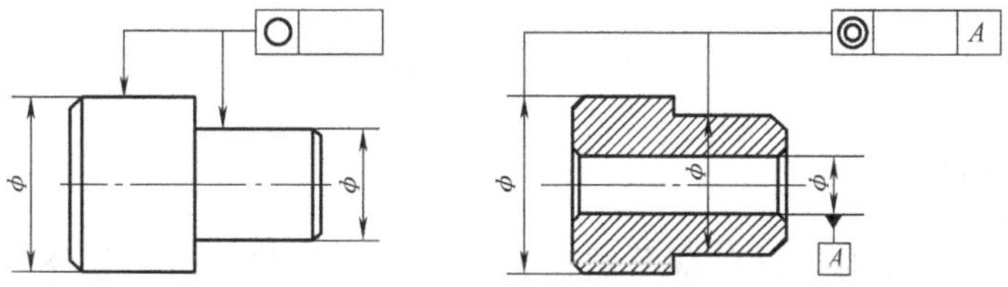 a)　　b)	从框格同一端引出带箭头指引线分别指向被测要素
几个相同被测要素具有相同几何公差要求	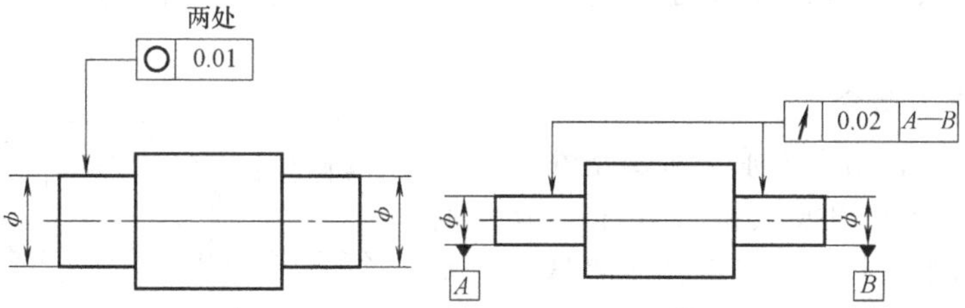 a)　　b)	应在公差框格上方用文字加以简要说明，或在同一公差框格内引出指引线，分别指向被测要素
同一被测要素有多项几何公差要求	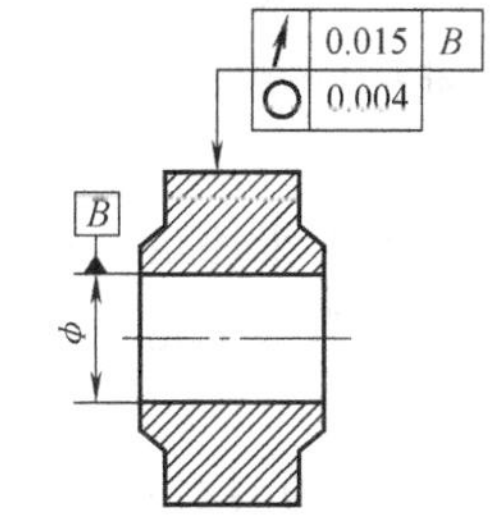	同一条指引线上画出多个公差框格

4. 几何公差标注的识读示例

【例 8-3】 气门阀杆如图 8-35 所示，分析各项几何公差的标注，并解释其含义。

[◎ | ϕ0.1 | A]：M8 ×1 的螺纹轴线对于 $\phi16^{+0.016}_{-0.034}$mm 轴线的同轴度公差是 ϕ0.1mm。

[↗ | 0.003 | A]：Sϕ750mm 的球面对于 $\phi16^{+0.016}_{-0.034}$mm 轴线的斜向圆跳动公差是 0.003mm。

[⌭ | 0.005]：杆身 $\phi16^{+0.016}_{-0.034}$mm 的圆柱度公差为 0.005mm。

[↗ | 0.1 | A]：表示阀杆右端面对于 $\phi16^{+0.016}_{-0.034}$mm 轴线的轴向圆跳动公差为 0.1mm。

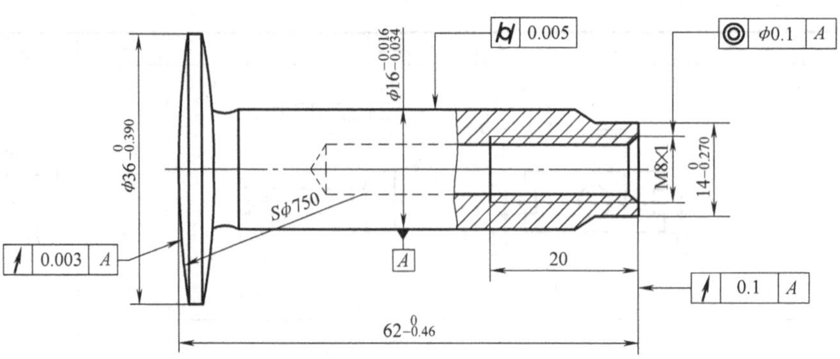

图 8-35　气门阀杆

三、表面粗糙度

在机械图样上，除了对零件的部分结构给出尺寸公差和几何公差外，还应根据功能要求，对零件的表面质量—表面结构给出要求。表面结构包括表面粗糙度、表面波纹度、表面纹理、表面缺陷和表面微观几何形状。

表面结构的各项要求在图样表示法的 GB/T 131—2006 均有具体规定。本节主要介绍表面粗糙度的表示法。

1. 表面粗糙度的概念

零件经过加工后，由于刀痕、金属塑性变形等的影响，在加工面上若用放大镜（或显微镜）观察，可看到较小间距与峰、谷的凹凸不平情况，如图 8-36 所示零件加工表面上具有较小间距与峰、谷所组成的微观几何形状特征称为表面粗糙度。

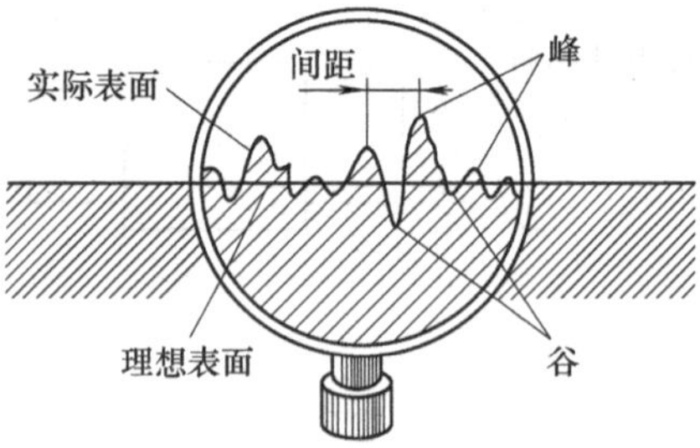

图 8-36　表面粗糙度放大状况

表面粗糙度直接影响零件的耐磨性、抗腐蚀性、抗疲劳性、密封性，以及零件间配合。

2. 表面粗糙度的评定参数

国家标准规定，表面粗糙度以参数值的大小评定。在生产实际中，轮廓参数是我国机械图样中最常用的评定参数。本节仅介绍评定粗糙度轮廓（R 轮廓）中的两个高度参数 *Ra* 和 *Rz*，如图 8-37 所示。

（1）轮廓算术平均偏差 *Ra*　它指在一个取样长度内沿测量方向（*Z* 方向）的轮廓线上的点与基准线之间距离绝对值的算术平均值，用 *Ra* 表示。

（2）轮廓的最大高度 *Rz*　它指在同一取样长度内，轮廓最大峰高和轮廓最大谷深之间的距离，用 *Rz* 表示。

Ra 参数能充分反映表面微观几何形状高度方面的特性，并且所用仪器（电动轮廓仪）的测量比较简便，国家标准推荐首选 *Ra*，只有在有特定要求时，才采用 *Rz*。

选用表面粗糙度，既要满足功用要求，又要考虑经济合理性。一般情况下，凡零件上有配合要求或有相对运动的表面，表面粗糙度值要小，表面质量要求高，加工成本也越高。因此，在保证使用要求的前提下，应选用较大的参数值，以降低制造成本。

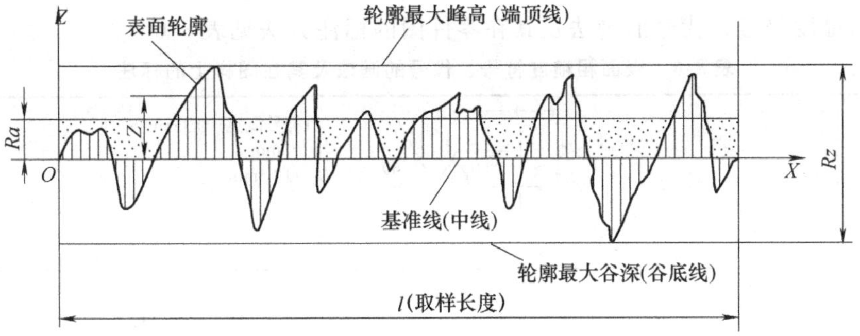

图 8-37　轮廓算术平均偏差 *Ra*

零件表面粗糙度值 *Ra* 的表面特征以及对应加工方法和应用举例，见附表 21。

3. 表面粗糙度的符号、代号

（1）表面粗糙度的符号及其含义　表面粗糙度的图形符号及其含义见表 8-4。

表 8-4　表面粗糙度符号及其含义

符号名称	符　　号	意义及说明
基本图形符号		基本图形符号，未指定表面加工方法的表面，当通过一个注释解释时可单独使用
扩展图形符号		扩展图形符号，用去除材料的方法，例如，车、铣、钻、磨、剪切、抛光、腐蚀、电火花加工、气割等得到的表面
		扩展图形符号，表示不去除材料的方法，例如，铸、锻、冲压变形、热轧、冷轧、粉末冶金等得到的表面
完整图形符号	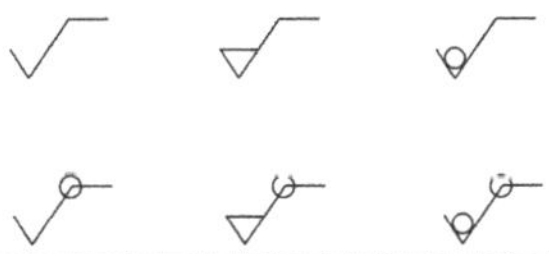	在上述三个符号上均可加一横线，用于注写对表面结构的各种要求

（2）表面粗糙度的符号和代号及其含义　表面粗糙度的标注及其含义，见表 8-5。

表 8-5　常用表面粗糙度的标注及其含义

代　　号	意义及说明	代　　号	意义及说明
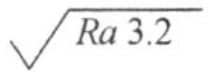	用任何方法获得的表面粗糙度，*Ra* 的单向上限值为 3.2μm	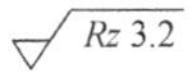	用去除材料的方法获得的表面粗糙度，*Rz* 的单向的上限值为 3.2μm
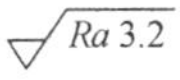	用去除材料的方法获得的表面粗糙度，*Ra* 的单向上限值为 3.2μm	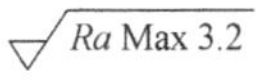	用去除材料的方法获得的表面粗糙度，*Ra* 的最大值为 3.2μm
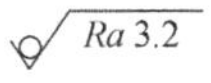	用不去除材料的方法获得的表面粗糙度，*Ra* 的单向上限值为 3.2μm	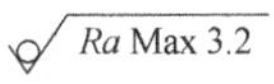	用不去除材料的方法获得的表面粗糙度，*Ra* 的最大值为 3.2μm
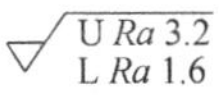	用去除材料的方法获得的表面粗糙度，*Ra* 的上限值为 3.2μm、下限值为 1.6μm，其中 U——上限值；L——下限值（本例为双向极限要求）	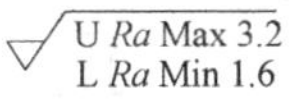	用去除材料的方法获得的表面粗糙度，*Ra* 的最大值为 3.2μm、最小值为 1.6μm（双向极限要求）

注：单向极限要求均指单向上限值，可免注“U”；若为单向下限值，则应加上“L”。

4. 表面粗糙度的标注

表面粗糙度符号、代号的画法及其在零件图的标注方法见表 8-6。

表 8-6 表面粗糙度符号、代号的画法及其在图样上的标注

符号代号规定画法	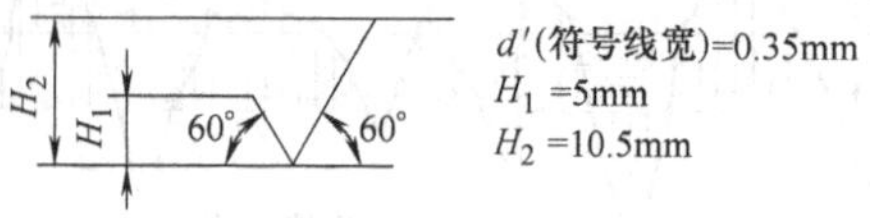 d'(符号线宽)=0.35mm H_1 =5mm H_2 =10.5mm
标注示例	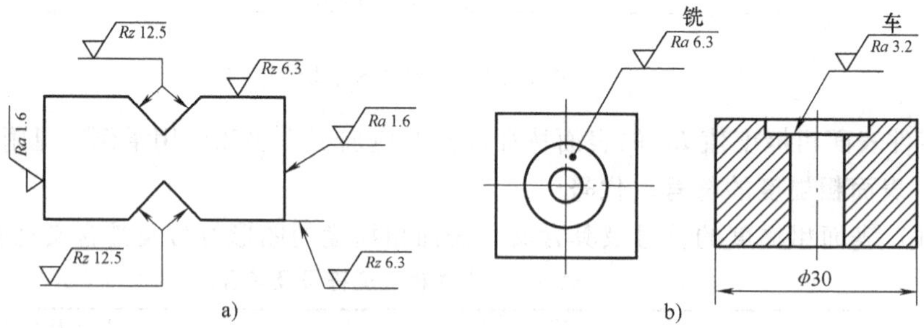 a) b)
说明	表面粗糙度的注写和读取方向与尺寸的注写和读取方向一致。表面粗糙度要求可标注在轮廓线上，其符号应从材料外指向被接触表面（图 a）。必要时，表面粗糙度也可用带箭头或黑点的指引线引出标注（图 b）
标注示例	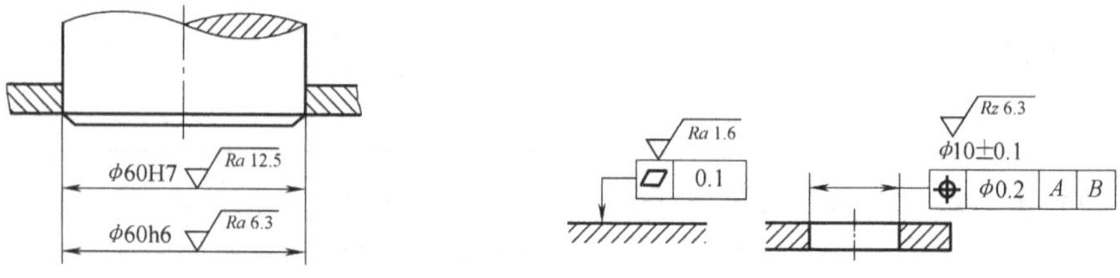 a) b)
说明	在不致引起误解时，表面粗糙度要求可以标注在给定的尺寸线上（图 a），也可标注在几何公差框格的上方（图 b）
标注示例	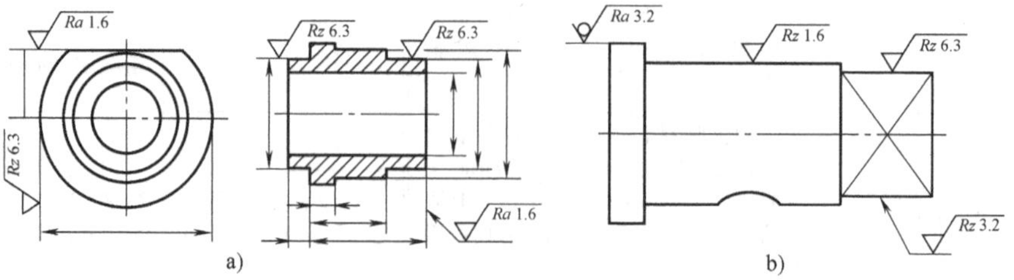 a) b)

(续)

说明	圆柱和棱柱的表面粗糙度要求只标注一次(图 a)。如果每个棱柱表面有不同的表面粗糙度要求,应分别单独标注
标注示例	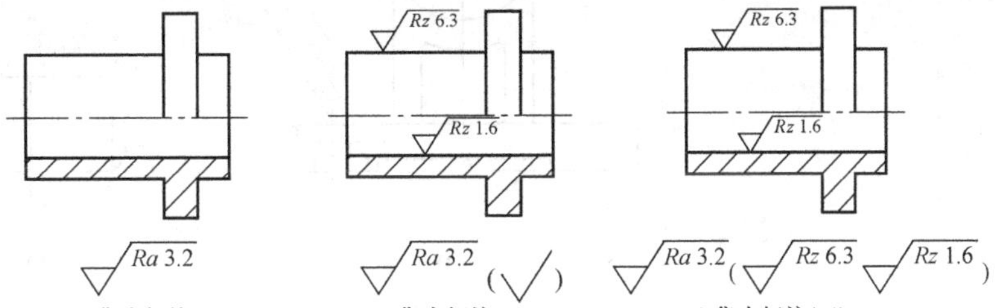 a) 集中标注(一)　b) 集中标注(二)　c) 集中标注(三)
说明	具有共同表面结构要求的简化标注:零件多数或全部表面具有相同表面结构要求时,可统一标注在标题栏附近。图 a 表示零件全部表面具有相同表面结构要求,图 b、c 表示零件多数表面具有相同表面结构要求,可在圆括号内给出无任何其他标注的基本符号(图 b),或在圆括号内给出不同的表面结构要求(图 c)
标注示例	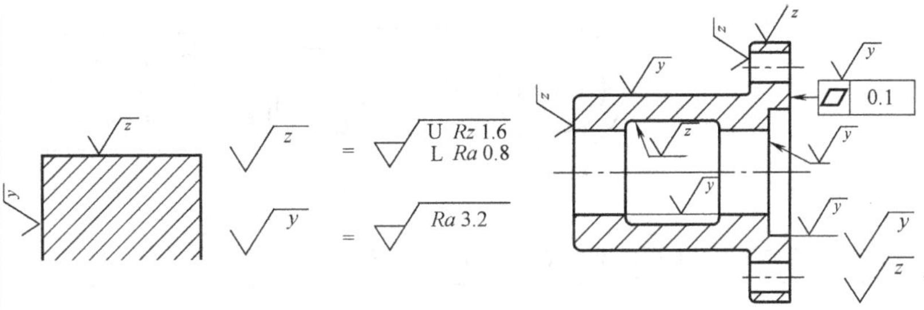
说明	用代字母的完整符号以等式的形式注写在图形或标题栏附近,对相同表面结构要求的表面进行简化标注
标注示例	 a) 未指定工艺的方法　b) 要求去除材料的方法　c) 不去除材料的方法
说明	当采用基本图形符号、扩展图形符号即可说明表面结构要求时,可直接用标注表面结构的基本图形符号和扩展图形符号的简化方式,并以等式的形式说明相应的表面结构要求
标注示例	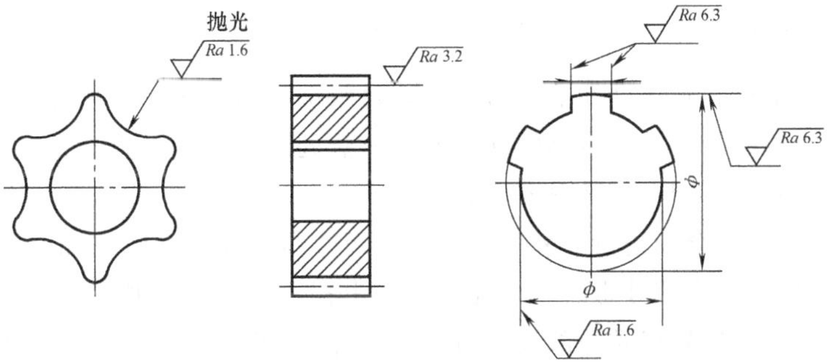 a)　b)　c)

（续）

<table>
<tr><td>说明</td><td>对零件连续表面及重要要素(孔、槽、齿…)的表面进行标注,其表面结构符号只标注一次</td></tr>
<tr><td>标注示例</td><td>
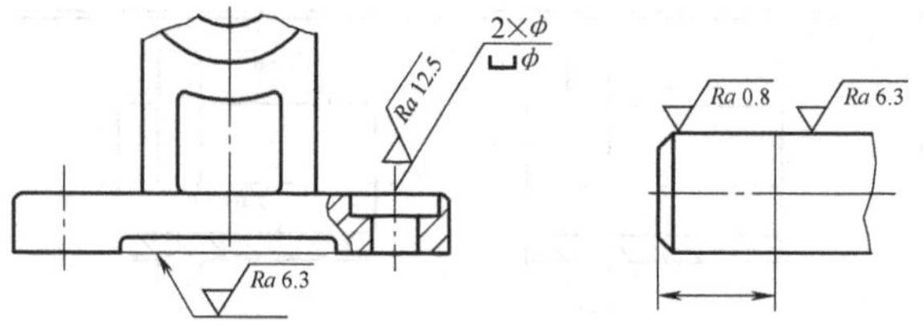

a) b)
</td></tr>
<tr><td>说明</td><td>对零件上不连续的同一表面,用细实线连接起来,其表面结构符号只注一次(图 a)。同一有表面有不同表面结构要求,用细实线作分界线,分别标出不同结构表面符号</td></tr>
<tr><td>标注示例</td><td>
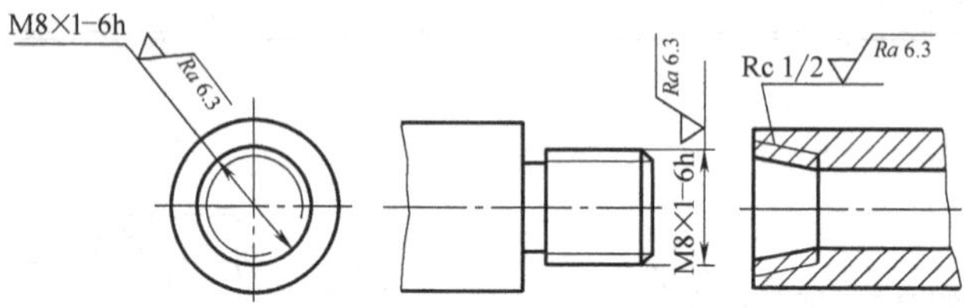

a) b) c)
</td></tr>
<tr><td>说明</td><td>螺纹的工作表面没有画出牙型,表面结构符号只标注一次</td></tr>
<tr><td>标注示例</td><td>
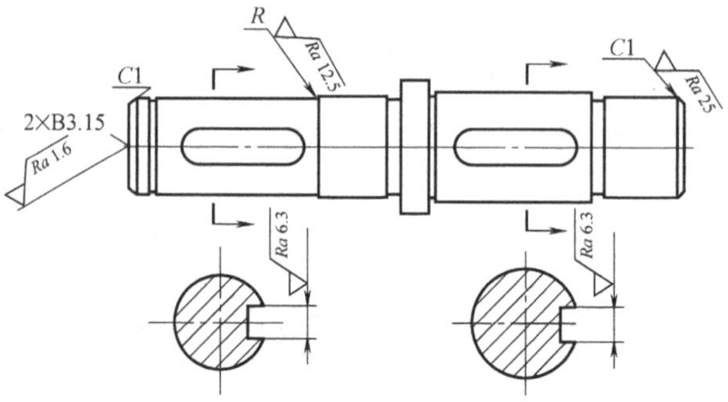

</td></tr>
<tr><td>说明</td><td>倒角、圆角、中心孔、键槽的表面结构符号标注</td></tr>
</table>

四、热处理

在机器制造和修理过程中，为了改善材料的机械加工工艺性能，并使零件获得良好的力学性能和使用性能，常采用热处理的方法，热处理可分为退火、正火、淬火、回火及表面热处理，见附表 27。其标注方法如下。

1）零件表面全部进行某种热处理时，可在技术要求中统一加以说明。

2）零件表面局部处理时，可在零件图上标注，也可在技术要求中用文字说明。若需要在零件局部进行热处理或局部镀（涂）覆时，用粗点画线表示其范围并注上相应尺寸，也可将其要求注写在表面粗糙度长边横线上，如图 8-38 所示。

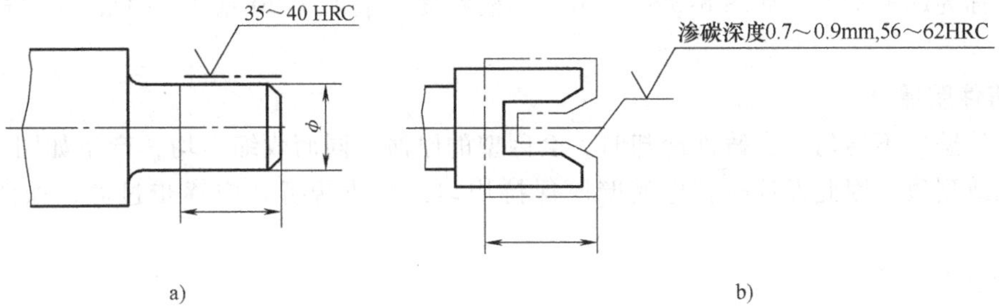

图 8-38　表面局部热处理标注

第五节　零件的工艺结构

零件的结构形状除了应满足它在机器中的作用外，还应考虑到零件在铸造、机械加工、测量、装配时的合理性。

一、铸造工艺结构

1. 铸造圆角

为了防止砂型在尖角处落砂及避免铸件冷却不均而产生如图 8-39a、b 所示的裂纹和缩孔，应在铸件表面转角处制成圆角，称为铸造圆角，如图 8-39c、e 所示。一般铸造圆角为 $R3\sim R5$mm。

铸造圆角在零件图中一般应画出，尺寸在技术要求中统一标注出。当铸件表面被加工后铸造圆角被切去，应画成倒角或尖角，如图 8-39f 所示。

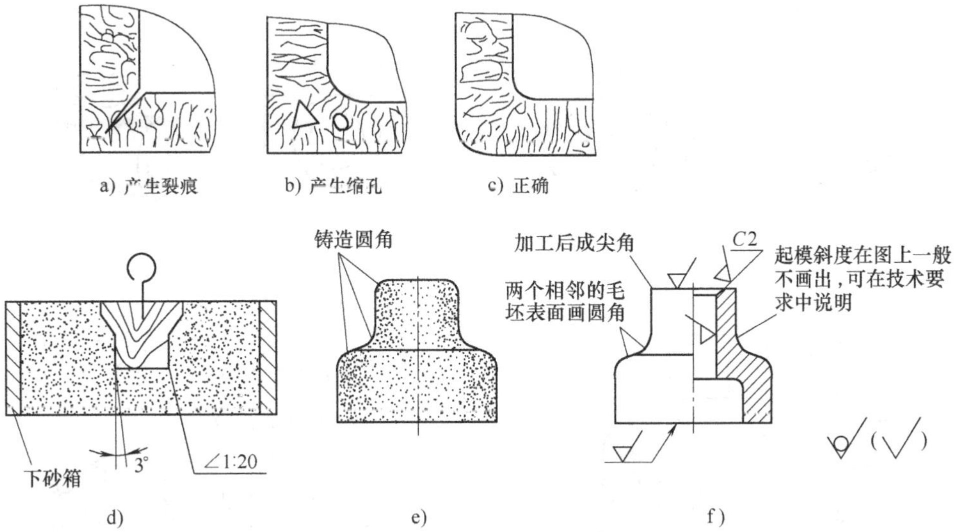

图 8-39　铸造圆角与起模斜度

a）产生裂痕　b）产生缩孔　c）正确

2. 起模斜度

铸件造型时，为了能将木模从砂型中取出，在铸件的内外壁上常沿看起模方向作出一定的斜度，称为起模斜度，如图 8-39d 所示。起模斜度一般取 1:20 或 1°～3°，在图样上不必画出。

3. 铸件壁厚

若铸件壁厚不均匀，当铸件冷却时，会因壁的厚薄不同而收缩不均，产生如图 8-40c 所示的缩孔或裂纹。因此设计时，应使壁厚保持均匀，厚薄转折处应逐步过渡，如图 8-40a、b 所示。

4. 过渡线

由于铸造圆角的存在，铸件表面上的相交线就变得不明显了，这条交线称为过渡线。为了读图时能分清不同表面的界限，交线用细实线表示，但过渡线两端部不与圆角轮廓线相交，应留有间隙，过渡线的画法如图 8-41 所示。

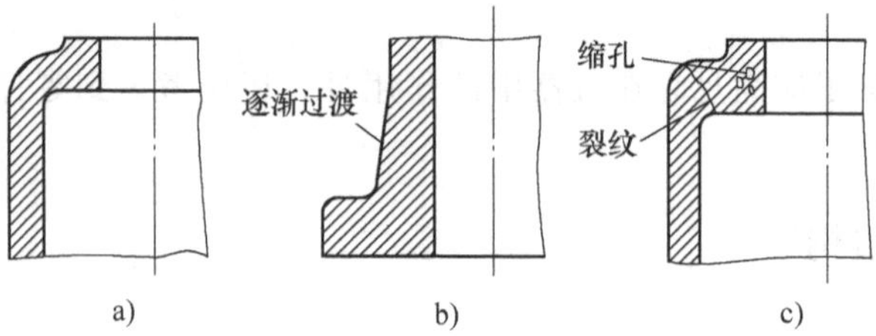

图 8-40 铸造壁厚应均匀

a）壁厚均匀 b）逐渐过渡 c）产生缩孔和裂纹

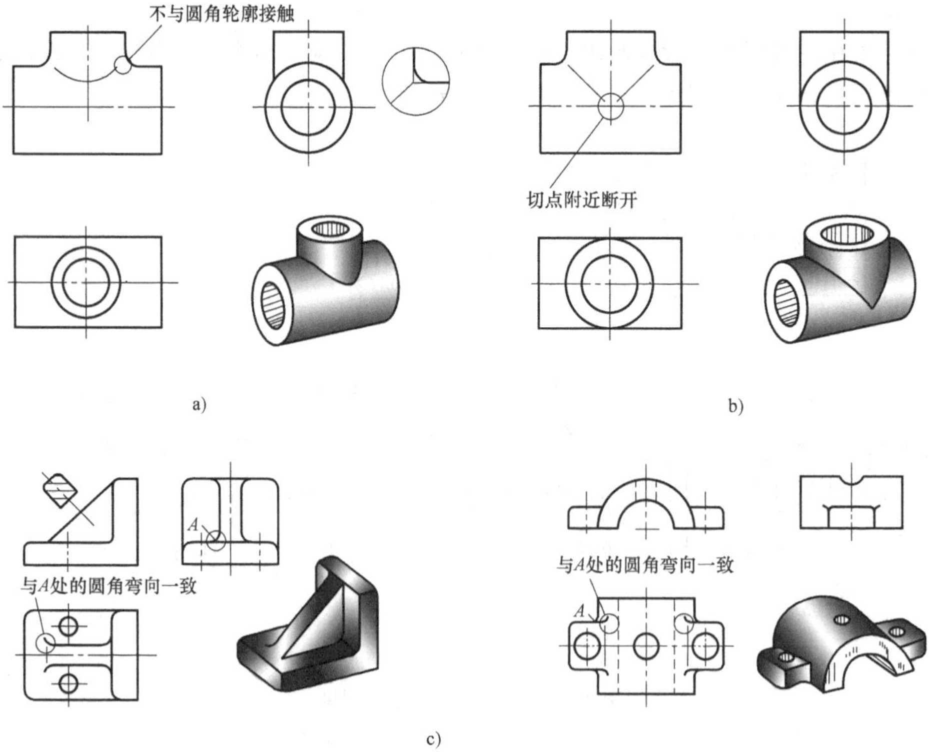

图 8-41 过渡线的画法

a）两曲面相交时的过渡线画法 b）两曲面相切时的过渡线画法 c）平面与平面或曲面相交时过渡线的画法

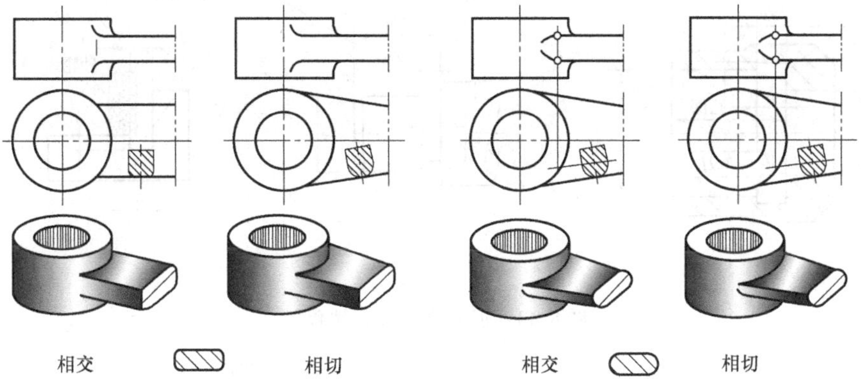

d)

图 8-41 过渡线的画法（续）
d）肋板与圆柱组合时的过渡线画法

二、机械加工工艺结构

1. 倒角和倒圆

为了除去零件加工后留下的毛刺和锐边，以便对中装配，常在轴、孔的端部加工出倒角，为了避免轴肩处因应力集中而产生裂纹，常在轴肩处加工过渡圆角。倒角和圆角的数值可在附表 17 中查得。45°倒角和圆角的尺寸标注形式如图 8-42a 所示（*C*1 表示倒角 45°、距离 1mm）。对于非 45°倒角，按图 8-42b 所示标注；当倒角的尺寸很小时，在图样中不必画出，但必须注明尺寸或在技术要求中加以说明。

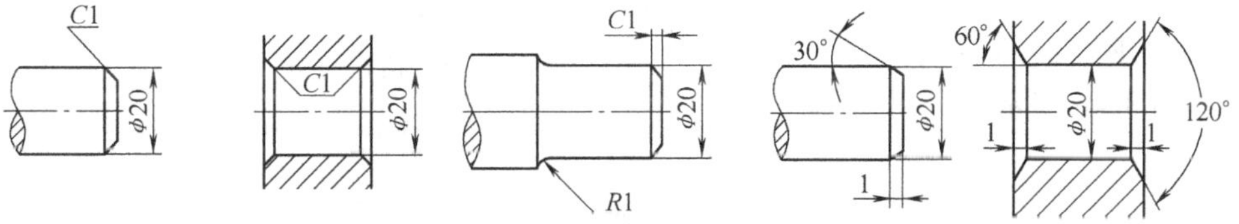

a) b)

图 8-42 倒角和圆角

2. 退刀槽和砂轮越程槽

当车削内孔、车削螺纹或磨削零件表面时，为便于退出刀具或使砂轮可以稍越过加工面，以及装配时保证接触面紧贴，常在轴肩处和孔的台肩处预先车削出退刀槽或砂轮越，如图 8-43 所示，它们的结构形式和尺寸可从附表 18 和附表 19 中查得。其尺寸注法可按“槽深 × 直径”或“槽宽 × 槽深”的形式标注，也可分别注出槽宽和直径。

3. 凸台和凹坑

为了使零件表面接触良好，减少加工面积，常在零件的接触部位作出凸台和凹坑，如图 8-44 所示。

4. 轴孔结构

在零件上钻不通孔时，其底部的圆锥孔应画成 120°的圆锥角，标注孔深尺寸不包括圆

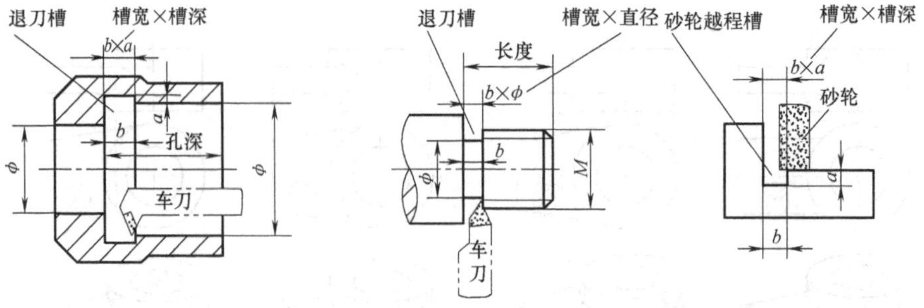

a)　　b)　　c)

图 8-43　退刀槽和砂轮越程槽

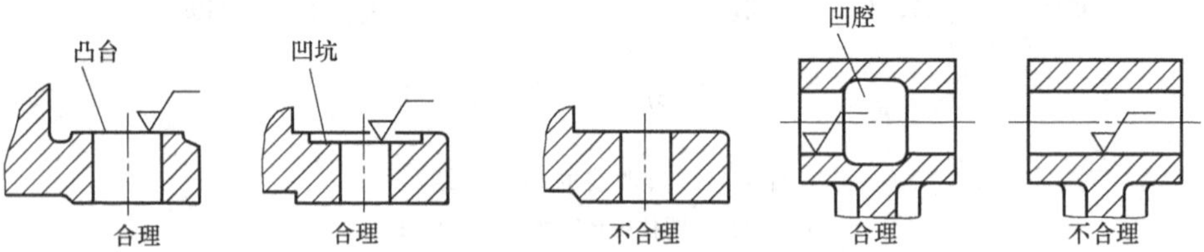

a)　　b)

图 8-44　凸台和凹坑

锥角，如图 8-45a 所示；钻阶梯孔时，锥台顶角 120°，但不标注圆台孔的高度，如图 8-45b 所示。

为了避免钻孔时因钻头单边受力使孔偏斜或钻头折断，在孔口的应设计与孔的轴线垂直的凸台或凹孔，如图 8-46 所示。

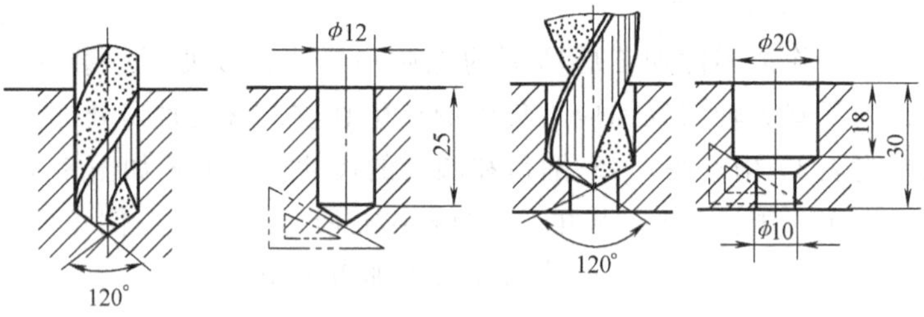

a)　　b)

图 8-45　钻孔结构

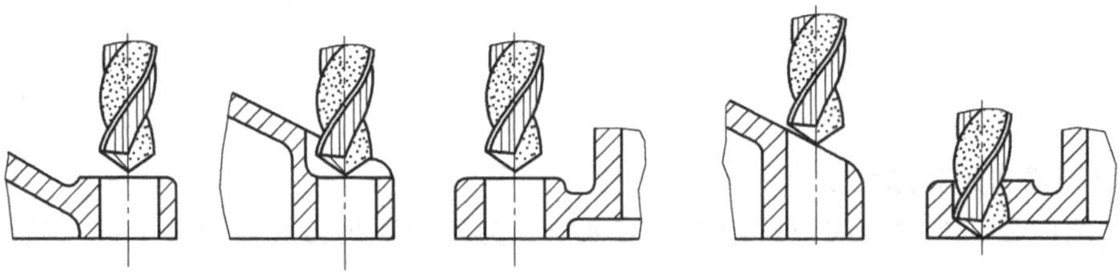

a)　　b)

图 8-46　钻孔的孔口结构

a）正确　b）不正确

5. 中心孔

对加工较长或精度较高的轴，为了便于在机床上加工定位，便于维修，常在轴端预先加工出中心孔。中心孔结构形式和尺寸已经标准化，可从附表 20 查得其值。在图样上不必画出，只要在轴端标注其标记和数量，见表 8-7 及图 8-1 中的中心孔标注示例。

表 8-7　中心孔的符号及标注

要　求	符　号	表示法示例	说　明
在完工的零件上要求保留中心孔	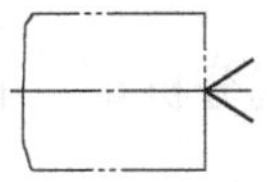	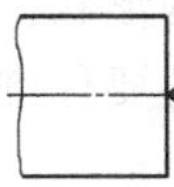	采用 B 型中心孔，$D=2.5\text{mm}$，$D_1=8\text{mm}$，在完工的零件上要求保留
在完工的零件上可以保留中心孔	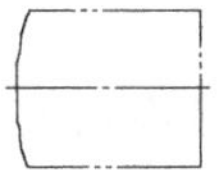	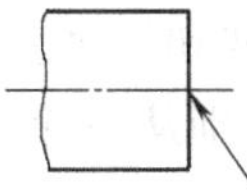	采用 A 型中心孔，$D=4\text{mm}$，$D_1=8.5\text{mm}$，在完工的零件上是否保留都可以
在完工的零件上不允许保留中心孔	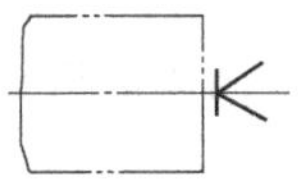	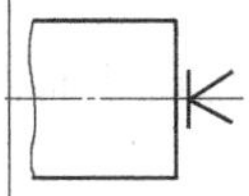	采用 A 型中心孔，$D=1.6\text{mm}$，$D_1=3.35\text{mm}$，在完工的零件上不允许保留

第六节　读零件图

正确、熟练地识读零件图，是技术工人和工程人员必须掌握的基本功之一。

一、读零件图的基本要求

1）了解零件的名称、材料和用途。

2）根据零件图的表示方案，想象零件的结构形状。

3）分析零件图标注的尺寸，识别尺寸基准和类别，确定零件各组成部分的定形尺寸和定位尺寸及工艺结构的尺寸。

4）分析零件图标注技术要求，明确制造该零件应达到的技术指标。了解制造该零件时应采用的加工方法。

二、读零件图的方法和步骤

1. 读标题栏

阅读标题栏，了解零件名称、材料、绘图比例等。初步了解其用途，以及属于哪类零件。

2. 分析表示方案

1）浏览全图，找出主视图。

2）以主视图为主，搞清楚各个视图的名称、投射方向、相互之间的投影关系。

3）若是剖视图或断面图，应在对应的视图中找出剖切面的位置和投射方向。

4）若有局部视图、斜视图，必须找出表示部位的字母和表示投射方向的箭头。

5）检查有无局部放大图及简化画法。

通过上述分析，初步了解每一视图的表示目的，为视图的投影分析作准备。

3. 读视图

读视图、想象形状时，以主视图的线框、线段为主，配合其他视图的线框、线段的对应关系，应用形体分析法和线面分析法及读剖视图的思维基础来想象零件各个部分的内外形。想象时，先读主体，后读非主体；先读外形，后读内形：先易后难，先粗后细。在分部分想象内、外形的基础上，综合想象零件整体结构形状。

读图想象形状时，不仅注意主体形状，还要仔细、认真分析每一个细小结构。

4. 读尺寸

1）想象零件的结构特点，结合阅读各视图的尺寸布局，找出三个方向的尺寸基准。了解基准类别，以及同一方向是否有主要基准和辅助基准之分。

2）应用形体分析法和结构分析法，分别从三个方向的基准出发找出每个方向表示各部分大小的定形尺寸和定位尺寸，以及工艺结构的尺寸。确定总体尺寸，检查尺寸标注是否齐全、合理。

读尺寸时应认真、仔细，避免读错或漏读尺寸而造成产品废品或返工。

5. 读技术要求

阅读零件图上所标注的尺寸公差、几何公差和表面结构（如表面粗糙度），确定零件哪些部位精度要求较高、较重要，以便加工时，采用相应的加工、测量方法。

6. 综合归纳

通过上述的读图后，对零件的结构形状、大小和技术要求等内容进行综合归纳，形成比较完整的认识，若发现存在问题，还应提出改进竟见。上述介绍的读图步骤往往不是严格分开和孤立进行的，而常常是彼此联系、互补或穿插地进行。

三、典型零件及读图举例

零件的结构形状虽然千差万别，但根据它们在机器中的作用、形状特征和加工方法，大致可分为轴套类、轮盘类、叉架类和箱体类四种类型。

1. 轴套类零件

轴套类零件包括各种轴、套筒、衬套等。轴类零件在机器中主要用来支承传动件（如齿轮、带轮等）旋转并传递转矩；套类零件用来包容和支承活动件（如轴承、塞子、活块等）的活动。

（1）结构特点　轴套类零件的主体是回转体。轴类零件常带有轴肩、键槽、螺纹、退刀槽、砂轮越程槽、圆角、倒角、中心孔等结构；套类零件大多数壁厚小于内孔直径，常带有油槽、油孔、倒角、螺纹孔和销孔等结构。

（2）表示方法

1）由于轴套类零件主要在车床或磨床上进行加工，因此主视图轴线要水平放置，一般只用一个主视图。轴类常零件用局部剖视图表示孔、槽等结构，套类零件常用全剖视图表示。

2）表示孔、槽结构，常用断面图。

3）对退刀槽、砂轮越程槽、圆角等较小结构常用放大图。如图 8-1 传动轴零件图所示。

（3）尺寸标注　由于轴套类零件的主要尺寸是径向尺寸（高、宽尺寸）和轴向尺寸（长度尺寸），在加工和测量径向尺寸时，均以轴线为基准（设计基准）；轴的长度方向的尺寸一般都以重要的定位面（轴肩）或端面作为主要基准。如图 8-1 所示传动轴径向尺寸以轴线为基准、轴向尺寸以 ϕ32mm 轴肩端面 M（装轴承定位面）为主要基准，为了便于加工测量以轴的左右端面为轴向方向辅助基准。

【例 8-4】 读图 8-47 所示车床尾座空心套的零件图。

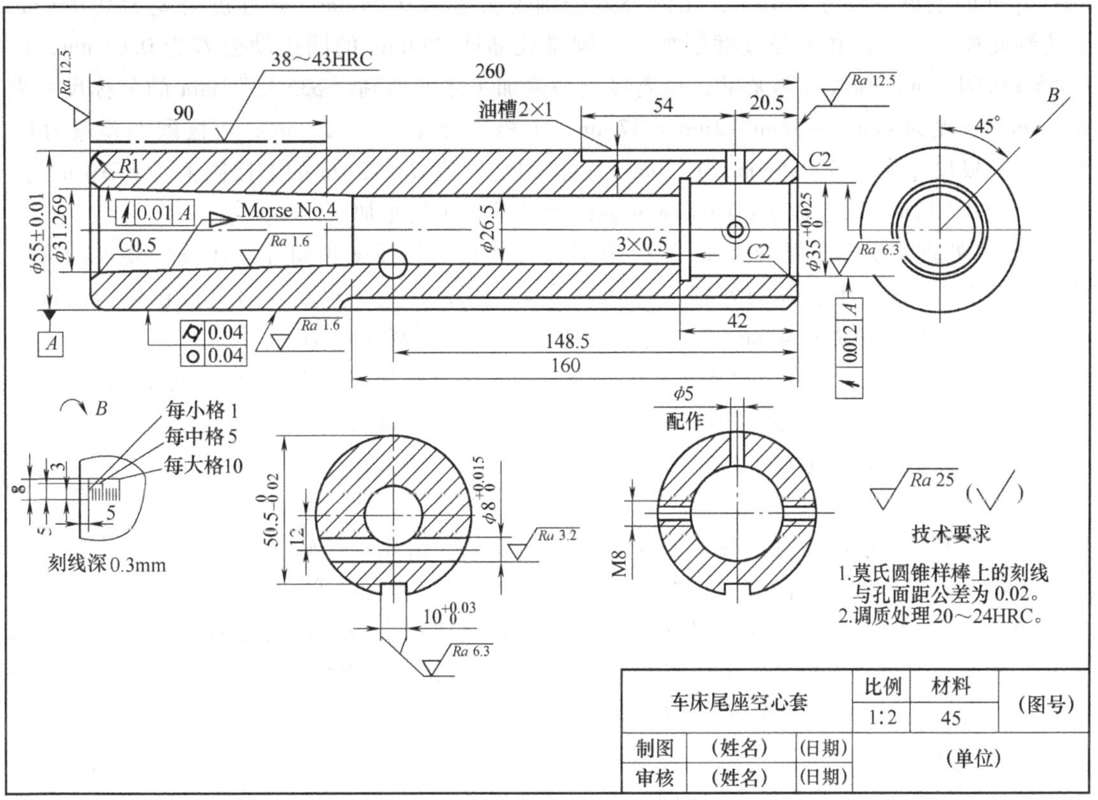

图 8-47 车床尾座空心套零件图

（1）读标题栏 从标题栏可知，零件名称是车床尾座空心套，属轴套类零件，材料为 45 钢，数量只有 1 件，绘图比例为 1:2。从零件名称略知其用途。

（2）分析表示方案 空心套采用主、左两个视图，全剖主视图轴线水平放置，同加工位置相同，两个移出断面图、一个 *B* 向斜视图。

（3）读视图 从全部主视图沿轴线的空白线框和带剖面线框及径向尺寸，可知空心套主体是圆筒状；两个断面图表示剖切线上两处圆筒上的键槽、小圆孔和螺纹孔的结构；从左视图所注 *B* 和 45°箭头可知，*B* 向斜视图的刻度线表示空心套左端外圆柱轴向刻度及位置。

（4）读尺寸 空心套的径向尺寸以轴线为设计和加工、测量基准。从图中轴向尺寸“20.5”“42”“148.5”等的起点，确定空心套右端面为轴向主基准，是加工、测量各小圆孔、键槽的定位基准，从尺寸 90 确定空心套左端面为轴向辅助基准。

读结构尺寸：左端 4 号莫氏圆锥孔 ϕ31.269mm，其长度自然形成；键槽宽 $10^{+0.03}_{0}$mm、长 160mm、深度 $50.5^{0}_{-0.02}$mm；小圆孔 $\phi 8^{+0.015}_{0}$mm 的定位尺寸为 148.5mm 及 12mm；油槽 2mm×1mm，长 54mm 及油孔 ϕ5mm 配作（为装配后加工）的定位尺寸为 20.5；M8 指普通粗牙右旋螺纹，中径、顶径公差代号为 6H（省略标注），定位尺寸为 20.5mm 等。

（5）读技术要求

1）尺寸公差、表面粗糙度及几何公差。

空心套外径（ϕ55 ±0.01）mm，上极限偏差值为 0.01mm，下极限偏差值为 -0.01mm，

上极限尺寸为 ϕ55.01mm，下极限尺寸为 ϕ54.99mm，合格尺寸在两者之间。表面粗糙度值 Ra1.6μm 的上极限值为 1.6μm、几何公差的圆度公差为 0.04mm，圆柱度公差为 0.04mm，要达到此技术要求，必须经过磨削加工。圆锥孔 ϕ31.269mm 的圆跳动公差为 0.01mm，以（ϕ55 ±0.01）mm 轴线 A 为基准，也要经过磨削加工才能达到；$\phi35^{+0.025}_{0}$mm 的公称尺寸为 ϕ35mm，长度为 42mm－3mm－2mm＝37mm，上极限偏差为 0.025mm，下极限偏差值为 0，上、下极限尺寸为 ϕ35.025mm，ϕ35mm。表面粗糙度值 Ra6.3μm 的上极限值为 6.3μm，圆跳动公差 0.012mm 以（ϕ55 ±0.01）mm 轴线为基准，用精车加工。

2）热处理。空心套材料为 45 钢；为了提高空心套的强度和韧性，在技术要求的第二条说明对空心套进行整体调质处理，硬度为 20～24HRC；为了提高 4 号莫氏锥度内圆锥孔的耐磨性，在距左端面长 90mm 处进行表面淬火，硬度为 38～43HRC。

3）其他技术要求。在技术要求的第一条提出对内锥孔加工时进行检验的误差要求。

通过上述读图，对空心套的结构形状、大小，以及加工过程应达到的技术质量要求有了深入了解，为正确合理地加工该零件奠定了基础。

2. 轮盘类零件

轮盘类零件包括法兰盘、端盖、各种轮子（手轮、齿轮、带轮）等。其中，轮类零件多用于传递转矩，盘类零件常用于支承、连接、轴向定位和密封等。

（1）结构特点　轮盘类零件的主体结构是回转体或扁平板组成的盘状体，其厚度方向尺寸比其他方向尺寸小得多，这类零件通常是先铸造或锻造成毛坯，再经过必要切削加工而成的。其常见结构有轮辐、键槽、均布安装孔及其附属凸台、凹坑、销孔等。

（2）表示方法

1）轮盘类零件主要在机床上加工，所以按其加工位置和形状特征来选择主视图，将轴线水平放置。主视图常取单一剖切面、相交剖切面或平行剖切面作出全剖或半剖视图。

2）轮盘类零件一般采用主、左（或右）两个基本视图表示。左（或右）视图表示外形轮廓，孔、槽结构形状及分布位置。

3）个别细节结构常采用局部剖视图、断面图、局部放大图等加以表示。

如图 8-48 所示，左端盖主视图的轴线水平放置，用单一剖切面全剖主视图表示轴向内形。左视图采用对称形简化画法，表示径向外形及盘上圆孔的分布位置。局部放大图表示密封槽的形状。

（3）尺寸标注

1）这类零件的径向尺寸以重要圆孔轴线或主要对称面为径向尺寸基准；轴向尺寸以具有一定精度加工面或定位面为轴向尺寸基准。

2）盘上有较多孔时，应标注孔径及孔心距。

如图 8-48 所示，左端盖以轴线为径向基准，右端面为轴向基准。

【例 8-5】 读图 8-49 所示右端盖零件图

（1）读标题栏　从标题栏可知，零件名称是右端盖，属盘类零件，材料为 HT150，数量为 1 件，绘图比例为 1:3。

（2）分析表示方案　右端盖采用主、左视图，全剖主视图的轴线置于水平位置，符合车或镗主孔的加工位置。全剖主视图，从右视图 A—A 标注说明采用两个平行剖切平面剖切来表示轴向方向的内形；左视图表示右端盖的外形和各种孔的分布位置。

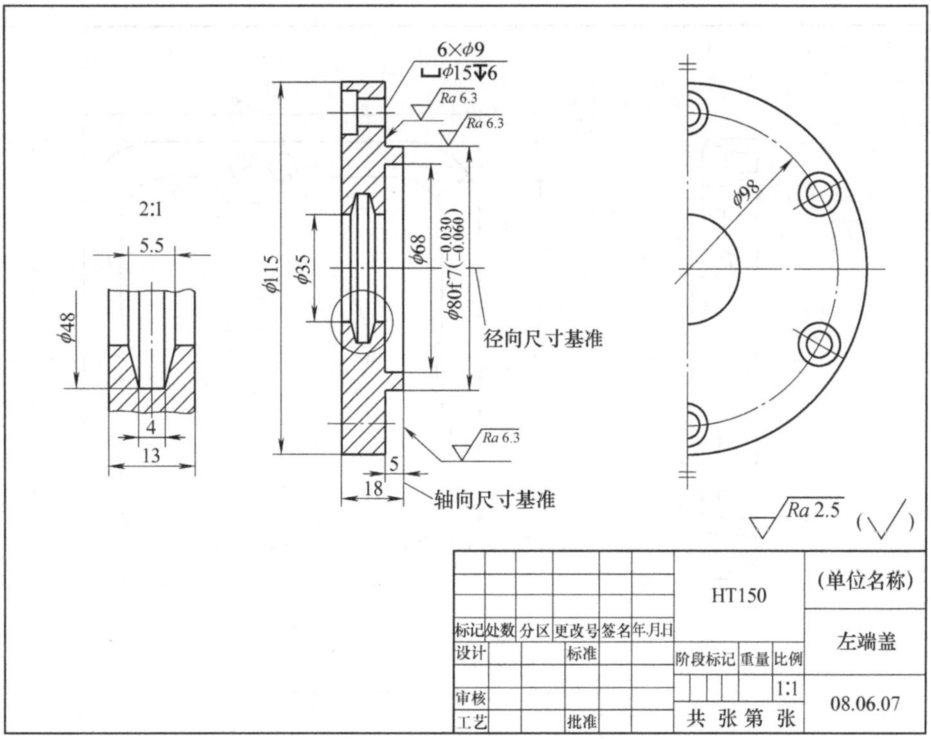

图 8-48　左端盖零件图

（3）读视图　从左视图分离的特征形线框 1″、2″、3″、4″与主视图 1′、2′、3′、4′的对应关系，想象方框体Ⅰ、圆筒（Ⅶ、Ⅳ）、连接平板Ⅱ所组成的结构。从左视图确定右端盖的左端有 4 个沉孔、两个销孔，右端面有 3 个螺纹孔。

综合想象图 8-50 所示右端盖是上下、左右基本对称形的扁状体。

（4）读尺寸

1）尺寸基准：由左视图宽方向的尺寸 132mm、152mm、15mm 确定圆孔竖向中心线为宽方向尺寸基准；由圆孔 $\phi42^{+0.025}_{0}$mm 是主孔尺寸及尺寸 66mm 确定该圆孔横向中心线为高方向尺寸主要基准；从尺寸 74、148mm 确定上沉孔、上销孔的横向中心线为高方向辅助基准。从尺寸 22mm、24mm 确定以左端面 *B* 为轴向（厚度）的主要基准，尺寸 21mm 以右端面为辅助基准。

2）主体尺寸：应用形体分析确定外缘方框体Ⅰ的尺寸 152mm、170mm、22mm 及 *R*32mm，圆筒的尺寸 $\phi42^{+0.025}_{0}$mm、ϕ78mm 及 21mm。

3）各种孔的尺寸：4 × ϕ12⌴ϕ20 ↧8，表示 4 个圆柱形沉孔，小圆孔 ϕ12mm，沉孔直径 ϕ20mm，深 8mm，孔心距 132mm、148mm、74mm 为该孔组定位尺寸；3 × M8 ↧12，表示 3 个普通粗牙螺纹孔，公称直径 M8，螺孔深 12mm，中、顶径公差带 6H（省略标注）均布在 ϕ54mm 圆筒右端面上；2 × ϕ10mm 圆锥销孔为配作，定位尺寸为 148mm 及 15mm。

（5）技术要求　主孔 $\phi42^{+0.025}_{0}$mm 表示孔公称尺寸 ϕ42mm，上、下极限偏差值分别为 +0.025mm 和 0，是基准孔，表面粗糙度 *Ra* 上极限值为 3.2μm，轴线以左端面 *B* 为基准的垂直度公差为 ϕ0.1mm。

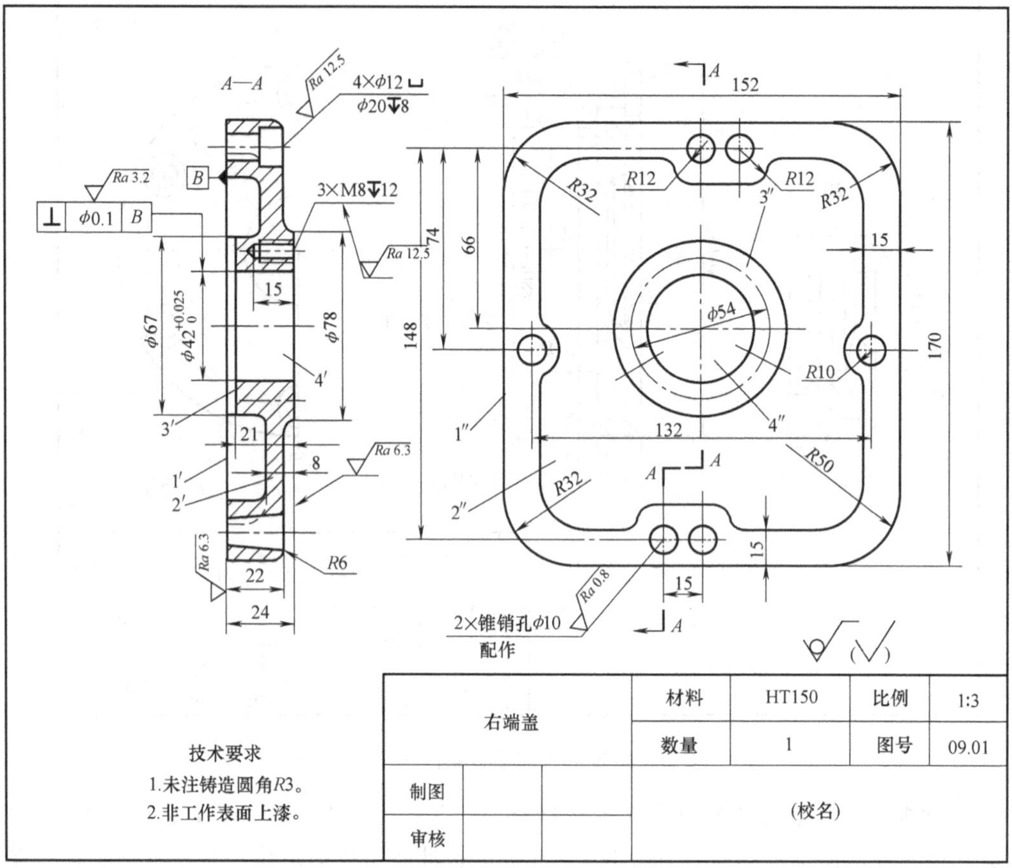

图 8-49　右端盖零件图

3. 叉架类零件

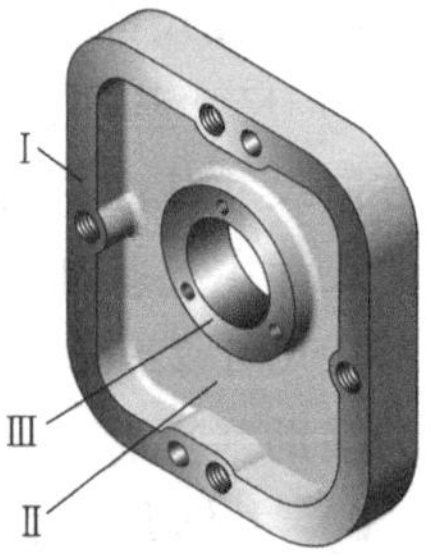

图 8-50　右端盖轴测图

叉架类零件包括支架、拨叉、连杆、摇臂、杠杆等。叉架类零件在机器或部件中常用于支承、连接、操纵和传动等，这类零件由铸造、锻造制成毛坯，经过机械加工制造而成。

(1) 结构特点　叉架类零件的结构形状多样，差别较大，但主体结构都由支承部分、安装部分和连接部分（不同断面形状的连接板、肋板和实心杆）组成。

(2) 表示方法

1) 叉架类零件需多种机械进行加工，加工位置难于分清主要和次要之处，工作位置也多变所以，应以反映零件结构特征的方向为主视图投射方向，并把零件放正。

2) 常采用两个或两个以上基本视图表示，根据结构特点辅以断面图、斜视图、局部视图。

如图 8-51 所示，摇臂零件图采用主、左视图表示。主视图表示圆筒和连接板的形状和连接关系及拱形斜台螺孔位置，并反映摇臂主体特征，对称中心线垂直放置；A 向视图表示斜台的特征形，断面图表示连接板的断面形状。

（3）尺寸标注

1）叉架类零件常以主要孔轴线、中心线、对称平面、底面作为长、宽、高三个方向尺寸的主要基准。图 8-51 所示摇臂，以对称面 *B* 及 *C* 为长、宽方向尺寸主要基准，$\phi 4^{+0.03}_{0}$ mm 横向中心线 *D* 为高方向尺寸主要基准。

2）叉架类零件各组成形体的定形尺寸和定位尺寸比较明显，读图和标注尺寸都要用形体分析法。

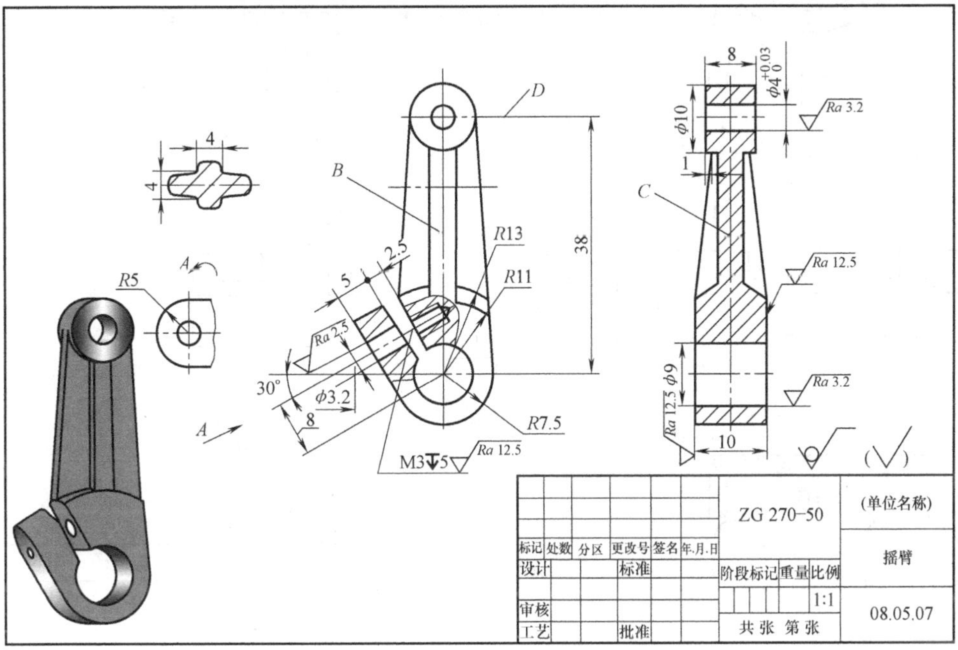

图 8-51　摇臂零件图

【例 8-6】 读图 8-52 所示支架零件图。

（1）读标题栏　从标题栏可知，零件名称是支架，属叉架类零件，材料为 HT150 说明是铸件，数量为 1，绘图比例为 1:2，略知该零件用于支承轴、套零件。

（2）分析表示方案　支架采用主、俯、左三个基本视图，主视图表示支架外形主体特征，底板水平放置，符合加工和工作位置：*D—D* 全剖俯视图，从主视图 *D—D* 处剖切，表示支承板断面和底板的形状；*A—A* 全剖左视图，用两个平行剖切平面在主视图 *A—A* 处剖切，还有 *D* 向局部视图。

（3）读视图　以主视图的线框为主，对照俯、左视图关系，线框 1′对应线框 1″，想象带小孔筒体Ⅰ；线框 2′对应线框 2、2″，以线框 2 和 2′的形状想象支承板Ⅱ；线框 3′对应线框 3、3″，以线框 3 形状为主，配合线框 3′想象底板Ⅲ。

从 *C* 向局部视图线框 *a* 对应线框 *a*′和线 *a*″，想象带螺纹孔的拱形凸台；从线框 *b*′、*b*″及 *b*，想象三角形肋板的形状。

从反映位置特征的主、左视图各线框相对位置和连接关系，综合想象支架的主体，由Ⅰ、Ⅱ、Ⅲ形体和凸台、肋板组成左右对称支架形体，如图 8-53 所示。

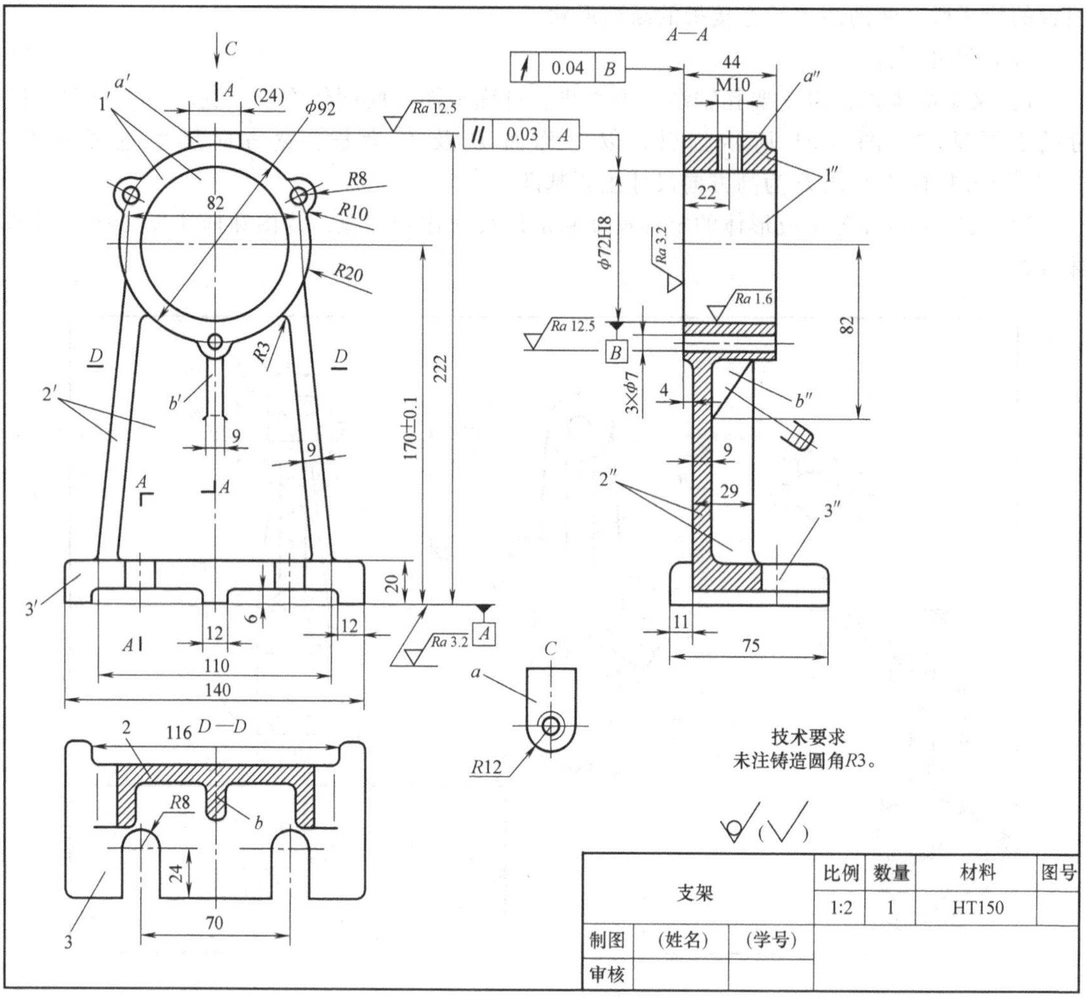

图 8-52　支架零件图

(4) 读尺寸　叉架类零件组成各形体的定形尺寸和定位尺寸比较明显，读图和标注尺寸都要用形体分析法。

1) 尺寸基准。从高度方向尺寸（170 ± 0.1）mm、222mm、20mm 等的标注起点，确定底面 *A* 为高度方向尺寸的主要基准；从长度方向的尺寸 140mm、70mm、110mm、82mm、ϕ92mm 等的对称布局，确定左右对称面为长度方向尺寸的主要基准；从宽度方向尺寸的 4mm、44mm，22mm 等的标注起点，确定圆筒后端面为宽度方向尺寸的主要基准，从尺寸 9mm、29mm、11mm 确定支承板Ⅱ的后端面为宽度方向尺寸的辅助基准。

2) 主体尺寸。按形体分析法分三部分读，读圆筒体Ⅰ的尺寸，以左视图所注尺寸为主，配合主视图的尺寸；读支承板Ⅱ的尺寸，以主视图所注尺寸为主，配合左视图

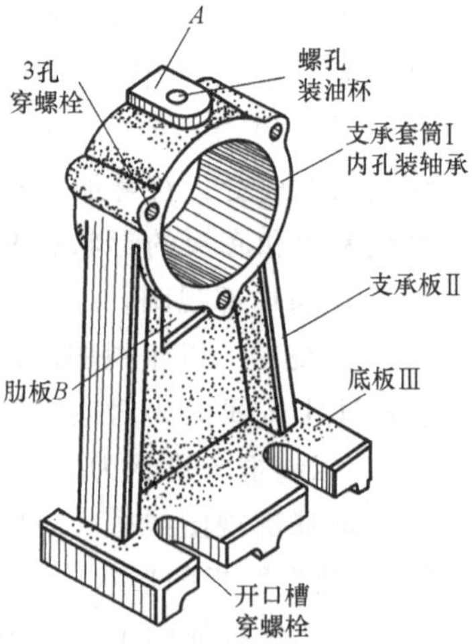

图 8-53 支架零件轴测图

尺寸。读底板Ⅲ的尺寸，以主视图和俯视图所注尺寸为主，配合左视图的尺寸。

细部的尺寸请读者自行分析。

（5）读技术要求　支承套筒的主孔是 ϕ72H8mm，公称尺寸为 ϕ72mm，基本偏差为 H，公差等级为 8 级的基准孔，在附表 24 查得其上下极限偏差值为 $^{+46}_{\ 0}$，单位为 μm，换算为 $\phi72^{+0.046}_{\ \ 0}$mm，它的上极限尺寸为 ϕ72.046mm，下极限尺寸为 ϕ72mm。表面粗糙度 Ra 上极限值为 1.6μm。定位尺为（170 ± 0.1）mm，上下极限偏差值都是 0.1mm，上极限尺寸为 ϕ170.1mm，下极限尺寸为 ϕ69.9mm。ϕ72H8 轴线对底面 A 的平行度公差为 0.03mm，加工该孔需要精车或磨削加工。

圆筒上定位左端面的表面粗糙度值为 Ra3.2μm，该面对 ϕ72H8 轴线 B 的圆跳动公差值为 0.04mm。

4. 箱体类零件

箱体类零件有减速箱、泵体、阀体和机座等。该类零件是机器或部件的主体部件，起着支承、包容运动零件的作用。这类零件的毛坯常为铸件，也有焊接件。

（1）结构特点　箱体类零件形状较复杂，图 8-56 所示的机座箱体由圆筒、底板和连接板三部分组成；箱体是由薄壁围成空腔的壳体，在箱壁上有支承孔及凸缘和底板。这类零件有加强肋、安装孔、螺纹孔和销孔等。

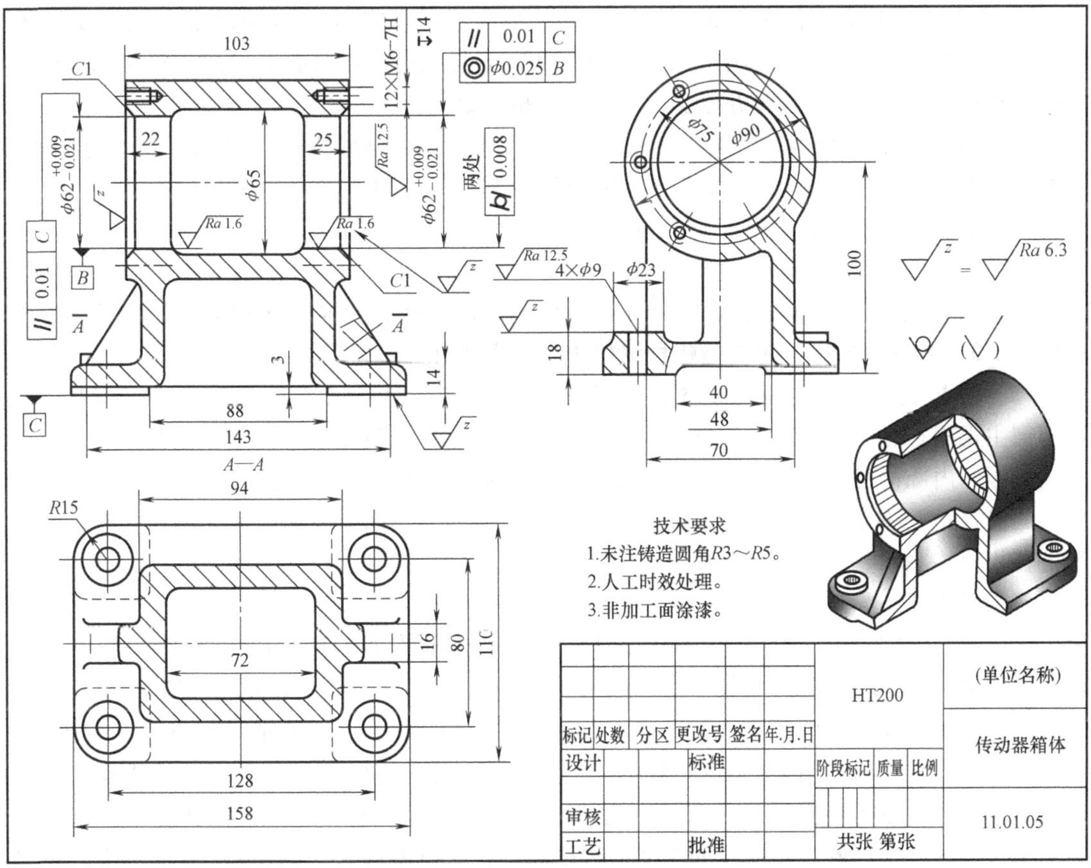

图 8-54　传动器箱体零件图

（2）表示方法

1）由于箱体类零件结构形状复杂、加工位置多变，所以主视图的选择一般以工作位置及最能反映零件特征形状的方向作为主视图的投射方向。

2）箱体类零件通常采用三个或三个以上基本视图表示，并根据箱体结构特点，选择合适的剖视图。当外形较简单时，常采用全剖；若内、外形都较复杂，常采用局部剖；对称形采用半剖。

3）次要或较小结构常采用局部剖和断面图。

如图 8-54 所示，机座箱体零件图采用三个基本视图，主视图符合机座工作位置及主体特征，用单一全剖视图表示其内形及三个组成部分外形和相对位置，重合断面表示肋板形状；俯视图采用 *A—A* 截面剖，表示连接部分截面形状及底板的特征形状；左视图采用半剖，衬托内、外形连接关系及机座端面螺孔分布。

（3）尺寸标注　箱体零件结构较复杂，尺寸较多，读、标尺寸较困难，一般应采用形体分析法进行分析和标注尺寸。

1）箱体高方向尺寸都以底面为主要基准，它是箱体安装面，又是加工支承孔的加工定位和测量基准：它既是设计基准，又是工艺基准，如图 8-54 所示机座以底面确定支承孔 ϕ62mm 的定位尺寸为 100mm。其他方向尺寸基准较多的以对称面、重要端面为基准。机座长方向和宽方向都以对称面为主要基准，左右端面和圆 ϕ62mm 轴线为辅助基准。

2）与其他零件有装配关系的尺寸应一致，如支承孔 ϕ62mm 与轴承外圈尺寸一致，有较高技术要求，底板安装孔的中心距 128mm、80mm 与机器中连接孔应一致，安装端盖的螺纹孔位置尺寸 ϕ25mm 应与端盖螺纹孔位置尺寸相一致。

（4）技术要求　箱体类零件的技术要求，主要支承传动轴或轴承的轴孔，其尺寸精度、表面粗糙度值和几何公差都将直接影响装配质量和使用性能。如机座孔 $\phi62^{+0.009}_{-0.021}$mm、*Ra* 为 1.6μm，几何公差有圆柱度、同轴度和平行度要求。

【例 8-7】　读图 8-55 所示的蜗轮箱体。

（1）读标题栏　从标题栏名称可知该零件是蜗轮箱体，材料为 HT200，是铸件，绘图比例为 1:3。从零件名称了解它是蜗杆蜗轮传动的壳体件。

（2）分析表示方案　浏览全图，蜗轮箱体有主、俯、左三个基本视图及 *A—A* 剖视图。局部剖主视图符合形状特征和工作位置要求，表示箱体外形及箱壁等内形；俯视图表示上盖板、底板和内腔的特征形等；半剖左视图的剖切面通过箱体左右对称面，表示箱体内、外形及半圆筒等；*A—A* 局部剖视图，从主视图 *A—A* 截面处剖切向上投射，主要表达箱壁横断面及上盖板连接关系。通过以上视图分析，为深入读图做好准备。

（3）读视图

1）想象主体形状。蜗轮箱体形状比较复杂，采用分部分识读，并以主视图画分线框为逐个地找出与各个视图的对应关系。如线框 1′对应线框 1、1″，以线框 1、1″为主想象底板Ⅰ的形状；线框 2′对应线框 2（2）、2″，以线框 2（2）为主，想象箱壁和空腔Ⅱ的形状；线框 3′对应线框 3、3″，以线框 3、3′为主，想象上盖板Ⅲ的形状；线框 4′对应线框 4、4″，以线框 4′为主，想象半圆筒Ⅳ的形状。通过上述读图过程，蜗轮箱体主体四部分形状就想象出来，并通过主、俯、左视图的线框相对位置，想象箱体由上、中、下三层叠加而成，是左右、前后对称的壳体件。

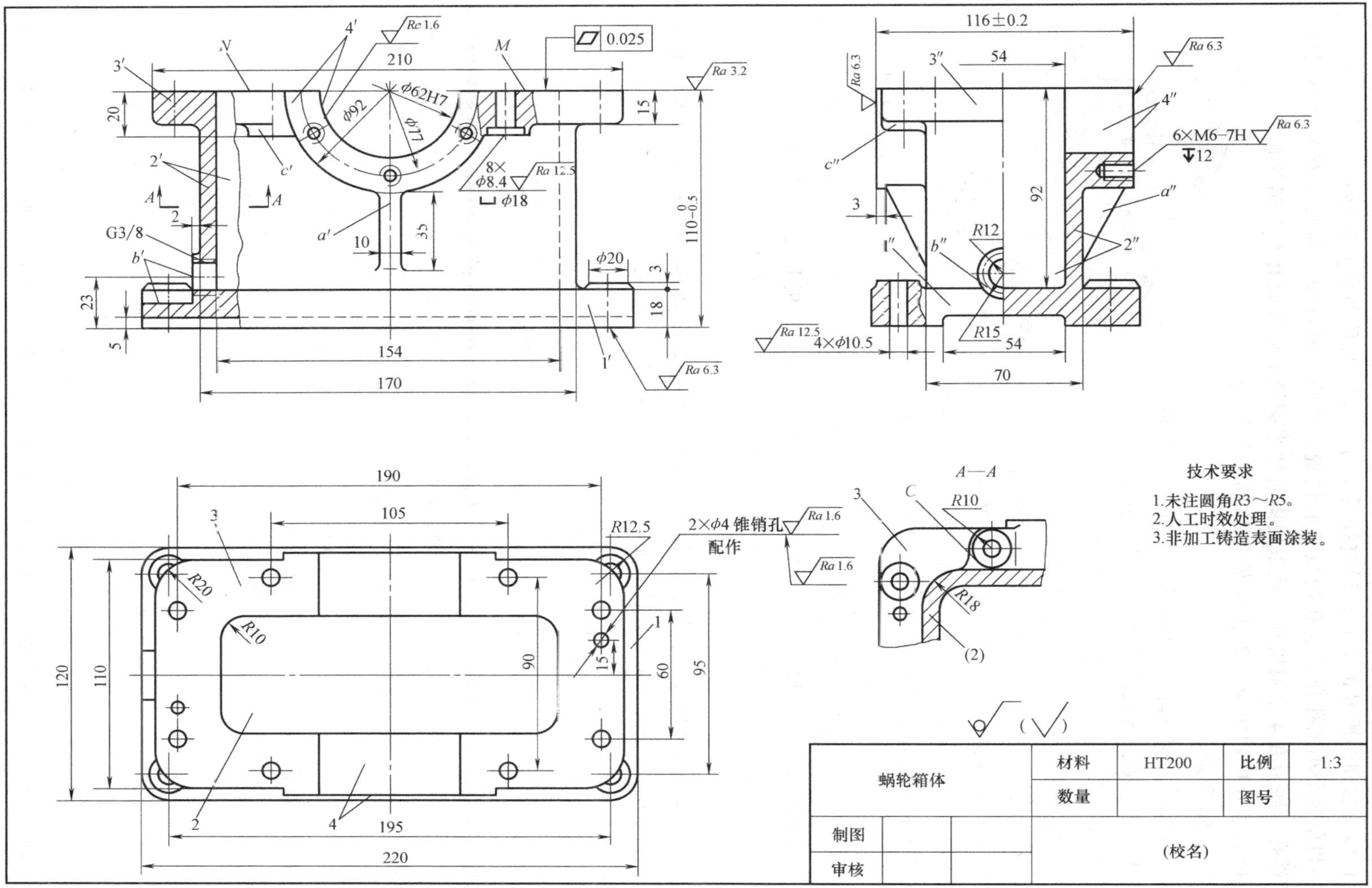

图 8-55 蜗轮箱体零件图

2）想象次要结构形状。通过线框 a' 和 a''，想象为肋板 A；通过线框 b'' 与 b'，想象管螺孔及圆柱形凸台和凹槽 B 的形状；通过线框 c' 与 c、c''，想象凸台 C 的形状。

3）想象各个小圆孔和螺纹孔的数量和位置，从俯视图可知上盖板上有 8 个小圆孔，2 个圆锥销孔，底板有 4 个圆柱孔；从主视图可知半圆筒前后端面有 6 个螺纹孔。

通过上述分析和想象，得出蜗轮箱体的整体结构形状如图 8-56 所示。

(4) 读尺寸　该箱体尺寸较多、较复杂，分析尺寸较困难、易遗漏，所以读尺寸时要仔细分析。

1）尺寸基准：箱体的底面为高度方向尺寸的主要基准，它是安装面和加工测量面的基准，尺寸 $110_{-0.5}^{\ 0}$ mm是确定半圆孔和面 M 的定位尺寸。面 M（加工、安装面）为辅助基准，尺寸 15mm、20mm、92mm 都是以它为基准确定的；从主、俯视图左右、前后对称形及尺寸对称布局，确定以左右、前后的对称面为长、宽方向尺寸的主要基准。

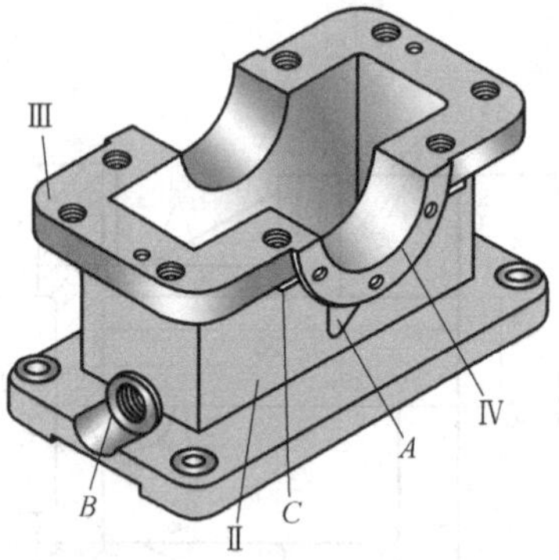

图 8-56　蜗轮箱体轴测图

2）主体尺寸：按形体分析法识读底板Ⅰ、箱壁Ⅱ、上盖板Ⅲ、半圆筒Ⅳ的定形和定位尺寸。如读底板Ⅰ尺寸，以俯、左视图所注尺寸为主，读上盖板Ⅱ尺寸，以俯视图所注尺寸为主，箱壁和半圆筒的尺寸以主视图所注尺寸为主，配合其他视图识读。读者可自行确定数值。

3）确定各种圆孔的尺寸：箱体上各种安装和连接的圆孔较多，应逐一搞清楚。如底板上尺寸“4×φ10.5”表示 4 个直径为 φ10.5mm 的安装圆孔，孔心距分别为 195mm、95mm；$\dfrac{\text{“}8\times\phi8.4\text{”}}{\sqcup\phi18}$ 表示 8 个圆柱形沉孔，小圆孔直径 φ8.4mm，大圆孔直径 φ18mm，底面刮平，深度不要求，定位尺寸分别为 60mm、90mm、和 105mm、190mm；“$\dfrac{6\times \mathrm{M}6-7\mathrm{H}}{\overline{\downarrow}\,12}$” 表示前、后两个半圆筒端面有 6 个（前、后各 3 个）普通粗牙螺纹，公称直径为 φ6mm，中径和顶径公差代号为 7H，纹孔深为 12mm，表面粗糙度值 Ra 上极限值为 6.3μm；定位尺寸为 φ77mm；“$\dfrac{2\times\text{圆锥销孔 }\phi4}{\text{配作}}$” 表示 2 个圆锥销孔公称直径为 φ4mm，不能单独加工，必须与箱盖装配后一起同钻、铰，表面粗糙度值 Ra 上极限值为 1.6μm，定位尺寸为 190mm 与 15mm；G3/8 表示非螺纹密封管螺纹，尺寸代号为 3/8。

4）其他结构尺寸：肋板尺寸为 10mm、35mm 和 3mm。其他小尺寸读者可自行分析。

请读者说明尺寸“116 ±0.2”的含义。

(5) 读技术要求

1）φ62H7 是箱体的重要尺寸，与滚动轴承相配合，公称尺寸为 φ62mm，基本偏差为 H，标准公差为 7 级（IT7），从附表 24 查得上下偏差值为 $^{+30}_{\ \ 0}$，单位为 μm，换算为 $\phi62^{+0.030}_{\ \ \ 0}$ mm，上极限尺寸为 φ62.03mm，下极限尺寸为 φ62mm，该圆孔加工后，实测尺寸在 φ62 ~ φ62.03mm 之间为合格。表面粗糙度值 Ra 上限值为 1.6μm，加工时把上箱盖合起来精镗孔。尺寸 $110_{-0.5}^{\ 0}$ mm 的上下极限偏差为 $_{-0.5}^{\ 0}$ mm，即上盖板端位 M 定位尺寸的上、下极限尺寸分别为 110mm 和 109.5mm，表面粗糙度值 Ra 的最大值为 3.2μm，平面度公差为 0.025mm，该平面在平面磨床磨削。

2）其他技术要求。图中还注有三条技术要求："1. 未注铸造圆角 $R3 \sim R5$" 表示箱体未注出圆角的尺寸；"2. 人工时效处理" 表示箱体是铸件，为了消除内应力，避免加工后变形和尺寸变动，需采取时效处理；"3. 非加工铸造表面涂装" 表示在箱体非加工面的铸造表面上漆上防锈漆。由于箱体是传动机构的主要部件，所以材料使用强度较高的铸铁 HT200。

图中未注极限偏差的尺寸误差，按 GB/T 6414—1999 规定执行。

第九章 装配图

第一节 装配图的作用和内容

任何机器或部件都是由一些零（组）件按一定技术要求装配而成的。图 9-1 所示传动器是一种中间传动的部件，它由 13 种零（组）件（包括标准件）装配而成。

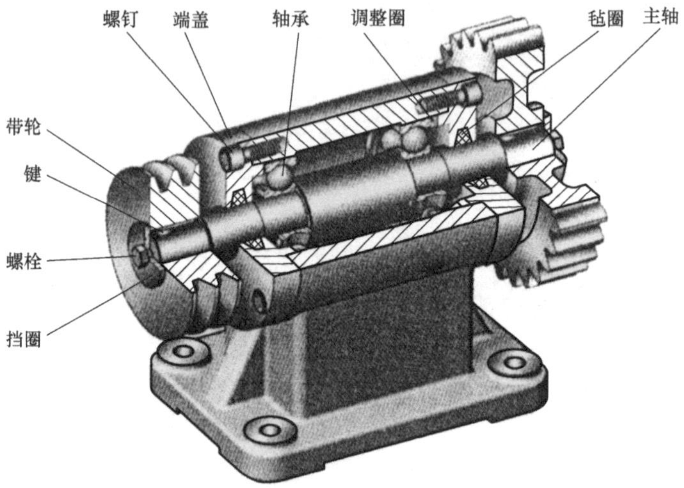

图 9-1 传动器

表示机器或部件（统称装配体）等产品及其零、组件的连接、装配关系和工作原理的图样，称为装配图，如图 9-2 所示。

1. 装配图的作用

在工业生产中，不论新产品设计还是原产品改造，一般先画出装配图，再根据装配图拆画零件图；在产品制造过程中，制造出零件后，再根据装配图把各零（组）件装配成装配体；在产品使用和技术交流中，从装配图了解其性能、工作原理、使用和维修方法等，所以装配图是指导产品制造和使用的重要技术文件。

2. 装配图的内容

从图 9-1 和图 9-2 中可看出一张完整的装配图应包括下列内容。

（1）一组视图　用来表示装配体的结构形状、工作原理、各零件的装配和连接关系，以及零件的主体结构形状。

（2）必要的尺寸　标注出装配体的性能（规格）、装配、检验、安装及外形所必需的尺寸。

（3）技术要求　用符号或文字说明装配体在装配、检验、调试、使用等方面应达到的技术要求和使用规范。

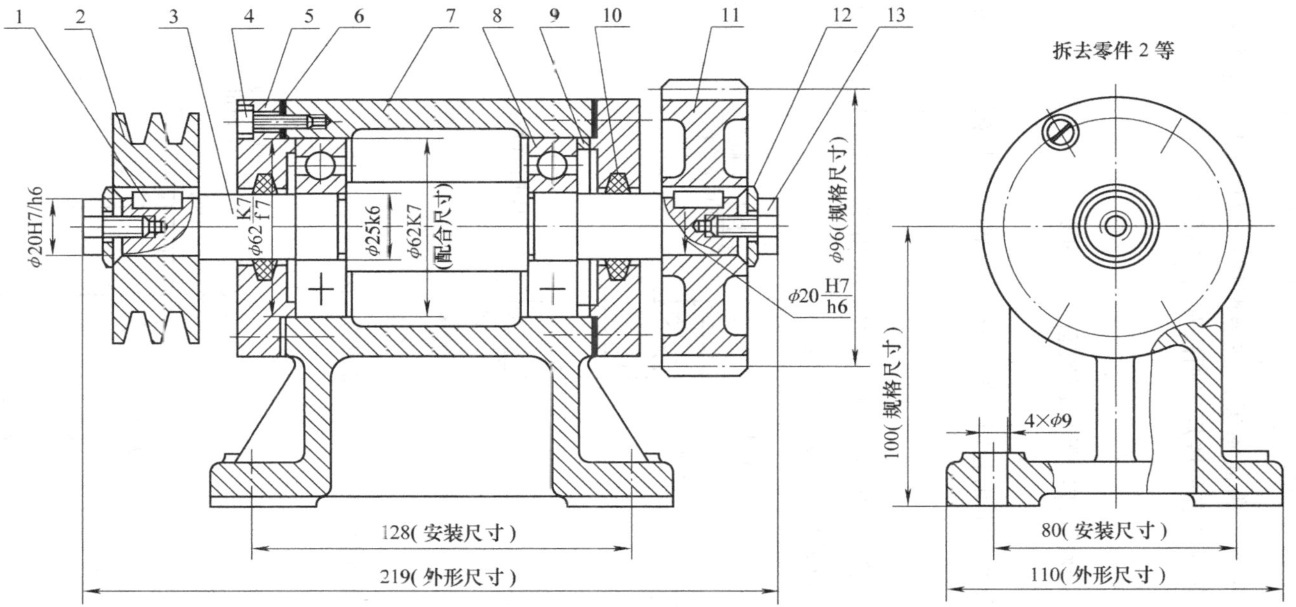

技术要求

1. 手转动主轴应旋转轻松灵活。
2. 主轴的轴线与箱底平面平行度公差为 0.05。

序号	代号	名称	数量	材料	备注
13	GB/T 5783—2000	螺栓 M5×20	2		
12	GB/T 892—1986	挡圈 B28	2		
11	11.01.08	齿轮	1	45	
10	11.01.07	毡圈	2	半粗羊毛	
9	11.01.06	调整环	1	Q235A	
8	GB/T 276—2003	轴承 6305	2		
7	11.01.05	箱体	1	HT200	
6	11.01.04	纸垫圈	2	纸	
5	11.01.03	端盖	2	HT200	
4	GB/T 65—2000	螺钉 M6×20	12		
3	11.01.02	主轴	1	45	
2	11.01.01	带轮	1	HT200	
1	GB/T 1096—2003	键 6×20	2		

标记	处数	分区	更改	签名	年月日		(单位名称)
设计		标准化				阶段标记 重量 比例	传动器
审核							11.01.00
工艺		批准				共 张 第 张	

图 9-2 传动器装配图

（4）序号、明细栏和标题栏　序号是对装配体上的每一种零（组）件按顺序编号；明细栏用来说明各零（组）件的序号、代号、名称、数量、材料和备注等；标题栏中注明了装配体的名称、图形比例及责任者的签名和日期等。

第二节　装配图的规定画法和特殊画法

前面介绍的图样画法（视图、剖视图、断面图等）在装配图中照样采用，但装配图和零件图表示的侧重点不同，因此，装配图还有一些规定画法和特殊画法。

一、规定画法

1. 相邻零件接触面或配合面与非接触面或非配合面的画法（图 9-3）

1）两相邻零件的接触面或配合面只画一条线。

2）两相邻零件非接触面或非配合面，不论它们的间隙多小，都应画两条线，以表示存在间隙。

2. 相邻零件剖面线的画法

1）为了区分不同零件的范围，相邻两个零件的剖面线方向应相反。图 9-3b 所示的套与箱体和图 9-4 所示的轴与箱体、轴与套的剖面线方向相反。

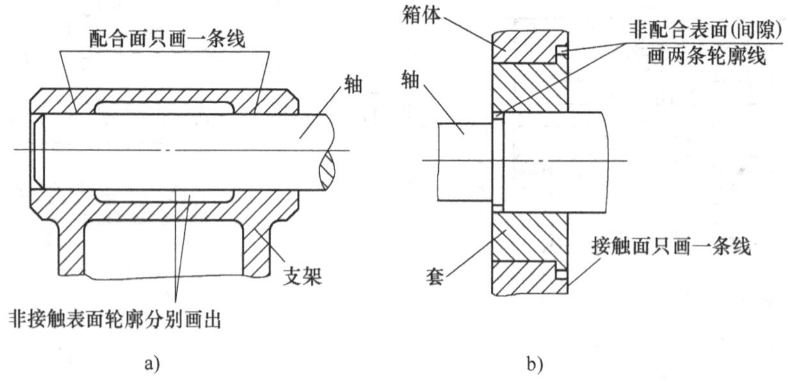

图 9-3　两零件的接触面和非接触面的画法

2）相邻零件的剖面线可以同向，但要改变剖面线的间隔（密度）或把两件的剖面线错开，如图 9-4 所示的套和箱体的剖面线方向相同，但间隔不同。

3）同一零件不同剖视图的剖面线方向和间隔相同。如图 9-2 所示的装配图中箱体 7 的主视图和左视图的剖面线都左斜 45°，间隔相同。

当图中断面厚度≤2mm 时，允许用涂黑代替剖面线，如图 9-5 所示的调整

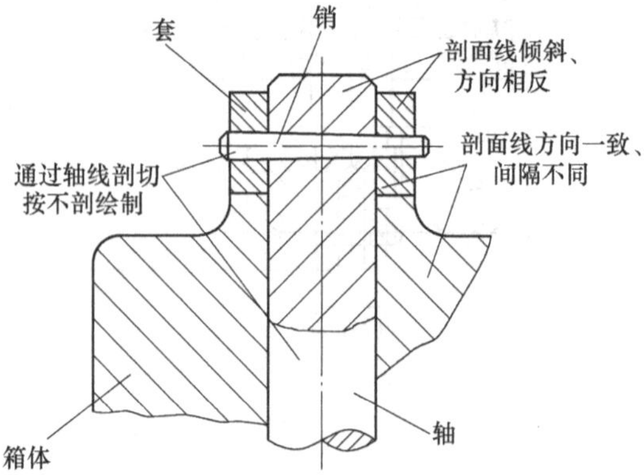

图 9-4　装配图剖面线的画法

环和垫片均涂黑。

3. 实心杆和标准件的规定画法

1）对紧固件、销、键以及轴、手柄、杆、球等实心件，当剖切面通过对称面或轴线，按不剖绘图。如图 9-5 所示的轴、键、螺钉和图 9-4 所示的销均按不剖处理。

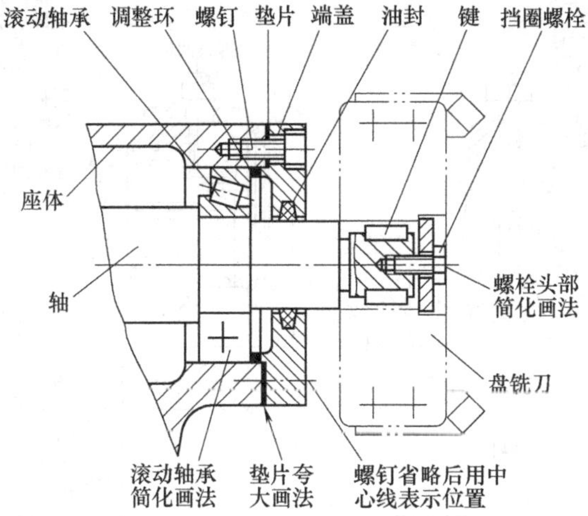

图 9-5　装配图的规定画法和简化画法

2）若需表示实心杆（轴、手柄、连杆）零件上的孔、槽、螺纹、键、销或与其他零件的连接情况，可用局部剖视图。如图 9-4 所示轴上的圆锥销，图 9-2 和图 9-5 所示的轴系端部均采用局部剖视图。

3）若横向剖切标准件和实心件，应照常画出剖面线，如图 9-6 所示的俯视图中螺栓 6 的横断面画剖面线。

二、特殊画法

1. 拆卸画法

1）在装配图中，有的零件把需要表示的其他零件遮盖，有的零件重复表示，可以假想将这种零件拆卸不画，并在拆卸后的视图上方，注明“拆去 X 件”等，如图 9-2 所示的左视图拆去零件 2，图 9-6 所示的俯视图拆去轴承盖、上轴衬等。

2）在装配图中，也可沿着零件的结合面剖切，它也是属于拆卸画法。画图时，零件间的结合面不画剖面线，但被剖切到的零件仍应画剖面线。如图 9-6 所示的半剖俯视图，是沿着滑动轴承结合面剖切而得的。

2. 假想画法

1）对于运动零件的运动范围和极限位置，可用双点画线来表示或用尺寸表示，如图 9-7所示。

2）不属于本部件但与本部件有密切关系的相邻零件，可用双点画线表示其轮廓形状，如图 9-5 所示的盘铣刀。

3. 夸大画法

装配图中的薄片、细小的零件、小间隙，若按全图采用的比例画出仍表示不清楚时，允许将它们适当夸大画出。如图 9-5 所示的垫片和图 9-2 所示的纸垫圈 6 的厚度及轴 3 的轴径与端盖 5 孔径的间隙，就是用夸大方式画出的。

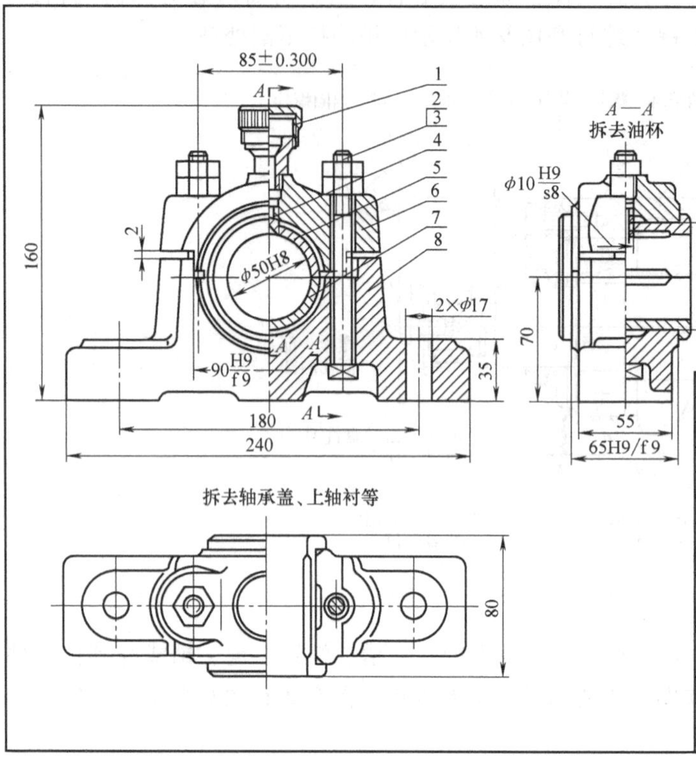

序号	名称	数量	材料	备注
8	轴承座	1	HT150	
7	下轴衬	1	ZCuA110Fe3	
6	轴承盖	1	HT150	
5	上袖衬	1	ZCuA110Fe3	
4	轴衬固定套	1	Q235A	
3	螺栓M12×130	2		GB/T 8—2000
2	螺母M12	4		GB/T 6170—2000
1	油杯12	1		GB/T 1154—1989

正滑动轴承	比例	1:1	共4张	01
	质量		第1张	
制图				
设计				
审核				

a)

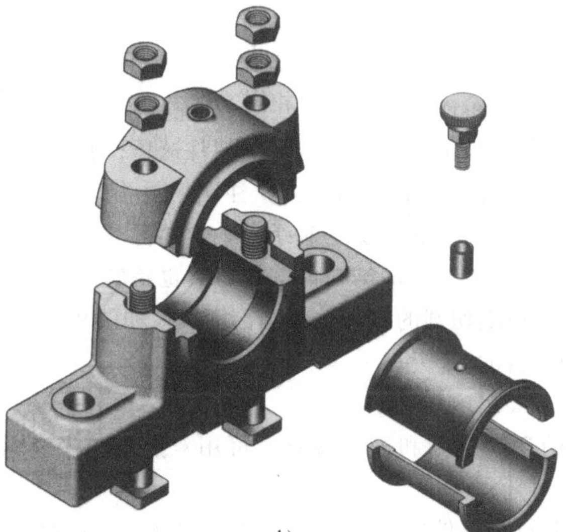

b)

图 9-6 滑动轴承

a）滑动轴承装配图 b）滑动轴承拆卸轴测图

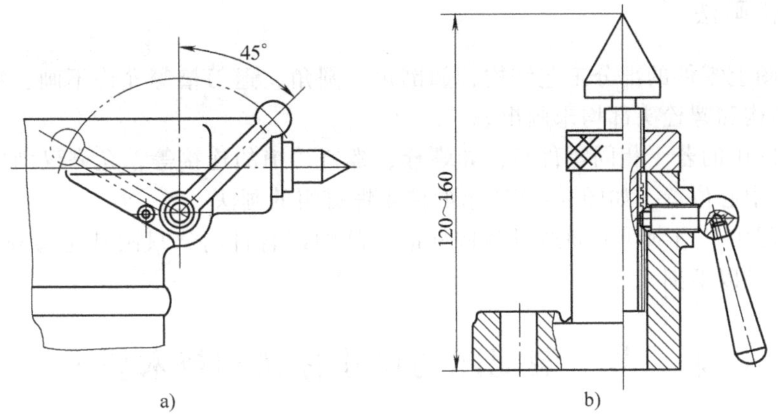

图 9-7　运动极限位置表示法

4. 展开画法

若按正常的规定画法，传动机构的传动路线和装配关系在图中会产生互相重叠的空间轴系，此时，可假想按传动顺序把各轴剖开，并将其展示在一个平面上（平行某一投影面）的剖视图，并在剖视图上注“×—×展开”，如图 9-8 所示的三星轮 *A*—*A* 展开图。

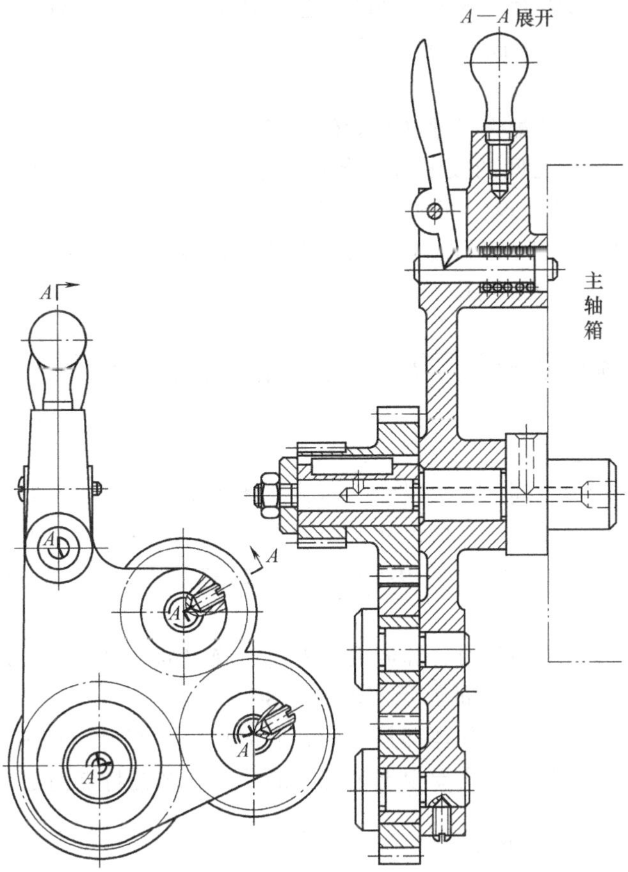

图 9-8　三星轮展开画法

三、简化画法

1）装配图上零件的部分工艺结构，如倒角、圆角、退刀槽等允许不画，如图 9-5 所示的轴的工艺结构和螺栓头部均未画出。

2）装配图中的若干相同零件组，如螺栓、螺钉、销的连接等，允许仅画出一处。其余用点画线表示中心位置，如图 9－2 所示的件 4 螺钉组的画法。

3）装配图中，当剖切平面通过某些标准产品的组合件时，只画其轮廓外形，如图 9-6 所示的油杯 8 可以不剖

第三节　装配图的尺寸标注和技术要求

一、装配图的尺寸标注

装配图与零件图不同，不必像零件图一样注全尺寸，只要注出与装配体的性能、装配、安装、检验或调试等有关的尺寸，一般分为下列几种。

1. 性能（规格）尺寸

表示装配体的性能或规格的尺寸，这类尺寸是设计之前或设计计算时确定的，如图 9-6 所示的滑动轴承孔径“ϕ50H8”及长“80”，它表示轴径大小和承载能力；图 8-2 所示的齿轮分度圆直径“ϕ96”和箱体高“100”等。

2. 装配尺寸

表示装配体零件之间的配合尺寸和相对位置尺寸。

（1）配合尺寸　零件之间的极限与配合的尺寸，如图 9-2 所示的“ϕ25k6”，“ϕ62K7/f6”和图 9-6 所示的“90H9/f9”“ϕ60H8/k7”“65H9/f9”等都属于此类尺寸。

（2）相对位置尺寸　表示装配体需要保证的零件间较重要的相对位置的尺寸，如图 9-6 所示的两螺栓的中心距“85 ±0.3”等。

3. 安装尺寸

装配体在安装时所需要的尺寸，如图 9-2 所示的安装孔直径“4 × ϕ9”与孔中心距离“128”“80”。

4. 外形尺寸

装配体外形轮廓所占空间的最大尺寸，即装配体的总长、总宽、总高的尺寸。这是装配体在包装、运输、厂房设计时所需的尺寸，如图 9-2 所示的总长“219”、总宽“110”和总高（100mm + 齿顶圆直径的 1/2），图 9-6 中总长“240”、总宽“80”及总高“160”等。

5. 其他重要尺寸

其他重要尺寸指在设计中经过计算或根据需要而确定的重要尺寸。如图 9-2 所示的齿轮分度圆直径 ϕ96mm，图 9-6 所示的轴承宽度尺寸 80mm。

以上五类尺寸并不是所有装配体都具有的，有时同一个尺寸可能有不同的含义。因此，装配图上到底要标注哪些尺寸，需要根据装配体的功用和结构特点而定。

二、装配图的技术要求

一般从以下三个方面考虑。

1. 装配要求

装配要求指装配过程中应注意的事项及装配后应达到的技术要求等，如精度、装配间隙，以及润滑、密封要求等。如图 9-2 和图 9-6 所示的技术要求 2。

2. 检验要求

检验要求指对装配体基本性能的检验、试验、验收方法的说明等，如图 9-2 和图 9-6 所示的技术要求 1。

3. 使用要求

使用要求是对装配体的性能、维护、保养、使用注意事项的说明，如图 9-6 所示的技术要求 4。上述各项技术要求，不是每张装配图都要求全部注写，应根据具体情况而定。

第四节　装配图上零、部件的序号和明细栏

为了方便装配图的阅读和生产过程中的图样管理，装配图上的零、部件必须编序号，并填写标题栏。

1. 序号

装配图的序号是由指引线、小圆点（或箭头）和序号数字所组成的，如图 9-9 所示。

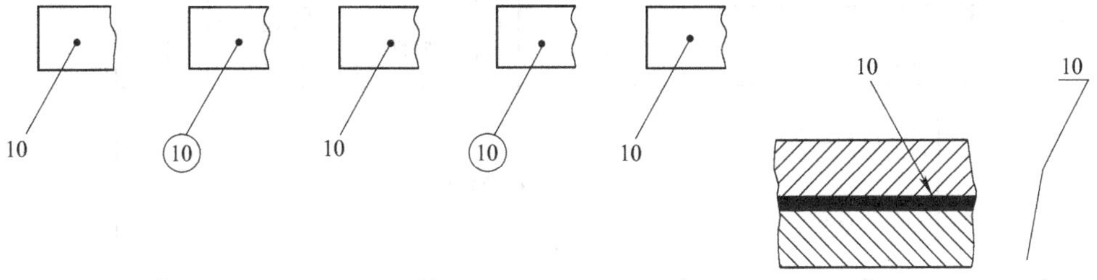

图 9-9　序号的组成

1）指引线从零、组件可见轮廓内（画一小黑点）引出，互不相交。若不便在零件轮廓内画出小黑点，可用箭头代替，箭头指在该零件的轮廓线上（图 9-9d）。

2）指引线不与轮廓线或剖面线平行，必要时可转折一次（图 9-9e）。

3）标准化组件（油杯、滚动轴承、电动机等）可视为一整体，只编写一个序号。对一组紧固件可共用一条指引线引出（图 9-10）。

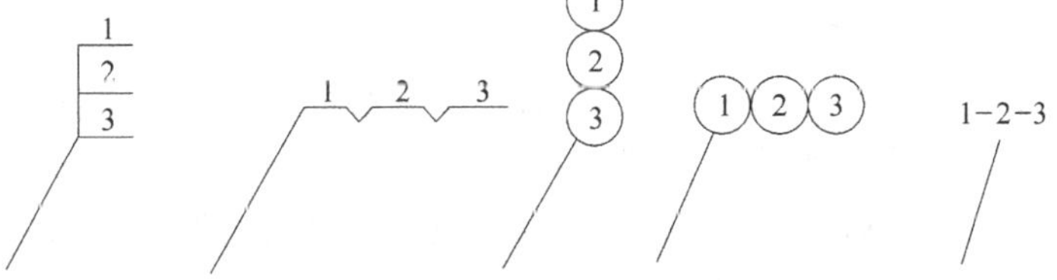

图 9-10　公共指引线

4）序号的数字注写在指引线末端的水平线上或圆圈内，数字高度比图中所注尺寸数字大 1 号或 2 号，如图 9-6 所示。

5）序号应按顺时针或逆时针方向在整组图形外围整齐排列，并尽量使序号间隔相等，如图 9-2 与图 9-6 所示。

2. 明细栏

明细栏是装配体全部零件的详细目录，格式如图 9-11 所示。下面用图 9-2 进行说明。

1）序号　自下而上排列，若位置受限制，可移到标题栏左边。明细栏的序号与零部件序号一致。

2）代号　注写每一个零件的图样代号或标准件的标准代号，如 GB/T 5783—2000。

3）名称　注写每一个零件名称，标准件应注出规定标记中除标准号以外的其他内容，如螺栓 M5×20。

4）材料　填写制造该零件所用材料，如调整环所用材料为 Q235A。

5）备注　填写必要附加说明或其他重要内容，如齿轮齿数、模数等。

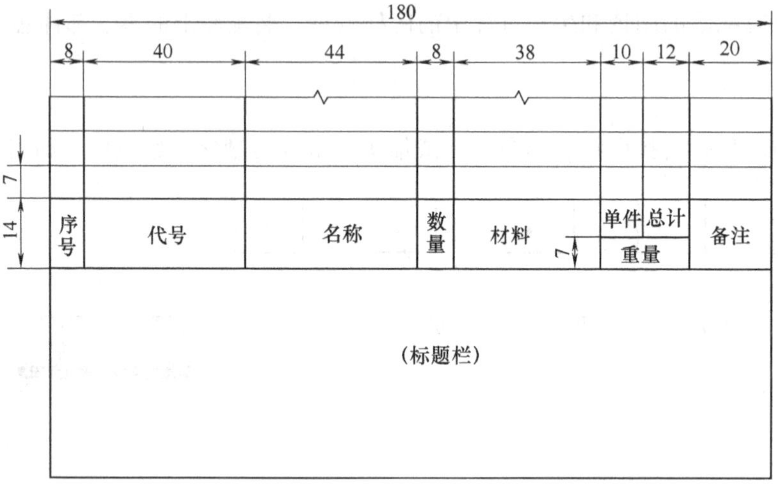

图 9-11　明细栏

第五节　装配结构的合理性

为了保证装配体能顺利装配，确保性能要求和装拆方便，应考虑装配体上各零（组）件之间工艺结构的合理性。

1. 接触面与配合面的结构

1）两个零件在同一方向上只能有一对配合面和接触面，这样既可保证两个零件配合性质和接触良好，又可降低加工要求，如图 9-12 所示。

2）为了保证孔端面和轴肩端面的接触良好，应将孔口端面加工出倒角，轴肩端面处加工出退刀槽，如图 9-13 所示。

2. 零（组）件的紧固与定位

1）机器运转时，为了防止滚动轴承产生轴向窜动，应采用轴向定位结构。如图 9-14 所示，图中用轴肩、套筒、弹性挡圈固定滚动轴承的内套圈；图 9-15 所示结构用箱体孔肩、端盖固定滚动轴承外套圈。

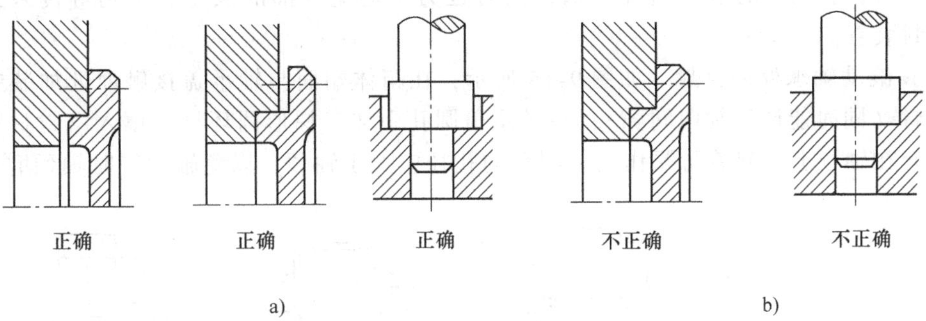

图 9-12　同一方向接触面结构

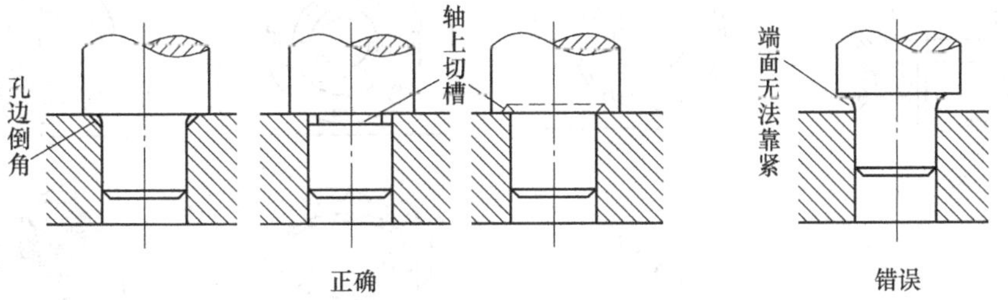

图 9-13　孔口和轴肩接触的结构

2）机器运转时，为了避免齿轮、带轮轴向窜动，甚至脱落，应采用紧固结构加以固定，如图 9-15 所示的齿轮通过轴肩、垫圈、螺母固定。同时把齿轮宽度 L_1 制成大于装配的轴段长度 L_2。

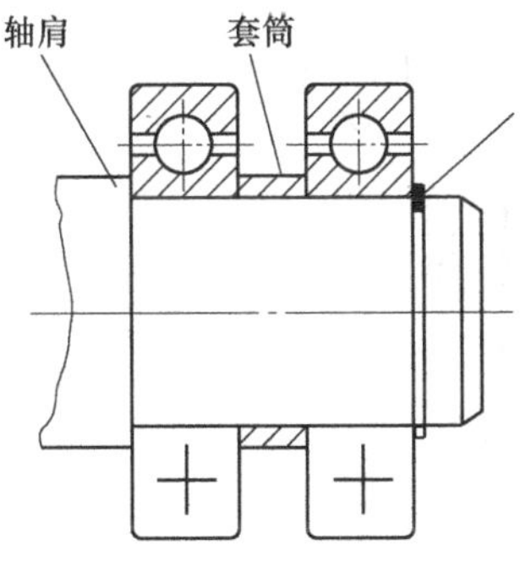

图 9-14　滚动轴承的轴向固定

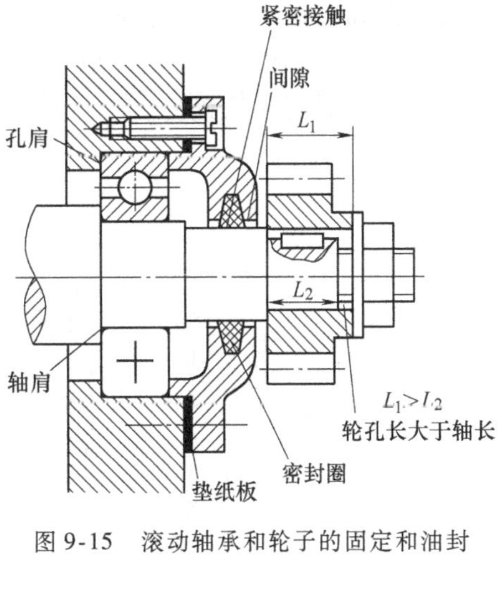

图 9-15　滚动轴承和轮子的固定和油封

3. 紧固件连接的防松

为了防止机器运转时产生振动或冲击而使螺纹紧固件松脱，常采用图 9-16 所示的双螺母、弹簧垫圈、止动垫圈及开口销等防松装置。

4. 密封结构

为了防止装配体的液体向外渗漏，同时也为了避免外部的灰尘、杂物等侵入，必须采用密封装置。

（1）滚动轴承处的密封 如图 9-15 所示，在箱体端面与轴承盖接触面处加装垫圈以使其密封（同时能调整轴向间隙）；在轴承盖圆孔中加工梯形圆环槽，填入密封材料，使材料紧套在轴颈上，起着防漏作用。圆孔的孔径应大于轴颈，以免轴旋转时轴颈磨损。

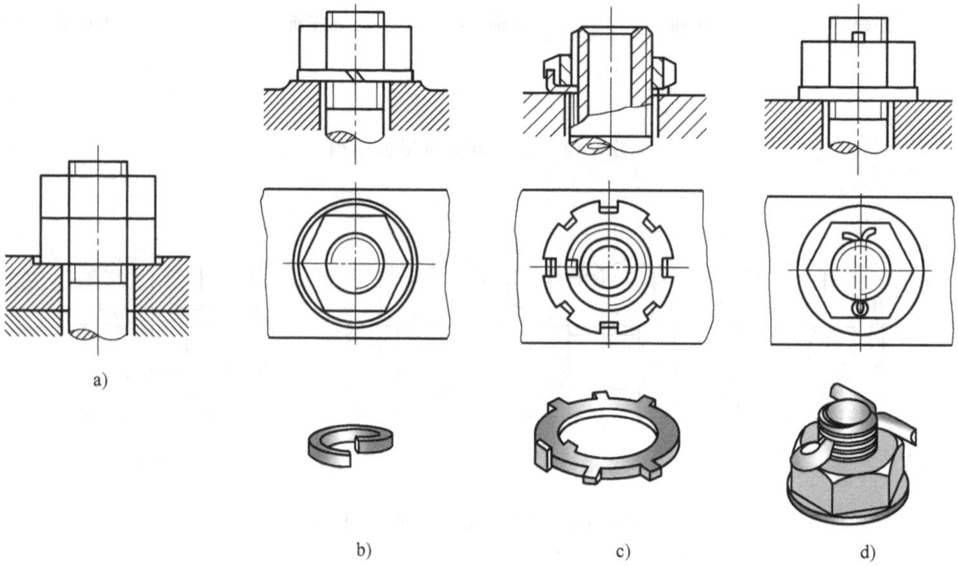

图 9-16 螺纹连接防松装置

a）双螺母防松 b）弹簧垫圈防松 c）止动垫圈防松 d）开口销防松

（2）泵和阀常见的密封装置 如图 9-17a 所示，拧紧压紧螺母，通过填料压盖将填料压紧在填料函内而起密封作用。填料压盖与阀体端面应留有间隙以表示能将填料压紧。图 9-17b所示的画法是不正确的。

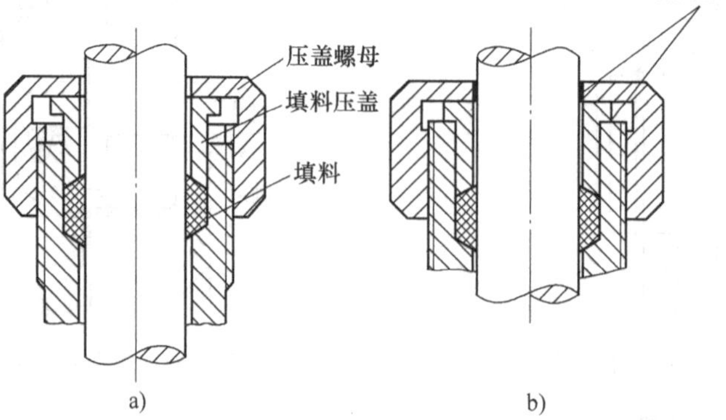

图 9-17 填料函密封装置

a）正确 b）不正确

第六节　零、部件测绘和装配图画法

机器的修配、革新，经常经过对现有机器或零件、部件进行分析、测绘、画出零件草图，然后整理、改进绘出装配图和拆画零件图的过程。

一、了解、分析部件

拆卸部件前要对部件进行详细观察，分析研究，了解其用途、性能、工作原理、结构特点，以及零件之间的装配关系、相对位置和拆卸方法等。若有产品说明书，可由说明书对照实物分析，也可参照同类产品图样和资料等分析。总之，必须充分了解测绘对象，才能确保测绘顺利进行。

如图 9-18 所示的旋塞是管路中一种控制液体流动的快速开关。它由壳体 2、塞子 1、填料 3、填料压盖 6、双头螺柱 7、螺母 8 等组成。壳体的左、右圆柱孔是液体的进、出口，壳体中腔圆锥孔与塞子锥体相配，当手柄 5 的方槽套在塞孔 1 方柱转动时，塞子锥体上的圆柱孔与壳体进、出口圆柱孔是否相通及相通的大小，将起到开通、关闭和控制流量的作用。定位块 4 起着控制塞子转动的角度。塞子上方的密封装置可防止液体泄漏。

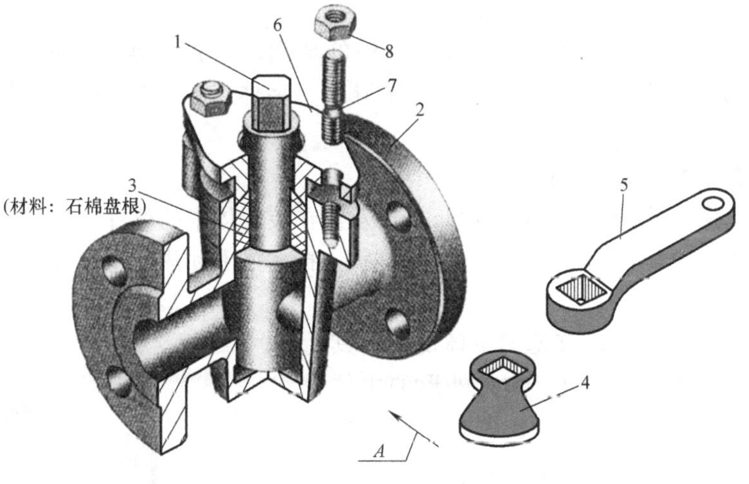

图 9-18　旋塞轴测图

二、拆卸零件，画装配示意图

1. 拆卸零件

1）拆卸前应先测量部件的性能指标和重要的尺寸。如部件的精度、装配间隙、性能规格尺寸和零件的相对位置尺寸等，以便重新装配时，核对是否达到原技术指标，同时作为绘制装配图、拟定技术要求时的参考。

2）拆卸零件时，应先研究拆卸方法和使用的拆卸工具，拟定拆卸顺序，对不可拆的连接（焊接、铆接）和过盈配合的零件不要拆，对精度较高的配合零件尽量不拆。

3）在拆下后的每个零（组）件上，逐一贴上标签，标签上注明与示意图相同的序号及名称。拆下的零件应妥善保管，避免碰坏、生锈或丢失。对螺钉、键、销等细小零件拆卸后仍装回原位对标准件应列出细目。

2. 画装配示意图

为了便于把拆散后的零件装配复原和便于画出装配图，拆卸之前和拆卸过程中，应做好原始记录。最简单常用的方法是绘制装配示意图，也可应用照相或录像等手段。

装配示意图的画法没有严格规定，一般把装配体当作透明体，用简单的线条和国家标准规定的图形符号，将装配体中零件之间的相对位置、装配、连接关系及传动路线表示出来。装配示意图上应编上零件序号或注写零件名称和数量，如图 9-19 所示。

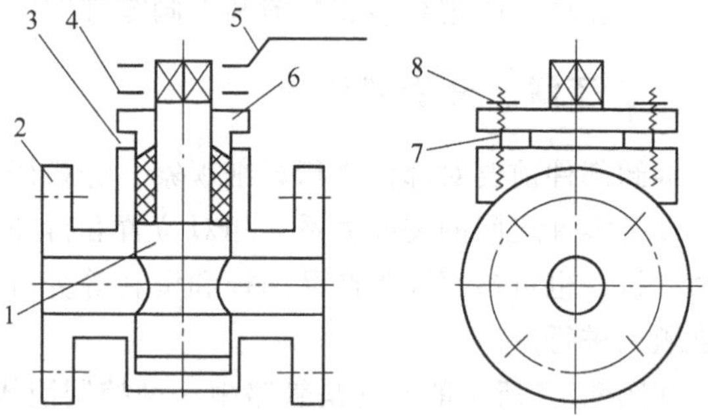

图 9-19　旋塞装配示意图

装配示意图不受前后层次的限制，宜尽可能将所有零件都集中在一个视图表示出来。只有当实在无法表示时，才画第二个视图，但应与第一个视图保持投影关系。

三、零件测绘

拆卸后，对零件逐一测绘，画出每个零件的草图。一张完整的草图应具备零件图的全部内容，做到图示正确、尺寸完整、图线清晰、字体工整。以壳体的测绘为例测绘步骤如下。

1. 了解和分析所测绘的零件

在测绘时，首先要了解零件的名称、材料及其在装配体中的位置、作用，与其他零件的配合、连接关系，然后对零件的内、外结构形状、技术要求和热处理等进行分析，并大致了解加工方法。

如图 9-20 所示的壳体是旋塞的主体部件，其材料为铸铁，属于阀体类零件，内、外形的主体结构是圆锥与圆柱垂直相交，竖向圆柱与圆锥体共轴，圆锥体的圆锥孔用来安装锥形塞，精度要求较高，圆柱孔用来安装填料和填料压盖；上端是带螺纹孔的拱形凸缘；横向圆筒的圆孔是流体通道、两端的圆形法兰盘与进、出管连接。整体结构呈左右、前后对称。

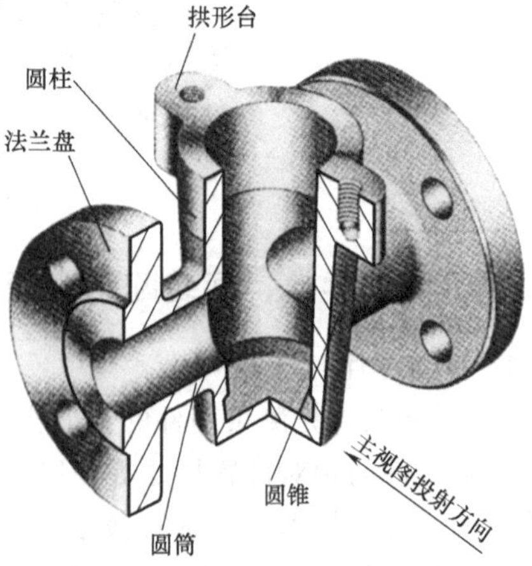

图 9-20　壳体轴测图

2. 确定零件表示方案

对壳体按图 9-20 所示箭头方向选择主视图投射方向，符合工作位置和显示形状特征的要求。为了表示其外形和内腔形状，主视图采用半剖；为了进一步表达左、右法兰连接孔的分布和上端凸缘与圆锥体的组合关系，及衬托内、外形关系，左视图选用半剖；为表示上部凸缘特征形状，采用局部俯视图，如图 9-21c 所示。

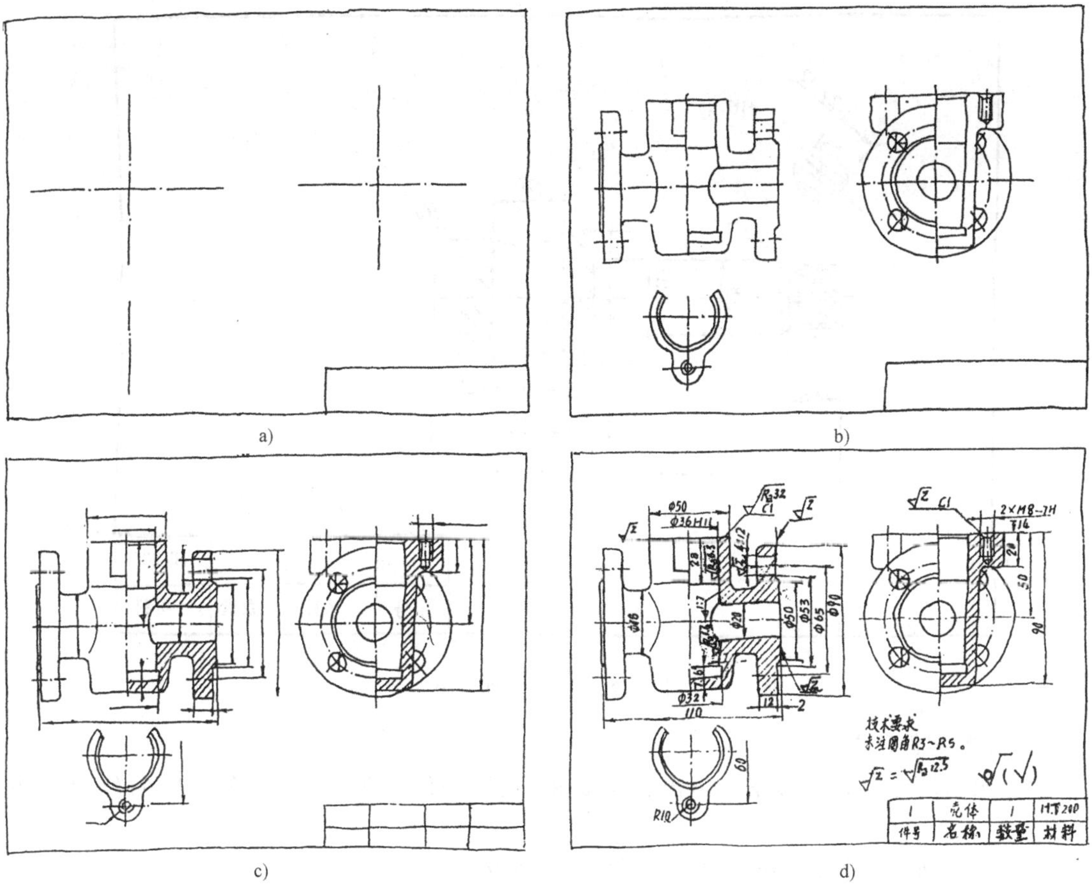

图 9-21 绘制壳体草图步骤

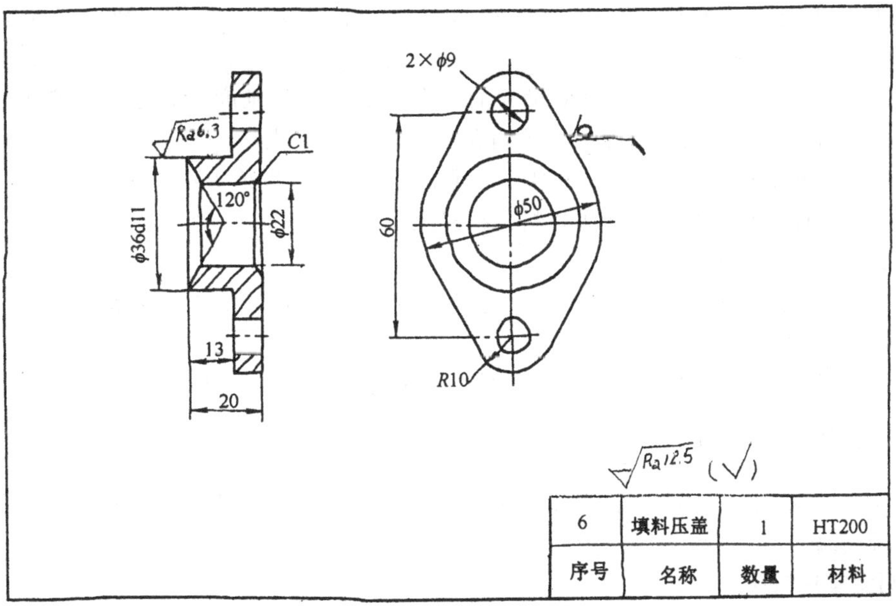

图 9-22 填料压盖零件草图

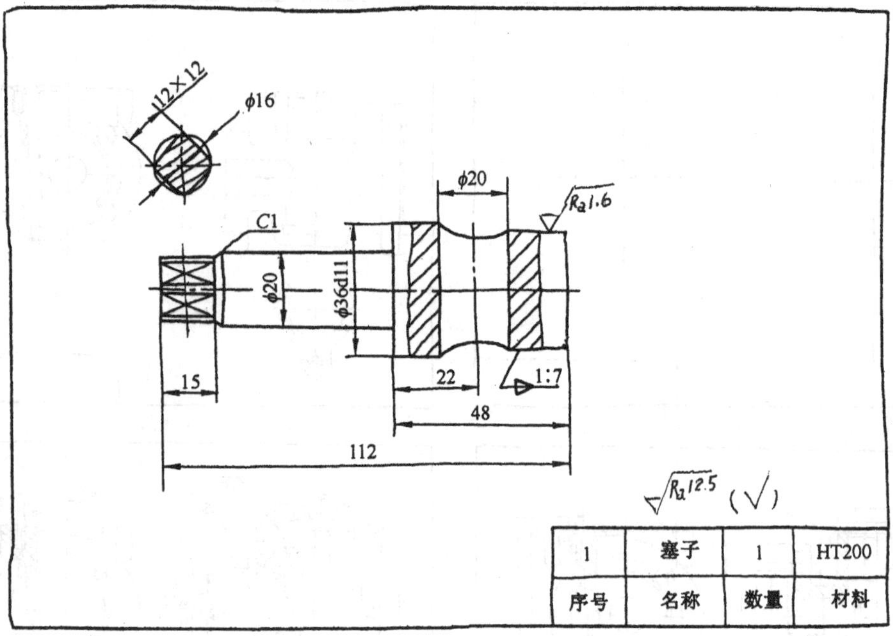

图 9-23 塞子零件草图

3. 绘制零件草图

1）根据选定的表达方案，画出各主要视图的作图基准线，确定各视图的位置（图 9-21a）。

2）徒手画出半剖主、左视图及局部视图（图 9-21b）。

3）量注尺寸。先选择尺寸基准，从图 9-20 所示壳体结构特点，长、宽方向以左右、前后对称面为主要基准，高方向以上部凸缘端面为主要基准。按形体分析法确定定形和定位尺寸，画出尺寸界线和尺寸线（箭头）（图 9-21c）。集中测量零件各尺寸数值（测量方法如表 9-1 所示）填入图中。

标注尺寸应注意与相配零件对应尺寸的一致，如锥孔的锥度 1:7 与塞子锥度 1:7 应一致；两螺孔 M8 中心距 68mm 与填料压盖两孔中心距 68mm 相同。

4）标注技术要求，及圆柱孔 φ36H11、圆锥孔表面粗糙度值 *Ra*1.6μm 等。

5）填写零件名称、数量及使用材料，核对全图（图 9-21d）。

4. 画其他零件草图

填料压盖如图 9-22、塞子如图 9-23、手板如图 9-24、定位块如图 9-25。

5. 确定标准件

标准件包括双头螺注 M8×25 GB/T 898—1988；螺母 M8 GB/T 6170—2000。

四、测量零件尺寸

在零件上测量尺寸，应在完成草图的图形后集中进行，这样不仅可提高效率，还可避免尺寸错误和遗漏。

1. 测量零件方法

测量零件方法举例见表 9-1。

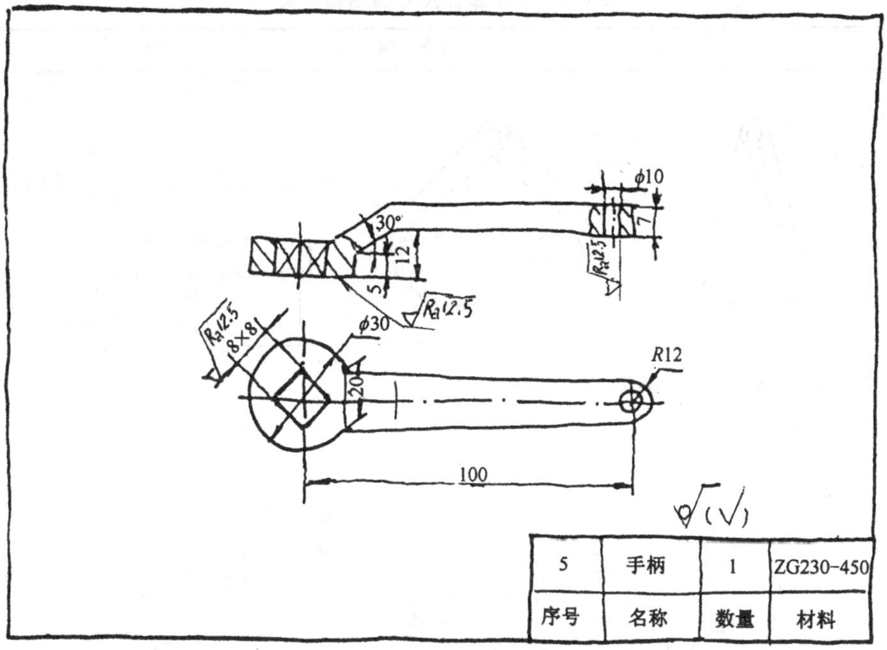

图 9-24　手柄零件草图

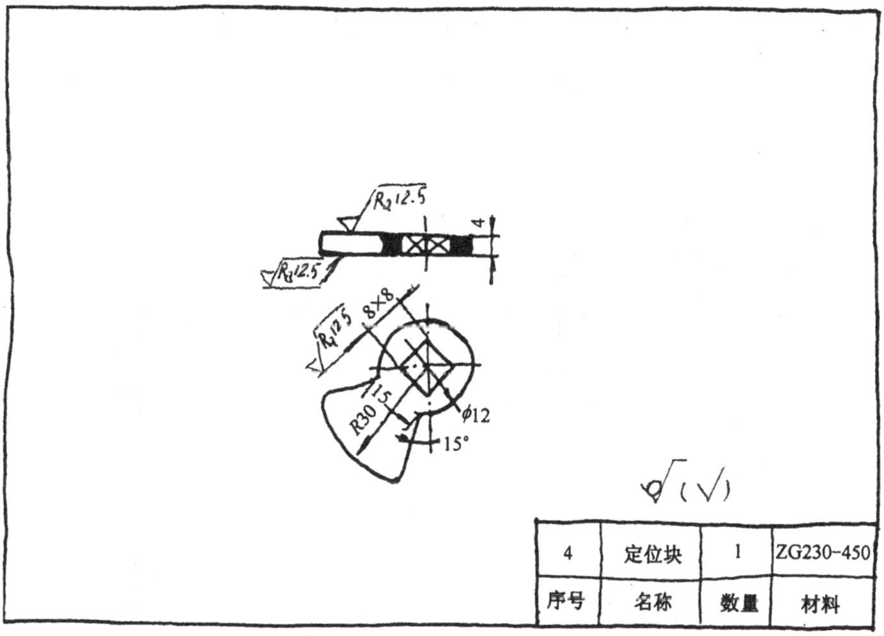

图 9-25　定位块零件草图

2. 测量尺寸应注意事项

1）对一些具有功能性要求及规格的尺寸，把测得尺寸作为参考值；再通过计算和查标准，而获得标准尺寸。例如，两齿轮孔的中心距取决于两齿轮分度圆直径的尺寸；进、出口管螺纹的规格尺寸应由管螺纹标准查得。

表 9-1 常见零件尺寸的测量方法

方法	图例	
测量直线尺寸	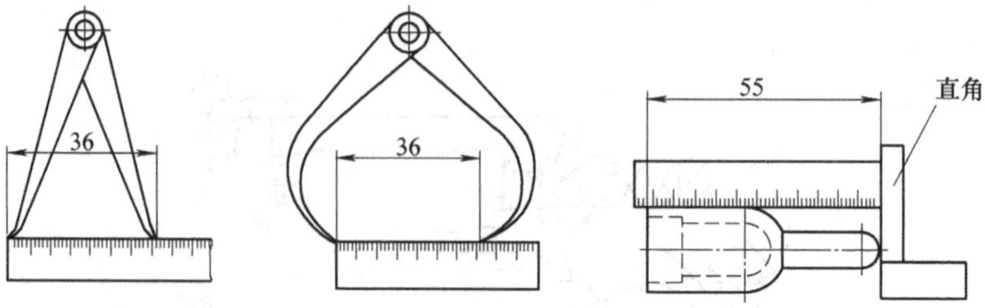 一般用直尺直接测量，也可用直角尺配合测量	
测量直径	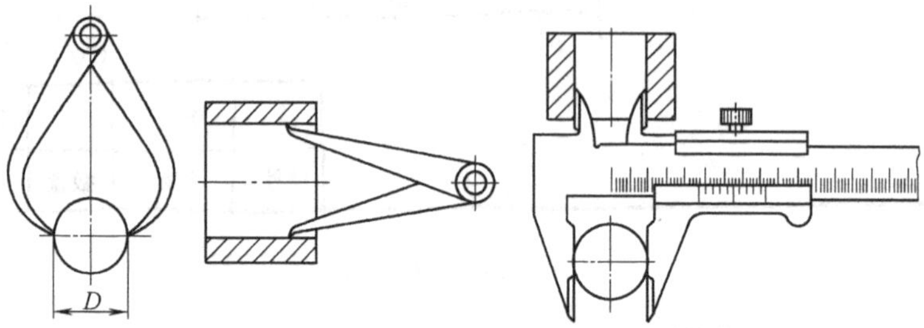 测量外径用外卡钳，测量内孔用内卡钳，若尺寸精度要求高，则用游标卡尺测量	
测量壁厚及深度	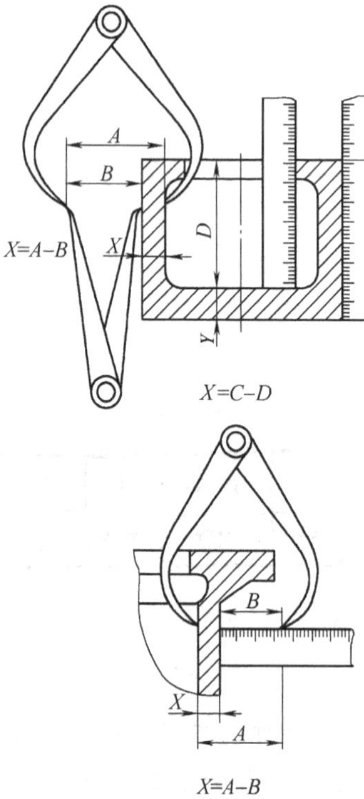	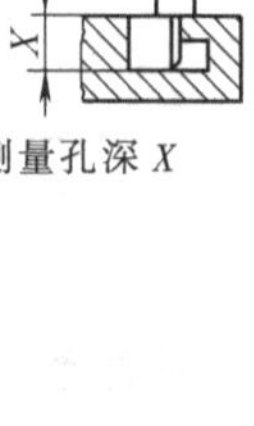 用深度游标卡尺测量孔深 X

(续)

方法	图例		
测量孔间距	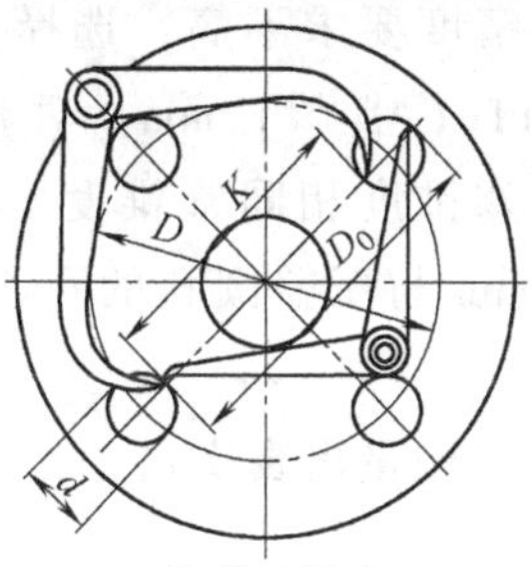 $D=D_0=K+d$ 用外卡尺或内卡尺测得 $D=K+d$ 或 D	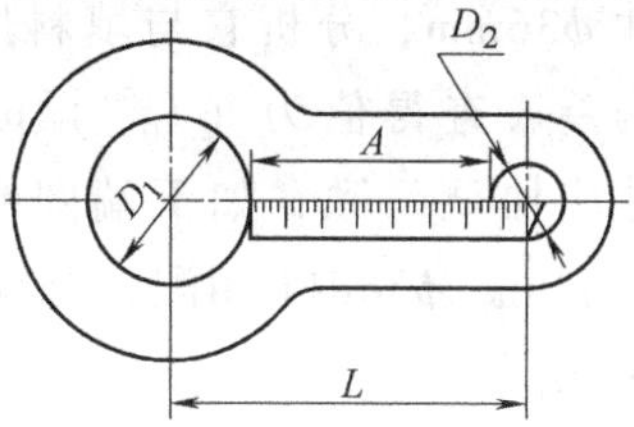 $L=A+\dfrac{D_1}{2}+\dfrac{D_2}{2}$ 用直尺测得相邻孔边尺寸 A 及直径 D_1、D_2 $L=A+D_1/2+D_2/2$	
测量孔中心高	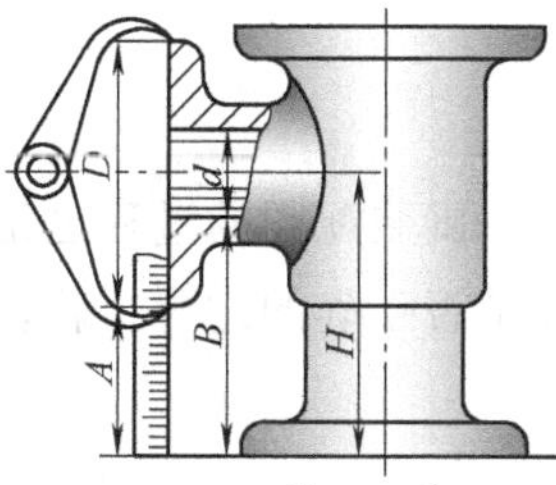 $H=A+\dfrac{D}{2}=B+\dfrac{d}{2}$ 用直尺测得孔边到底部距离 A 或 B，用外卡尺测得凸缘直径 D 或用内卡尺测得 d。$H=A+\dfrac{D}{2}=B+\dfrac{d}{2}$	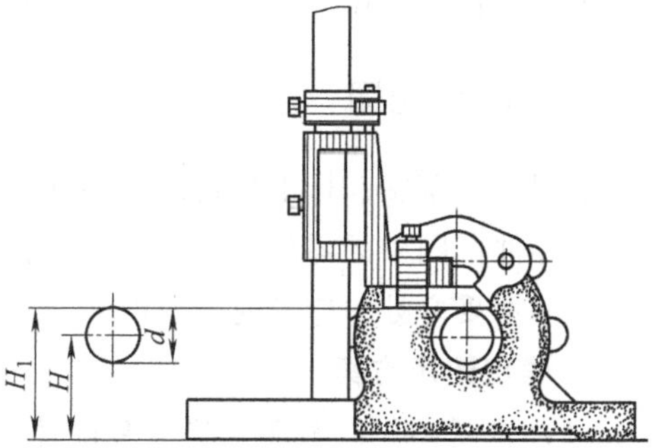 $H=H_1-\dfrac{d}{2}$ 用高度、深度游标卡尺测得 H，测量轴径 d，$H=H_1-\dfrac{d}{2}$	
测量圆弧半径	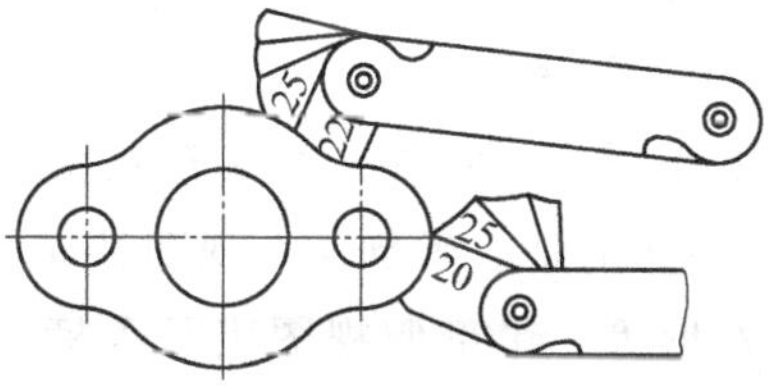 选用圆角量规卡片使圆弧与零件轮廓圆弧相吻合，卡片标值即为圆弧半径，如 R20、R22	测量螺纹螺距	 选用螺纹的卡片，使卡片牙型大小与被测零件上的螺纹牙型大小相吻合，卡片标值即为螺纹距
测量曲面尺寸	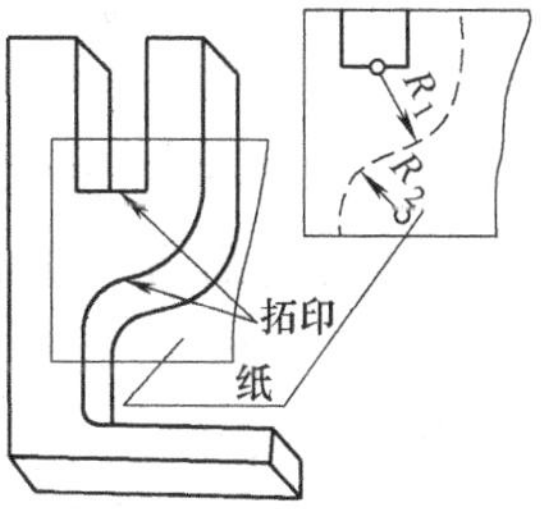 把曲面轮廓拓印在纸上，找出其半径，如 R_1、R_2	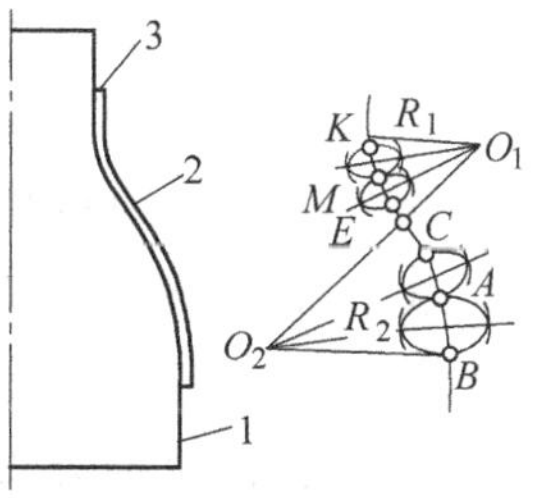 用铅丝沿曲面轮廓弯曲成形，然后把铅丝画出曲线，找圆弧半径 R_1、R_2	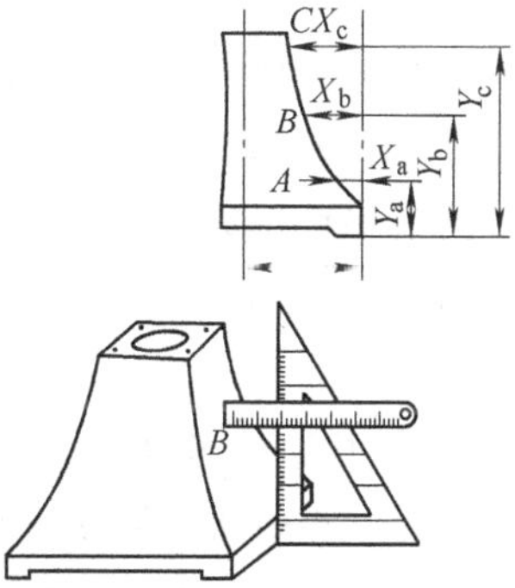 对非圆曲面，用量具测得每一曲面上的 X、Y 坐标值，连接曲线

2）对配合尺寸（如配合的孔与轴的直径），一般只测出它的基本尺寸，通过分析使用要求，确定配合性质和公差等级，从附表23、24查得偏差值。如壳体上端圆孔，只需测得尺寸$\phi36$mm，分析它与填料压盖是间隙相配，精度要求不高，选择公差等级H11，在极限偏差表查得值为（$^{+160}_{0}$）μm，标注为$\phi36$H11（$^{+0.160}_{0}$）mm。对相关联的尺寸，测得尺寸应协调一致，如下端圆锥孔的锥度应与旋塞锥度相同（锥度1:7）；上端圆孔$\phi36$H11与压盖$\phi36$d11相配，凸缘螺孔的孔心距60mm与压盖圆孔的孔心距相同，不然就无法装配。

3）对于零件上损坏或磨损的那部分结构，不能直接测量出真实尺寸，应进行分析，参照相关零件的有关资料进行确定。

4）对标准结构的尺寸，如倒角、圆角、退刀槽、键槽、螺纹孔、锥度和中心孔等的尺寸，先把测量结果作为参考值，然后在相关的标准表中查得标准值。

五、画装配图

根据零件草图、标准件目录和装配示意图画装配图。画装配图的过程也是一次检验、校对所绘零件草图中的零件形状和工艺结构、尺寸标注等是否正确的过程，若发现零件草图上有错误和不妥之处，应及时校对改正。

1. 确定图示方案

（1）主视图　以最能反映出装配体的结构特征、工作原理、传动路线、主要装配关系的方向作为画主视图的投射方向，并以装配体的工作位置作为画主视图的位置。主视图常取剖视，以表示部件主要装配干线各个零件的装配关系（工作系统和传动路线）。

图9-18所示的旋塞应以*A*向作为画主视图的投射方向，图9-28所示全剖主视图表示旋塞的结构特征、塞子装配线的传动情况、密封装置和工作原理。

（2）其他视图　补充主视图尚需进一步表达的工作原理、零件装配和连接关系及主体零件形状，但无需把每个零件的细小结构形状都完整表达清楚。半剖、左视图补充填料压盖与壳体用双头螺柱连接关系，表示壳体、填料压盖外形等，半剖俯视图表示手柄的运动位置、补充工作原理及定位块的作用等，件4*A*向视图表示定位块外形。

2. 确定比例和图幅

根据视图数目和大小及各视图间留出的空档（注写装配体上五种尺寸和编写序号）来确定绘图比例和图幅大小。图纸右下角应有足够的位置画标题栏、明细栏和注写技术要求。

3. 画图步骤

1）图面布局。画出图框，定出标题栏和明细栏位置。画出各视图的主要作图基准线：装配体的主要轴线、对称中心线、主体零件上较大的平面或端面等，如图9-26所示。

2）逐层画出各视图。围绕着装配干线，由里向外（也可由外向内），逐个画出相关零件的轮廓。一般从主视图开始，先画主要部分，后画细节部分，取剖视部分应直接画成剖开的形状，还应正确地表示装配工艺结构、轴向定位，如图9-27所示。

3）校核、描深、画剖面线。

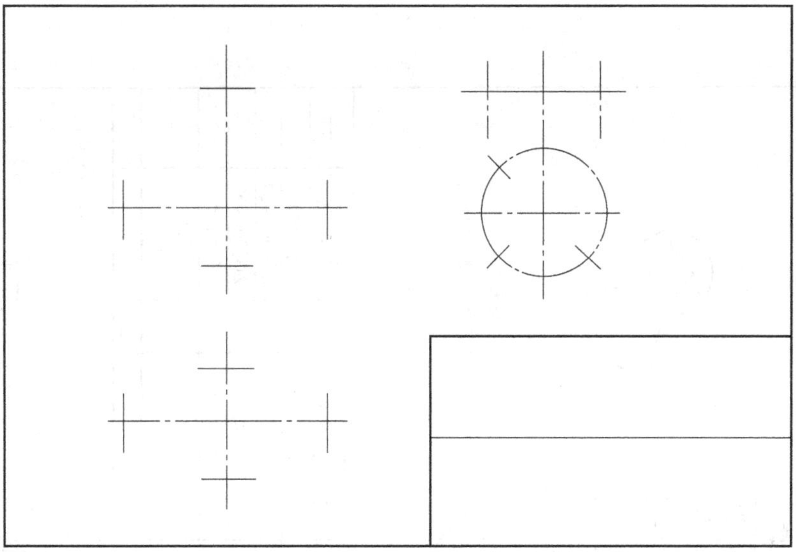

图 9-26　旋塞装配图画图步骤（一）

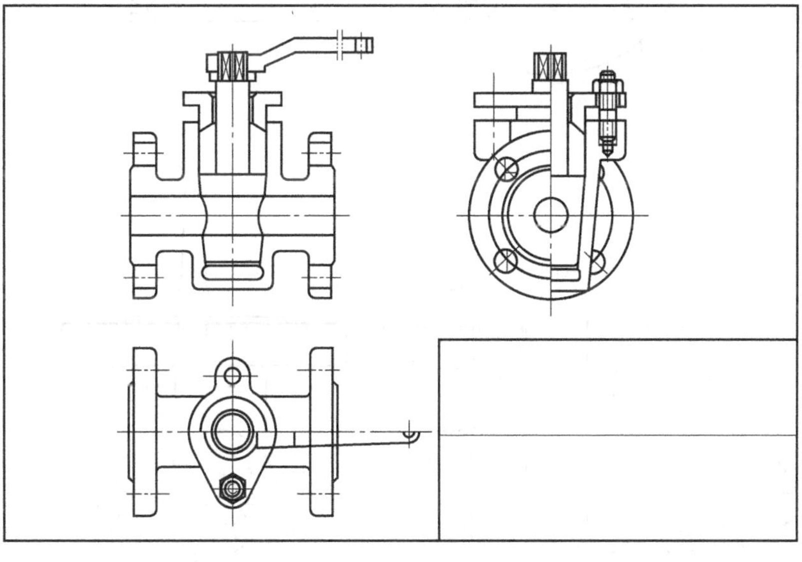

图 9-27　旋塞装配图画图步骤（二）

4）标注尺寸、配合代号及技术要求。

5）编注序号，填写明细栏、标题栏，如图 9-28 所示。

六、拆画零件图

根据装配图和零件草图拆画出每个零件的零件图。图 9-29 所示为拆画的壳体零件图。

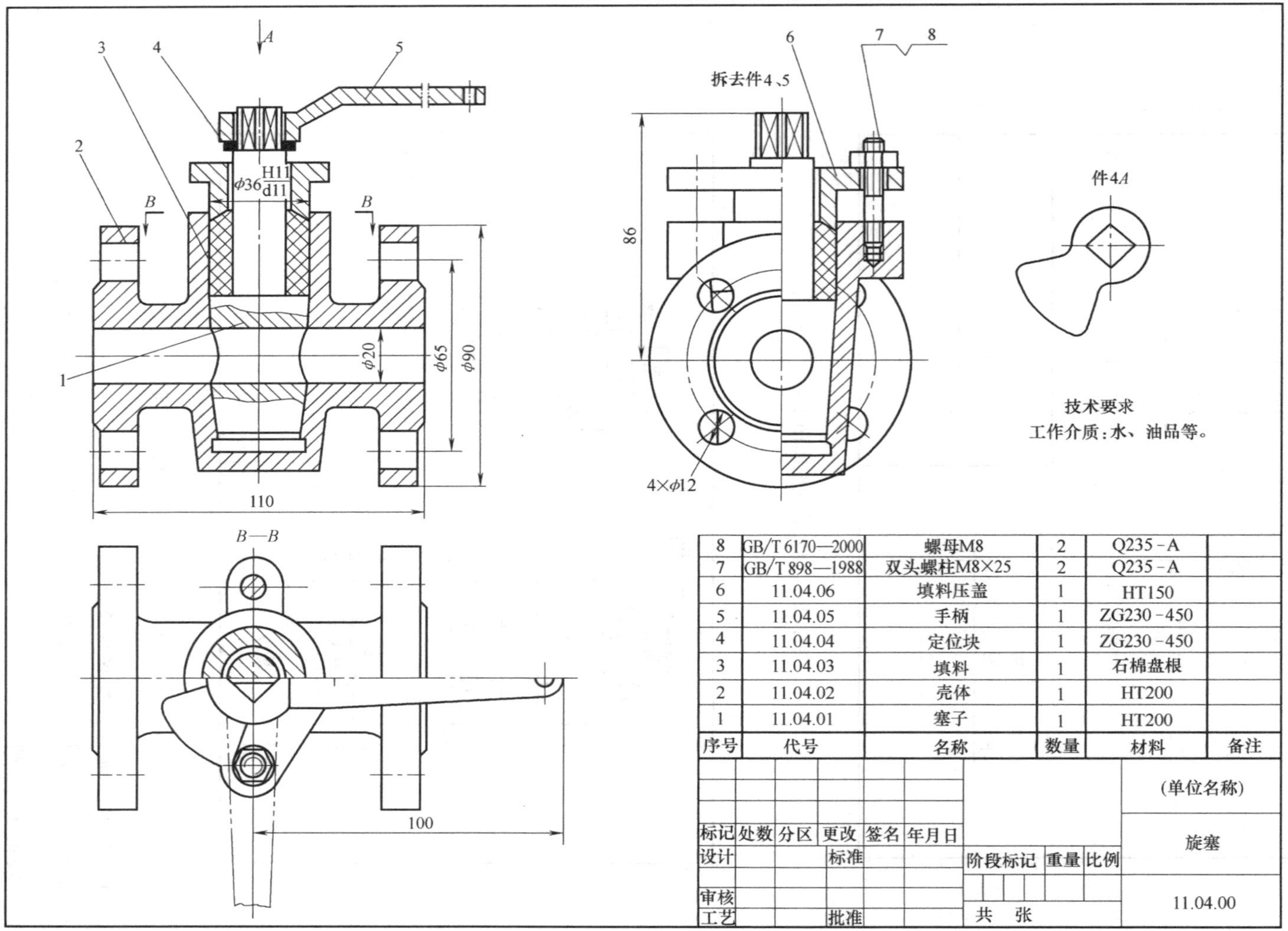

8	GB/T 6170—2000	螺母M8	2	Q235-A	
7	GB/T 898—1988	双头螺柱M8×25	2	Q235-A	
6	11.04.06	填料压盖	1	HT150	
5	11.04.05	手柄	1	ZG230-450	
4	11.04.04	定位块	1	ZG230-450	
3	11.04.03	填料	1	石棉盘根	
2	11.04.02	壳体	1	HT200	
1	11.04.01	塞子	1	HT200	
序号	代号	名称	数量	材料	备注

标记	处数	分区	更改	签名	年月日				(单位名称)
设计			标准			阶段标记	重量	比例	旋塞
审核									11.04.00
工艺			批准			共 张			

图 9-28 旋塞装配图画图步骤（三）

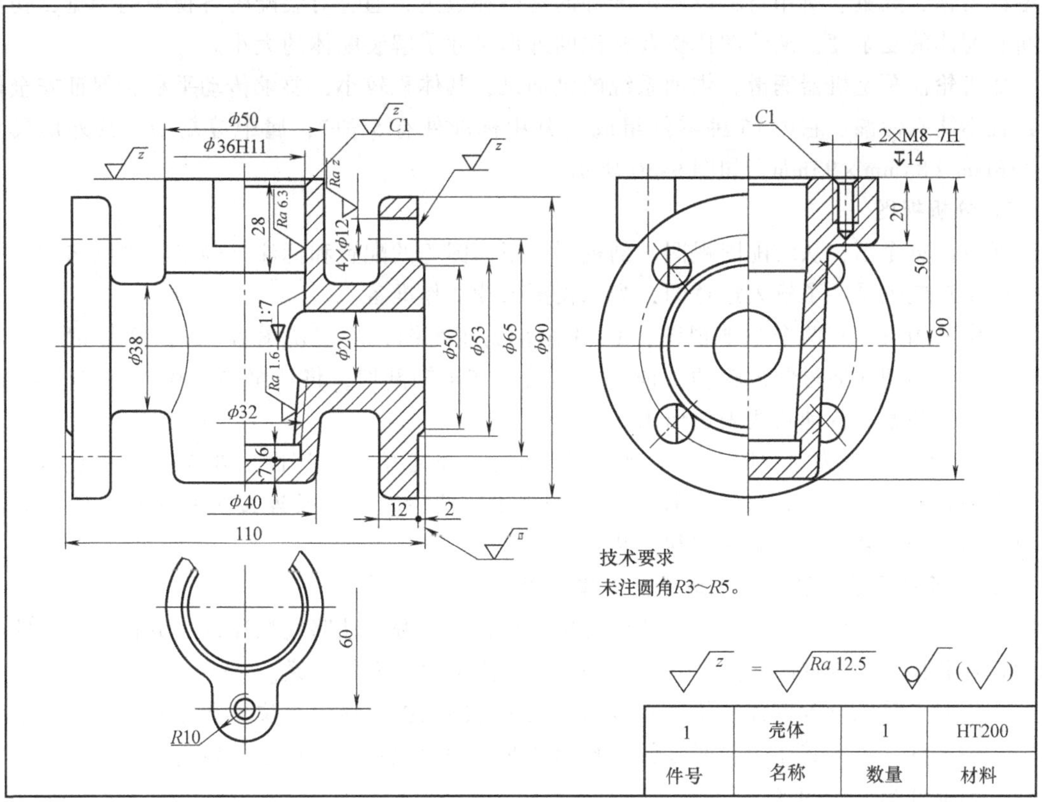

图 9-29　壳体零件图

第七节　读 装 配 图

一、读装配图的要求

1）了解装配体的名称、用途及工作原理。

2）明确装配体的组成、各零件的装配关系和位置，以及定位和连接方式。

3）明确传动过程中相关零件作用（动、静件关系），以及装配体使用和调整方法。

4）明确装拆方法及顺序。

5）想象各个零件结构形状，能从装配图中拆画零件图。

以上要求，对不同工作岗位有不同的侧重点。如有的仅需要了解装配体的用途及工作原理；有的需要明确装配体各零件装配关系、连接方式、装卸顺序；有的还要求从装配图拆画零件图。

二、读图的方法和步骤

以读图 9-30 所示齿轮油泵为例说明如下。

1. 概括了解

从标题栏或产品说明书了解装配体的名称和大致用途；从明细栏和序号了解组成该部件

的零件名称、数量、所用材料以及标准件的规格和数量，通过对装配图各视图的浏览，初步判断装配体的复杂度；从绘图比例及标注的外形尺寸了解装配体的大小。

如齿轮油泵是机器润滑、供油系统的供油泵，其体积较小，要求传动平稳，保证安全供油，且不能有渗漏。它由 15 种零件组成（其中标准件有 5 种），属中等复杂，其外形尺寸为 118mm × 85mm × 93mm，如图 9-30 所示。

2. 分析视图

通过浏览全图，从装配图视图、剖视图、断面图等的配置和标注，确定各视图名称、投射方向及对应关系，了解表达意图，为深视图入读图作准备。

图中采用主、左两个基本视图，*A—A* 全剖为主视图，从左视图 *B—B* 剖切标记，确定用两个相交剖切面通过两齿轮轴（前后对称面）和销轴剖切，将油泵装配线上各零件位置、配合、连接关系、传动路线表达出来。

B—B 半剖视图为左视图，从主视图剖切标记，确定单一剖切面沿左端盖 1 和泵体 6 的结合面剖开属拆卸画法）表达泵体、右端盖外形，两齿轮啮合及连接关系布局；两处局部剖视图用于表示管螺纹、储油室和安装孔。

3. 分析装配线，确定传动路线及工作原理

分析时，以主装的干线为主，从动力传入件开始，按传动路线顺序逐一分析每个零件的结构特点和作用，零件间的配合、连接关系，确定动件与静件关系。

分析要点是区分各零件的位置和范围：从装配图的指引线引出位置和序号，对照明细栏确定零件名称，了解其作用；两零件接触面和非接触面规定画法；剖面线的方向、密度；实心杆、标准件纵向不剖等。

通过标注配合种类和螺纹等连接，确定相邻零件的动与静关系及紧固方式。

1）分析油泵装配线（传动路线）。动力传入齿轮 12，通过键 15 及齿轮圆孔与传动齿轮 12 轴颈 $\phi14$ H7/k6 的过渡配合，带动传动齿轮轴两端轴颈与左、右端盖圆孔 $\phi16$H7/h7 的间隙配合，实现旋转运动，并带动齿轮轴 2 两端的轴颈与左、右端盖圆孔的 $\phi16$H7/h6 间隙配合，也进行旋转。

2）分析工作原理。

从 *B—B* 半剖左视图表示的两齿轮啮合及两齿轮齿顶圆和泵体齿孔槽间 $\phi34.5$H8/f7 的间隙配合，确定两齿轮按左视图箭头所示逆时针方向旋转。此时，在啮合区前储油室的油被齿槽带到后储油室，前储油室的油压下降而产生局部真空，油池的油在大气压力下，通过吸油管（与油泵非螺纹密封管螺纹连接，图中未画出）进入低压前储油室。后储油室经过齿槽的油连续增加，形成局部高压；克服输油管等阻力，通过输油管输送给机器所需润滑部位，随着齿输连续运转、实现连续供油，如图 9-31 所示。

4. 分析防漏装置

从图 9-30 主视图所示垫片 6，可知左、右端盖与泵体接触面之间分别加垫纸板，通过螺钉 1（12 个）夹紧，避免油在接缝处外流；右端盖圆孔装入填料、衬套 10，通过压紧螺母 11 与圆孔处外螺纹旋合，推进衬套，把填料抱住传动齿轮轴伸出轴端，防止油沿着轴向外流。

5. 分析装配连接关系

分析并搞清零件之间配合关系、连接方式，区分相邻零件的接触结构、动件与静件，销紧固与定位，明确部件实现功能性要求所采取的措施。

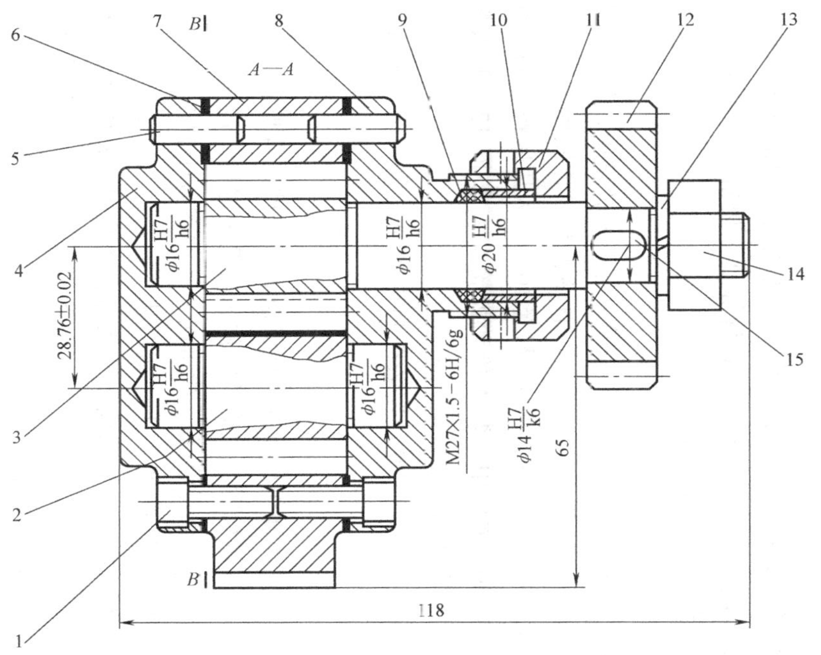

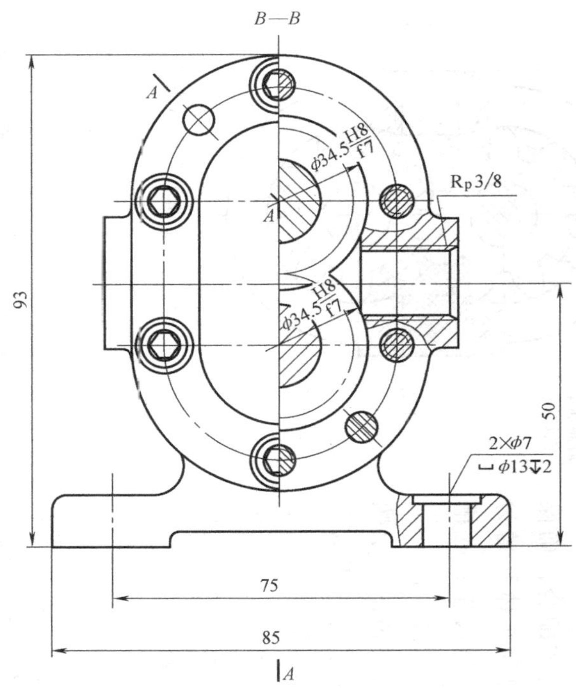

技术要求

1.齿轮安装后，用手转动传动齿轮时，应灵活旋转。
2.两齿轮轮齿的啮合面占齿长的3/4以上。

序号	名称	件数	材料	备注
15	键 5×5×10	1	45	GB/T 1096
14	螺母M12	1	Q235	GB/T 6170
13	垫圈12	1	65Mn	GB/T 93
12	传动齿轮	1	45	m=2.5, z=20
11	压紧螺母	1	35	
10	衬套	1	ZCuSn5Pb5Zn5	
9	密封圈	1	橡胶	
8	右端盖	1	HT200	
7	泵体	1	HT200	
6	垫片	2	纸	t=1
5	销5×18	4	45	GB/T 119.2
4	左端盖	1	HT200	
3	传动齿轮轴	1	45	m=3, z=9
2	齿轮轴	1	45	m=3, z=9
1	螺钉M6×16	12	35	GB/T 70.1

齿轮油泵		比例		04—00
		件数		
制图		质量		共1张 第1张
描图				
审核				

图 9-30　齿轮油泵装配图

(1) 配合关系 两齿轮轴颈与左、右端盖的轴孔配合为 ϕ16H7/h6，表示轴孔 7 级公差基本偏差为 H 的基准孔，轴颈为 6 级公差基本偏差为 h 形成间隙配合，确保齿轮轴平稳旋转；两齿顶圆和泵体孔槽为 ϕ34.5H8/f7 的间隙配合，使两齿轮在孔槽转动，达到通过齿槽运送油料的目的。

(2) 连接关系 从全剖主视图所示螺钉 1 与销 5 的连接，与半剖左视图所示螺钉和销的布局确定用 12 个螺钉和 4 个圆销分别把右、左端盖与泵体紧固和定位。传动齿轮轴左端通过垫圈 13 和螺母 14，把传动齿轮 12 固定在轴肩上，实现旋转并防止脱落。

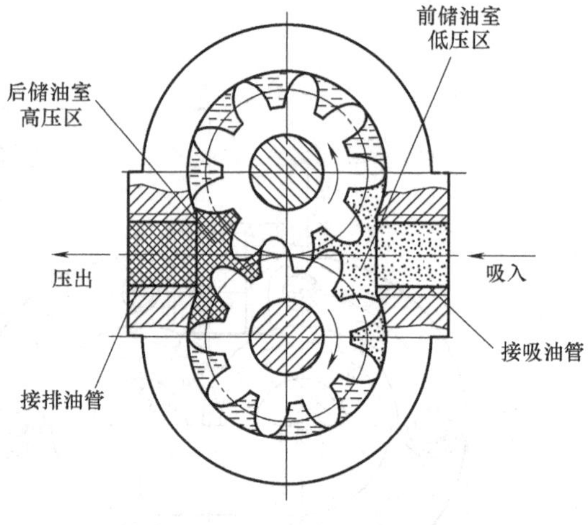

图 9-31 齿轮油泵工作示意图

6. 分析装配图尺寸

凡是装配图上标注的尺寸，都是重要尺寸，如前面所述从公差配合尺寸，可以确定是间隙、过渡、过盈配合，就能判断零件间是相对运动还是定位、紧固关系。

尺寸（28.76 ±0.02）反映两齿轮啮合中心距的精度要求，这个尺寸的准确度直接影响到两齿轮传动是否平稳；左视图尺寸 R_p3/8 表示非螺纹密封管螺纹，规格尺寸为 3/4 英寸，与进、出口的油管连接，高度方向定位尺寸为 50mm。

7. 分析部件装拆顺序

(1) 装配顺序 把传动齿轮轴 3 与齿轮轴 2 成对装入齿轮泵体 1 的孔槽中，分别装垫片 5、左右端盖的上下轴孔装入两齿轮轴颈中，用螺钉 1 把左、右端盖与泵体紧固后，加工定位销孔、装入 4 个定位销。在左端盖圆孔槽装入密封圈 9，衬套 10，旋入压紧螺母 11，使密封圈与轴颈密合。把键装入传动齿轮轴的键槽中，装入传动齿轮 12、垫圈 13，旋入螺母 14，把传动齿轮固定在轴肩上，完成齿轮泵部件的装配。

(2) 拆卸顺序 从部件上拆卸各零件时，一般是按装配顺序的逆过程进行，请读者自行分析。

8. 分析零件完整结构形状

通过上述的分析，有些零件的结构形状和作用已搞清楚，但有些零件结构形状尚未完整想象出来，需进一步深入剖析确认。分析想象时，先简单零件、后复杂零件。应用前面介绍过区分各零件的位置和范围，借助“三等”投影关系，找出同一零件在各个视图对应关系，还应从已读懂零件轮廓分离出去后，想象相关零件留下什么形状。

如想象泵体 7 的形状时，从主、左视图分离表示泵体轮廓形状的范围和投影关系，想象两齿轮轴拆去后，留下长圆形的空腔，拆去左、右端盖后，留下相对应泵体外缘形状及两端各自 6 个螺孔和销孔及其对应位置，如图 9-32 所示。

一些结构在装配图未表达清楚，还应进行结构的构思，如有管螺纹孔的圆柱形凸台，泵体底板的长方柱。

经过以上分析与构思，可知泵体整体形状，如图 9-33 所示。

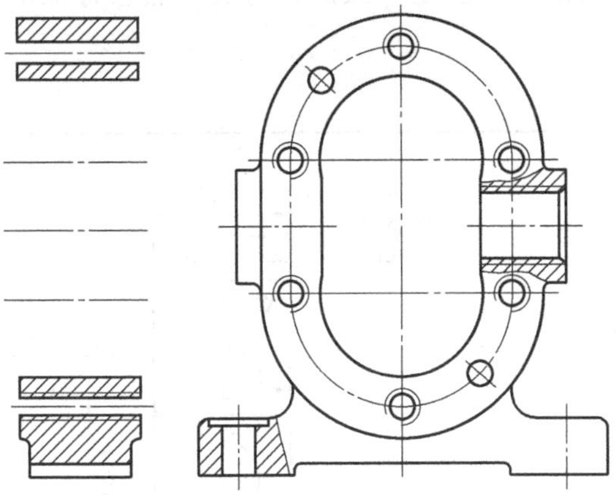

图 9-32　泵体的投影范围

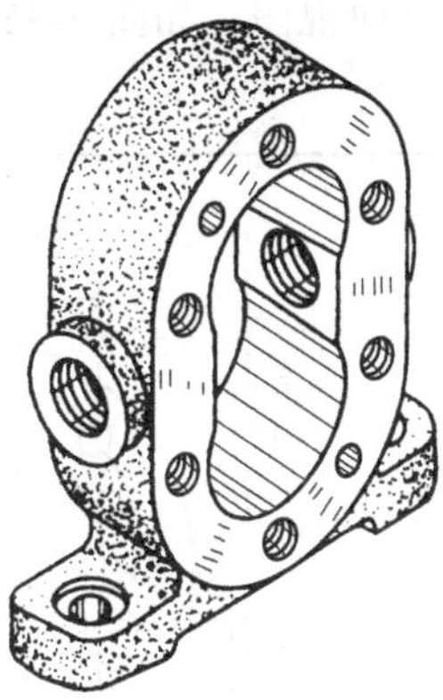

图 9-33　泵体轴测图

【思考与演示】

请读者想象图 9-30 主视图所示压紧螺母 11 的形状，画草图。

想一想：①压紧螺母形状表达完整吗？②它的外形是圆柱还是棱柱形？③推进压盖 10 螺母是怎样进行旋合的？④上下两个对应空白线框表示什么结构？它起什么作用？

9. 归纳总结

在上述读图基础上，还应对齿轮油泵整体的结构特点、工作原理、用途、各个零件装配连接关系，运转过程的传动路线及各零件的作用、尺寸及精度进行全面概括，在脑中形成部件总体表象，如图 9-34 所示齿轮油泵。

上述读装配图的方法和步骤，为读者提供了读装配图的一条思路。但实际读图时，并非都要按部就班孤立进行，而是根据部件结构特点和不同要求，互相结合，穿插进行。

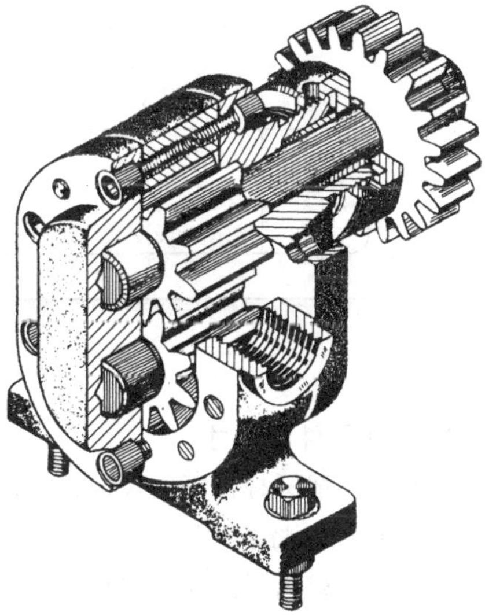

图 9-34　齿轮油泵轴测装配图

三、由装配图拆画零件图

设计机器或部件时，通常根据机器或部件的功能和使用要求，设计并绘制出装配图，然后由装配图拆画出各个零件图，简称“拆图”。由装配图拆画零件图实际上是设计零件的继续，也是设计过程的重要环节，为此，拆图者必须先读懂装配图、明确设计者的意图，想象零件结构形状后进行。下面以泵体为例说明拆图要点。

1. 零件图表达方案的选定

零件图和装配图表达侧重点不同，装配图主要表达各零件装配、连接关系、工作原理和用途而确定，而零件图要求完整地表达零件结构形状，因此，拆画时，不能机械地照抄、装配图的视图方案（也有些零件是相同的）。如泵体属于壳体，从工作位置和形状特征考虑，主视图和装配图主视图投射方向不同（与装配图相反），为表示进、出管螺纹及底板安装图孔采用局部剖视图，*A*—*A* 全剖左视图和装配图剖切位置是一致的，为表达底板特征形，应加画 *B* 向视图，如图 9-35 所示。

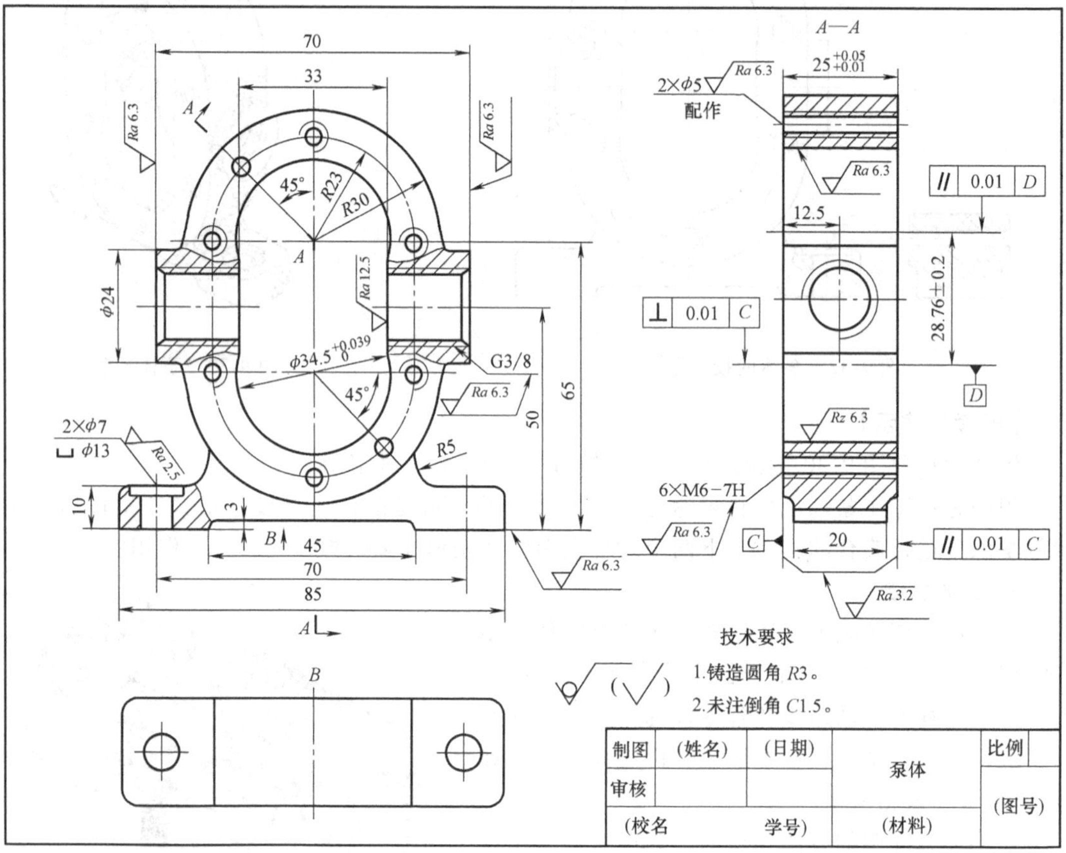

图 9-35 泵体零件图

2. 标注零件图尺寸

装配图一般只标注五类尺寸，拆画的零件图必须补齐所有的尺寸。

（1）抄注 将装配图上尺寸照抄到零件图，如两孔槽中心距（28.76 ± 0.02）mm，进、出口管螺纹 G3/4。凡是注有配合尺寸，应查附表确定极限偏差值注入零件图中，如齿槽孔 $\phi34.5H8$，应查出极限偏差值（$^{+39}_{0}$）μm，标注中 $\phi34.5^{+0.039}_{0}$ mm。

（2）查找 零件上的标准结构（如倒角、圆角、退刀槽、螺纹、销孔、键槽等）的尺寸，应从明细栏或有关标准中查出规格尺寸注入图中，如确定销孔的尺寸时，可从明细栏查出销 5m6，查得 2 个圆柱销孔 φ5mm 配作（与左、右端盖同钻铰）、螺孔 6 × M6。

（3）计算 装配图未标注的尺寸，按装配图量得尺寸乘以绘图比例待数圆整化。

（4）协调 相关联的零件之间尺寸应协调一致，如确定螺孔位置尺寸 *R*23mm 应与左、右端盖一致。

3. 标注技术要求

确定零件技术要求时，初学者由于缺乏经验，要合理确定是有困难的，所以应根据零件结构的作用和要求，应用类比法参考同类产品的图样和相关资料最终确定技术要求。

1）确定表面粗糙度值时，对有相对运动面，配合面、重要接触面的 Ra 值要求小，精度高，对不重要接触面、自由面，Ra 值可稍大，精度低，可参考附表 21，如齿孔槽的表面粗糙度值 $Ra6.3\mu m$，泵体两端面的表面粗糙度值 $Ra3.2\mu m$。

2）确定几何公差时，应从零件结构的作用考虑，如要使齿轮平稳啮合，要求两齿轮孔槽轴线应有平行度要求，齿槽的轴线与泵体端面应有垂直度要求。

*第十章　读第三角画法视图

国家标准规定机件图样应用正投影法，并采用第一角画法，必要时允许使用第三角画法。

随着国际技术交流的日益深入，常会遇到某些国家（如日本、美国等）和地区采用第三角投影法（画法）画出的技术图样，因此掌握第三角画法视图的基本知识和读图基本方法是必要的。

第一节　第三角画法视图概述

一、第一角和第三角投影法（画法）

第一角画法和第三角画法都采用正投影法，但物体放置的位置和视图配置位置不同，如图 10-1a 所示。

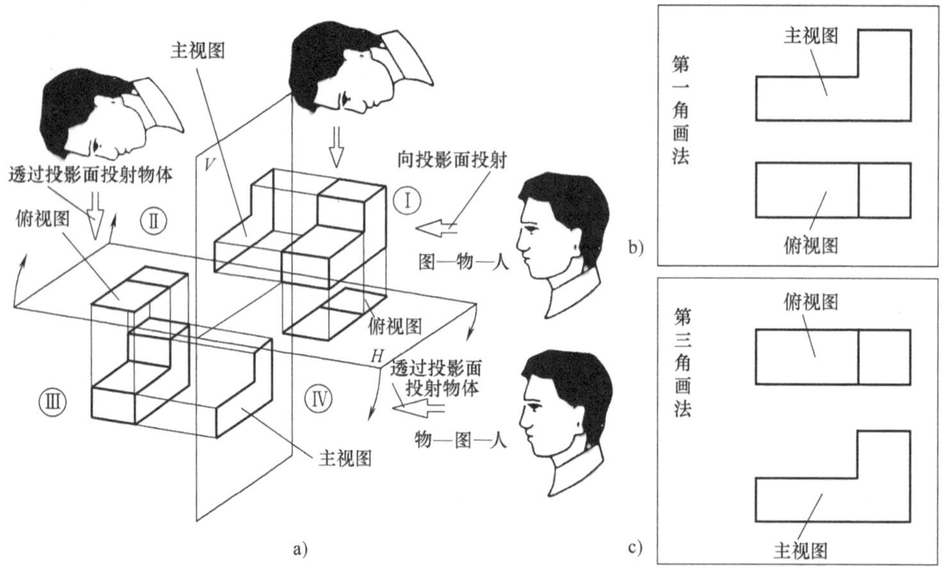

图 10-1　第一角画法和第三角画法的比较

1. 第一角画法

第一角画法是将物体置于第一分角内进行投射，并使物体处于观察者与投影面之间，保持着人—物体—投影面（视图）的投影关系。

2. 第三角画法

第三角画法是将物体置于第三分角内进行投射，并使投影面处于观察者与物体之间

(假想投影面是镜面)，保持着人—投影面（视图)—物体的投影关系。

第一角画法和第三角画法的投影面展开方向不同，第一角画法水平投影面向下旋转，俯视图在主视图的正下方，如图 10-1b 所示；第三角画法水平投影面向上旋转，俯视图在主视图的正上方，如图 10-1c 所示。

二、第一角画法和第三角画法的特征标记

第一角画法和第三角画法都是国际标准化组织（ISO）所规定的通用画法，第一角画法称为 E 法，第三角画法称 A 法。为了区分采用哪一种画法，规定用图 10-2 所示的识别符号进行区分。采用第三角画法时，必须在图样标题栏中画出第三角画法识别符号；采用第一角画法时，必要时也应画出其识别符号。

三、第三角画法的三视图

1. 第三角的三面投影体系

如图 10-3a 所示为由 *V* 面、*H* 面和 *W* 面所构成的第三角画法的投影面体系。

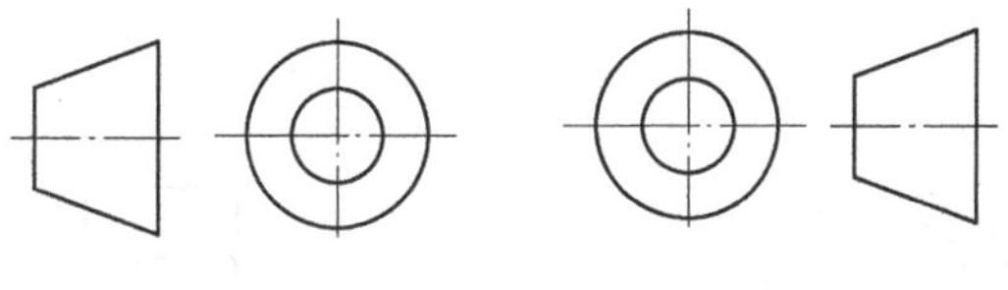

图 10-2　E 法和 A 法的识别符号

a）E 法（第一角画法）　b）A 法（第三角画法）

2. 三视图的形成和名称

按图 10-3b 所示，将物体置于第三角三投影面体系中，并分别向三个投影面投射，即得第三角画法的三个视图。

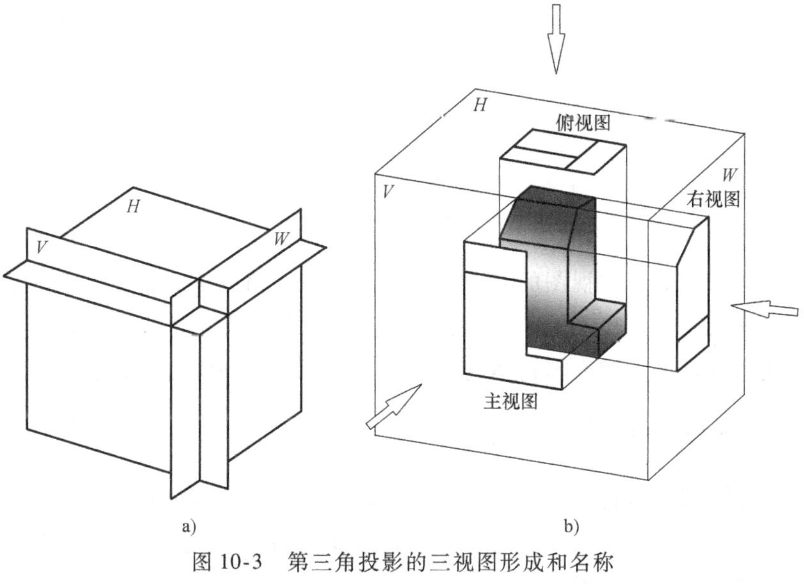

图 10-3　第三角投影的三视图形成和名称

a）第三角三投影面体系　b）三视图的形成

主视图——按箭头自前方投射，在 V 面所得的视图。

俯视图——按箭头自上方投射，在 H 面所得的视图。

右视图——按箭头自右方投射，在 W 面所得的视图。

3. 三视图的配置位置

如图 10-4a 所示，规定 V 面（主视图）不动，把 H 面（俯视图）绕 OX 轴向上翻转 90°，W 面（右视图）绕 OZ 轴向前旋转 90°，使三个投影面处在同一平面上。这时三视图配置位置如图 10-4b 所示。

俯视图配置在主视图的正上方；右视图配置在主视图的正右方。

4. 三视图之间的投影关系和方位关系（图 10-4b）

第三角画法的三视图之间的“三等”度量关系与第一角画法是相同的，仍然保持“长对正、高平齐、宽相等”的关系。

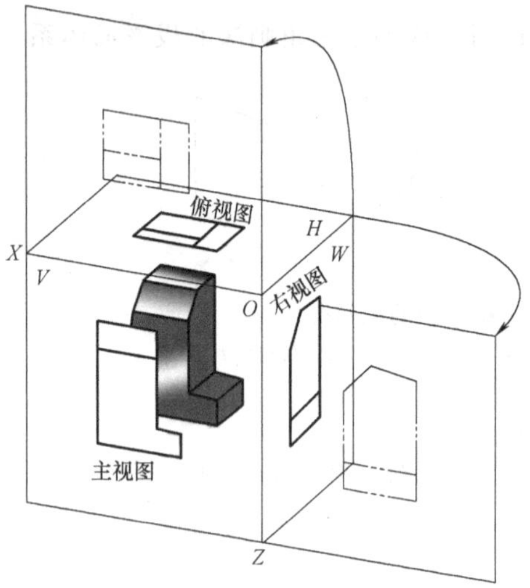

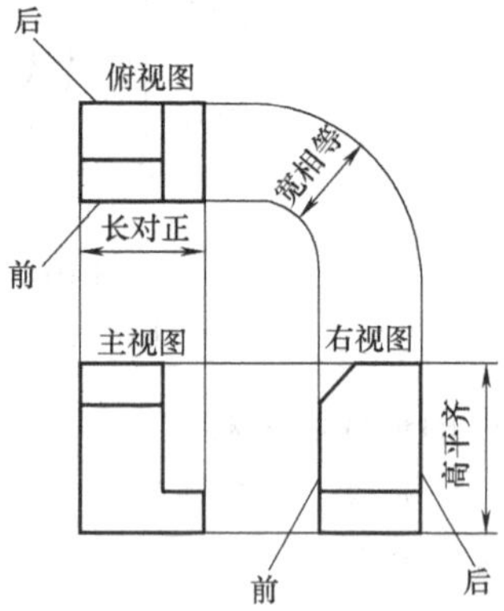

图 10-4 第三角画法三视图的配置及投影关系

a）三投影面展开方式 b）三视图配置及其对应关系

由于第三角画法的俯、右视图的展开旋转方向与第一角画法的俯、右视图的展开旋转方向正好相反，视图配置位置也不同，因此，第三角画法俯、右视图靠近主视图的一侧表示物体的前面，远离前视图的一侧表示物体的后面，这与第一角画法正好相反。

四、第三角画法的六面基本视图

按第三角投影方式，将物体置于正六面投影体系中，并向六个基本投影面投射，得六个基本视图。除上述三个基本视图外，还有左视图、仰视图与后视图。图 10-5 所示为六个基本视图的形成、展开及配置位置。

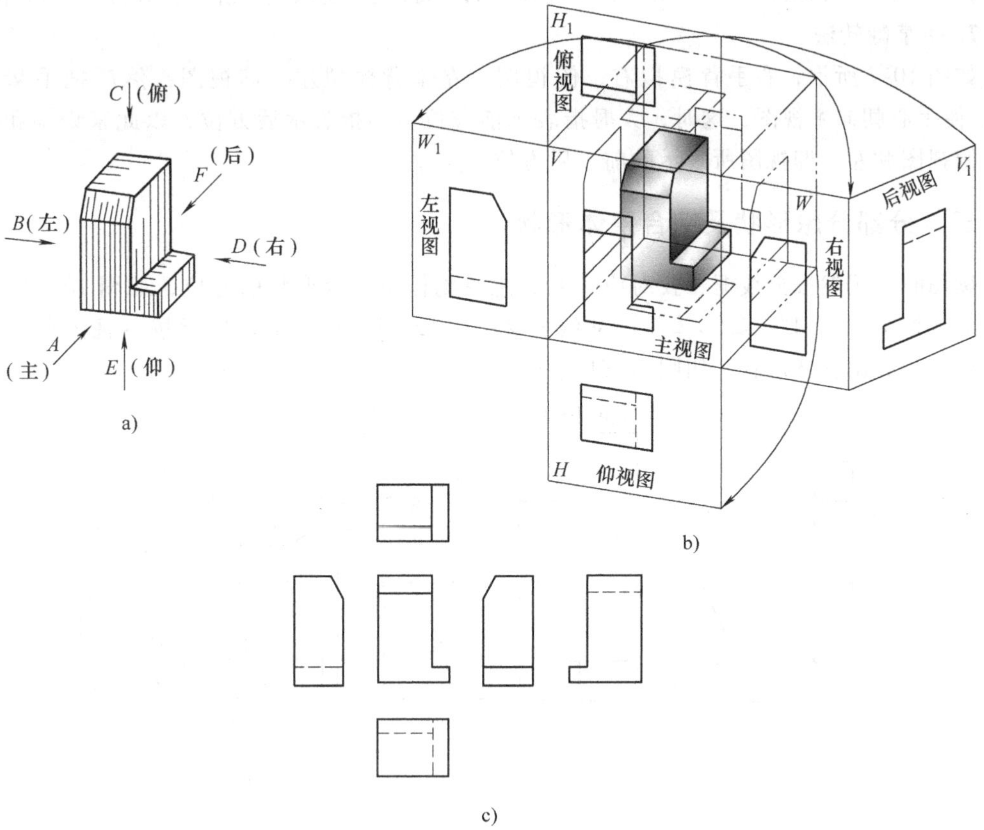

图 10-5 第三角画法的六面基本视图的形成和配置位置

a）六个投射方向 b）形成和展开 c）六面基本视图配置

第二节 读第三角画法视图的基本方法

一、识别视图名称及投射方向

初读第三角画法视图时，由于其视图的展开方向和配置位置与第一角画法不同，往往分不清视图之间的对应关系及投射方向，所以读图时，应先确定主视图，再找出其他视图名称及投射方向。如图 10-6b 所示，确定主视图后，按箭头所指投射方向找到相应视图名称。

二、明确各视图所表示的方位

读图时，判断视图间表示物体的左右、上下方位较为容易，但判断表示物体的前后方位较为困难，这是因为第三角的三视图与第一角的三视图展开方向不同，因此，判断顶、底、左、右视图表示物体的前、后方位成为初学读图的关键。这里介绍两种简捷又形象的思维方法。

1. 视图归位法

如图 10-6b、c 所示，主视图不动，把俯视图绕水平线朝后下方位转 90°，右视图绕竖直线朝前右方也转90°，恢复到第三角投影面展开前的位置来想象俯、右视图表示的前、后方位。

2. 手掌翻转法

如图10-7所示，右手背模拟右、俯视图，左手背模拟左、仰视图，然后把手掌翻转90°，使手心朝向主视图，这时，大拇指表示前方位，小指表示后方位，以此来识别和想象右、俯视图和左、仰视图所表示的前、后方位。

三、分部分想形状及综合整体形状

读图时，仍然按分线框、找对应关系、想象物体每部分形状的方位，如图10-6d、e所示，从线框1、1′、1″想象形体Ⅰ，从线框2、2′、2″想象形体Ⅱ。然后按各视图所示的方位，综合想象出立体形状，如图10-6f所示。

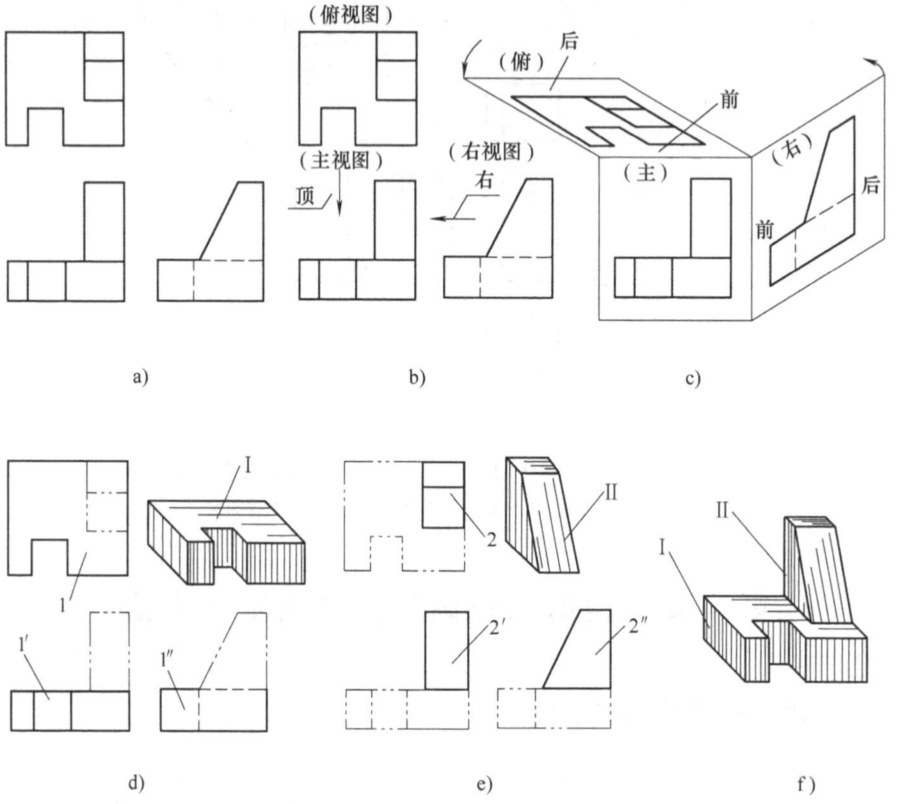

图10-6 读第三角画法三视图

a) 已知三视图 b) 识别视图名称及投射方向 c) 识别视图方位（应用视图归位的方法）

d) 线框1、1′、1″对应，想象形体Ⅰ e) 线框2、2′、2″对应，想象形体Ⅱ f) 综合想象整体形体

【例10-1】 读图10-8a所示的第三角画法三视图。

（1）识别各视图名称及投射方向 由三视图配置位置，确定主、俯、右视图，并在俯视图上确定俯、右视图的投射方向。

（2）划分线框、对投影、想象各部分形状 以主视图为主，按“三等”关系，确定线框1、1′、1″和线框4′、4、4″对应，以线框1和4′为主，想象底板1上切方槽Ⅳ；线框2′、2、2″和线框3′、3、3″对应，以线框2″、3″为主，想象竖板Ⅱ和凸缘Ⅲ的形状。

(3) 按“方位”想象整体形状　想象四部分形状，用视图归位或手掌翻转思维方法，确定这四部分上下、左右和前后相对位置，综合想象出图 10-8b 所示的立体形状。

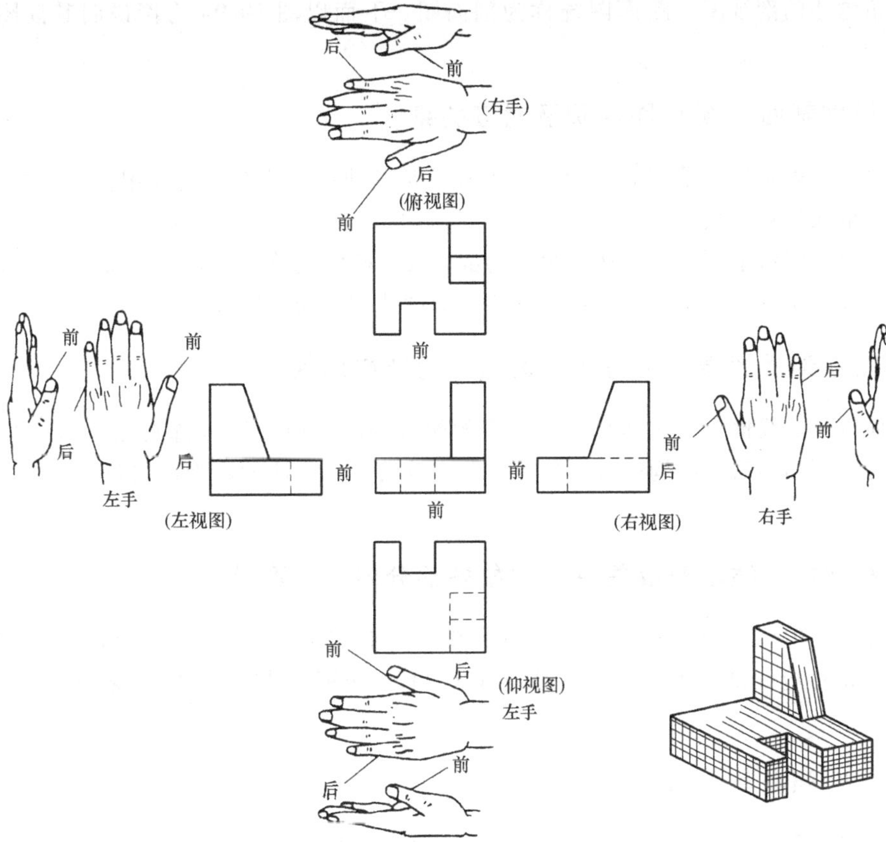

图 10-7　应用手掌翻转法辩认视图表示的前后方位

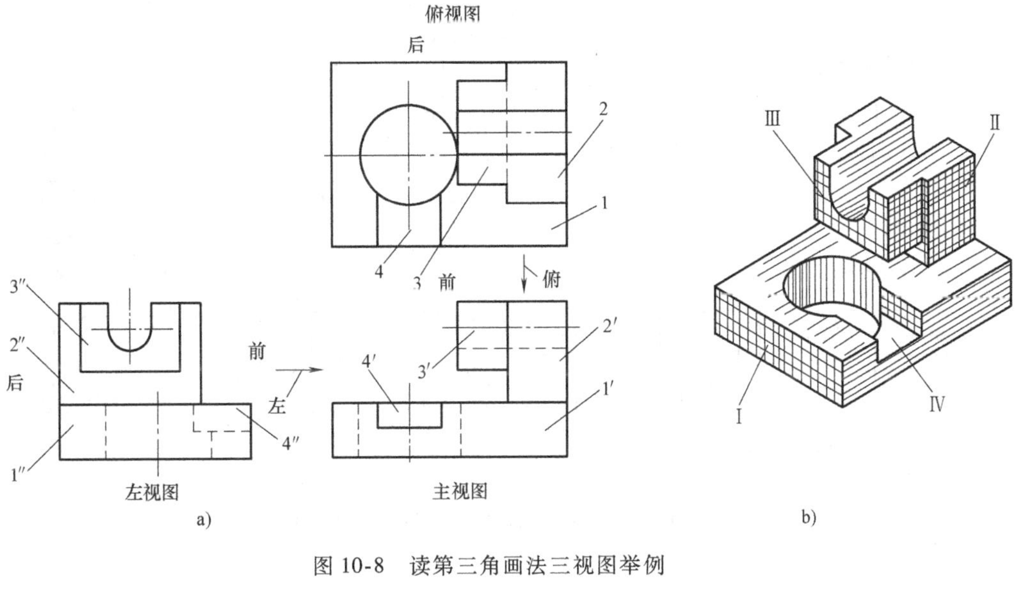

图 10-8　读第三角画法三视图举例

第三节　读第三角画法剖面图的方法和步骤

第三角画法的剖视图、断面图统称为剖面图。下面以图 10-9a 为例说明其读图方法和步骤。

一、识别剖面（视）图名称及对应关系

读图时，先确定哪些是剖面（视）图，然后从其他视图的剖切线（用粗双点画线表示）和箭头确定剖切位置和投射方向。

如图 10-9b 所示主剖面图，从右视图的剖切线，确定用单一剖切面，通过支座前、后对称面完全剖开；俯剖面图采用局部剖，在主剖面图找到剖切位置 *A*—*A*。

二、判断剖面图表示空与实和远与近的结构形状

带剖面符号的线框表示实体部分，不带剖面符号的空白线框（除规定画法外）表示空腔范围或远离剖切面后的结构的读图思维方法在读第三角画法的剖面图时仍然有效，这里不再重述。

三、找线框、线段对应关系，想象各部分内、外形状

读者可按图中已标出的编号，找线框、线段的对应关系（如带剖面线线框 3′对应 3、(3″)，线框 2″对应线 2′、2，线框 1′对应线 1、1″，线框 4′与 4″对应）来想象各部分内、外形。

四、综合想象整体形状

通过上述投影分析后，应用视图归位思维方法，判断各部分形状的相对位置，归纳想象出图 10-9c 所示的支架整体立体形状。

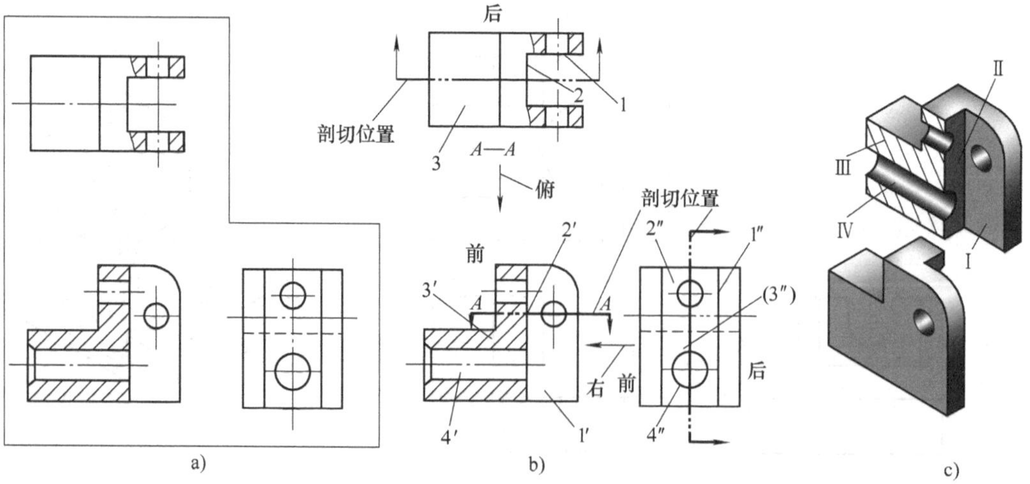

图 10-9　读第三角画法支架剖面（视）图

*第十一章　展开图

在生产实践中，经常遇到金属板制件，如船体、锅炉、罐、管道、防护罩以及建筑、民用设施等，如图 11-1a 所示集粉筒制件。制造这类制件时，一般是先在金属板上放样画出各个部分的表面展开图，然后落料，加工成形，最后经焊接、咬接或铆接工节制造成形。

将制件各表面的实形依次画在平画上的图样，称为**表面展开图**。图 11-1c、d 所示是图 11-1b 所示集粉筒制件的圆锥台管展开图。

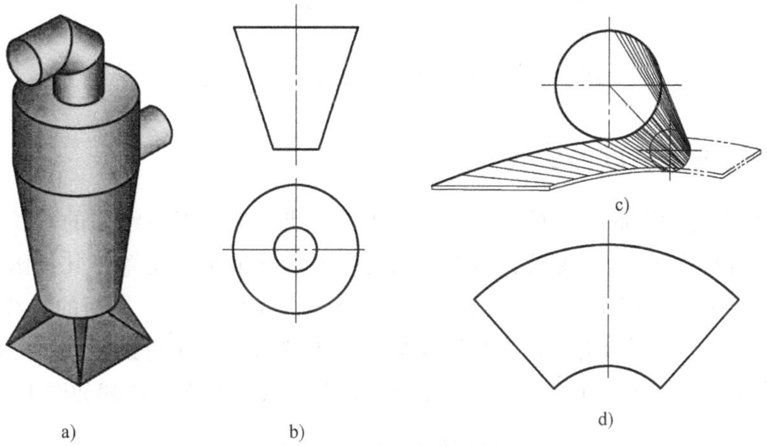

a)　b)　c)　d)

图 11-1　圆锥台管展图

a）集粉筒制件　b）圆锥台管实样图　c）圆锥台管展开图　d）圆锥台管展开示意图

制件表面分为可展表面和不可展表面。平面立体（棱柱、棱锥）和回转体中的圆柱、圆锥表面属于可展表面，能够在平面上画出其表面展开的实形。球面、环面、螺旋面等属于不可展表面，不能够在平面上画出其表面的展开实形，采用近似作图方法画其表面展开图。

第一节　求线段实长

画钣金件展开图时，经常会遇到求作实形和线段实长的问题。求作线段实长常见有如下两方法。

一、直角三角形法求线段的实长

如图 11-2a 所示空间直线 AB 的正面和水平面投影 $a'b'$、ab 都不是实长，这时过点 A 作 $AC//ab$，则在空间构成一个直角三角形 ABC，其斜边 AB 是空间线段的实长，低边 $AC=ab$，ab 是 AB 的水平投影长度，另一直角边 $BC=\Delta Z$（$\Delta Z=Z_B-Z_A$），即等于直线 AB 两端点正面投影的高度差。已知直角三角形两直角边长度，就能作出直角三角形，即可得斜边。

图解作图时，以 ab 为底边，过点 b 作垂线，截取 bB_1 等于高度差 ΔZ，连 aB_1 得直角三

角形 abB_1，aB_1 斜边即为空间直线 AB 的实长。

同理，也可以正面投影 $a'b'$ 为底边作图，但此时，另一直角边长 $\Delta Y = Y_B - Y_A$ 是空间直线 AB 水平投影的宽度差，同样也可求得线段实长，如图 11-2c 所示。

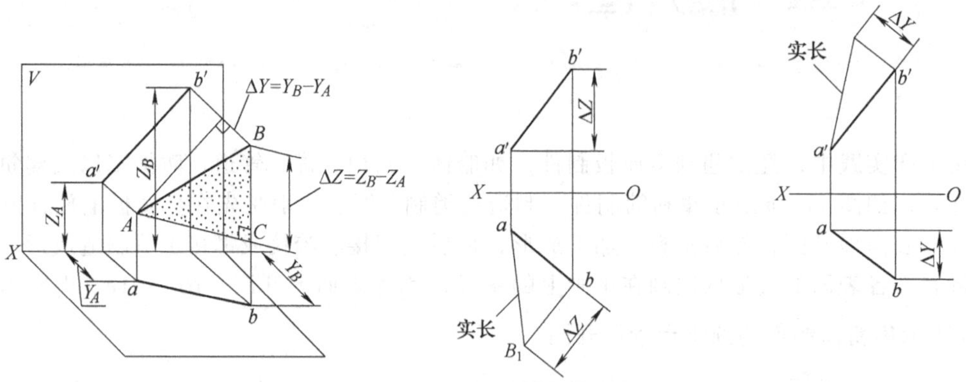

a) b) c)

图 11-2 直角三角法求一般位置线段实长

二、用旋转法求线段的实长

由于直线段平行投影面，其投影为实长，因此，求一般位置直线段的实长，可将该线段绕着垂直于某一投影面的直线为轴，旋转到与另一投影面成平行位置，其投影即得实长。

如图 11-3a 所示，线段 AB 为一般位置直线，过端点 A 作垂直于 H 面的直线 OO 为轴，将线段 AB 绕轴旋转为正平线 AB_1，正面投影 $a'b'_1$ 为 AB 实长。由于直线上任一点的运动轨迹为水平圆，H 面投影反映实形，V 面投影为平行 OX 轴的直线，其作图步骤如图 11-3b 所示。

1）以点 a 为圆心，以 ab 为半径面圆弧，使 $ab_1//OX$。

2）过点 b'作 OX 平行线与过 b_1 作 OX 垂线相交于点 b'_1。

3）连接 $a'b'$，即得线段 AB 实长。

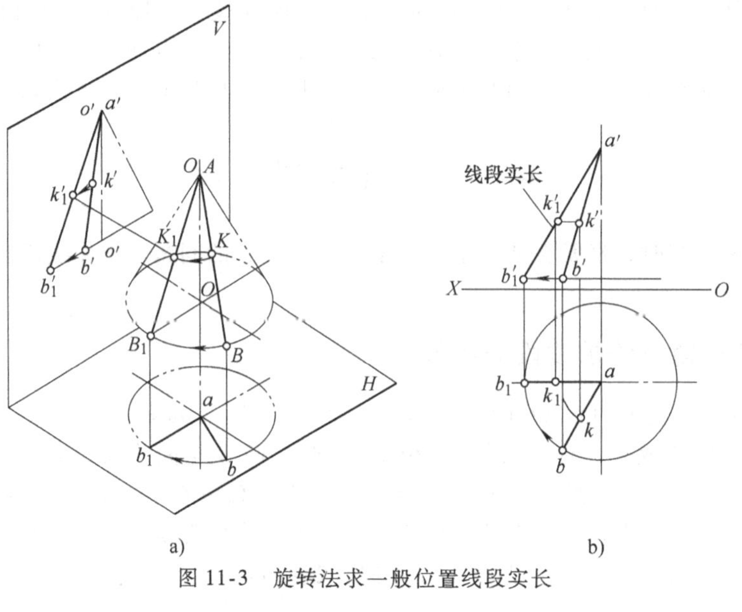

a) b)

图 11-3 旋转法求一般位置线段实长

第二节　棱柱管和圆柱管的展开

柱管类表面上的棱线或素线互相平行，属可展表面，可借助这些平行线来作展开图，这种展开方法称为“平行线法”。

一、斜截棱柱管的展开

【例 11-1】 求作图 11-4a、b 所示的斜截四棱柱管的展形图。

分析： 斜截四棱柱管的前后表面为直角梯形，左右表面为长方形。作展开图时，应分别画出两个相等直角梯形和两个长方形的实形。

作图：

1）画一水平线，依次量取ⅠⅡ =(1)(2)、ⅡⅢ =(2)(3)、ⅢⅣ =(3)(4)、ⅣⅠ =(4)(1)。

2）过Ⅰ、Ⅱ、Ⅲ、Ⅳ、Ⅰ各点作水平线的垂线，并在各垂线上分别量取ⅠA =(1′)(a′)、ⅡB =(2′)(b′)、ⅢC =(3′)(C′)、ⅣD =(4′)(d′)。

3）用直线依次连接各点，即得展开图（图 11-4c）

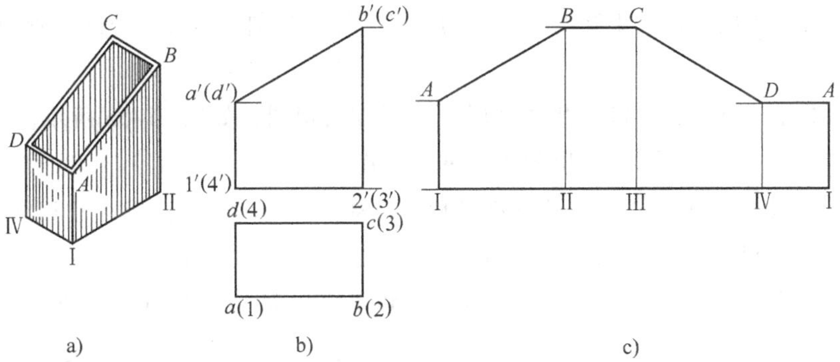

图 11-4　斜截四棱柱管的展开

二、斜口圆柱管表面的展开

【例 11-2】 求作图 11-5a、b 所示斜口圆柱管的展开图。

分析： 圆柱面可看做是棱线无限多的棱柱面，其展开方法与棱柱面相似。圆柱面展开为矩形，底边长为 πD。高为圆柱的高。

作图过程如下：

1）把俯视图圆周十二等分（等分越多，展开图越准确），过各等分点找出主视图上相应的素线 1′a′、2′b′、…。

2）将底圆展成直线，长为 πD，并把该线段十二等分，（若是近似作图，用 12 弦长代替 12 弧长，使 12 =ⅠⅡ，在直线上取 12 点），得等点Ⅰ、Ⅱ、Ⅲ、…。过Ⅰ、Ⅱ、Ⅲ、…作直线的垂线，并在垂线上量取相应素线的长度ⅠA = 1′a′、ⅡB = 2′b′，…，得点 A、B、…。

3）把 A、B、…各点连成光滑曲线，即得展开图（图 11-5c）。

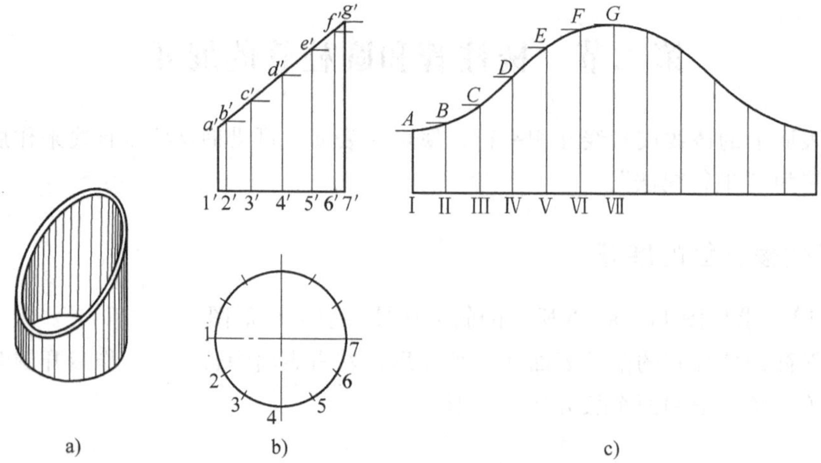

图 11-5 斜口圆柱管的展开

三、圆柱三通管表面的展开

【例 11-3】 求作图 11-6b 所示异径正交三通圆柱管的展开图。

分析： 异径正交三通圆柱管是由两个不同直径的圆柱管垂直相交而成，画展开图时，必须先在视图上准确地求出两圆柱正交的相贯线的投影，然后分别作出大、小圆柱管的展开图。

作图：

1）小圆柱管展开与前例斜口圆柱管展开作图方法相同，如图 11-6a 所示。

2）大圆柱管展开，主要是求出相贯线的展开图。

延长大圆柱管孔口线，将大圆柱管展开成一个矩形（未画完整），在孔口线上量取 12 = 1″2″，23 = 2″3″，34 = 3″4″（取弦长代替弧长），过 1、2、3、4 各点引水平线，使圆柱素线展开，由主视图相贯线上点 1′、2′、3′、4′向下引铅垂线与素线的交点Ⅰ、Ⅱ、Ⅲ、Ⅳ及对称点。

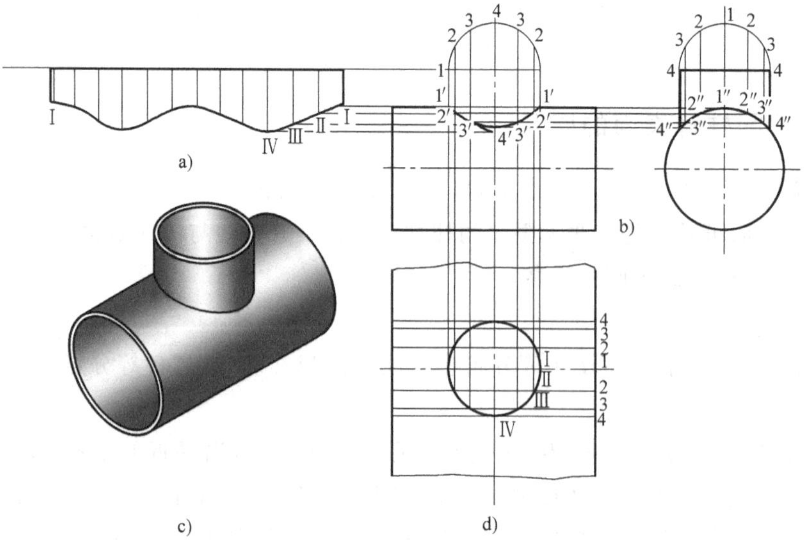

图 11-6 异径正交三通圆柱管的展开

3）用光滑曲线连线点Ⅰ、Ⅱ、Ⅲ、Ⅳ及对称的各点，即得相贯线的展开图，如图 11-6d 所示。

第三节　棱锥管和圆锥管的展开

锥管制件表面上的棱线或素线均相交于一点，其表面属可展表面。可借助锥管上棱线或素线的实长来作展开图，这种展开方法称为“放射线法”

一、斜口四棱台管展开

【例 11-4】 求作图 11-7a、b 所示斜口四棱台管的展开图。

分析：斜四棱台管表面为 4 个梯形，展开图依次画出这 4 个梯形。作图时，先按四棱锥展开，用棱线实长作出扇形，再在扇形内作出 4 个等腰梯形。

作图：

1）将主视图棱线延长得交点 s'，用旋转法或直角三角形法求得棱线实长 $s'c_1'$或 S_0C_0，过斜口与棱线交点 $f'(e')$、$g'(h')$，在棱线实长上求得 $G_0(H_0)$、$F_0(E_0)$。

2）以 S 为圆心，$s'c_1=S_0C_0$ 为半径画圆弧。

3）在圆弧上依次截取 $BC=bc$、$CD=cd$、$DA=db$，$AB=ab$ 得 B、C、D、A 和 B 点，并过这些点与 S 连线，得四棱锥侧面展开图。

4）把点 $G_0(H_0)$、$F_0(E_0)$ 分别移到相应棱线上，$S_0F_0=SF=SE$、$S_0G_0=SG$、$S_0H_0=SH$ 得点 F、G、H、E 和 F，并按顺序连线，得图 11-7c 所示斜口四棱台管展开图。

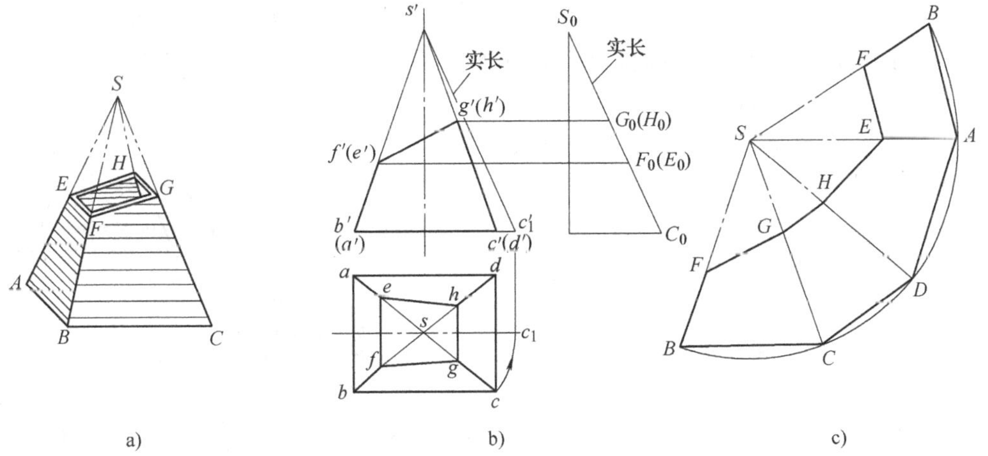

图 11-7　斜口四棱台管的展开

二、正圆锥面展开

【例 11-5】 求作图 11-8a 所示圆锥面的展开图。

分析：正圆锥管的展开图是个扇形，作图时，可看做是棱锥底边无限多的正棱锥，其展开方法与棱锥面展开相似。

作图：

1）把俯视图圆周十二等分，在主视图上作出相应素线 $s'1'$、$s'2'$、…。

2）以 S' 为圆心，素线实长 $s'1'$ 为半径画弧，在圆弧上量取 12 段等距离，Ⅰ Ⅱ = 12，Ⅱ Ⅲ = 23，…，分别连 $S'I'$、$S'I$ 得一扇形，为正圆锥面展开图（图 11-8b）。

若用计算法，扇形中心角 $\alpha = 180°d/R$，其展开图如图 11-8c 所示。

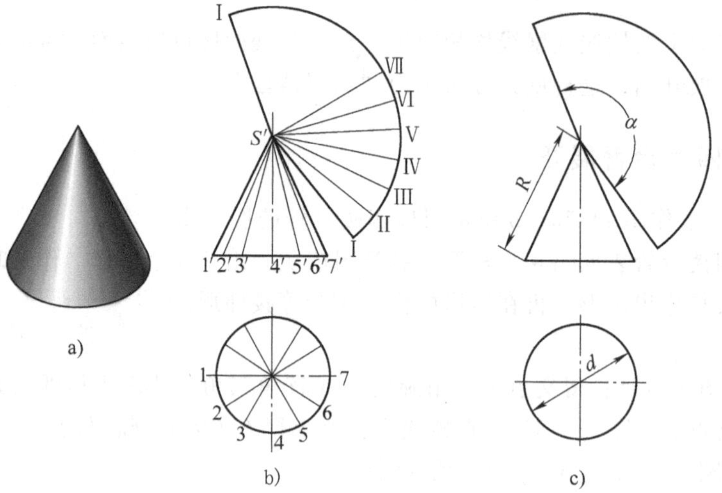

图 11-8　正圆锥管展开

三、斜口圆锥管展开

【例 11-6】 求作图 11-9a、b 所示斜圆锥管展开图。

分析： 斜口圆锥管可按正圆锥展开成扇形，然后再截去斜口部分。斜圆锥管表面素线中，只有 $S'1'$，$1'a'$ 与 $S'5'$，$5'e'$ 为实长，其他素线的实长用旋转法求得。

作图：

1）以 S 为圆心，圆锥素线实长为半径画圆弧。

2）在圆弧上顺序截取ⅠⅡ = $\overline{12}$，ⅡⅢ = $\overline{23}$，…，得点Ⅰ、Ⅱ、…。

3）把各点分别与 S 相连，得素线 SⅠ、SⅡ、…。在主视图上过点 b'、c'、…引水平线与 $S'1'$ 交点，并以 S 为圆心画弧，与相应素线相交，得点 A、B、…。

4）按顺序把点 A、B、…连成光滑曲线，即得所求，如图 11-9c 所示。

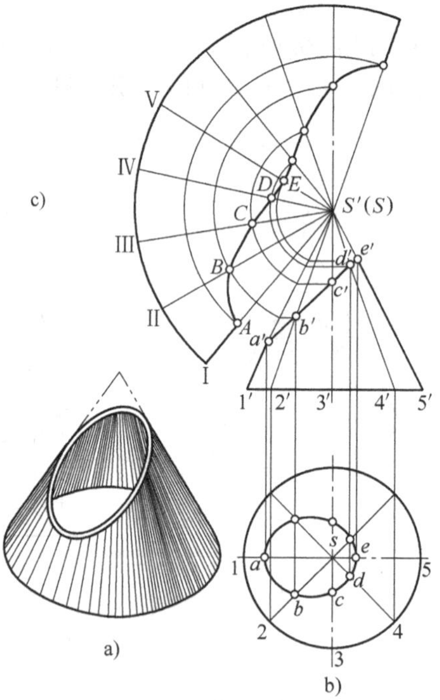

图 11-9　斜口圆锥管展开图

四、方圆过渡接头的展开

【例 11-7】 求作图 11-10a、c 所示上圆下方过渡接头的展开图。

分析：方圆过渡接头是从圆柱管过渡到方管的一个中间接头制件。从图 11-10c 可看出，它是由 4 个全等等腰三角形平面和 4 个相同局部斜椭圆锥面所组成。依次作出这些面的展开图，即得方圆过渡接头的展开图。

斜椭圆锥面分成若干小三角形平面（图 11-10a、c）求作这些三角形的实形，即得斜椭圆锥近似展开图。

作图：

1）将俯视图圆口的 1/4 圆弧分为三等分，得点 1、2、3、4，并求得主视图点 1′、2′、3′、4′，分别与 b'、b 连线得斜椭圆锥素线的投影 $b1$、$b1'$和 $b2$、$b'2'$等。

用直角三角形法求素线实长，以 H 为直角三角形高，$b1=b4$ 和 $b2=b3$ 为底边，作直角三角形，斜边 BⅠ、BⅣ（m）和 BⅡ、BⅢ（n）为素线实长，如图 11-10b 所示。

2）沿 OⅠ截开作直角三角形平面展开：假设接缝边为ⅠO（图 11-10c），把等腰三角形分为两个直角三角形。作图时，以 $OB=L/2$ 作直角边，过点 O 作 OB 垂线，截取 OⅠ $=1'$（a'）b'，连接 BⅠ，得直角三角形 BOⅠ实形。

3）作斜椭圆锥面近似展开：分别以 B、Ⅰ为圆心，分别用 n 和 12 弦长为半径画弧交于点Ⅱ，得斜椭圆面上一个小△BⅠⅡ；分别以点 B、Ⅱ为圆心，分别用 n 和 23 弦长为半径画弧交于点Ⅲ，又得斜圆锥面上另一个小△BⅡⅢ；分别以点 B、Ⅲ为圆心，分别用 m 和 34 弦长为半径，求出△BⅢⅣ。用光滑曲线连接点Ⅰ、Ⅱ、Ⅲ、Ⅳ，得一个斜椭圆面近似展开图，如图 11-10d 所示。

4）作等腰三角形平面展开：分别以点 B、Ⅳ为圆心，L、m 为半径画弧交于点 C，连 B、C 与Ⅳ，得等腰三角形 BCⅣ实形。

5）依次作出其余三部分斜椭圆面、两个等腰三角形和一个直角三角形。即得上圆下方过渡接头展开图，如图 11-10d 所示。

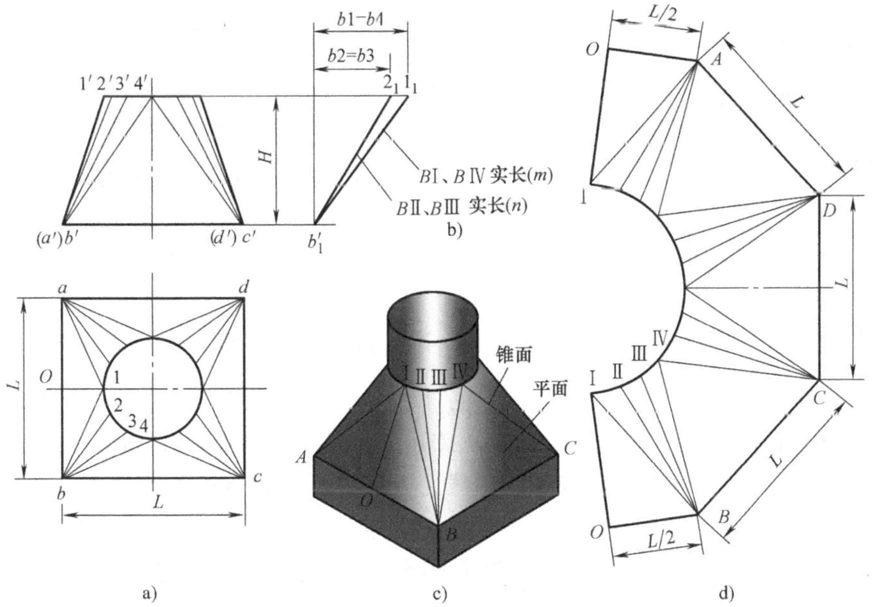

图 11-10　上圆下方过渡接头的展开

第四节 不可展曲面的近似展开

一、直角圆环形弯管接头的展开

【例 11-8】 求作图 11-11b 所示圆环形管接头的展开图。

分析：环形面的弯管为不可展的曲面，在设计时用几段（段数越多越准确）斜口圆柱管连接起来，近似代替 90° 环弯，如图 11-11a 所示。弯管两端管口平面相互垂直，各取半节，中间是两个全节，实际上由三个全节组成。为简化作图和省料，把 B 节和 D 节旋转 180°，使四节斜口圆柱管拼成一个圆柱管展开。

作图过程如下。

1）把弯管分成六等分 B、C 占四等分（为两全节），A、D 二等分（两半节），分别过四节圆弧作切线，将环形面变成圆柱面，如图 11-11b 所示。

2）将 B、D 节绕轴线旋转 180°后，与 A、C 节拼成一个圆柱管，如图 11-11c 所示。

3）作出各节斜口圆柱管展开图，如图 11-11d 所示。

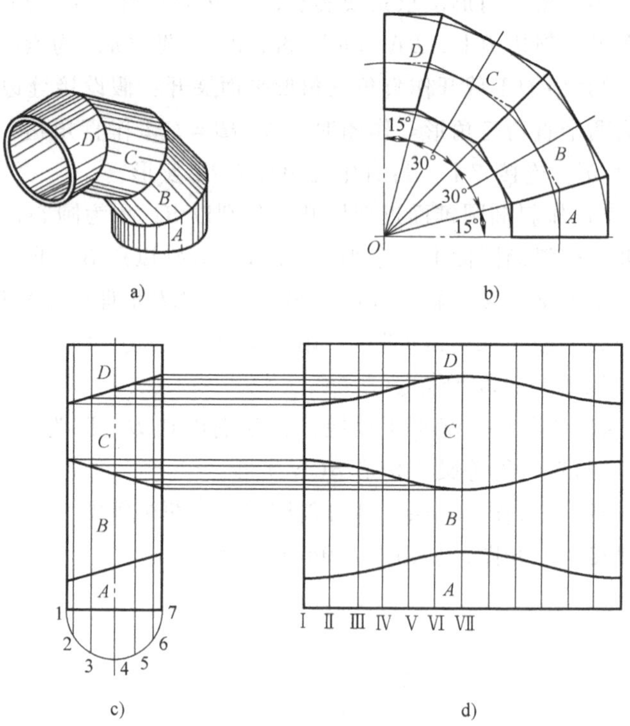

图 11-11 圆环形管接头展开图

二、圆球面展开

【例 11-9】 求作图 11-12a、b 所示圆球面的展开图。

球面属于不可展曲面，采用近似作图法求作展开图。通常把球面分成若干块，把每块看成柱面，按柱面来展开，具体作图步骤如下。

1）将俯视图的圆周等分为 12 等分，把各等点和圆心 n 连线、将球面分为 12 块，取出一块进行展开（形状与柳树叶相似）。

2）将主视图的 1/4 圆周 $\overset{\frown}{o'n'}$ 分为三等分（等分越多作图越准确），得等分点 o'、$1'$、$2'$、n' 和每等分弦长 l。把 $o'n'$ 展成直线作一垂线，并用弦长 L 在该线上截取 Ⅰ、Ⅱ、N，过点 O、Ⅱ、Ⅲ 作 ON 垂线。

3）过点 $1'$、$2'$ 作球面水平圆，其水平投影的圆与等分线 na、nb 相交点 c、d 和 e、f。以 O、Ⅰ、Ⅱ为对称点，截取 $AB=\overset{\frown}{ab}$、$CD=\overset{\frown}{cd}$、$EF=\overset{\frown}{ef}$，得点 A、C、E、N 及 B、D、F、N。

4）把各端点连成光滑曲线 $ACEN$ 和 $BDFN$，得一等块球面上半片展开图（下半片与其相对称）。

5）以求得一片展开图为样板依次画出 12 片，得球面展开图，如图 11-12c 所示。

三、正螺旋面的展开

【例 11-10】 求作图 11-13a、b 所示螺旋输送器叶片的展开图。

分析： 螺旋输送器叶片是正螺旋面，属不可展曲面，根据正螺旋面外径 D、内径 d 及导程 P_n，用近似方法作展开图。

作图：

1）求作一个导程 P_n 螺旋面的内、外螺旋线实长。作直角边 $EF = P_n$，另一直角边分别为 $FG = \pi D$、$FH = \pi d$，其斜边 b、a 分别为外、内螺旋线实长，如图 11-13c 所示。

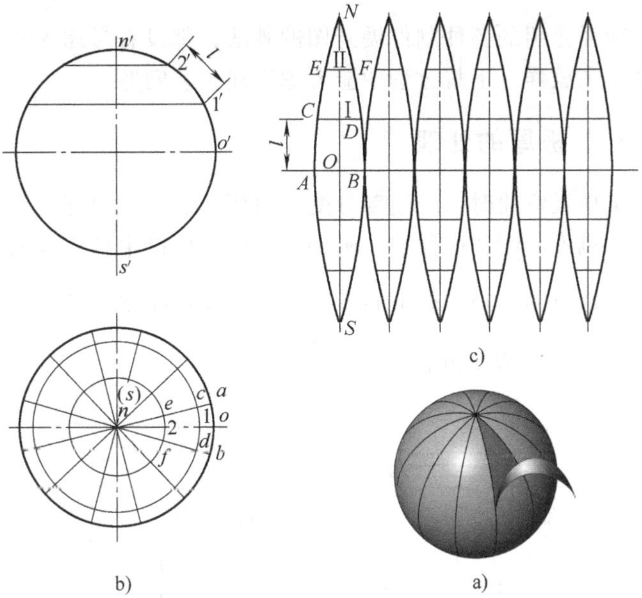

图 11-12　球面近似展开图

2）作一个等腰梯形 $ABCD$，使 $AB = b$、$CD = a$，高度等于 $\frac{D-d}{2}$。

3）将 DA 和 CB 延长交于 O 点，以 O 为圆心，分别以 $O1$、$O2$ 为半径画两个同心圆。在外圆上使 24 弧长等于 a 得点 4，$O4$ 连线相交于小圆上点 3，即得一个导程螺旋面的展开图，如图 12-13d 所示。

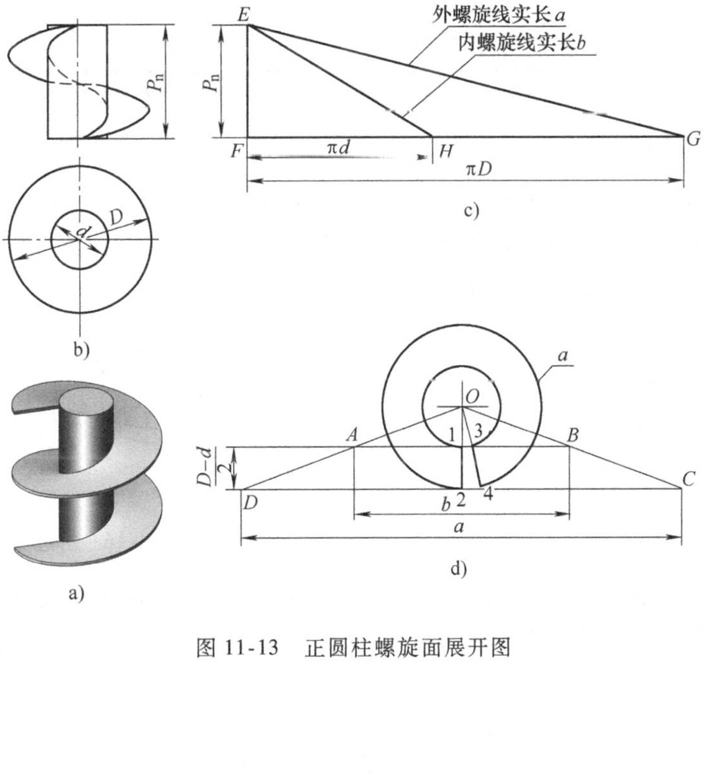

图 11-13　正圆柱螺旋面展开图

第五节 画钣金制件展开图注意点

前面介绍的各种制件展开图的画法，都没有考虑板料的厚度和接口形式，为了保证产品精度，在放样、下料过程中应考虑下述工艺问题。

一、板厚的处理

金属板弯曲时，外边部分受拉力而变长，内边部分受压力而压缩，在两者之间有一层既不拉长也不压缩的中性层。画展开图时，应以中性层为依据（图 11-14）。

中性层的半径一般取在$\frac{s}{2}$处，即 $R=r+0.5s$（当$\frac{r}{s}\geq 5$时）。若要更准确些，可取 $R=r+xs$，其中系数 x 由表 11-1 选取。

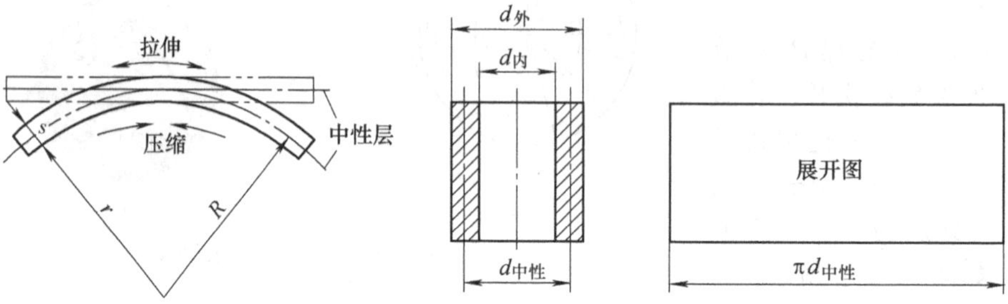

a) b)

图 11-14 以中性层展开

表 11-1 系数 x

$\frac{r}{s}$	5.0	3.0	2.0	1.2	0.8	0.5
X	0.5	0.45	0.4	0.35	0.3	0.25

二、接口的处理

1）厚度在 1mm 以下的薄板制件，一般多用咬缝的方式连接（图 11-15）。

在画展开图时，要增加相应的折边裕量 e（图 11-16），裕量的数值可按制件的尺寸大小和薄板的厚度，从钣金工艺手册或有关的工厂规范中查到。

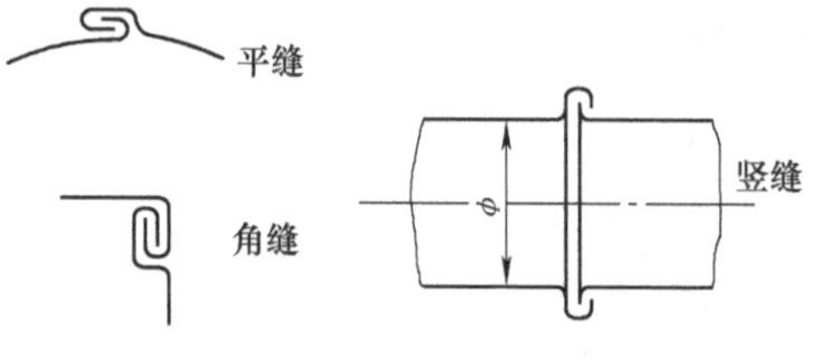

图 11-15 咬缝形式

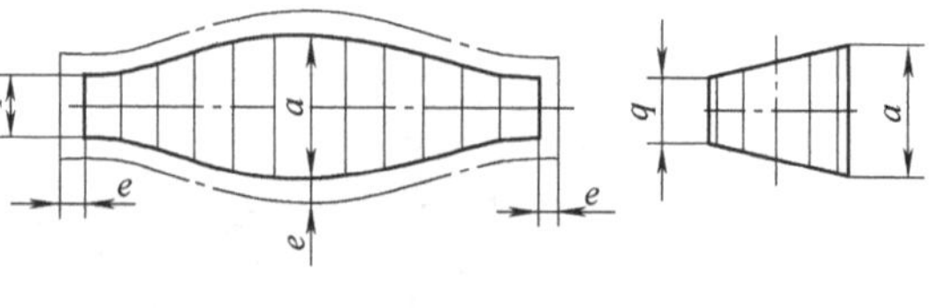

图 11-16 折边裕量

2）较厚钢板的制件，一般都用对接焊，且接口处要修平，因此在展开图上必须留有修整裕量，裕量数值可查有关手册。

第十二章　焊接图

焊接图是指焊接加工所用的图样。焊接是一种不可拆的连接，是在工件连接处局部加热到熔化或半熔化状态使其熔合在一起的连接。常用方法有焊条电弧焊、气焊、氩弧焊等。焊接广泛应用于造船、机械、化工、建筑等行业。

常用的焊接接头形式有对接接头、角接接头、T 形接头、搭接接头四种，如图 12-1 所示。

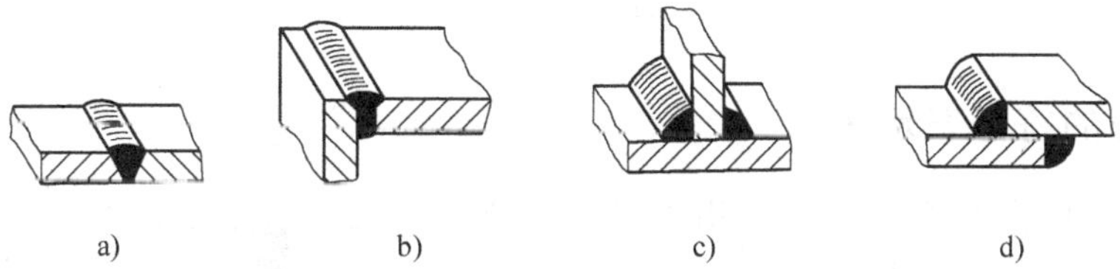

图 12-1　常用焊接的接头形式

a）对接接头　b）角接接头　c）T 形接头　d）搭接接头

第一节　焊缝的图示法和符号

一、焊缝的图示法

工件经焊接后所形成的接缝（熔合处）称为焊缝。根据国家标准《GB/T 324—2008 及 GB/T 12212—2012》规定，图样中表示焊缝的方法有图示法及符号法两种。焊缝的图示法如图 12-2 所示。

在视图中，焊缝用一系列细实线（允许徒手绘制）表示，也允许采用粗线（线的宽度为粗实线的 2 ~ 3 倍）表示，但在同一图样中，只允许采用一种画法。

在剖视图或断面图上，焊缝的金属熔焊区通常应涂黑表示。

当需要详细地表示焊缝断面形状和尺寸时，可采用局部放大图，如图 12-3 所示。

必要时也可用轴测图表示焊缝，如图 12-1 所示。

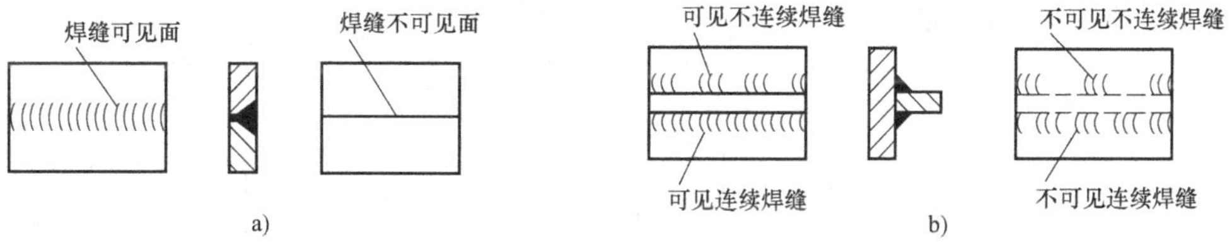

图 12-2　焊缝的规定画法

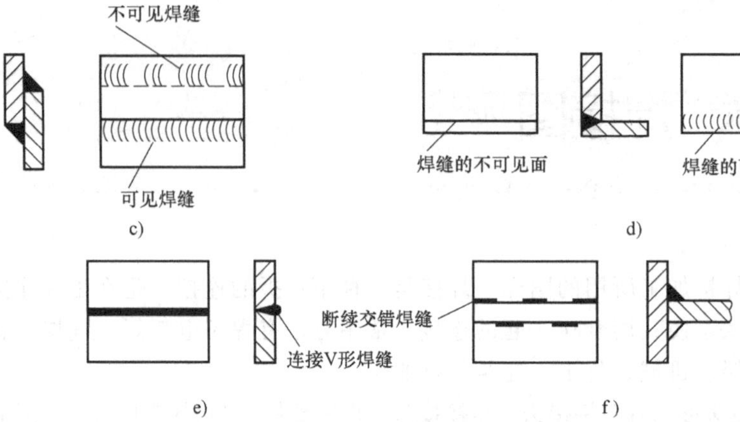

图 12-2 焊缝的规定画法（续）

二、焊缝的符号表示法

焊缝符号一般由基本符号与指引线组成。必要时，还可以加上辅助符号、补充符号和焊缝尺寸符号。

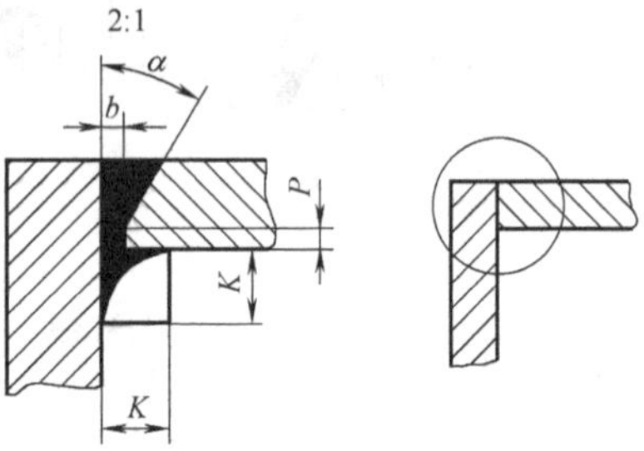

图 12-3 焊缝的局部放大图

1. 基本符号

基本符号是表示焊缝横断面形状的符号，它采用近似于焊缝横截面形状的符号表示。常见焊缝的基本符号及标注示例见表 12-1。

表 12-1 常见焊缝的基本符号及标注示例（摘自 GB/T 324—2008）

名称	符号	示意图	图示法	标注法
I 形焊缝	‖	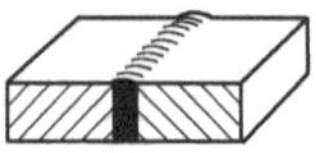	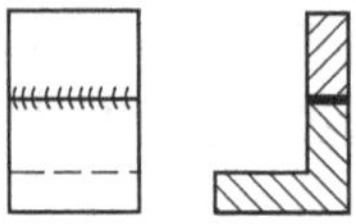	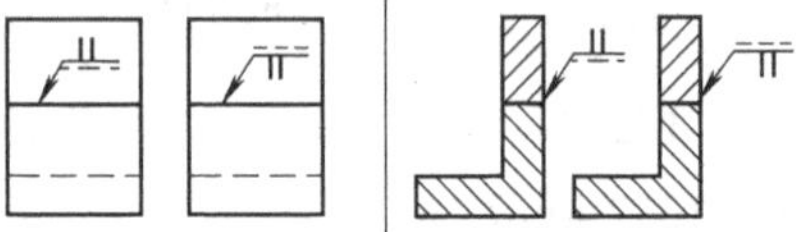
V 形焊缝	V	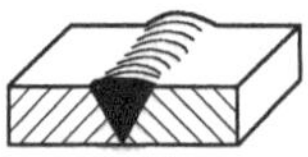	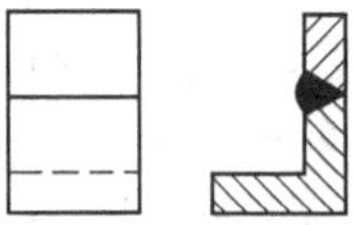	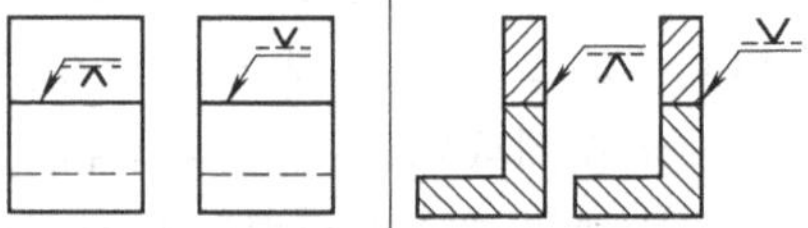
单边 V 形焊缝	V	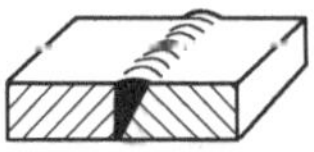	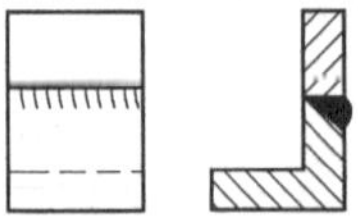	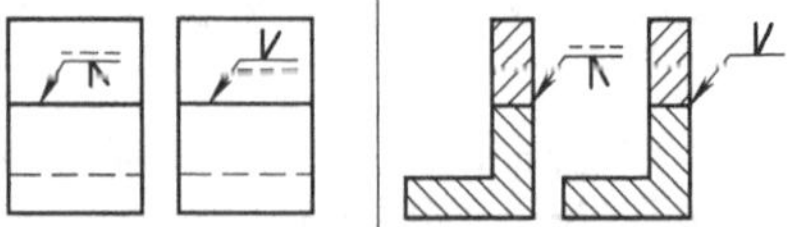
带钝边 V 形焊缝	Y		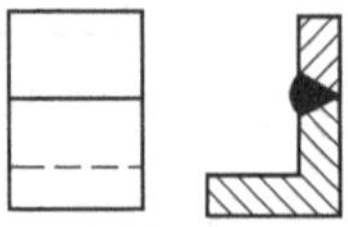	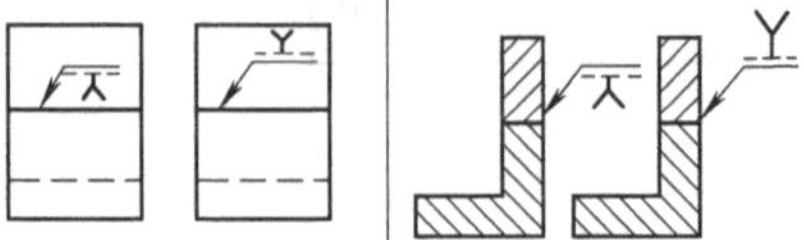

2. 辅助符号

辅助符号是表示焊缝表面形状特征的符号，见表 12-2。当不需要确切地说明焊缝的表面形状时，可不用辅助符号。

表 12-2　辅助符号及标注方法（摘自 GB/T 324—2008）

名称	符号	示意图	图示法	标注法	说　明
平面符号	—		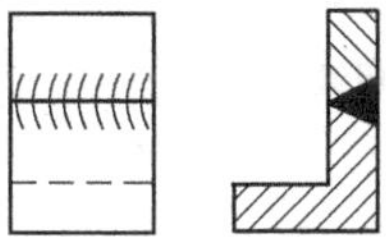	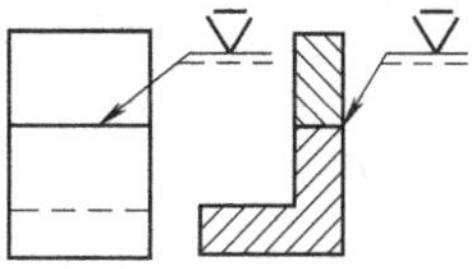	焊缝表面平齐（一般通过加工）
凹面符号	◡	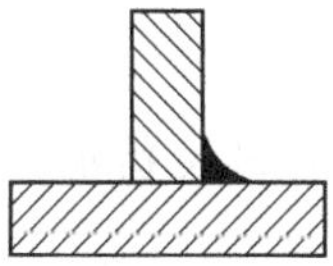	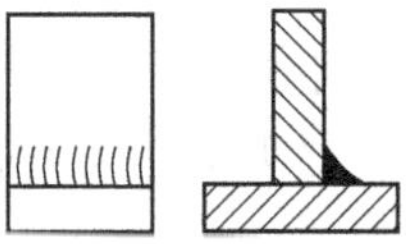	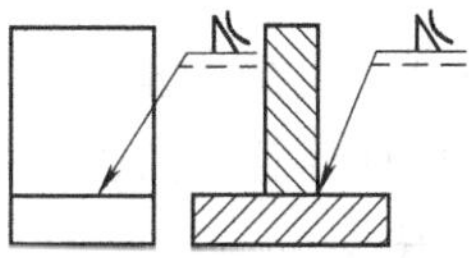	焊缝表面凹焰
凸面符号	⌒		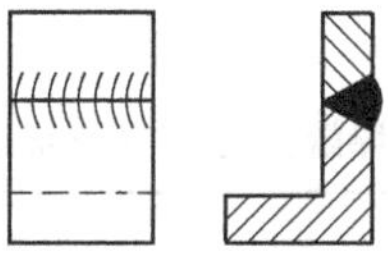	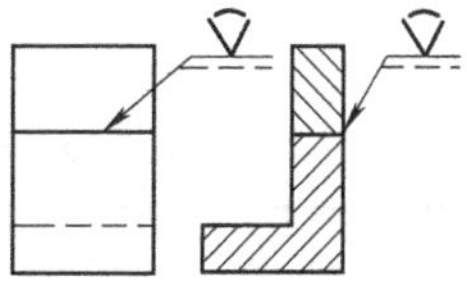	焊缝表面凸起

3. 补充符号

补充符号是为了补充说明焊缝的某些特征而采用的符号，见表 12-3。

表 12-3　常用焊缝补充符号及标注示例

名称	符号	示意图	标注示例	说　明
三面焊缝符号	⊏	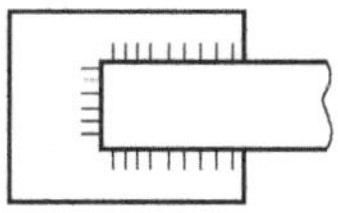	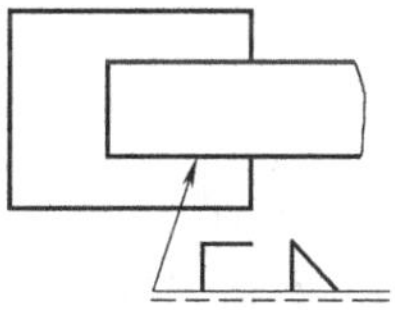	表示三面施焊的角焊缝
周围焊缝符号	○	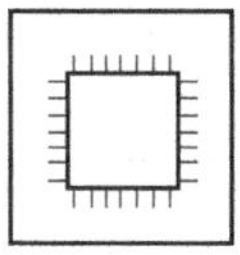	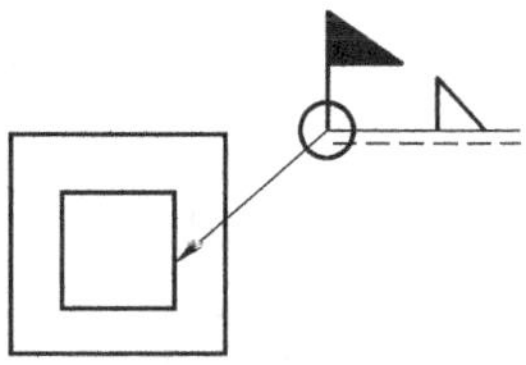	表示现场沿工件周围施焊的角焊缝
现场符号				
尾部符号	<		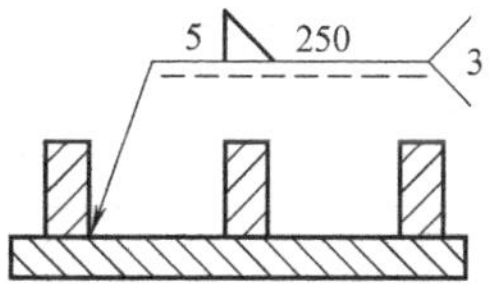	需要说明相同焊缝数量及焊接工艺方法时，可在实线基准线末端加尾部符号。图中表示有 3 条相同的角焊缝

4. 指引线

指引线一般由带箭头的箭头线和两条基准线（一条为细实线，另一条为虚线）两部分组成，如图 12-4a 所示。当需要说明焊接方法时，可在基准线的末端加一尾部符号，作为补充说明，如图 12-4b 所示。

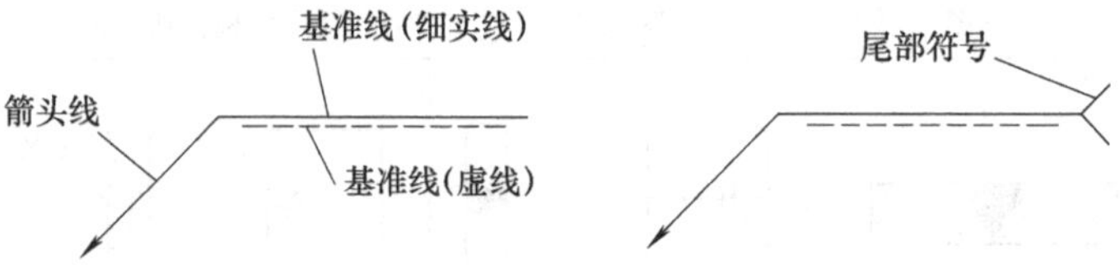

a)　　　　b)

图 12-4　指引线

基准线的虚线可以画在基准线的细实线下侧或上侧。

基准线一般与图样标题栏的长边平行，必要时也可与标题栏的长边垂直。

5. 焊缝尺寸符号

焊缝尺寸符号是用字母表示对焊缝尺寸的要求，常见焊缝尺寸符号及标注示例见表 12-4。

表 12-4　常见焊缝尺寸符号及标注示例

名称	符号	示意图	标注示例
工件厚度	δ	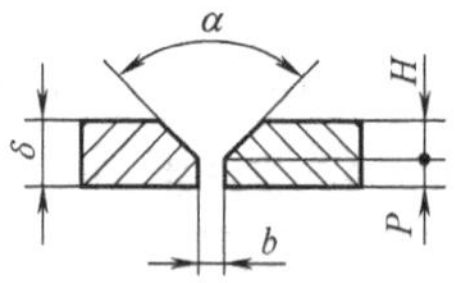	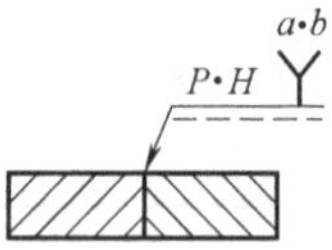
坡口角度	α		
坡口高度	H		
根部间隙	b		
钝边高度	P		
焊缝段数	n	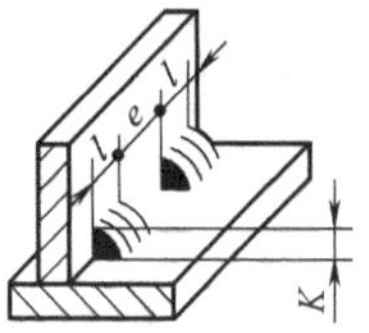	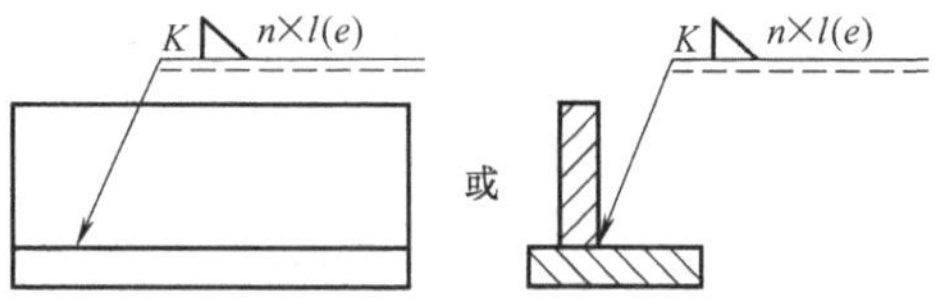
焊缝长度	l		
焊缝间距	e		
焊角尺寸	K		
熔核直径	d	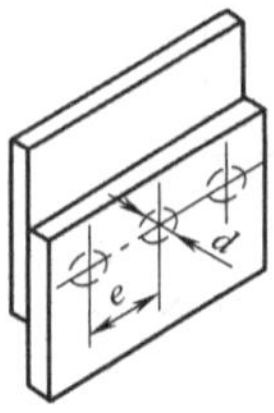	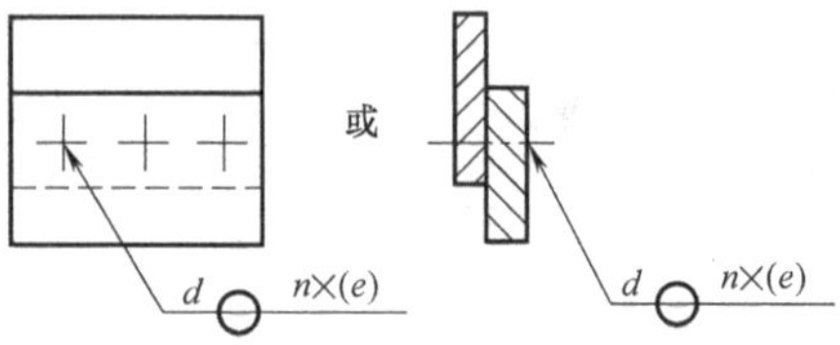
相同焊缝数量符号	N	—	—

第二节　焊缝的标注方法

一、箭头线与焊缝位置的关系

在没有特殊要求的情况下，箭头线可以标注在有焊缝的一侧（图 12-5a），也可以标注在没有焊缝的一侧（图 12-5b）。但在标注 V、Y 形焊缝时，箭头指引线应指向带有坡口的一侧。

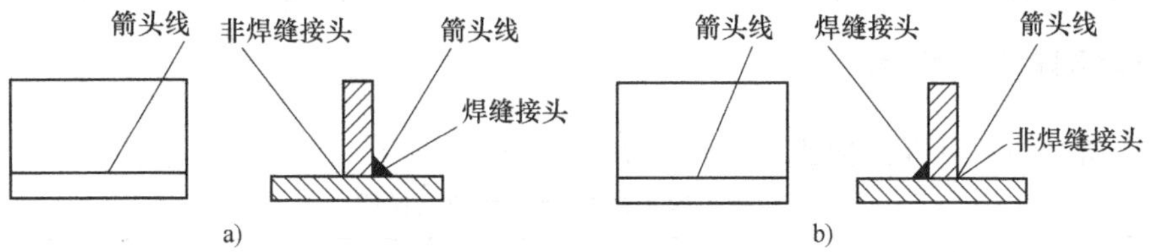

图 12-5　箭头线的位置

二、基本符号在指引线上的位置

为了能在图样上明确焊缝的位置，对基本符号相对于基准线的位置，按图 12-6 所示作如下规定。

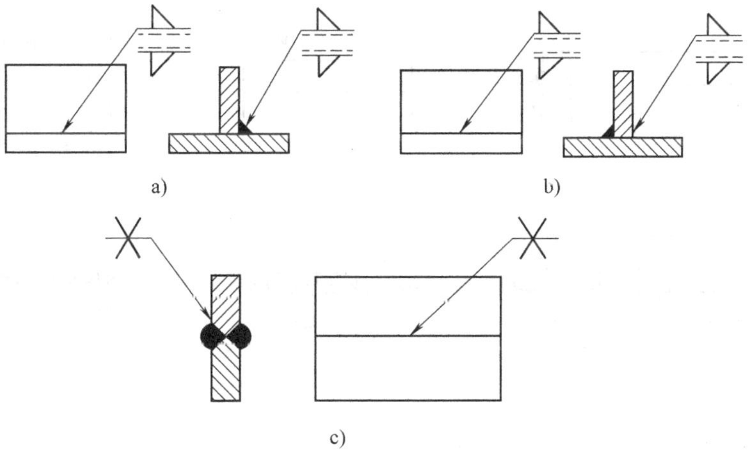

图 12-6　基本符号的位置

1）如果焊缝在接头的箭头一侧，基本符号应标在基准线的细实线一侧，上下方均可，如图 12-6a 所示。

2）如果焊缝在接头的非箭头一侧，则将基本符号标在基准线的虚线一侧，上下方均可，如图 12-6b 所示。

3）若是对称焊缝或双边焊缝时，基准线中的虚线一侧可省略，如图 12-6c 所示。

三、焊接尺寸符号和数据的标注

焊缝尺寸符号及数据的标注原则如图 12-7 所示。

1）焊缝横截面上的尺寸，标在基本符号的左侧。

2）焊缝长度方向的尺寸，标在基本符号的右侧。

3）坡口角度 α、坡口面角度 β、根部间隙 b 标在基本符号的上侧或下侧。

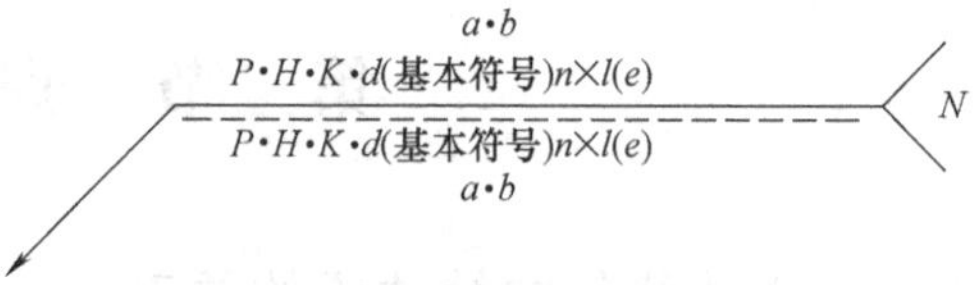

图 12-7　焊缝尺寸符号及数据的标注位置

4）相同焊缝数量及焊接方法代号标在尾部。

5）当需要标注的尺寸数据较多，又不易分辨时，可在数据前面增加相应的尺寸符号。

四、焊接标注的方法

表 12-5 所列为常见焊接标注示例及说明。

表 12-5　常见焊接标注示例及说明

接头形式	焊缝形式	标注示例	说　明
对接接头	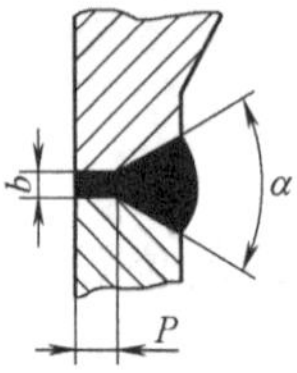	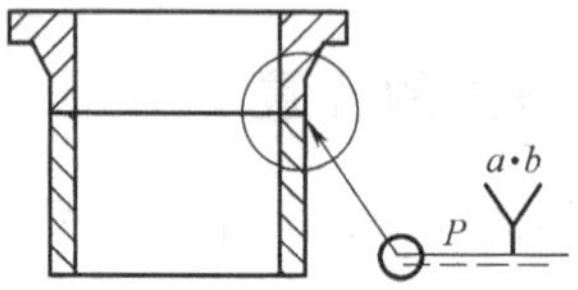	带钝边的 V 形焊缝，坡口角度为 α，根部间隙为 b，钝边高度为 P，环绕工件周围施焊
T 形接头	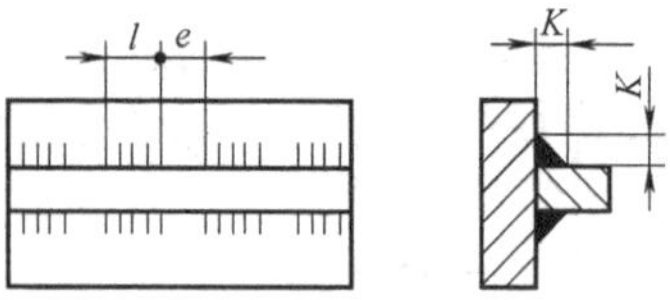	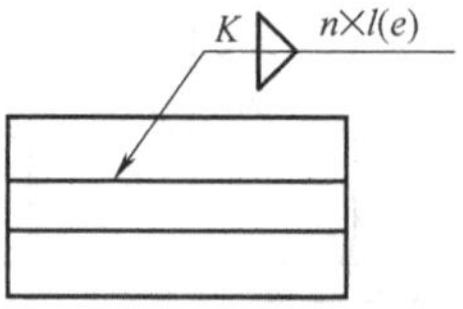	对称断续焊缝，n 表示焊缝段数，l 表示每段焊缝长度，e 表示焊缝段的间距，K 表示焊角尺寸。对称断续焊缝的尺寸只允许在基准上标注一次
	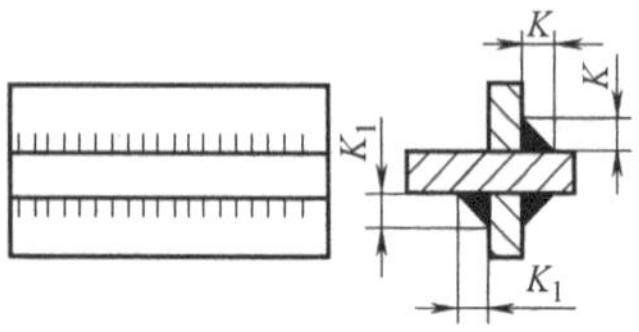	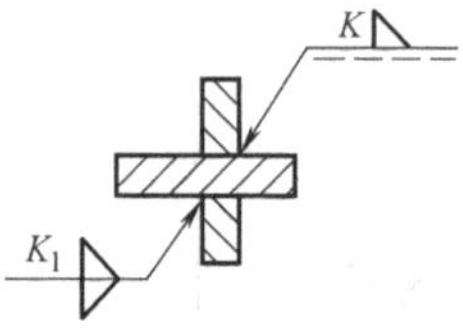	接头上侧为单面角焊缝，焊角尺寸为 K；接头下侧为对称角焊缝，焊角尺寸为 K_1
角接接头	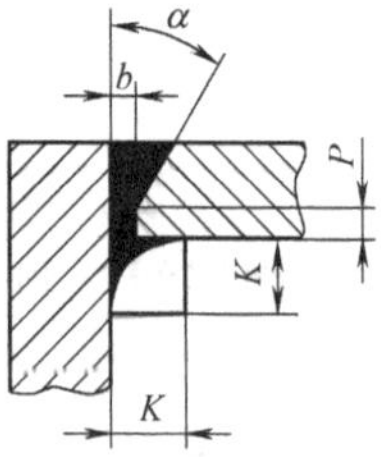	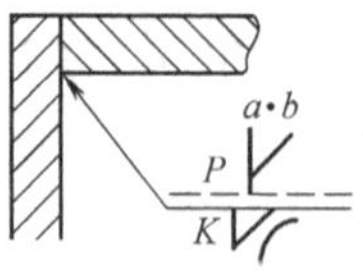	双面焊缝，接头上侧为带钝边单边 V 形焊缝，坡口角度为 α，根部间隙为 b，钝边高度为 P；接头下侧为角焊缝，焊缝表面凹陷，焊角尺寸为 K
搭接接头	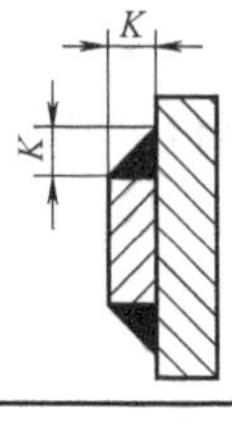	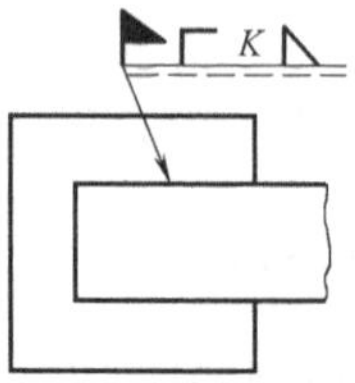	三面角焊缝，焊角尺寸为 K，现场装配时施焊

第三节　读焊接图

焊接图除了具有完整零件图的内容外，还具有装配图的内容及焊接符号，焊接尺寸等。

【例】 读图 12-8 所示的挂架焊接图。

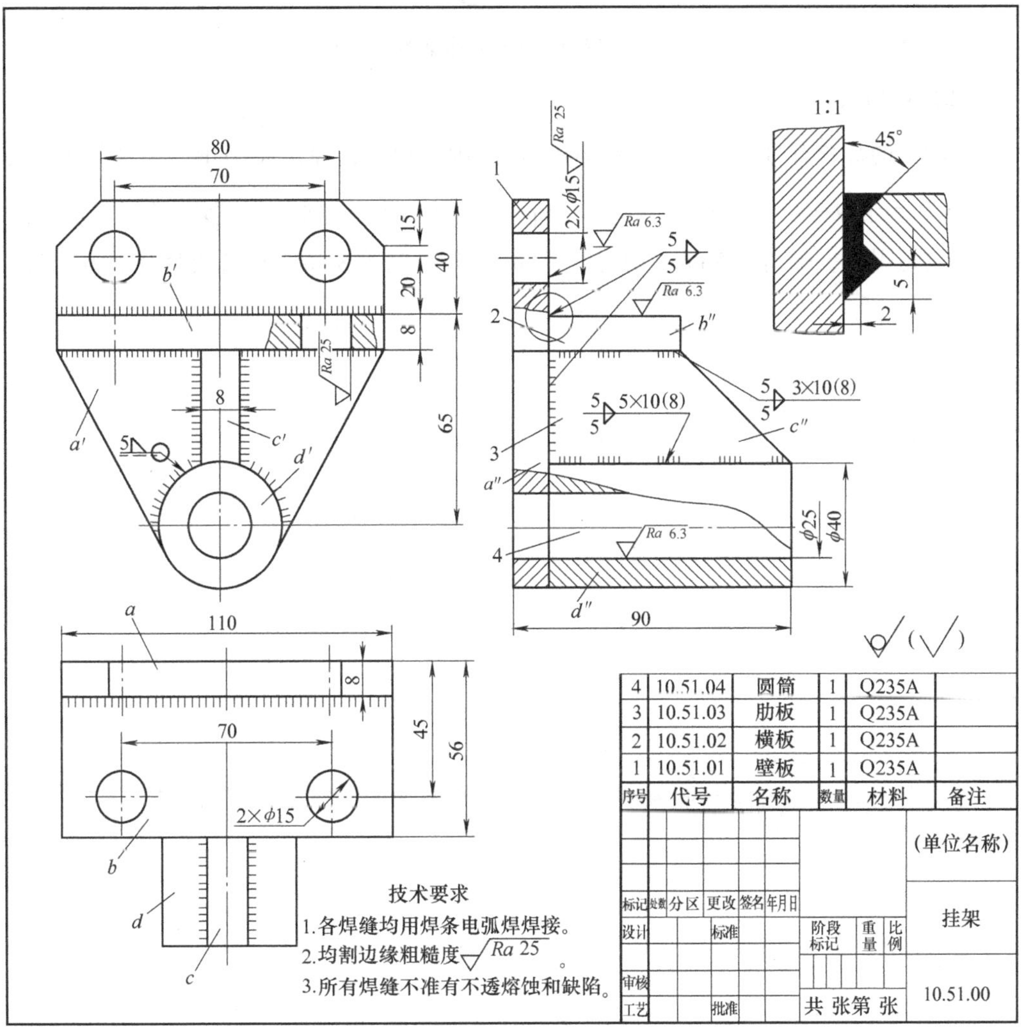

图 12-8　挂架焊接图

1. 读视图想象挂架形状

从焊接左视图的序号对照明细栏，可知挂架由四个构件组成；分离四个构件在三视图线框对应关系想象各构件的形状；序号 1 的线框 a'、a''、a，以特征形线框 a'为主，想象壁板 A（带三个圆孔）形状；序号 2 的线框 b、b'、b''，想象方形板 B（带两个圆孔）；序号 3 的线框 C''、C'、C，想象直角梯形肋板 C；序号 4 的线框 d'、d、d''，想象为圆筒 D。从主、左视图所示四个构件相对位置，综合想象图 12-9 所示立体形状。

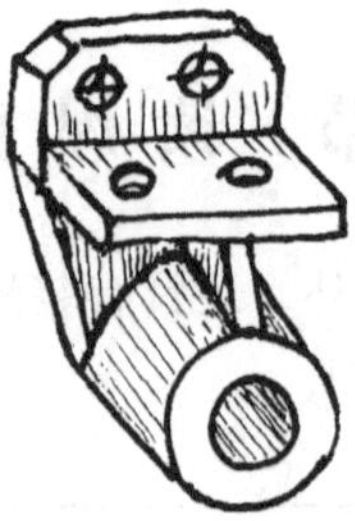

图 12-9 挂架立体草图

2. 读焊接符号

主视图中的焊缝符号 $^{5}\triangle$○ 表示环绕 ϕ40mm 周围角焊缝，焊角高 5mm。左视图中的焊缝符号“$\frac{5}{5}\triangleright$”表示双面断续角焊缝，焊角高 5mm。左视图中的焊缝符号 $\frac{5}{5}\triangleright$ 5×10(8) 与 $\frac{5}{5}\triangleright$ 3×10(8) 表示双面断续角焊缝，焊角高 5mm，焊缝长 10mm，焊缝间距 8mm，焊缝段数分别为 5 和 3。

附录

附录 A 螺　　纹

附表 1　普通螺纹直径与螺距、基本尺寸（GB/T 193—2003 和 GB/T 196—2003）

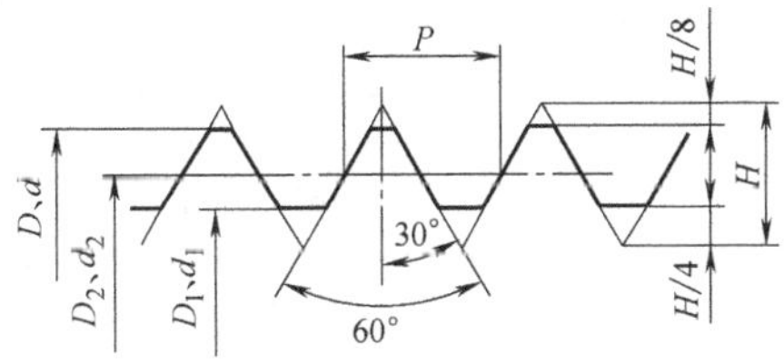

标 记 示 例

公称直径 24mm，螺距 3mm，右旋粗牙普通螺纹，其标记为 M24

公称直径 24mm，螺距 1.5mm，左旋细牙普通螺纹，公差带代号 7H，其标记为 M24×1.5-LH

（单位：mm）

公称直径 D、d		螺距 P		粗牙小径	公称直径 D、d		螺距 P		粗牙小径
第一系列	第二系列	粗牙	细牙	D_1、d_1	第一系列	第二系列	粗牙	细牙	D_1、d_1
3		0.5	0.35	2.459	16		2	1.5,1	13.835
4		0.7	0.5	3.242		18	2.5	2,1.5,1	15.294
5		0.8		4.134	20				17.294
6		1	0.75	4.917		22			19.294
8		1.25	1,0.75	6.647	24		3	2,1.5,1	20.752
10		1.5	1.25,1,0.75	8.376	30		3.5	(3),2,1.5,1	26.211
12		1.75	1.25,1	10.106	36		4	3,2,1.5	31.670
	14	2	1.5,1.25*,1	11.835		39			34.670

注：应优先选用第一系列，括号内尺寸尽可能不用，带*号仅用于火花塞。

附表 2　梯形螺纹直径与螺距系列、基本尺寸

（GB/T 5796.2—2005、GB/T 5796.3—2005、GB/T 5796.4—2005）

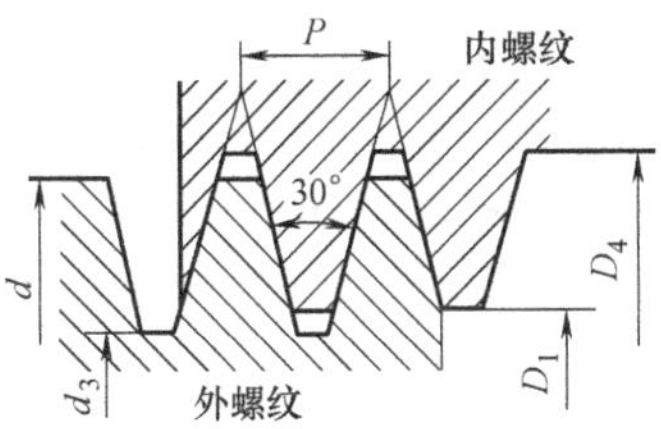

标记示例

公称直径 28mm、螺距 5mm、中径公差带代号为 7H 的单线右旋梯形内螺纹，其标记为 Tr28×5-7H

公称直径 28mm、导程 10mm、螺距 5mm，中径公差带代号为 8e 的双线左旋梯形外螺纹，其标记为 Tr28×10(P5)LH-8e

内外螺纹旋合所组成的螺纹副的标记为 Tr24×8-7H/8e

（单位：mm）

公称直径 d		螺距	大径	小径		公称直径 d		螺距	大径	小径	
第一系列	第二系列	P	D_4	d_3	D_1	第一系列	第二系列	P	D_4	d_3	D_1
16		2	16.50	13.50	14.00	24		3	24.50	20.50	21.00
		4		11.50	12.00			5		18.50	19.00
	18	2	18.50	15.50	16.00			8	25.00	15.00	16.00
		4		13.50	16.00		26	3	26.50	22.50	23.00
20		2	20.50	17.50	18.00			5		20.50	21.00
		4		15.50	16.00			8	27.00	17.00	18.00
	22	3	22.50	18.50	19.00	28		3	28.50	24.50	25.00
		5		16.50	17.00			5		22.50	23.00
		8	23.0	13.00	14.00			8	29.00	19.00	20.00

注：螺纹公差带代号：外螺纹有 9c、8c、8e、7e；内螺纹有 9H、8H、7H。

附表 3 管螺纹

55°密封管螺纹（摘自 GB/T 7306.1、7306.2—2000） 55°非密封管螺纹（摘自 GB/T 7307—2001）

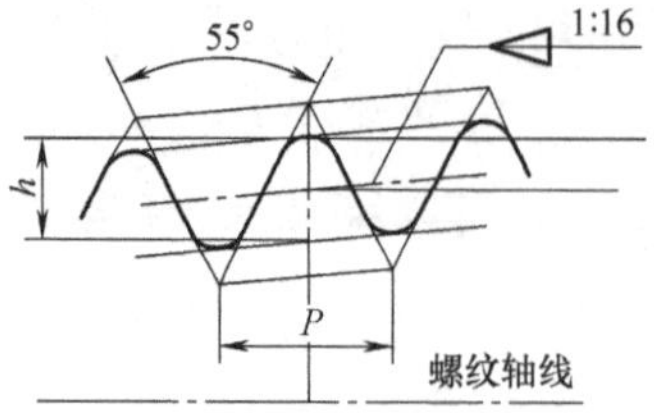

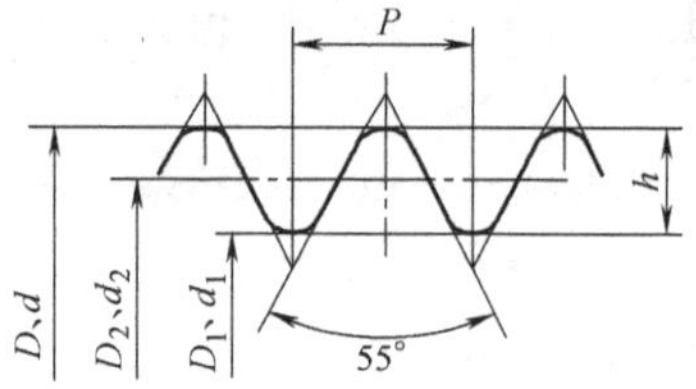

标记示例：
R1/2（尺寸代号 1/2，右旋圆锥外螺纹）
Rc1/2LH（尺寸代号 1/2，左旋圆锥内螺纹）

标记示例：
G1/2LH（尺寸代号 1/2，左旋内螺纹）
G1/2A（尺寸代号 1/2，A 级右旋外螺纹）

尺寸代号	大径 d、D/mm	中径 d_2、D_2/mm	小径 d_1、D_1/mm	螺距 P/mm	牙高 h/mm	每 25.4mm 内的牙数 n
1/4	13.157	12.301	11.445	1.337	0.856	19
3/8	16.662	15.806	14.950			
1/2	20.955	19.793	18.631	1.814	1.162	14
3/4	26.441	25.279	24.117			
1	33.249	31.770	30.291	2.309	1.479	11
1¼	41.910	40.431	38.952			
1½	47.803	46.324	44.845			
2	59.614	58.135	56.656			
2½	75.184	73.705	72.226			
3	87.884	86.405	84.926			

附录 B 常用标准件

附表 4 六角头螺栓

六角头螺栓—A 的 B 级（GB/T 5782—2000） 六角头螺栓—全螺纹（GB/T 5783—2000）

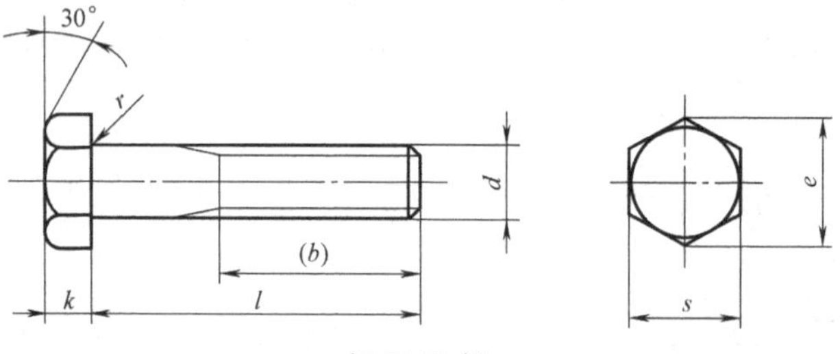

标 记 示 例

螺纹规格 d = M12、公称长度 l = 80mm、性能等级为 8.8 级、表面氧化、A 级的六角头螺栓，其标记为

（螺栓 GB/T 5780 M12×80） （单位：mm）

螺纹规格 d		M3	M4	M5	M6	M8	M10	M12	M16	M20	M24	M30	M36
s		5.5	7	8	10	13	16	18	24	30	36	46	55
k		2	2.8	3.5	4	5.3	6.4	7.5	10	12.5	15	18.7	22.5
r		0.1	0.2	0.2	0.25	0.4	0.4	0.6	0.6	0.6	0.8	1	1
e	A	6.01	7.66	8.79	11.05	14.38	17.77	20.03	26.75	33.53	39.98	—	—
	B	5.88	7.50	8.63	10.89	14.20	17.59	19.85	26.17	32.95	39.55	50.85	51.11
(b) GB/T 5782	$l \leqslant 124$	12	14	16	18	22	16	30	38	46	54	66	—
	$125 < l \leqslant 200$	18	20	22	24	28	32	36	44	52	60	72	84
	$l > 200$	31	33	35	37	41	45	49	57	65	73	85	97

（续）

螺纹规格 d	M3	M4	M5	M6	M8	M10	M12	M16	M20	M24	M30	M36
l 范围(GB/T 5782)	20 ~ 30	25 ~ 40	25 ~ 50	30 ~ 60	40 ~ 80	45 ~ 100	50 ~ 120	65 ~ 160	80 ~ 200	90 ~ 240	110 ~ 300	140 ~ 360
l 范围(GB/T 5783)	6 ~ 30	8 ~ 40	10 ~ 50	12 ~ 60	16 ~ 80	20 ~ 100	25 ~ 120	30 ~ 150	40 ~ 150	50 ~ 150	60 ~ 200	70 ~ 200
l 系列	6,8,10,12,16,20,25,30,35,40,45,50,55,60,65,70,80,90,100,110,120,130,140,150,160,180,200,220,240,260,280,300,320,340,360,380,400,420,440,460,480,500											

附表 5　双头螺柱

GB/T 897—1998($b_m = 1d$)
GB/T 898—1998($b_m = 1.25d$)
GB/T 899—1998($b_m = 1.5d$)
GB/T 900—1998($b_m = 2d$)

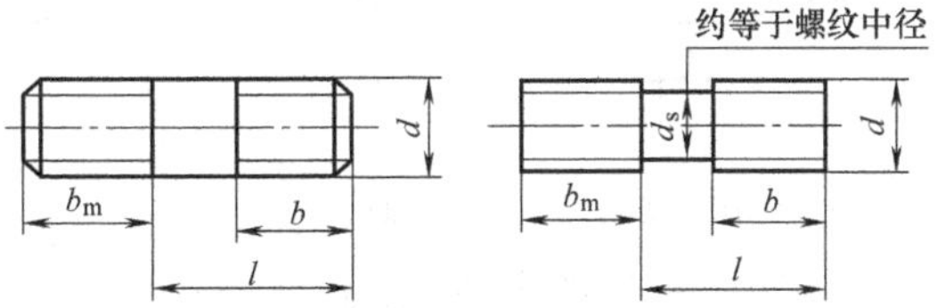

标　记　示　例

两端均为粗牙普通螺纹，d = 10mm、l = 50mm、性能等级为 4.8 级、不经表面处理、B 型、$b_m = 1d$ 的双头螺柱，其标记为

螺柱　GB/T 897　M10 × 50

若为 A 型，则标记为　螺柱　GB/T 897　AM10150

双头螺柱各部分尺寸　（单位：mm）

螺纹规格 d		M3	M4	M5	M6	M8
b_m 公称	GB/T 897—1988			5	6	8
	GB/T 898—1988			6	8	10
	GB/T 899—1988	4.5	6	8	10	12
	GB/T 900—1988	6	8	10	12	16
$\frac{l}{b}$		$\frac{16 \sim 20}{6}$ $\frac{(22) \sim 40}{12}$	$\frac{16 \sim (22)}{8}$ $\frac{25 \sim 40}{14}$	$\frac{16 \sim (22)}{10}$ $\frac{25 \sim 50}{16}$	$\frac{20 \sim (22)}{10}$ $\frac{25 \sim 30}{14}$ $\frac{(32) \sim (75)}{18}$	$\frac{20 \sim (22)}{12}$ $\frac{25 \sim 30}{16}$ $\frac{(32) \sim 90}{22}$
螺纹规格 d		M10	M12	M16	M20	M24
b_m 公称	GB/T 897—1998	10	12	16	20	24
	GB/T 898—1988	12	15	20	25	30
	GB/T 899—1988	15	18	24	30	36
	GB/T 900—1998	20	24	32	40	48
$\frac{l}{b}$		$\frac{23 \sim (28)}{14}$ $\frac{30 \sim (38)}{16}$ $\frac{40 \sim 120}{26}$ $\frac{130}{32}$	$\frac{25 \sim 30}{16}$ $\frac{(32) \sim 40}{20}$ $\frac{45 \sim 120}{30}$ $\frac{130 \sim 180}{36}$	$\frac{30 \sim (38)}{20}$ $\frac{40 \sim (55)}{30}$ $\frac{60 \sim 120}{38}$ $\frac{130 \sim 220}{44}$	$\frac{35 \sim 40}{25}$ $\frac{(45) \sim (65)}{35}$ $\frac{70 \sim 120}{46}$ $\frac{130 \sim 200}{52}$	$\frac{45 \sim 50}{30}$ $\frac{(55) \sim (75)}{45}$ $\frac{80 \sim 120}{54}$ $\frac{130 \sim 200}{60}$

注：1. GB/T 897—1988 和 GB/T 898—1988 规定螺柱的螺纹规格 d = M5 ~ M48，公称长度 l = 16 ~ 300mm；GB/T 899—1988 和 GB/T 900—1988 规定螺柱的螺纹规格 d = M2 ~ M48，公称长度 l = 12 ~ 300mm。

2. 螺柱公称长度 l（系列）：12，(14)，16，(18)，20，(22)，25，(28)，30，(32)，35，(38)，40，45，50，(55)，60，(65)，70，(75)，80，(85)，90，(95)，100 ~ 260（10 进位），280，300mm，尽可能不采用括号内的数值。

3. 材料为钢的螺柱性能等级有 4.8、5.8、6.8、8.8、10.9、12.9 级，其中 4.8 级为常用。

附表 6 螺钉

开槽圆柱头螺钉(GB/T 65—2000)

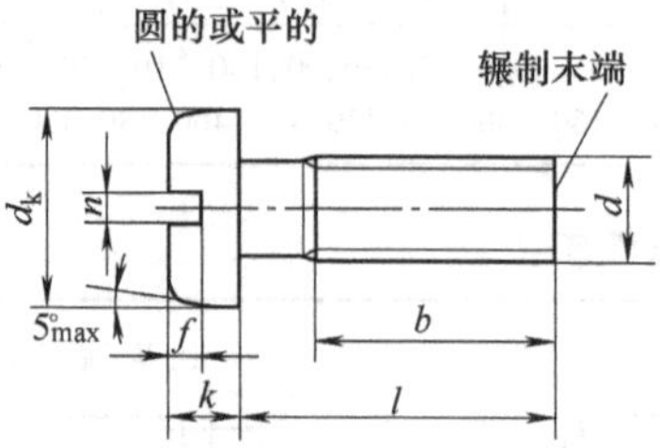

开槽盘头螺钉(GB/T 67—2000)

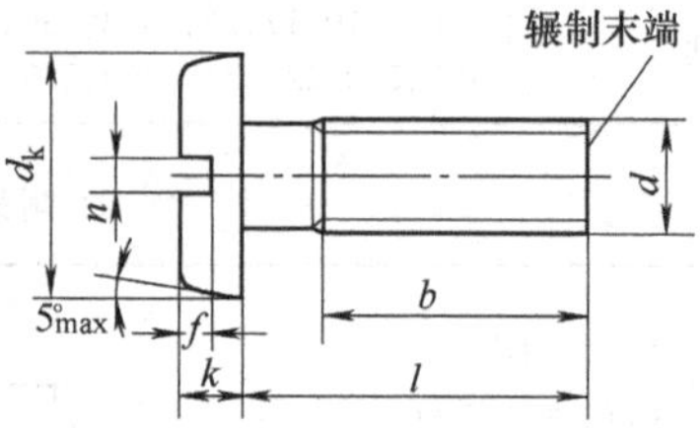

开槽沉头螺钉(GB/T 68—2000)

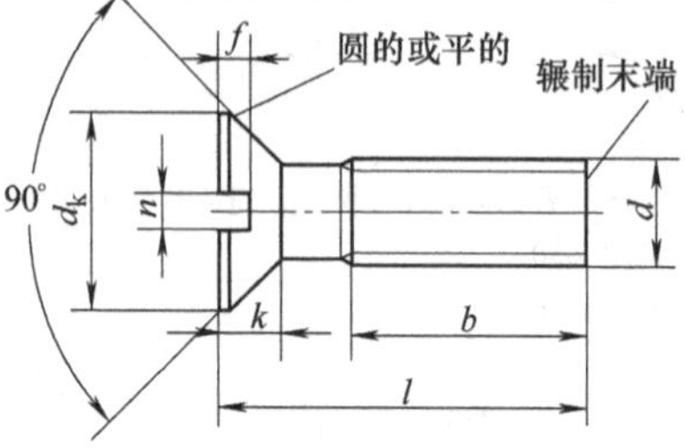

开槽半沉头螺钉(GB/T 69—2000)

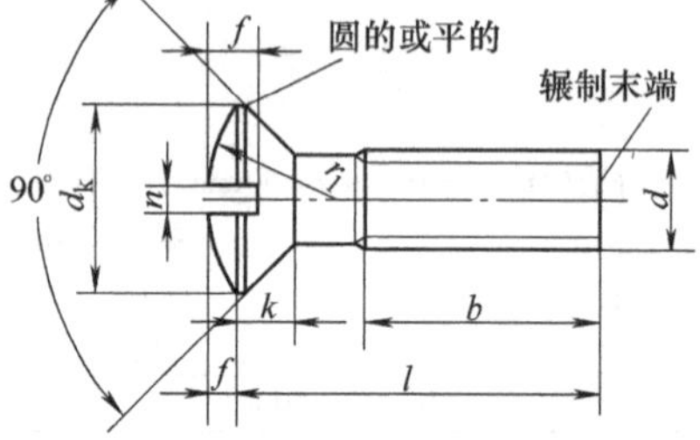

无螺纹部分杆径≈中径或=螺纹大径

标 记 示 例

螺纹规格 d = M5、公称长度 l = 20mm、性能等级为 4.8 级、不经表面处理的开槽圆柱头螺钉：

螺钉 GB/T 65 M5 × 20

（单位：mm）

螺纹规格 d	P	b_{min}	n 公称	f	r_f	k_{max}			d_{kmax}			t_{min}				l 范围
				GB/T 69	GB/T 69	GB/T 65	GB/T 67	GB/T 68 GB/T 69	GB/T 65	GB/T 67	GB/T 68 GB/T 69	GB/T 65	GB/T 67	GB/T 68	GB/T 69	
M3	0.5	25	0.8	0.7	6	1.8	1.8	1.65	5.6	5.6	5.5	0.7	0.7	0.6	1.2	4 ~ 30
M4	0.7	38	1.2	1	9.5	2.6	2.4	2.7	7	8	8.4	1.1	1	1	1.6	5 ~ 40
M5	0.8	38	1.2	1.2	9.5	3.3	3.0	2.7	8.5	9.5	9.3	1.3	1.2	1.1	2	6 ~ 50
M6	1	38	1.6	1.4	12	3.9	3.6	3.3	10	12	11.3	1.6	1.4	1.2	2.4	8 ~ 60
M8	1.25	38	2	2	16.5	5	4.8	4.65	13	16	15.8	2	1.9	1.8	3.2	10 ~ 80
M10	1.5	38	2.5	2.3	19.5	6	6	5	16	20	18.3	2.4	2.4	2	3.8	12 ~ 80
l 系列			4、5、6、8、10、12、(14)、16、20、25、30、35、40、50、(55)、60、(65)、70、(75)、80													

附表 7　内六角圆柱头螺钉（GB/T 70.1—2000）

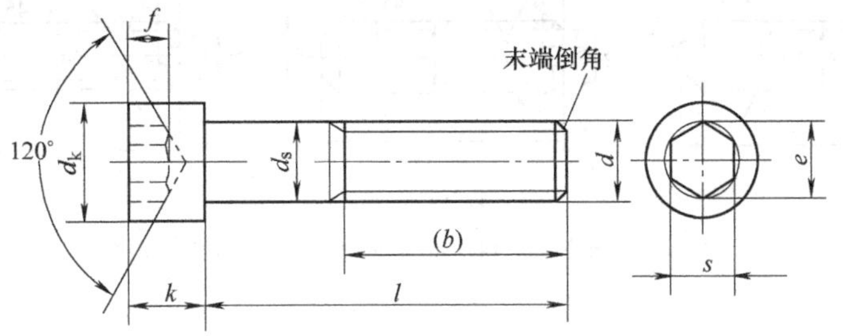

标 记 示 例

螺纹规格 d = M5、公称长度 l = 20mm、性能等级为 8.8 级，表面氧化的内六角圆柱头螺钉：

螺钉　GB/T 70.1　M5 × 20

（单位：mm）

螺纹规格 d	M3	M4	M5	M6	M8	M10	M12	M14	M16	M20	M24
P（螺距）	0.5	0.7	0.8	1	1.25	1.5	1.75	2	2	2.5	3
b 参考	18	20	22	24	28	32	36	40	44	52	60
d_{kmax}	5.5	7	8.5	10	13	16	18	21	24	30	36
k_{max}	3	4	5	6	8	10	12	14	16	20	24
t_{min}	1.3	2	2.5	3	4	5	6	7	8	10	12
s 公称	2.5	3	4	5	6	8	10	12	14	17	19
e_{min}	2.87	3.44	4.58	5.72	6.86	9.15	11.43	13.72	16.00	19.44	21.73
d_{smax}	= d										
l 范围	5 ~ 30	6 ~ 40	8 ~ 50	10 ~ 60	12 ~ 80	16 ~ 100	20 ~ 120	25 ~ 140	25 ~ 160	30 ~ 200	40 ~ 200
l≤表中数值时，制出全螺纹	20	25	25	30	35	40	45	55	55	65	80
l 系列	5、6、8、10、12、(14)、(16)、20、25、30、35、40、45、50、(55)、60、(65)、70、80、90、100、110、120、130、140、150、160、180、200										

注：括号内规格尽可能不采用。

附表8 紧定螺钉

开槽锥端紧定螺钉（GB/T 71—1985）开槽平端紧定螺钉（GB/T 73—1985）开槽长圆柱端紧定螺钉（GB/T 75—1985）

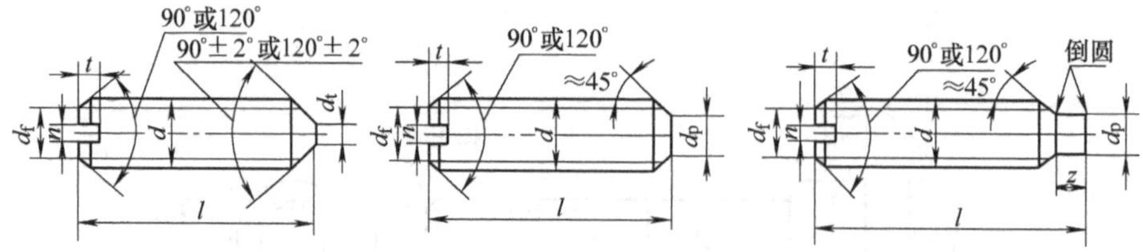

标 记 示 例

螺纹规格 d = M10、公称长度 l = 20mm、性能等级为 14H 级、表面氧化的开槽锥端紧定螺钉：

螺钉 GB/T 71 M10×20

（单位：mm）

螺纹规格 d	P	$d_f\approx$	d_{tmax}	d_{pmax}	n	t	z_{max}	l公称		
								GB/T 71	GB/T 73	GB/T 75
M3	0.5	螺纹小径	0.3	2	0.4	1.05	1.75	4~16	3~16	5~16
M4	0.7		0.4	2.5	0.6	1.42	2.25	6~20	4~20	6~20
M5	0.8		0.5	3.5	0.8	1.63	2.75	8~25	5~25	8~25
M6	1		1.5	4	1	2	3.25	8~30	6~30	10~30
M8	1.25		2	5.5	1.2	2.5	4.3	10~40	8~40	10~40
M10	1.5		2.5	7	1.6	3	5.35	12~50	10~50	12~50
M12	1.75		3	8.5	2	3.6	6.3	14~60	12~60	14~60
l系列	4、5、6、8、10、12、(14)、16、20、25、30、40、45、50、(55)、60									

附表9 六角螺母

六角螺母——A 和 B 级（GB/T 6170—2000） 六角螺母——C 级（GB/T 41—2000）

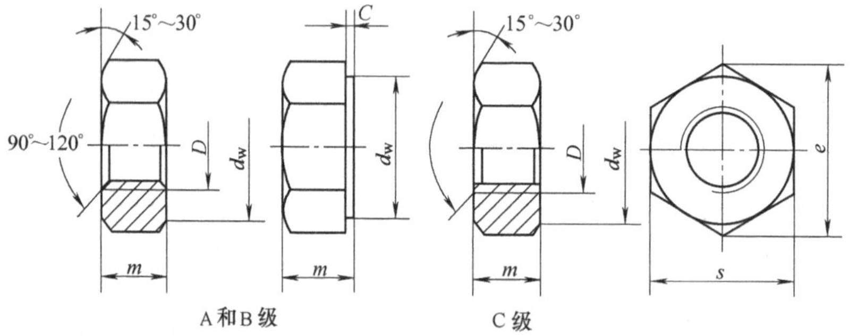

标 记 示 例

螺纹规格 D = M12、性能等级为 10 级、不经表面处理、A 级的六角螺母：螺母 GB/T 6170 M12

螺纹规格 D = M12、性能等级为 5 级、不经表面处理、C 级的六角螺母：螺母 GB/T 41 M12

（单位：mm）

螺纹规格 D	M4	M5	M6	M8	M10	M12	M16	M20	M24	M30	M36	M42	M48
P	0.7	0.8	1	1.25	1.5	1.75	2	2.5	3	3.5	4	4.5	5
c	0.4	0.5		0.6			0.8					1	
s_{max}	7	8	10	13	16	18	24	30	36	46	55	65	75

（续）

螺纹规格 D		M4	M5	M6	M8	M10	M12	M16	M20	M24	M30	M36	M42	M48
$e_{\min}$	GB/T 6170	7.66	8.79	11.05	14.38	17.77	20.03	26.75	32.95	39.55	50.85	60.79	72.02	82.6
	GB/T 41	—	8.63	10.89	14.2	17.59	19.85	26.17	32.95	39.55	50.85	60.79	72.02	82.6
$m_{\max}$	GB/T 6170	3.2	4.7	5.2	6.8	8.4	10.8	14.8	18	21.5	25.6	31	34	38
	GB/T 41	—	5.6	6.1	7.9	9.5	12.2	15.9	18.7	22.3	26.4	31.5	34.9	38.9
$d_{w\min}$	GB/T 6170	5.9	6.9	8.9	11.6	14.6	16.6	22.5	27.7	33.2	42.7	51.1	60.6	69.4
	GB/T 41	—	6.9	8.7	11.5	14.5	16.5	22	27.7	33.2	42.7	51.1	60.6	69.4

注：1. P—螺距。

2. A 级用于 $D \leqslant 16$mm 的螺母；B 级用于 $D > 16$mm 的螺母；C 级用于 $D \geqslant 5$mm 的螺母。

3. 螺纹公差：A、B 级为 6H，C 级为 7H；力学性能等级：A、B 级为 6、8、10 级，C 级为 4、5 级。

附表 10　平垫圈

平垫圈——A 级（GB/T 97.1—2002）　平垫圈　倒角型——A 级（GB/T 97.2—2002）

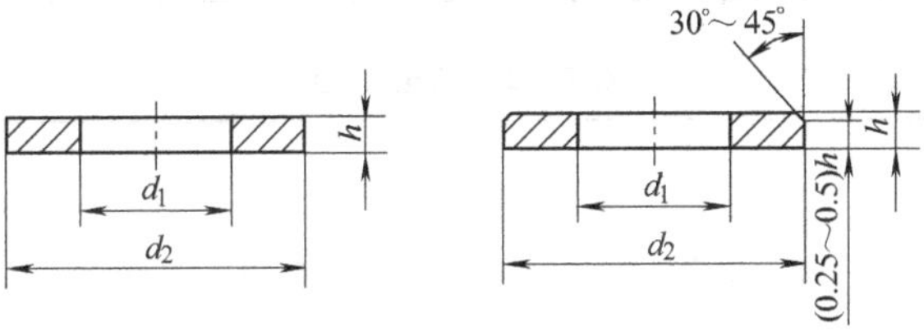

标 记 示 例

标准系列、公称尺寸 d = 80mm、性能等级为 140HV 级、不经表面处理的平垫圈：垫圈　GB/T 97.1　8

（单位：mm）

公称尺寸（螺纹规格）d	3	4	5	6	8	10	12	14	16	20	24	30	36
内径 d_1	3.2	4.3	5.3	6.4	8.4	10.5	13	15	17	21	25	31	37
外径 d_2	7	9	10	12	16	20	24	28	30	37	44	56	66
厚度 h	0.5	0.8	1	1.6	1.6	2	2.5	2.5	3	3	4	4	5

附表 11　标准型弹簧垫圈（GB/T 93—1987）、轻型弹簧垫圈（GB/T 859—1987）

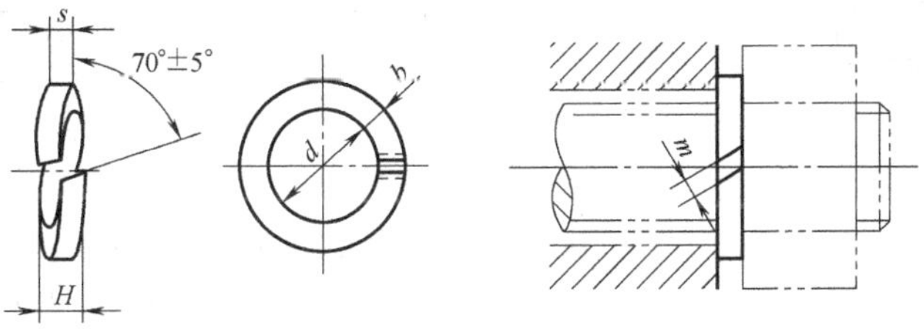

标 记 示 例

规格 16mm、材料为 65Mn、表面氧化的标准型弹簧垫圈：垫圈　GB/T 9316

（续）

（单位：mm）

规格（螺纹大径）		2	2.5	3	4	5	6	8	10	12	16	20	24	30	36	42	48
d		2.1	2.6	3.1	4.1	5.1	6.2	8.2	10.2	12.3	16.3	20.5	24.5	30.5	36.6	42.6	49
H	GB/T 93—1987	1.2	1.6	2	2.4	3.2	4	5	6	7	8	10	12	13	14	16	18
	GB/T 859—1987	1	1.2	1.6	2	2.4	3.2	4	5	6.4	8	9.6	12				
$s(b)$	GB/T 93—1987	0.6	0.8	1	1.2	1.6	2	2.5	3	3.5	4	5	6	6.5	7	8	9
s	GB/T 859—1987	0.5	0.6	0.8	0.8	1	1.2	1.6	2	2.5	3.2	4	4.8	6			
$m\leqslant$	GB/T 93—1987	0.4		0.5	0.6	0.8	1	1.2	1.5	1.7	2	2.5	3	3.2	3.5	4	4.5
	GB/T 859—1987	0.3		0.4		0.5	0.6	0.8	1	1.2	1.6	2	2.4	3			
b	GB/T 859—1987	0.8		1	1.2		1.6	2	2.5	3.5	4.5	5.5	6.5	8			

附表 12 普通平键

平键及键槽各部尺寸（摘自 GB/T 1095、1096—2003） （单位：mm）

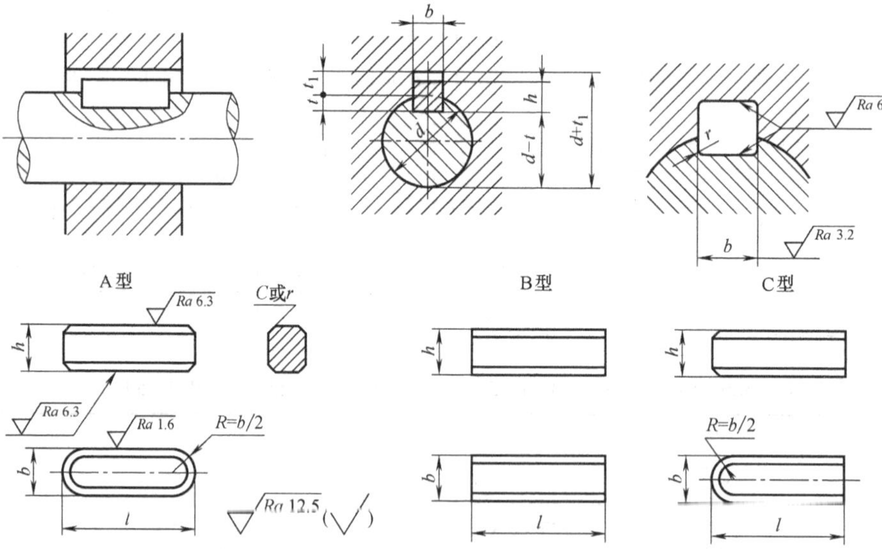

标记示例：

GB/T 1096 键 16×10×100（普通 A 型平键、键宽 $b=16$mm、键高 $h=10$mm、键长 $L=100$mm）

GB/T 1096 键 B16×10×100（普通 B 型平键、键宽 $b=16$mm、键高 $h=10$mm、键长 $L=100$mm）

GB/T 1096 键 C16×10×100（普通 C 型平键、键宽 $b=16$mm、键高 $h=10$mm、键长 $L=100$mm）

（续）

轴 公称直径 d	键 公称尺寸 $b \times h$	键 长度 L	键槽 宽度 b 公称尺寸 b	极限偏差 松联结 轴 H9	松联结 毂 D10	正常联结 轴 N9	正常联结 毂 JS9	紧密联结 轴和毂 P9	深度 轴 t 基本尺寸	轴 t 极限偏差	毂 t_1 基本尺寸	毂 t_1 极限偏差	半径 r 最小	半径 r 最大
>10 ~ 12	4 × 4	8 ~ 45	4	+0.030 0	+0.078 +0.030	0 −0.030	±0.015	−0.012 −0.042	2.5	+0.1 0	1.8	+0.1 0	0.08	0.16
>12 ~ 17	5 × 5	10 ~ 56	5						3.0		2.3		0.16	0.25
>17 ~ 22	6 × 6	14 ~ 70	6						3.5		2.8			
>22 ~ 30	8 × 7	18 ~ 90	8	+0.036 0	+0.098 +0.040	0 −0.036	±0.018	−0.015 −0.051	4.0	+0.2 0	3.3	+0.2 0		
>30 ~ 38	10 × 8	22 ~ 110	10						4.5		3.3		0.25	0.40
>38 ~ 44	12 × 8	28 ~ 140	12	+0.043 0	+0.120 +0.050	0 −0.043	±0.0215	+0.018 −0.061	5.0		3.3			
>44 ~ 50	14 × 9	36 ~ 160	14						5.5		3.8			
>50 ~ 58	16 × 10	45 ~ 180	16						6.0		4.3			
>58 ~ 65	18 × 11	50 ~ 200	18						7.0		4.4			
>65 ~ 75	20 × 12	56 ~ 220	20	+0.052 0	+0.149 +0.065	0 −0.052	±0.026	+0.022 −0.074	7.5		4.9		0.40	0.60
>75 ~ 85	22 × 14	63 ~ 250	22						9.0		5.4			
>85 ~ 95	25 × 14	70 ~ 280	25						9.0		5.4			
>95 ~ 110	28 × 16	80 ~ 320	28						10		6.4			
$L_{系列}$	6 ~ 22（2 进位）、25、28、32、36、40、45、50、56、63、70、80、90、100、110、125、140、160、180、200、220、250、280、320、360、400、450、500													

注：1. $(d-t)$ 和 $(d+t_1)$ 两组组合尺寸的极限偏差按相应的 t 和 t_1 的极限偏差选取，但 $(d-t)$ 极限偏差应取负号（−）。

2. 平键键宽 b 的极限偏差为 h8；键高 h 的极限偏差矩形为 h11，方形为 h8；键长 L 的极限偏差为 h14。

附表 13 圆柱销（不淬硬钢和奥氏体不锈钢）（GB/T 119.1—2000）、圆柱销（淬硬钢和马氏体不锈钢）（GB/T 119.2—2000）

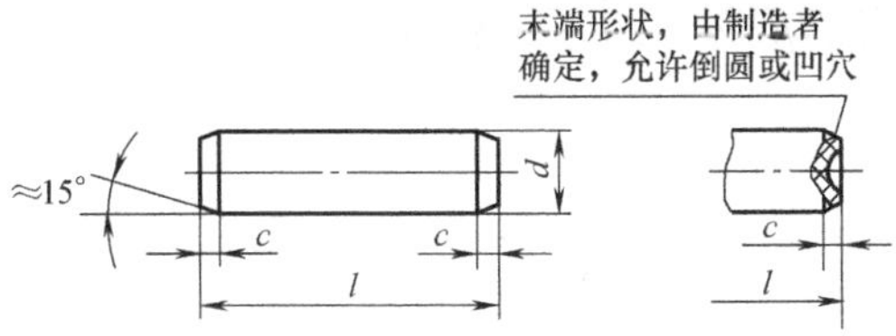

标记示例

公称直径 d = 6mm、公差 m6、公称长度 l = 30mm、材料为钢、不经淬火、不经表面处理的圆柱销，其标记为

销 GB/T 119.1 6m6 × 30

公称直径 d = 6mm、公称长度 l = 30mm、材料为钢、普通淬火（A 型）、表面氧化处理的圆柱销，其标记为

销 GB/T 119.2 6 × 30

（单位：mm）

公称直径 d		3	4	5	6	8	10	12	16	20	25	30	40	50
c ≈		0.50	0.63	0.80	1.2	1.6	2.0	2.5	3.0	3.5	4.0	5.0	6.3	8.0
公称长度 l	GB/T 119.1	8 ~ 30	8 ~ 40	10 ~ 50	12 ~ 60	14 ~ 80	18 ~ 95	22 ~ 140	26 ~ 180	35 ~ 200	50 ~ 200	60 ~ 200	80 ~ 200	95 ~ 200
	GB/T 119.2	8 ~ 30	10 ~ 40	12 ~ 50	14 ~ 60	18 ~ 80	22 ~ 100	26 ~ 100	40 ~ 100	50 ~ 100	—	—	—	—
l 系列		8，10，12，14，16，18，20，22，24，26，28，30，32，35，40，45，50，55，60，65，70，75，80，85，90，95，100，120，140，160，180，200												

注：1. GB/T 119.1—2000 规定圆柱销的公称直径 d = 0.6 ~ 50mm，公称长度 l = 2 ~ 200mm，公差有 m6 和 h8。

2. GB/T 119.2—2000 规定圆柱销的公称直径 d = 1 ~ 20mm，公称长度 l = 3 ~ 100mm，公差仅有 m6。

3. 当圆柱销公差为 h8 时，其表面粗糙度值 $Ra \leqslant 1.6\mu m$。

附表 14 圆锥销（GB/T 117—2000）

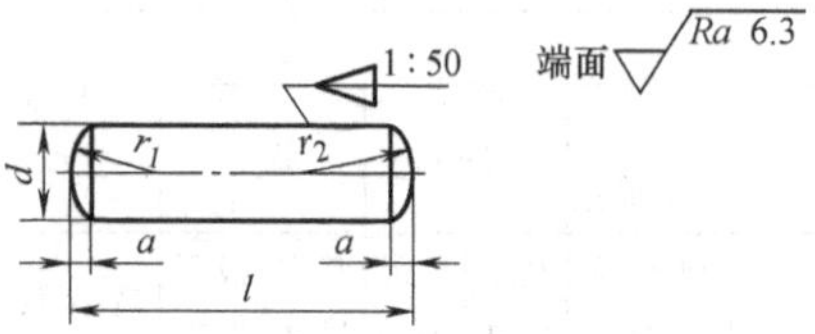

$$r_1 \approx d \quad r_2 \approx d + \frac{a}{2} + \frac{(0.02l)^2}{8a}$$

标记示例

公称直径 $d=10$mm、公称长度 $l=60$mm、材料为 35 钢、热处理硬度 28～38HRC、表面氧化处理的 A 型圆锥销，其标记为

销 GB/T 117 10×60

（单位：mm）

公称直径 d	4	5	6	8	10	12	16	20	25	30	40	50
$a\approx$	0.5	0.63	0.8	1	1.2	1.6	2	2.5	3	4	5	6.3
公称长度 l	14～55	18～60	22～90	22～120	26～160	32～180	40～200	45～200	50～200	55～200	60～200	65～200
l 系列	2,3,4,5,6,8,10,12,14,16,18,20,22,24,26,28,30,32,35,40,45,50,55,60,65,70,75,80,85,90,95,100,120,140,160,180,200											

注：1. 标准规定圆锥销的公称直径 $d=0.6$～50mm。

2. 有 A 型和 B 型。A 型为磨销，锥面表面粗糙度值 $Ra=0.8\mu$m；B 型为切削或冷镦，锥面表面粗糙度值 $Ra=3.2\mu$m。

A 型（磨削）　B 型（切削或冷镦）

A 型

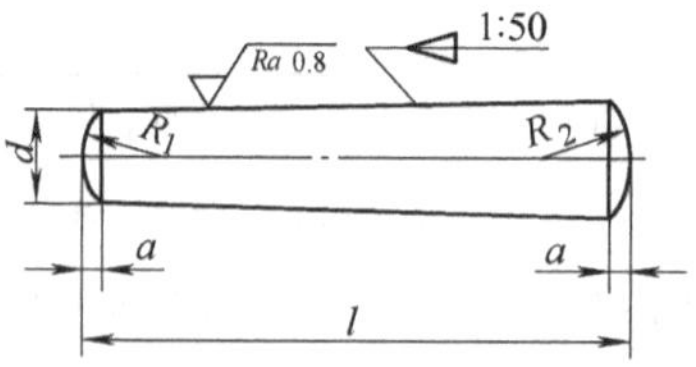

B 型

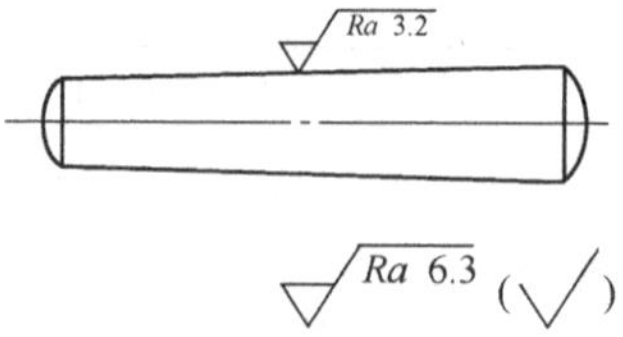

标 记 示 例

公称直径 $d=10$、长度 $l=60$、材料为 35 钢、热处理硬度 28～38 HRC、表面氧化处理的 A 型圆锥销：

销 GB/T 117 10×60

（单位：mm）

d(h10)	0.6	0.8	1	1.2	1.5	2	2.5	3	4	5
$a\approx$	0.08	0.1	0.12	0.16	0.2	0.25	0.3	0.4	0.5	0.63
l（商品规格范围公称长度）	4～8	5～12	6～16	6～20	8～24	10～35	10～35	12～45	14～55	18～60
d（公称）	6	8	10	12	16	20	25	30	40	50
$a\approx$	0.8	1	1.2	1.6	2	2.5	3	4	5	6.3
l（商品规格范围公称长度）	22～90	22～120	26～160	32～180	40～200	45～200	50～200	55～200	60～200	65～200
l 系列	2,3,4,5,6,8,10,12,14,16,18,20,22,24,26,28,30,32,35,40,45,50,55,60,65,70,75,80,85,90,95,100,120,140,160,180,200									

附表 15　轴承

深沟球轴承（GB/T 276—2003）	圆锥滚子轴承（GB/T 297—1994）	推力球轴承（GB/T 28697—2012）
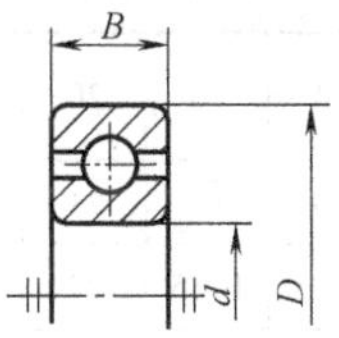	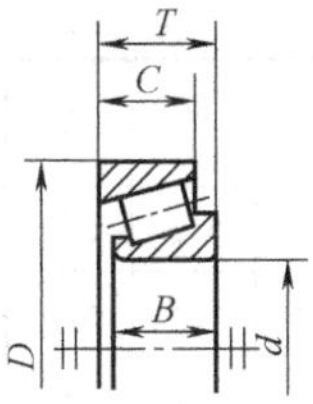	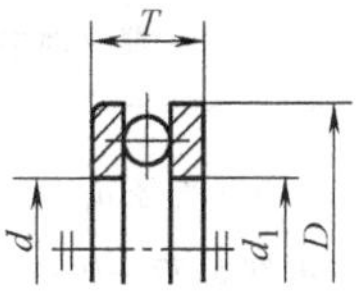
标记示例 类型代号:6　尺寸系列代号为 02、内径代号为 06 的深沟球轴承: 滚动轴承 6202　GB/T 276	标记示例 类型代号:3　尺寸系列代号为 03、内径代号为 12 的圆锥滚子轴承: 滚动轴承 30312　GB/T 297	标记示例 类型代号:5　尺寸系列代号为 13、内径代号为 10 的推力球轴承: 滚动轴承 51310　GB/T 301

轴承型号	d	D	B	轴承型号	d	D	B	C	T	轴承型号	d	D	H	$d_{1\min}$
尺寸系列(02)				尺寸系列(02)						尺寸系列(12)				
6202	15	35	11	30203	17	40	12	11	13.25	51202	15	32	12	17
6203	17	40	12	30204	20	47	14	12	15.25	51203	17	35	12	19
6204	20	47	14	30205	25	52	15	13	16.25	51204	20	40	14	22
6205	25	52	15	30206	30	62	16	14	17.25	51205	25	47	15	27
6206	30	62	16	30207	35	72	17	15	18.25	51206	30	52	16	32
6207	35	72	17	30208	40	80	18	16	19.75	51207	35	62	18	37
6208	40	80	18	30209	45	85	19	16	20.75	51208	40	68	19	42
6209	45	85	19	30210	50	90	20	17	21.75	51209	45	73	20	47
6210	50	90	20	30211	55	100	21	18	22.75	51210	50	78	22	52
6211	55	100	21	30212	60	110	22	19	23.75	51211	55	90	25	57
6212	60	110	22	30213	65	120	23	20	24.75	51212	60	95	26	62
尺寸系列(03)				尺寸系列(03)						尺寸系列(13)				
6302	15	42	13	30302	15	42	13	11	14.25	51304	20	47	18	22
6303	17	47	14	30303	17	47	14	12	15.25	51305	25	52	18	27
6304	20	52	15	30304	20	52	15	13	16.25	51306	30	60	21	32
6305	25	62	17	30305	25	62	17	15	18.25	51307	35	68	24	37
6306	30	72	19	30306	30	72	19	16	20.75	51308	40	78	26	42
6307	35	80	21	30307	35	80	21	18	22.75	51309	45	85	28	47
6308	40	90	23	30308	40	90	23	20	25.25	51310	50	95	31	52
6309	45	100	25	30309	45	100	25	22	27.25	51311	55	105	35	57
6310	50	110	27	30310	50	110	27	23	29.25	51312	60	110	35	62
6311	55	120	29	30311	55	120	29	25	31.50	51313	65	115	36	67
6312	60	130	31	30312	60	130	31	26	33.50	51314	70	125	40	72
6313	65	140	33	30313	65	140	33	28	36.0	51315	75	135	44	77

附录C 常用的零件结构要素

附表16 紧固件通孔及沉孔尺寸（GB/T 152.2～152.4—1988 GB/T 5277—1985）

（单位：mm）

螺纹规格 d				4	5	6	8	10	12	14	16	20	24
通孔直径 d_1 GB/T 5277—1985		精装配		4.3	5.3	6.4	8.4	10.5	13	15	17	21	25
		中等装配		4.5	5.5	6.6	9	11	13.5	15.5	17.5	22	26
		粗装配		4.8	5.8	7	10	12	14.5	16.5	18.5	24	28
六角头螺栓和螺母用沉孔	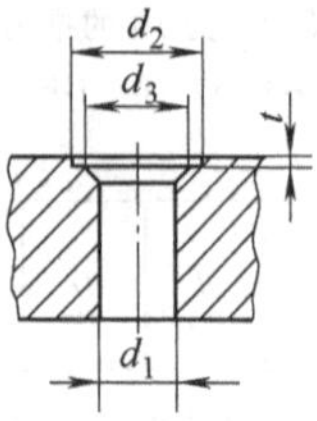 GB/T152.4—1988	用于螺栓及六角螺母	d_2 (H15)	10	11	13	18	22	26	30	33	40	48
			d_3	—	—	—	—	—	16	18	20	24	28
			t	锪平为止									
圆柱头用沉孔	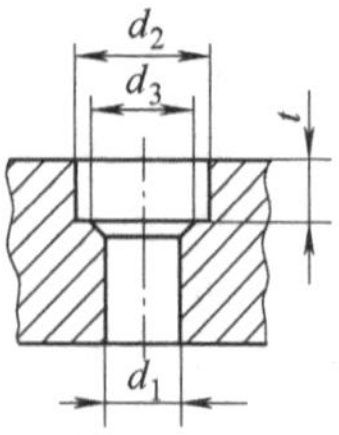 GB/T152.3—1988	用于内六角圆柱头螺钉	d_2 (H13)	8	10	11	15	18	20	24	26	33	40
			d_3	—	—	—	—	—	16	18	20	24	28
			t (H13)	4.6	5.7	6.8	9	11	13	15	17.5	21.5	25.5
		用于开槽圆柱头及内六角圆柱头螺钉	d_2 (H13)	8	10	11	15	18	20	24	26	33	—
			d_3	—	—	—	—	—	16	18	20	24	—
			t (H13)	3.2	4	4.7	6	7	8	9	10.5	12.5	—
沉头用沉孔	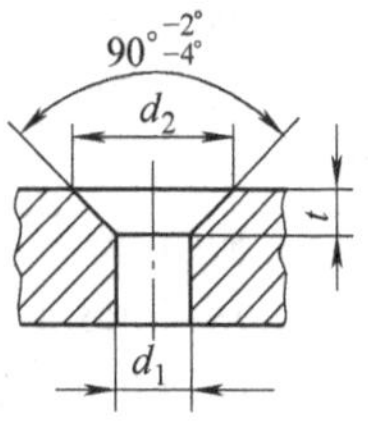 GB/T152.2—1988	用于沉头及半沉头螺钉	d_2 (H13)	9.6	10.6	12.8	17.6	20.3	24.4	28.4	32.4	40.4	—
			$t\approx$	2.7	2.7	3.3	4.6	5	6	7	8	10	—

注：尺寸下带括号的为其公差带。

PROJECT

附表 17　倒角和倒圆（GB/T 6403.4—2008）

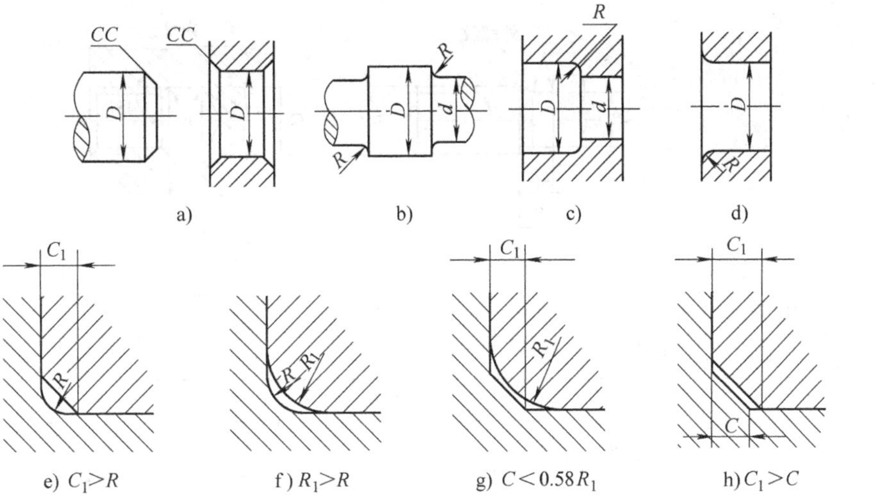

（单位：mm）

直径 D		~3		>3~6		>6~10		>10~18	>18~30	>30~50	
C、R	R_1	0.1	0.2	0.3	0.4	0.5	0.6	0.8	1.0	1.2	1.6
C_{max}（$C<0.58R_1$）		—	0.1	0.1	0.2	0.2	0.3	0.4	0.5	0.6	0.8
直径 D		>80~120	>120~180	>180~250	>250~320	>320~400	>400~500	>500~630	>630~800	>800~1000	>1000~1250
C、R	R_1	2.5	3.0	4.0	5.0	6.0	8.0	10	12	16	20
C_{max}（$C<0.58R_1$）		1.2	1.6	2.0	2.5	3.0	4.0	5.0	6.0	8.0	10

注：倒角一般采用45°，也可采用30°或60°。

附表 18　回转面及端面砂轮越程槽（GB/T 6403.5—2008）

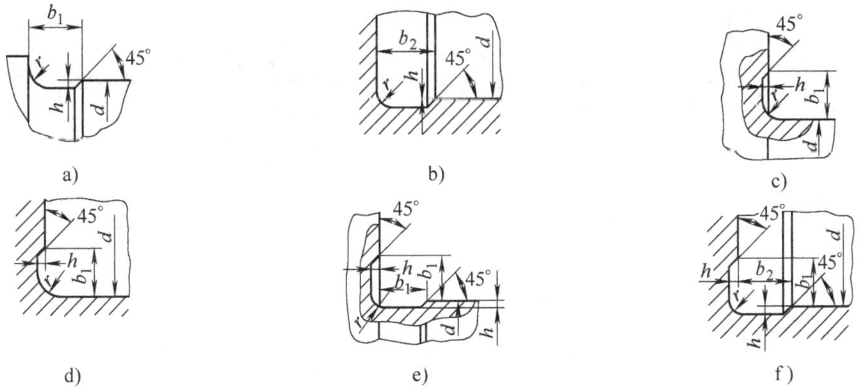

（单位：mm）

d	~10			>10~50		>50~100		>100
b_1	0.6	1.0	1.6	2.0	3.0	4.0	5.0	8.0
b_2	2.0	3.0		4.0		5.0		
h	0.1	0.2		0.3	0.4		0.6	0.8
r	0.2	0.5		0.8	1.0		1.6	2.0

附表 19 普通螺纹退刀槽和倒角（GB/T 3—1997）

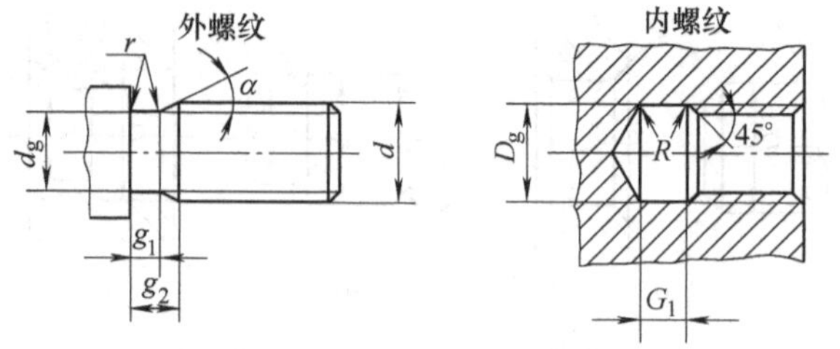

（单位：mm）

	螺距 P	0.5	0.6	0.7	0.75	0.8	1	1.25	1.5	1.75	2	2.5	3
外螺纹	g_2 max	1.5	1.8	2.1	2.25	2.4	3	3.75	4.5	5.25	6	7.5	9
外螺纹	g_1 min	0.8	0.9	1.1	1.2	1.3	1.6	2	2.5	3	3.4	4.4	5.2
外螺纹	d_g	$d-0.8$	$d-1$	$d-1.1$	$d-1.2$	$d-1.3$	$d-1.6$	$d-2$	$d-2.3$	$d-2.6$	$d-3$	$d-3.6$	$d-4.4$
外螺纹	$r\approx$	0.2	0.4	0.4	0.4	0.4	0.6	0.6	0.8	1	1	1.2	1.6
外螺纹	始端端面倒角一般为45°，也可采用60°或30°；深度应大于或等于螺纹牙型高度；过渡角α不应小于30°												
内螺纹	G_1	2	2.4	2.8	3	3.2	4	5	6	7	8	10	12
内螺纹	D_g	$D+0.3$					$D+0.5$						
内螺纹	$R\approx$	0.2	0.3	0.4	0.4	0.4	0.5	0.6	0.8	0.9	1	1.2	1.5
内螺纹	入口端面倒角一般为120°，也可采用90°；端面倒角直径为（1.05～1）D。其中D为螺纹公称直径代号												

附表 20 中心孔表示法（摘自 GB/T 4459.5—1999）

	R型	A型	B型	C型
型式及标记示例	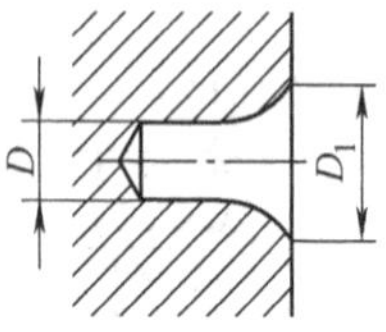 GB/T 4459.5—R3.15/6.7（$D=3.15$ $D_1=6.7$）	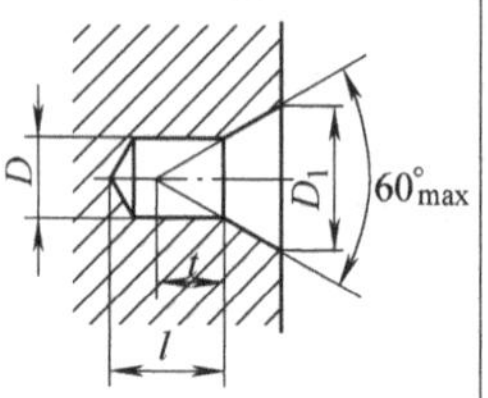 GB/T 4459.5—A4/8.5（$D=4$ $D_1=8.5$）	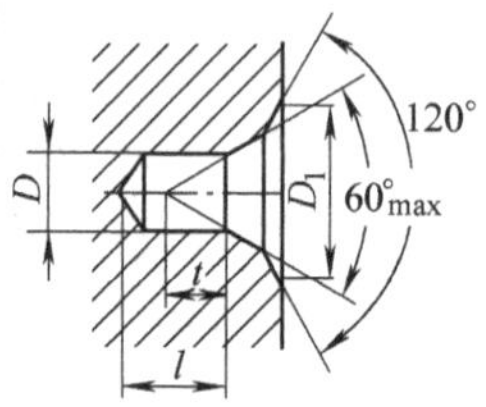 GB/T 4459.5—B2.5/8（$D=2.5$ $D_1=8$）	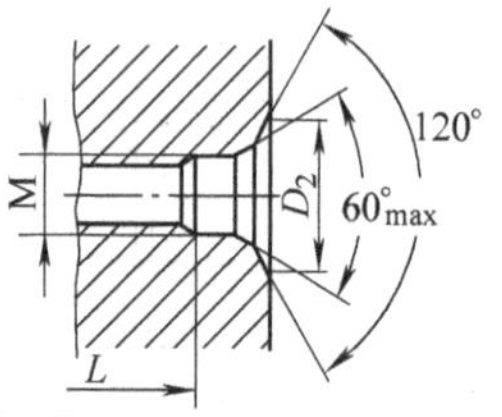 GB/T 4459.5—CM10L30/16.3（$D=$M10 $L=30$ $D_2=6.7$）
用途	通常用于需要提高加工精度的场合	通常用于加工后可以保留的场合（此种情况占绝大多数）	通常用于加工后必须保留的场合	通常用于一些需要带压紧装置的零件

中心孔的尺寸参数　　（单位：mm）

导向孔直径 D（公称尺寸）	R型	A型		B型		C型	
	锥孔直径 D_1	锥孔直径 D_1	参照尺寸 t	锥孔直径 D_1	参照尺寸 t	公称尺寸 M	锥孔直径 D_2
1	2.12	2.12	0.9	3.15	0.9	M3	5.8
1.6	3.35	3.35	1.4	5	1.4	M4	7.4

（续）

导向孔直径 D（公称尺寸）	R 型	A 型		B 型		C 型	
	锥孔直径 D_1	锥孔直径 D_1	参照尺寸 t	锥孔直径 D_1	参照尺寸 t	公称尺寸 M	锥孔直径 D_2
2	4.25	4.25	1.8	6.3	1.8	M5	8.8
2.5	5.3	5.3	2.2	8	2.2	M6	10.5
3.15	6.7	6.7	2.8	10	2.8	M8	13.2
4	8.5	8.5	3.5	12.5	3.5	M10	16.3
（5）	10.6	10.6	4.4	16	4.4	M12	19.8
6.3	13.2	13.2	5.5	18	5.5	M16	25.3
（8）	17	17	7	22.4	7	M20	31.3
10	21.2	21.2	8.7	28	8.7	M24	38
注：尽量避免选用括号中的尺寸。							

附录 D　表面粗糙度及极限与配合

附表 21　表面粗糙度 *Ra* 值与加工方法的关系和应用举例

表面特征		示例	加工方法	适用范围
加工面	粗加工面	Ra 100　Ra 50　Ra 25	粗车、粗铣、粗刨、粗镗、钻	非接触表面，如：钻孔、倒角、轴端面等
	半光面	Ra 12.5　Ra 6.3　Ra 3.2	精车、精铣、精刨、精镗、精磨、细锉、扩孔、粗铰	接触表面：不甚精确定心的配合表面
	光面	Ra 1.6　Ra 0.8　Ra 0.4	精车、精磨、刮、研、抛光、铰、拉削	要求精确定心的重要的配合表面
		Ra 0.1　Ra 0.05　Ra 0.025	研磨、超精磨、镜面磨、精抛光	高精度、高速运动零件的配合表面；重要的装饰面
毛坯面		（毛坯面符号）	铸、锻、轧制等，经表面清理	无需进行加工的表面

附表 22　基本尺寸小于 500mm 的标准公差　　（单位：μm）

基本尺寸 mm	公差等级																			
	IT01	IT0	IT1	IT2	IT3	IT4	IT5	IT6	IT7	IT8	IT9	IT10	IT11	IT12	IT13	IT14	IT15	IT16	IT17	IT18
≤3	0.3	0.5	0.8	1.2	2	3	4	6	10	14	25	40	60	100	140	250	400	600	1000	1400
>3～6	0.4	0.6	1	1.5	2.5	4	5	8	12	18	30	48	75	120	180	300	480	750	1200	1800
>6～10	0.4	0.6	1	1.5	2.5	4	6	9	15	22	36	58	90	150	220	360	580	900	1500	2200
>10～18	0.5	0.8	1.2	2	3	5	8	11	18	27	43	70	110	180	270	430	700	1100	1800	2700
>18～30	0.6	1	1.5	2.5	4	6	9	13	21	33	52	84	130	210	330	520	840	1300	2100	3300
>30～50	0.7	1	1.5	2.5	4	7	11	16	25	39	62	100	160	250	390	620	1000	1600	2500	3900
>50～80	0.8	1.2	2	3	5	8	13	19	30	46	74	120	190	300	460	740	1200	1900	3000	4600
>80～120	1	1.5	2.5	4	6	10	15	22	35	54	87	140	220	350	540	870	1400	2200	3500	5400
>120～180	1.2	2	3.5	5	8	12	18	25	40	63	100	160	250	400	630	1000	1600	2500	4000	6300
>180～250	2	3	4.5	7	10	14	20	29	46	72	115	185	290	460	720	1150	1850	2900	4600	7200
>250～315	2.5	4	6	8	12	16	23	32	52	81	130	210	320	520	810	1300	2100	3200	5200	8100
>315～400	3	5	7	9	13	18	25	36	57	89	140	230	360	570	890	1400	2300	3600	5700	8900
>400～500	4	6	8	10	15	20	27	40	68	97	155	250	400	630	970	1550	2500	4000	6300	9700

附表 23 基本尺寸至 500mm 优先及常用配合

代号	c	d		e		f		g		h						js
基本尺寸/mm	等级															
	⑪	8	⑨	7	8	⑦	8	⑥	7	5	⑥	⑦	8	⑨	10	⑪	6
≤3	-60 -120	-20 -34	-20 -45	-14 -24	-14 -28	-6 -16	-6 -20	-2 -8	-2 -12	0 -4	0 -6	0 -10	0 -14	0 -25	0 -40	0 -60	±3
>3 ~6	-70 -145	-30 -48	-30 -60	-20 -32	-20 -38	-10 -22	-10 -28	-4 -12	-4 -16	0 -5	0 -8	0 -12	0 -18	0 -30	0 -48	0 -75	±4
>6 ~10	-80 -170	-40 -62	-40 -76	-25 -40	-25 -47	-13 -28	-13 -35	-5 -14	-5 -20	0 -6	0 -9	0 -15	0 -22	0 -36	0 -58	0 -90	±4.5
>10 ~14	-95	-50	-50	-32	-32	-16	-16	-6	-6	0	0	0	0	0	0	0	±5.5
>14 ~18	-205	-77	-93	-50	-59	-34	-43	-17	-24	-8	-11	-18	-27	-43	-70	-110	
>18 ~24	-110	-65	-65	-40	-40	-20	-20	-7	-7	0	0	0	0	0	0	0	±6.5
>24 ~30	-240	-98	-117	-61	-73	-41	-53	-20	-28	-9	-13	-21	-33	-52	-84	-130	
>30 ~40	-120 -280	-80	-80	-50	-50	-25	-25	-9	-9	0	0	0	0	0	0	0	±8
>40 ~50	-130 -290	-119	-142	-75	-89	-50	-64	-25	-34	-11	-16	-25	-39	-62	-100	-160	
>50 ~65	-140 -330	-100	-100	-60	-60	-30	-30	-10	-10	0	0	0	0	0	0	0	±9.5
>65 ~80	-150 -340	-146	-174	-90	-106	-60	-76	-29	-40	-13	-19	-30	-46	-74	-120	-190	
>80 ~100	-170 -390	-120	-120	-72	-72	-36	36	12	-12	0	0	0	0	0	0	0	±11
>100 ~120	-180 -400	-174	-207	-107	-126	-71	-90	-34	-47	-15	-22	-35	-54	-87	-140	-220	
>120 ~140	-200 -450	-145	-145	-85	-85	-43	-43	-14	-14	0	0	0	0	0	0	0	±12.5
>140 ~160	-210 -460	-208	-245	-125	-148	-83	-106	-39	-54	-18	-25	-40	-63	-100	-160	-250	
>160 ~180	-230 -480																
>180 ~200	-240 -530	-170	-170	-100	-100	-50	-50	-15	-15	0	0	0	0	0	0	0	±14.5
>200 ~225	-260 -550	-242	-285	-146	-172	-96	-122	-44	-61	-20	-29	-46	-72	-115	-185	-290	
>225 ~250	-280 -570																
>250 ~280	-300 -620	-190	-190	-110	-110	-56	-56	-17	-17	0	0	0	0	0	0	0	±16
>280 ~315	-330 -650	-271	-320	-162	-191	-108	-137	-49	-69	-23	-32	-52	-81	-130	-210	-320	
>315 ~355	-360 -720	-210	-210	-125	-125	-62	-62	-18	-18	0	0	0	0	0	0	0	±18
>355 ~400	-400 -760	-290	-350	-182	-214	-119	-151	-54	-75	-25	-36	-57	-89	-140	-230	-360	
>400 ~450	-440 -840	-230	-230	-135	-135	-68	-68	-20	-20	0	0	0	0	0	0	0	±20
>450 ~500	-480 -880	-327	-385	-198	-232	-131	-165	-60	-83	-27	-40	-63	-97	-155	-250	-400	

轴公差带极限偏差表（圆圈者为优先公差带） （单位：μm）

k		m		n		p		r		s		t		u	v	x	y	z
级																		
⑥	7	6	7	5	⑥	⑥	7	6	7	5	⑥	6	7	⑥	6	6	6	6
+6 0	+10 0	+8 +2	+12 +2	+8 +4	+10 +4	+12 +6	+16 +6	+16 +10	+20 +10	+18 +14	+20 +14	—	—	+24 +18	—	+26 +20	—	+32 +26
+9 +1	+13 +1	+12 +4	+16 +4	+13 +8	+16 +8	+20 +12	+24 +12	+23 +15	+27 +15	+24 +19	+27 +19	—	—	+31 +23	—	+36 +28	—	+43 +35
+10 +1	+16 +1	+15 +6	+21 +6	+16 +10	+19 +10	+24 +15	+30 +15	+28 +19	+34 +19	+29 +23	+32 +23	—	—	+37 +28	—	+43 +34	—	+51 +42
+12 +1	+19 +1	+18 +7	+25 +7	+20 +12	+23 +12	+29 +18	+36 +18	+34 +23	+41 +23	+36 +28	+39 +28	—	—	+44 +33	—	+51 +40	—	+61 +50
															+55 +39	+56 +45	—	+71 +60
+15 +2	+23 +2	+21 +8	+29 +8	+24 +15	+28 +15	+35 +22	+43 +22	+41 +28	+49 +28	+44 +35	+48 +35	—	—	+54 +41	+60 +47	+67 +54	+76 +63	+86 +73
												+54 +41	+62 +41	+61 +48	+68 +55	+77 +64	+88 +75	+101 +88
+18 +2	+27 +2	+25 +9	+34 +9	+28 +17	+33 +17	+42 +26	+51 +26	+50 +34	+59 +34	+54 +43	+59 +43	+64 +48	+73 +48	+76 +60	+84 +68	+96 +80	+110 +94	+128 +112
												+70 +54	+79 +54	+86 +70	+97 +81	+113 +97	+130 +114	+152 +136
+21 +2	+32 +2	+30 +11	+41 +11	+33 +20	+39 +20	+51 +32	+62 +32	+60 +41	+71 +41	+66 +53	+72 +53	+85 +66	+96 +66	+106 +87	+121 +102	+141 +122	+163 +144	+191 +172
								+62 +43	+73 +43	+72 +59	+78 +59	+94 +75	+105 +75	+121 +102	+139 +120	+165 +146	+193 +174	+229 +210
+25 +3	+38 +3	+35 +13	+48 +13	+38 +23	+45 +23	+59 +37	+72 +37	+73 +51	+86 +51	+86 +71	+93 +71	+113 +91	+126 +91	+146 +124	+168 +146	+200 +178	+236 +214	+280 +258
								+76 +54	+89 +54	+94 +79	+101 +79	+126 +104	+139 +104	+166 +144	+194 +172	+232 +210	+276 +254	+332 +310
+28 +3	+43 +3	+40 +15	+55 +15	+45 +27	+52 +27	+68 +43	+83 +43	+88 +63	+103 +63	+110 +92	+117 +92	+147 +122	+162 +122	+195 +170	+227 +202	+273 +248	+325 +300	+390 +365
								+90 +65	+105 +65	+118 +100	+125 +100	+159 +134	+174 +134	+215 +190	+253 +228	+305 +280	+365 +340	+440 +415
								+93 +68	+108 +68	+126 +108	+133 +108	+171 +146	+186 +146	+235 +210	+277 +252	+335 +310	+405 +380	+490 +465
+33 +4	+50 +4	+46 +17	+63 +17	+51 +31	+60 +31	+79 +50	+96 +50	+106 +77	+123 +77	+142 +122	+151 +122	+195 +166	+212 +166	+265 +236	+313 +284	+379 +350	+454 +425	+549 +520
								+109 +80	+126 +80	+150 +130	+159 +130	+209 +180	+226 +180	+287 +258	+339 +310	+414 +385	+499 +470	+604 +575
								+113 +84	+130 +84	+160 +140	+169 +140	+221 +196	+242 +196	+313 +284	+369 +340	+455 +425	+549 +520	+669 +640
+36 +4	+56 +4	+52 +20	+72 +20	+57 +34	+66 +34	+88 +56	+108 +56	+126 +94	+146 +94	+181 +158	+190 +158	+250 +218	+270 +218	+347 +315	+417 +385	+507 +475	+612 +580	+742 +710
								+130 +98	+150 +98	+193 +170	+202 +170	+272 +240	+292 +240	+382 +350	+457 +425	+557 +525	+682 +650	+822 +790
+40 +4	+61 +4	+57 +21	+78 +21	+62 +37	+73 +37	+98 +62	+119 +62	+144 +108	+165 +108	+215 +190	+226 +190	+304 +268	+325 +268	+426 +390	+511 +475	+626 +590	+766 +730	+936 +900
								+150 +114	+171 +114	+233 +208	+244 +208	+330 +294	+351 +294	+471 +435	+566 +530	+696 +660	+856 +820	+1036 +1000
+45 +5	+68 +5	+63 +23	+86 +23	+67 +40	+80 +40	+108 +68	+131 +68	+166 +126	+189 +126	+259 +232	+272 +232	+370 +330	+393 +330	+530 +490	+635 +595	+780 +740	+960 +920	+1140 +1100
								+172 +132	+195 +132	+279 +252	+292 +252	+400 +360	+423 +360	+580 +540	+700 +660	+860 +820	+1040 +10006	+1290 +1250

附表 24 基本尺寸至 500mm 优先及常用配合

代号	C	D		E		F		G		H						
基本尺寸 /mm	等															
	⑪	⑨	10	8	9	⑧	9	6	⑦	6	⑦	⑧	⑨	10	⑪	12
≤3	+120 +60	+45 +20	+60 +20	+28 +14	+39 +14	+20 +6	+31 +6	+8 +2	+12 +2	+6 0	+10 0	+14 0	+25 0	+40 0	+60 0	+100 0
>3 ~6	+145 +70	+60 +30	+78 +30	+38 +20	+50 +20	+28 +10	+40 +10	+12 +4	+16 +4	+8 0	+12 0	+18 0	+30 0	+48 0	+75 0	+120 0
>6 ~10	+170 +80	+76 +40	+98 +40	+47 +25	+61 +25	+35 +13	+49 +13	+14 +5	+20 +5	+9 0	+15 0	+22 0	+36 0	+58 0	+90 0	+150 0
>10 ~14	+250	+93	+120	+59	+75	+43	+59	+17	+24	+11	+18	+27	+43	+70	+110	+180
>14 ~18	+95	+50	+50	+32	+32	+16	+16	+6	+6	0	0	0	0			0
>18 ~24	+240	+117	+149	+73	+92	+53	+72	+20	+28	+13	+21	+33	+52	+84	+130	+210
>24 ~30	+110	+65	+65	+40	+40	+20	+20	+7	+7	0	0	0	0	0	0	0
>30 ~40	+280 +120	+142	+180	+89	+112	+64	+87	+25	+34	+16	+25	+39	+62	+100	+160	+250
>40 ~50	+290 +130	+80	+80	+50	+50	+25	+25	+9	+9	0	0	0	0	0	0	0
>50 ~65	+330 +140	+174	+220	+106	+134	+76	+104	+29	+40	+19	+30	+46	+74	+120	+190	+300
>65 ~80	+340 +150	+100	+100	+60	+60	+30	+30	+10	+10	0	0	0	0	0	0	0
>80 ~100	+390 +170	+207	+260	+126	+159	+90	+123	+34	+47	+22	+35	+54	+87	+140	+220	+350
>100 ~120	+400 +180	+120	+120	+72	+72	+36	+36	+12	+12	0	0	0	0	0	0	0
>120 ~140	+450 +200	+245	+305	+148	+185	+106	+143	+39	+54	+25	+40	+63	+100	+160	+250	+400
>140 ~160	+460 +210	+145	+145	+85	+85	+43	+43	+14	+14	0	0	0	0	0	0	0
>160 ~180	+480 +230															
>180 ~200	+530 +240	+285	+335	+172	+215	+122	+165	+44	+61	+29	+46	+72	+115	+185	+290	+460
>200 ~225	+550 +260	+170	+170	+100	+100	+50	+50	+15	+15	0	0	0	0	0	0	0
>225 ~250	+570 +280															
>250 ~280	+620 +300	+320	+400	+191	+240	+137	+186	+49	+69	+32	+52	+81	+130	+210	+320	+520
>280 ~315	+650 +330	+190	+190	+110	+110	+56	+56	+17	+17	0	0	0	0	0	0	0
>315 ~355	+720 +360	+350	+440	+214	+265	+151	+202	+54	+75	+36	+57	+89	+140	+230	+360	+570
>355 ~400	+760 +400	+210	+210	+125	+125	+62	+62	+18	+18	0	0	0	0	0	0	0
>400 ~450	+840 +440	+385	+480	+232	+290	+165	+223	+60	+83	+40	+63	+97	+155	+250	+400	+630
>450 ~500	+880 +480	+230	+230	+135	+135	+68	+68	+20	+20	0	0	0	0	0	0	0

PROJECT

孔公差带极限偏差表（圆圈者为优先公差带） （单位：μm）

Js		K		M		N		P		R		S		T		U
级																
7	8	6	⑦	7	8	6	⑦	6	⑦	6	7	6	⑦	6	7	⑦
±5	±7	0 −6	0 −10	−2 −12	−2 −16	−4 −10	−4 −14	−6 −12	−6 −16	−10 −16	−10 −20	−14 −20	−14 −24	—	—	−18 −28
±6	±9	+2 −6	+3 −9	0 −12	+2 −16	−5 −13	−4 −16	−9 −17	−8 −20	−12 −20	−11 −23	−16 −24	−15 −27	—	—	−19 −31
±7	±11	+2 −7	+5 −10	0 −15	+1 −21	−7 −16	−4 −19	−12 −21	−9 −24	−16 −25	−13 −28	−20 −29	−17 −32	—	—	−22 −37
±9	±13	+2 −9	+6 −12	0 −18	+2 −25	−9 −20	−5 −23	−15 −26	−11 −29	−20 −31	−16 −34	−25 −36	−21 −39	—	—	−26 −44
±10	±16	+2 −11	+6 −15	0 −21	+4 −29	−11 −24	−7 −28	−18 −31	−14 −35	−24 −37	−20 −41	−31 −44	−27 −48	—	—	−33 −54
														−37 −50	−33 −54	−40 −61
±12	±19	+3 −13	+7 −18	0 −25	+5 −34	−12 −28	−8 −33	−21 −37	−17 −42	−29 −45	−25 −50	−38 −54	−34 −59	−43 −59	−39 −64	−51 −76
														−49 −65	−45 −70	−61 −86
±15	±23	+4 −15	+9 −21	0 −30	+5 −41	−14 −33	−9 −39	−26 −45	−21 −51	−35 −54	−30 −60	−47 −66	−42 −72	−60 −79	−55 −85	−76 −106
										−37 −56	−32 −62	−53 −72	−48 −72	−69 −88	−64 −94	−91 −121
±17	±27	+4 −18	+10 −25	0 −35	+6 −48	−16 −38	−10 −45	−30 −52	−24 −59	−44 −66	−38 −73	−64 −86	−58 −93	−84 −106	−78 −113	−111 −146
										−47 −69	−41 −76	−72 −94	−66 −101	−97 −119	−91 −126	−131 −166
±20	±31	+4 −21	+12 −28	0 −40	+8 −55	−20 −45	−12 −52	−36 −61	−28 −68	−56 −81	−48 −88	−85 −110	−77 −117	−115 −140	−107 −147	−155 −195
										−58 −83	−50 −90	−93 −118	−85 −125	−127 −152	−119 −159	−175 −215
										−61 −86	−53 −93	−101 −126	−93 −133	−139 −164	−131 −171	−195 −235
±23	±36	+5 −24	+13 −33	0 −46	+9 −63	−22 −51	−14 −60	−41 −70	−33 −79	−68 −97	−60 −106	−113 −142	−105 −151	−157 −186	−149 −195	−219 −265
										−71 −100	−63 −109	−121 −150	−113 −159	−171 −200	−163 −209	−241 −287
										−75 −104	−67 −113	−131 −160	−123 −169	−187 −216	−179 −225	−267 −313
±26	±40	+5 −27	+16 −36	0 −52	+9 −72	−25 −57	−14 −66	−47 −79	−36 −88	−85 −117	−74 −126	−149 −181	−138 −190	−209 −241	−198 −250	−295 −347
										−87 −121	−78 −130	−161 −193	−150 −202	−231 −263	−220 −272	−330 −382
±28	±44	+7 −29	+17 −40	0 −57	+11 −78	−26 −62	−16 −73	−51 −87	−41 −98	−97 −133	−87 −144	−179 −215	−169 −226	−257 −293	−247 −304	−369 −426
										−103 −139	−93 −150	−197 −233	−187 −244	−283 −319	−273 −330	−414 −471
±31	±48	+8 −32	+18 −45	0 −63	+11 −86	−27 −67	−17 −80	−55 −95	−45 −108	−113 −153	−103 −166	−219 −259	−209 −272	−317 −357	−307 −370	−467 −530
										−119 −159	−109 −172	−239 −279	−229 −292	−247 −287	−337 −400	−517 −580

附表 25 基孔制常用、优先配合

基准孔	轴																				
	a	b	c	d	e	f	g	h	js	k	m	n	p	r	s	t	u	v	x	y	z
	间隙配合								过渡配合				过盈配合								
H6						H6/f5	H6/g5	H6/h5	H6/js5	H6/k5	H6/m5	H6/n5	H6/p5	H6/r5	H6/s5	H6/t5					
H7						H7/f6	**H7/g6**	**H7/h6**	H7/js6	**H7/k6**	H7/m6	**H7/n6**	**H7/p6**	H7/r6	**H7/s6**	H7/t6	**H7/u6**	H7/v6	H7/x6	H7/y6	H7/z6
H8					H8/e7	**H8/f7**	H8/g7	**H8/h7**	H8/js7	H8/k7	H8/m7	H8/n7	H8/p7	H8/r7	H8/s7	H8/t7	H8/u7				
H8				H8/d8	H8/e8	H8/f8		H8/h8													
H9			H9/c9	**H9/d9**	H9/e9	H9/f9		**H9/h9**													
H10			H10/c10	H10/d10				H10/h10													
H11	H11/a11	H11/b11	**H11/c11**	H11/d11				**H11/h11**													
H12		H12/b12						H12/h12													

注：1. $\frac{H6}{n5}$、$\frac{H7}{p6}$在≤3mm和$\frac{H8}{r7}$≤100mm时为过渡配合。

2. 方框中的配合符号为优先配合。

附表 26 基轴制常用、优先配合

基准轴	孔																				
	A	B	C	D	E	F	G	H	Js	K	M	N	P	R	S	T	U	V	X	Y	Z
	间隙配合								过渡配合				过盈配合								
h5						F6/h5	G6/h5	H6/h5	Js6/h5	K6/h5	M6/h5	N6/h5	P6/h5	R6/h5	S6/h5	T6/h5					
h6						F7/h6	**G7/h6**	**H7/h6**	Js7/h6	**K7/h6**	M7/h6	**N7/h6**	**P7/h6**	R7/h6	**S7/h6**	T7/h6	**U7/h6**				
h7					E8/h7	**F8/h7**		**H8/h7**	Js8/h7	K8/h7	M8/h7	N8/h7									
h8				D8/h8	E8/h8	F8/h8		H8/h8													
h9				**D9/h9**	E9/h9	F9/h9		**H9/h9**													
h10				D10/h10				H10/h10													
h11	A11/h11	B11/h11	**C11/h11**	D11/h11				**H11/h11**													
h12		B12/h12						H12/h12													

附录 E 热处理及常用金属材料

附表 27 常用热处理和表面处理（GB/T 7232—2012 和 JB/T 8555—2008）

名称	有效硬化层深度和硬度标注举例	说明	目的
退火	退火 163～197HBW 或退火	加热→保温→缓慢冷却	用来消除铸、锻、焊零件的内应力，降低硬度，以利于切削加工，细化晶粒，改善组织，增加韧性
正火	正火 170～217HBW 或正火	加热→保温→空气冷却	用于处理低碳钢、中碳结构钢及渗碳零件，细化晶粒，增加强度与韧性，减少内应力，改善切削性能
淬火	淬火 42～47HRC	加热→保温→急冷 工件加热奥氏体化后，以适当方式冷却获得马氏体或（和）贝氏体的热处理工艺	提高机件强度及耐磨性。但淬火后引起内应力，使钢变脆，所以淬火后必须回火
回火	回火	回火是将淬硬的钢件加热到临界点（Ac_1）以下的某一温度，保温一段时间，然后冷却到室温	用来消除淬火后的脆性和内应力，提高钢的塑性和冲击韧度
调质	调质 200～230HBW	淬火→高温回火	提高韧性及强度，重要的齿轮、轴及丝杠等零件需调质
感应淬火	感应淬火 DS = 0.8～1.6，48～52HRC	用感应电流将零件表面加热→急速冷却	提高机件表面的硬度及耐磨性，而心部保持一定的韧性，使零件既耐磨又能承受冲击，常用来处理齿轮
渗碳淬火	渗碳淬火 DC = 0.8～1.2，58～63HRC	将零件在渗碳介质中加热、保温，使碳原子渗入钢的表面后，再淬火回火，渗碳深度 0.8～1.2mm	提高机件表面的硬度、耐磨性、抗拉强度等，适用于低碳、中碳（$w_C < 0.40\%$）结构钢的中小型零件
渗氮	渗氮 DN = 0.25～0.4，≥850HV	将零件放入氨气内加热，使氮原子渗入钢表面。渗氮层 0.25～0.4mm，渗氮时间 40～50h	提高机件的表面硬度、耐磨性、疲劳强度和耐蚀能力。适用于合金钢、碳钢、铸铁件，如机床主轴、丝杠、重要液压元件中的零件
碳氮共渗淬火	碳氮共渗淬火 DC = 0.5～0.8，58～63HRC	钢件在含碳氮的介质中加热，使碳、氮原子同时渗入钢表面。可得到 0.5～0.8mm 硬化层	提高表面硬度、耐磨性、疲劳强度和耐蚀性，用于要求硬度高、耐磨的中小型、薄片零件及刀具等
时效	自然时效人工时效	机件精加工前，加热到 100～150℃后，保温 5～20h，空气冷却，铸件也可自然时效（露天放一年以上）	消除内应力，稳定机件形状和尺寸，常用于处理精密机件，如精密轴承、精密丝杠等
发蓝处理、发黑	发蓝处理或发黑	将零件置于氧化剂内加热氧化，使表面形成一层氧化铁保护膜	防腐蚀、美化，如用于螺纹紧固件
镀镍	镀镍	用电解方法，在钢件表面镀一层镍	防腐蚀、美化
镀铬	镀铬	用电解方法，在钢件表面镀一层铬	提高表面硬度、耐磨性和耐蚀能力，也用于修复零件上磨损了的表面
硬度	HBW（布氏硬度见 GB/T 231.1—2009） HRC（洛氏硬度见 GB/T 230.1—2009） HV（维氏硬度见 GB/T 4340.1—2009）	材料抵抗硬物压入其表面的能力 依测定方法不同而有布氏、洛氏、维氏等几种	检验材料经热处理后的力学性能 ——硬度 HBW 用于退火、正火、调制的零件及铸件 ——HRC 用于经淬火、回火及表面渗碳、渗氮等处理的零件 ——HV 用于薄层硬化零件

注：“JB/T” 为机械工业行业标准的代号

附表 28 铁和钢

1. 灰铸铁(摘自 GB/T 9439—2010)、工程用铸钢(摘自 GB/T 11352—2009)			
牌号	统一数字代号	使用举例	说明
HT150 HT200 HT350		中强度铸铁:底座、刀架、轴承座、端盖 高强度铸铁:床身、机座、齿轮、凸轮、联轴器、机座、箱体、支架	"HT"表示灰铸铁,后面的数字表示最小抗拉强度(MPa)
ZG230-450 ZG310-570		各种形状的机件、齿轮、飞轮、重负荷机架	"ZG"表示铸钢,第一组数字表示屈服强度(MPa)最低值,第二组数字表示抗拉强度(MPa)最低值
2. 碳素结构钢(摘自 GB/T 700—2006)、优质碳素结构钢(摘自 GB/T 699—1999)			
牌号	统一数字代号	使用举例	说明
Q215 Q235 Q255 Q275		受力不大的螺钉、轴、凸轮、焊件等 螺栓、螺母、拉杆、钩、连杆、轴、焊件 金属构造物中的一般机件、拉杆、轴、焊件 重要的螺钉、拉杆、钩、连杆、轴、销、齿轮	"Q"表示钢的屈服强度,数字为屈服强度数值(MPa),同一钢号下分质量等级,用 A、B、C、D 表示质量依次下降,如 Q235A
30 35 40 45 65Mn	U20302 U20352 U20402 U20452 U21652	曲轴、轴销、连杆、横梁 曲轴、摇杆、拉杆、键、销、螺栓 齿轮、齿条、凸轮、曲柄轴、链轮 齿轮轴、联轴器、衬套、活塞销、链轮 大尺寸的各种扁、圆弹簧,如座板簧、弹簧发条	牌号数字表示钢中碳的质量分数,例如,"45"表示碳的质量分数为 0.45%,数字依次增大,表示抗拉强度、硬度依次增加,断后伸长率依次降低。当锰的质量分数在 0.7% ~1.2% 时需注出"Mn"
3. 合金结构钢(摘自 GB/T 3077—1999)			
牌号	统一数字代号	使用举例	说明
15Cr 40Cr 20CrMnTi	A20152 A20402 A26202	用于渗透零件、齿轮、小轴、离合器、活塞销 活塞销、凸轮。用于心部韧性较高的渗碳零件 工艺性好,汽车拖拉机的重要齿轮,供渗碳处理	符号前数字表示碳的质量分数,符号后数字表示元素的质量分数,当质量分数小于 1.5% 时,不注数字

注:表中物质的含量均为质量分数。

附表 29 非铁金属及其合金

加工黄铜(摘自 GB/T 5231—2012)、铸造铜合金(摘自 GB/T 1176—2013)		
牌号或代号	使用举例	说明
H62(代号)	散热器、垫圈、弹簧、螺钉等	"H"表示普通黄铜,数字表示铜的质量分数的百分数

（续）

牌号或代号	使用举例	说　明
ZCuZn38Mn2Pb2 ZCuSn5Pb5Zn5 ZCuAl10Fe3	铸造黄铜：用于轴瓦、轴套及其他耐磨零件 铸造锡青铜：用于承受摩擦的零件，如轴承 铸造铝青铜：用于制造蜗轮、衬套和耐蚀性零件	“ZCu”表示铸造铜合金，合金中其他主要元素用化学符号表示，符号后数字表示该元素的质量分数的百分数
1060 1050A 2A12 2A13	适于制作储槽、塔、热交换器、防止污染及深冷设备 适用于中等强度的零件，焊接性能好	铝及铝合金牌号用4位数字或字符表示，部分新旧牌号对照如下： 新　旧　新　旧 1060　L2　2A12　LY12 1050A　L3　2A13　LY13
ZAlCu5Mn （代号 ZL201） ZAlMg10 （代号 ZL301）	砂型铸造，工作温度在175～300℃的零件，如内燃机缸头、活塞 在大气或海水中工作，承受冲击载荷，外形不太复杂的零件，如舰船配件、氨用泵体等	“ZAl”表示铸造铝合金，合金中的其他元素用化学符号表示，符号后数字表示该元素质量分数的百分数。代号中的数字表示合金系列代号和顺序号

参 考 文 献

[1] 王其昌. 看图思维规律 [M]. 北京：机械工业出版社，1989.

[2] 王其昌. 彩色机械制图教学挂图使用教程 [M]. 福州：福建海潮摄影艺术出版社，1998.

[3] 王其昌. 翁民玲. 钣金展开实用手册 [M]. 福州：福建科学技术出版社，2004.

[4] 王幼龙. 机械制图 [M]. 北京：高等教育出版社，2005.

[5] 冯秋官. 机械制图 [M]. 北京：高等教育出版社，2001.

[6] 任志聪. 机械制图 [M]. 北京：机械工业出版社，2001.

[7] 柏松. AutoCAD 2005 机械制图精讲精学 [M]. 成都：电子科技大学出版社，2004.